"十四五"职业教育国家规划教材

高等职业教育烹饪工艺与营养专业教材



# 烹调工艺学

（第五版）

冯玉珠　主编

PENGTIAO GONGYIXUE (DI WU BAN)

中国轻工业出版社

**图书在版编目（CIP）数据**

烹调工艺学 / 冯玉珠主编．—5版．—北京：中国轻工业出版社，2025.7

ISBN 978-7-5184-4581-3

Ⅰ.①烹…　Ⅱ.①冯…　Ⅲ.①烹饪—方法—高等职业教育—教材　Ⅳ.①TS972.11

中国国家版本馆CIP数据核字（2023）第194276号

责任编辑：方　晓

文字编辑：秦宏宇　　责任终审：劳国强　　设计制作：锋尚设计

策划编辑：史祖福　方　晓　　责任校对：晋　洁　　责任监印：张　可

出版发行：中国轻工业出版社（北京鲁谷东街5号，邮编：100040）

印　　刷：三河市万龙印装有限公司

经　　销：各地新华书店

版　　次：2025年7月第5版第2次印刷

开　　本：787 × 1092　1/16　印张：23.75

字　　数：500千字

书　　号：ISBN 978-7-5184-4581-3　定价：49.00元

邮购电话：010-85119873

发行电话：010-85119832　010-85119912

网　　址：http://www.chlip.com.cn

Email：club@chlip.com.cn



251207J2C502ZBW

# 前言

《烹调工艺学》是高等职业教育烹饪工艺与营养专业的核心课程之一。早在20世纪90年代，我们就开始从事该课程的教学与研究，配套教材于2001年由中国轻工业出版社出版。之后，该教材于2005年修订再版，2009年该教材第三版入选普通高等教育“十一五”国家级规划教材，2014年该教材第四版入选“十二五”职业教育国家规划教材，2023年又入选“十四五”职业教育国家规划教材。目前使用该教材的院校已近200所，累计发行量90000余册，产生了良好的社会效益。

教学改革改到深处是课程，改到实处是教材。习近平总书记在党的二十大报告指出，办好人民满意的教育，必须“深化教育领域综合改革，加强教材建设和管理”。为了打造适应时代要求的高质量教材，锤炼精品，培育时代新人，必须做好教材的修订工作。

本次修订的指导思想：

第一，坚持正确的政治方向和价值导向，认真贯彻党的二十大精神和教育部《“十四五”职业教育规划教材建设实施方案》，围绕立德树人这个根本目标，有机融入爱国主义、中华优秀传统文化、社会主义核心价值观、区域文化、产业文化和生态文明教育，弘扬劳动光荣、技能宝贵、创造伟大的时代风尚，弘扬精益求精的专业精神、职业精神、工匠精神和劳模精神，引导学生树立正确的世界观、人生观和价值观。

第二，教材内容既要体现烹调工艺的创新成果，又要加强中华民族优秀烹调工艺传统教育。

第三，教材内容的广度与深度，要与《高等职业学校烹饪工艺与营养专业国家教学标准》《中式烹调师国家职业标准》要求一致。

第四，教材内容与结构应符合学生身心发展的规律，联系学生的生活经验，使学生好学、乐学、会学。

第五，教材要考虑不同地区传统烹调工艺的差异，在实训项目的选择上具有一定的灵活性，适应全国不同地区高校烹调工艺教学的需要。

修订的主要部分包括结构与体例以及内容的调整。

结构与体例：

第一，基本保持第四版的结构体例，以一般烹调工艺流程为主线（见下图），以循序渐进的基础知识与基本技能的传授和练习为辅线，两者密切关联，穿插并行。这样的编排方式贴近烹调工艺实际，也能激发学生的学习兴趣，有利于学生学习主体性的发挥。

第二，适应结构化、模块化专业课程教学要求，以真实项目、典型菜品等为载体组织教学单元。

第三，每章开头保留了原“教学目标”，将其中的“情感目标”改为“思政目标”；保留了“内容提要”，删除了“案例导入”，增加了“新课导入”；在每章结尾，删除了“关键术语”，调整了“问题与讨论”题目，便于学生课后讨论与探究。

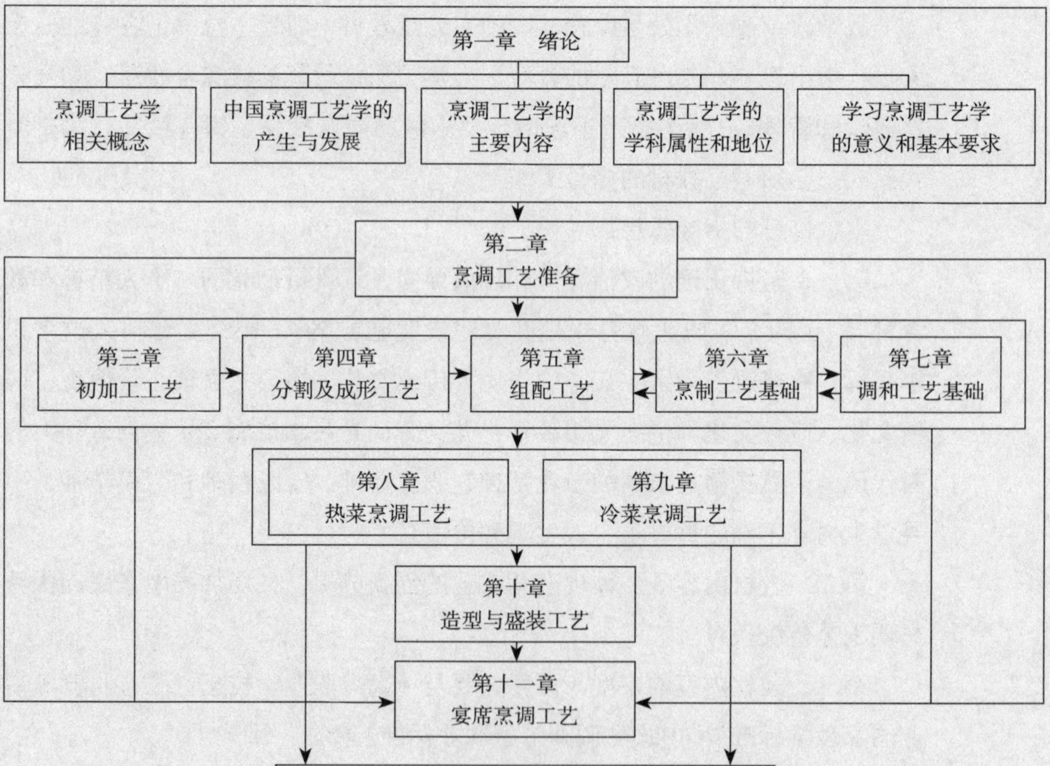


**《烹调工艺学》内容结构图**

内容变化：

1. 党的二十大精神进教材

本教材在修订中融入了二十大报告提出的“爱党报国”思想，“传统文化”理念，“节约优先”原则，“坚持安全第一、预防为主”方针，“高质量发展”要求以及“中国式现代化”等内容，提炼烹调工艺中蕴含的劳动精神、工匠精神、科学精神、家国情怀、节约意识、绿色理念等思政元素。

2. 章节内容

（1）将“绪论”改为第一章，厘定烹调工艺学的一些相关概念和基本理论。

（2）将原第一章“烹调工艺预备”调整为第二章“烹调工艺准备”，其中四节依次改为“厨房”“烹调设备器具”“烹调原料”“中式烹调师职业岗位与技能等级”。

（3）将原第二章调整为第三章，原三节调整为“果蔬初加工”“禽畜初加工”“水产品初加工”和“干制原料涨发”四节。

（4）将原第三章调整为第四章，四节的顺序也进行了调整，更便于教学。

（5）将原第四章调整为第五章，其中第四节“套菜（宴席菜肴）的组配工艺”调整到第十一章“宴席烹调工艺”。

（6）将原第五章“烹制工艺”调整为第六章“烹制工艺基础”，其中第一节改为“临灶操作与勺工技法”。

（7）将原第六章“调和工艺”调整为第七章“调和工艺基础”。

（8）将原第十章调整为第十一章，原第十章第一、第二、第三节合并为第十一章第二节“宴席烹调工艺的实施”，原第十章第四节改为第十一章第三节，原第四章第四节调整为第十一章第一节。

（9）将原第十一、第十二章合并为“中国式烹调工艺现代化”，分为“烹调工艺现代化的意义和内容”“烹调工艺的标准与标准化”“中国烹调工艺的传承与创新”三节。

3. 语言文字

（1）修改、删减书中的引文，补充参考文献。

（2）厘清概念术语和基本原理，使文字表述更规范、准确、流畅。

（3）精选教材内容，对内容过多、要求过高、难度过深的部分进行调整。

4. 图表

增补、修改、更换了部分图表，尽量做到精美、清晰。

5. 数字化改造

（1）部分数字资源以二维码呈现，帮助学生理解学习内容。

（2）教学课件、题库等其他数字化资源可在轻工教学服务网下载。

本次修订由河北师范大学家政学院教授、硕士研究生导师、中式烹调高级技师冯玉珠主持完成，长垣烹饪烹饪职业技术学院高敬严、浙江农业商贸职业学院李洋、安徽工商职业学院郑帅帅、山东城市服务职业学院温宝莉、宜昌科技职业学院（湖北三峡技师学院）龚林峰、长沙商贸旅游职业技术学院姜洋波参与编写。在修订过程中，吸收了国内外烹调工艺学的最新研究成果，参考了许多专家、学者的论著和大量报纸、杂志、网络的相关资料，我们尽可能地在书中做出说明或者列在参考文献中。在此，向有关作者和提供信息资料的老师表示衷心的感谢。

冯玉珠

2024年3月

# 目　录

## 第四章
## 分割及成形工艺



## 第五章
## 组配工艺



## 第六章
## 烹制工艺基础



## 第七章
## 调和工艺基础

## 第八章
## 热菜烹调工艺



## 第九章
## 冷菜烹调工艺



## 第十章
## 造型与盛装工艺



## 第十一章
## 宴席烹调工艺

# 第一章

# 绪论

教学目标

**知识目标**

（1）了解烹调、烹调工艺和烹调工艺学的概念
（2）知道烹调工艺学的产生与发展过程
（3）清楚烹调工艺学的研究内容
（4）理解烹调工艺学的性质和学科地位
（5）掌握学习烹调工艺学的意义和要求

**能力目标**

（1）能够对我国烹调工艺学发展历史进行阐述
（2）能够正确分析烹调工艺学的性质

**思政目标**

（1）引发学习动机，激发学习兴趣，明确学习目的，进入学习情境
（2）增强对中国烹调工艺学的认同感和自豪感，培养继承和弘扬祖国烹调工艺的责任感

## 内容提要

（1）烹调工艺学相关概念
（2）中国烹调工艺学的发展历史
（3）烹调工艺学的主要内容
（4）烹调工艺学的基本属性
（5）烹调工艺课程的性质、任务和学习方法

## 新课导入

在中国广博的大地上，从不缺少美食。从远古时代赖以充饥的动植物到如今人们餐桌上丰盛的、让人垂涎欲滴的美味佳肴，一个异彩纷呈、变化多端的美食世界呈现在世人面前。中国菜肴讲究色、香、味、形、器，而在这一系列意境的追逐中，中国的厨师个个都像魔术师，把“水火交融”的技艺玩到炉火纯青的地步。祖先的智慧、家族的传承、师徒的默契、食客的领悟，美味的每一个瞬间，无不是用心创造、代代传承的。那么，这些不同地域、不同民族、不同风貌的菜肴是如何制成的呢？是不是有一些带有普遍性和指导意义的规律可循呢？答案是肯定的。

# 第一节
# 烹调工艺学相关概念

## 一、烹饪、烹调与料理

### （一）烹饪

在日常生活中，人们通常把烹饪看作“煮饭做菜”。“烹饪”一词最早见于西周时期的《易经》，《易经·鼎》中记载：“以木巽火，亨饪也（亨，同‘烹’）。”“烹”，《集韵》注为“煮也”；“饪”，《说文·食部》释为“大熟也”，即使食物熟透。《辞海》（第七版）中对烹饪的解释是“烧煮食物”，是人们为了饮食需要将烹饪原料加工成为菜肴、点心、主食等食品的过程。随着社会的发展，“烹饪”被赋予了一个更广的涵义，并成为一门学科的冠名词，即烹饪学、烹饪学科。

### （二）烹调

“烹调”一词的文字记载在宋代就有。如宋代韩驹（1080—1135年，四川仁寿人）《食煮菜简吕居仁》诗中的“还家不能学，空费烹调功。”《新唐书·后妃传上·韦皇后》：“光禄少卿杨均善烹调，绵引入后廷。”宋陆游《种菜》诗：“菜把青青间药苗，豉香盐白自烹调”等。

在相当长的一段时间内，人们把“烹调”中的“烹”理解为“加热”，把“调”解释为“调味”。实质上，“烹”的本义是“烧煮”，至近代其意义才有了深刻的变化：一是由原来的“烧煮”之意，扩展为“通过热处理的方法，把生的烹饪原料变成熟的食物的过程”。张起钧先生在《烹调原理》一书中，把“烹”分为“正格的烹”（即用火来加热）和“变格的烹”（指一切非用火力方式制作食品的方式）。二是指一种烹调菜肴的具体方法，即“烹制法”——将加工切配后的原料用调料腌制入味，挂糊或拍干淀粉，用旺火热油炸（或煎、炒）至成熟再加入调味清汁的一种方法。关于“调”的意义，《现代汉语词典》（第七版）解释为：“配合得均匀合适”“使配合得均匀合适”。“调”不仅包括调味，还包括调香、调色、调质和调形等内容，是人们综合运用各种操作技能（其中也包括“烹”的技能）把菜肴制作得精美好吃的过程。

烹调是人们依据一定的目的，运用一定的物质技术设备和各种操作技能，将烹饪原料加工成菜肴的过程。从烹饪意义上讲，“烹”和“调”的内涵和作用是一致的。“烹调”

作为一个专业术语和整体概念，不宜将“烹”和“调”分开来解释。

### （三）料理

“料理”一词主要有三个含义：一是办理、处理，如料理家务；二是烹调制作，如名厨料理；三是菜肴，如日本料理。日本的《日汉大辞典》中列有“料理”，其主要意思是谋划处理食物。

在唐代之前，堪称“四大文明古国”之一的中国，其时的烹调方法亦不多，因而并不认为《易经·鼎》中说的“以木巽火，亨饪也。”是一门高深的学问，对于当时的人来说，难就难于对食物琐碎繁杂的切配上，若然食物能切裁好和配搭好，以后的事情就迎刃而解，所以称之为“料理”，这个关键词亦被日本人吸收去了。但后来善于饮食的中国人发觉，食物的切裁和搭配并不是关键，美味的食物最关键、最核心的是如何烹煮及如何调和味道，即后世所言的烹饪。因此，临门的切入点慢慢地从料理生料转移到烹调熟料中去，也就是所谓的“物无不堪吃，唯在火候，善均五味”的衍生，相继产生了很多独特的烹调法，从而奠定了我国“烹饪王国”的地位。而大概在明代时期，日本禁止民间以火取食，也就是所谓的“冷食时期”，料理一词便自始在日本沿用至今。

## 二、烹调技术与烹调工艺

### （一）烹调技术

烹调技术是指菜肴的制作方法与技能，如选料、刀工、火候等等。“技术”一词原有两个含义：一是泛指根据生产实践经验和自然科学原理而发展成的各种工艺操作方法与技能；二是除操作技能之外，还包括相应的生产工具和其他物资设备，以及生产的工艺过程或作业程序及方法等。从汉语词源学看，“技术”一词由“技”与“术”二字复合而成，早期多分立使用。许慎的解释是：“技，巧也。”即“技”就是巧的意思。“術，邑中道也。”即“術”（同现代的“术”）就是城中道路的意思。“技术”一词的早期含义可理解为运用工具（或徒手）的一系列连贯动作，即定型化、规范化、程式化的手（或体）的灵巧动作。“技”“术”的合并使用即“技术”一词的出现，最早见于《史记·货殖列传》：“医方诸食技术之人，焦神极能，为重糈也。”此前，在其他典籍中，“技”与“术”多是分立使用的。

### （二）烹调工艺

烹调工艺是人们在烹调实践中总结出来的操作技术经验，是烹调技术的积累、提炼和升华，是有计划、有目的、有程序地利用烹调工具和设备对烹饪原料进行初加工、切配、调味、加热与美化，使之成为能满足人们生理和心理需求的菜肴的过程。烹调工艺包括两方面内容：一方面是“工”，即烹调技术；另一方面是“艺”，即烹调艺术，这两方面与科学结合，形成科技与艺术的统一，成为完备意义上的烹调工艺。

“工艺”一词最早出现于南朝梁代沈约的《宋书》：“（沈庆之）妓妾数十人，并美容工艺。”但这里的“工艺”与现代“工艺”的意义大相径庭。古代工艺多指“工于技艺”或“制作技艺”。“工艺”用于烹调，始于20世纪60年代，是在“酿酒工艺”“制茶工艺”“食品工艺”等的影响下才出现的。它的使用，反映出中国传统的手工制作菜品的方法正面临着一场巨大的变革。

### （三）烹调工艺与食品工程

烹调工艺与食品工程既有区别，又有联系，有时还相互交叉。烹调工艺是食品工程得以产生和发展的基础，与食品工程相比，主要有以下特点。

#### 1. 即时性生产

所谓即时性生产，通俗地说就是现制现食。成品一旦生产出来，其与消费间隔的时间一般很短。这一特点与食品工程相比较非常明显。

#### 2. 手工操作为主

食品工程的机械化和自动化程度甚高，故其效率也比烹调工艺要高。烹调工艺的手工操作特性是其必然的特点，并与烹调工艺产品的多样化和操作的经验性相适应。随着烹调工艺的社会化和技术的进步，厨房中手工操作的比重将会逐步降低。

#### 3. 工艺的灵活性

烹调工艺具有很高的灵活性，受加工条件、原料品种等的影响和限制较小；而食品工程对加工条件、原料方面的要求较多、较高。烹调工艺可以在设备齐全的大饭店厨房里进行，也可以在设备简单的家庭小厨房里呈现，即使在偏僻的乡间村寨，也能品尝到人间至味。

#### 4. 原料加工器具使用的广泛性

食品工程在原料加工器具使用方面缺乏烹调工艺所具有的广泛性，因为某一类型的食品工程产品，需要有一套专门的生产设备对特定的原料进行加工；烹调工艺则是一套器具就可以适应多种原料加工的需要。人们对日常饮食的多样性需求，是以原料品种的多样性为前提的，从这个意义上说，烹调工艺的主导地位是其他食物加工技术所难以取代的。

#### 5. 产品多样性

烹调工艺与食品工程相比，无论从产品种类的社会总量还是从某个生产单位所生产的具体种类数量来看，都具有明显的优势。烹调工艺产品种类和品种的多样性，给其自身的机械化和自动化带来了一定难度。一条食品工程生产流水线，一般只能生产一个种类或一个品种的产品；而一个厨房往往要能生产出几百个不同种类的产品，才能适应市场的需求。

6. 质量控制的模糊性

烹调工艺产品的质量控制，实质上是一种“模糊控制”，至少在现阶段许多传统烹调技术不可能像食品工程那样，在生产过程中采用质控点的方式对整个过程实行量化的质量控制。烹调工艺产品的质量控制困难，主要是由于原料的非标准性、加工过程和方法的多变性、产品标准的多样性以及现有加工条件的限制，甚至还与消费者的爱好有关。一个具体的菜肴，有的人认为品质上乘，有人也许会认为功夫不到家。就烹调工艺的实际行为而言，很难制定出被大家都认可的统一的质量标准。这种消费的多样选择性决定了烹调产品质量控制的模糊性。

## 三、烹调工艺学

### （一）工艺学的含义

“工艺学”一词来源于希腊语，意指对某种技艺及其规则的系统阐释。作为一门独立的现代科学，工艺学诞生于18世纪的德国。1772年，德国哥丁堡大学约翰·贝克曼（Johann Beckmann）教授在他的《工艺学导论》中指出，工艺学是“对一切劳动及其结果和原因的全面、系统和清晰的说明”。约·亨·摩·波佩（J.H.M.Poppe）进一步发展了贝克曼的工艺学思想，他认为工艺学研究的是“根据不同工作中的相似操作将所有必要的手段、工具和机器按一定序列恰当地排列起来的一切工艺、手工业、工场手工业和工厂中的工作原理”。马克思深刻指出：“工艺学揭示出人对自然的能动关系，人的生活的直接生产过程，从而人的社会生活关系和由此产生的精神观念的直接生产过程。”

目前，人们对工艺学这一术语的理解大致如下：

工艺学是自然科学技术的规律性和生产过程中各生产要素共同作用的科学。在注意到最新的工业技术和经济知识的前提下，工艺学是研究生产过程的细节及其整体的学科。在考虑材料特性的情况下，用于开采原料及其继续加工成材料、半成品和成品的劳动手段和工作方法均是工艺学的对象。

由于劳动手段和工作方法的截然不同，工艺学可分为化学工艺学和机械工艺学。化学工艺学是工作对象主要依靠化学过程来改变的生产过程的科学。机械工艺学是工作对象主要依靠物理过程来改变的生产过程的科学。但严格地区分上述两者常常是不可能的，因为生产过程往往是部分用化学、部分用机械方法来进行的。例如：热固性塑料的压力成形是一个机械过程，而所发生的老化则是化学反应。

### （二）烹调工艺学的定义

烹调工艺学是研究菜品烹调工艺中原材料、半成品和成品加工过程法则与规律的一门科学。它建立在烹饪化学、烹饪卫生学、烹饪营养学等学科的基础上，探讨烹调工艺流程中的各种技法（如选料、刀工、组配、烹制、调和、盛装等）及其原理，探索烹调工艺的合理化、科学化和现代化，为人们提供卫生安全、营养丰富、品质优良、种类繁多、食用方便的菜肴。

烹调工艺学根据研究中西菜式的不同，可分为中式烹调工艺学和西式烹调工艺学。本教材所指的烹调工艺学主要是中式烹调工艺学，基本任务是运用现代科学的观点与方法，对几千年中式传统烹调技艺和经验进行有效的总结，进一步提高中式烹调的灵巧性、准确性和科学性，建立科学的工艺体系。

# 第二节 中国烹调工艺学的产生与发展

## 一、烹调工艺产生的萌芽

烹调是中国古老的手工技艺。最初烹调工艺的产生离不开火、炊具、调味品和烹调原料这四个条件。火是烹调之源，调味品是烹调之纲，陶器为烹调之始，原料为烹调之本。

### （一）用火熟食的开始

人类最初的饮食方式，同一般动物并无多大区别，自然还不知烹调为何物。“太古之时，人吮露精，食草木实，穴居野处。山居则食鸟兽，衣其羽皮，饮血茹毛，近水则食鱼鳖螺蛤，未有火化，腥臊多，害肠胃，于是有圣人出，以火德王，造作钻燧出火，教人熟食，铸金作刃，民人大悦，号曰燧人”（谯周《古史考》）。燧人氏钻木取火，是世界上人工取火最早的传说，那时我们的祖先已会用火燔炙食物。云南元谋、北京房山周口店等古代猿人遗址，几乎都有原始用火熟食的文化遗存。火的掌握和使用，是人类发展史上的一个里程碑。

### （二）陶器的发明

“工欲善其事，必先利其器”。人类在最初学会用火熟食时，并没有炊具，所掌握的只是把鱼和兽肉等直接放在火上烧烤。没有炊具的烹调只能说是原始的烹调。

考古发现，人类最早使用的炊具是陶器。陶器在很大程度上是为谷物烹调发明的，是原始农耕部落的创造。《古史考》说“黄帝作釜甑”。有了釜甑，“黄帝始蒸谷为饭，烹谷为粥……初教民作糜”。现代考古证明，距今1万年左右，也就是新石器时期，已经有了简单的陶器。陶器的出现，是我们祖先同自然界斗争取得胜利的又一新的里程碑，标志着人类历史从此进入了新石器时代。有了陶器，人类便可煮熟食物，也便于收藏液体，至此烹调技术的发展有了新的可能。同时，人类饮食有了储藏工具，减少了饥饿的侵袭，促进了定居生活，人类便可以更有作为。所以说，陶器出现，“火食之道始备”（《古史考》），人类生活面貌即为之一新。

### （三）盐的产生

人类自从掌握了对火的运用，使食物由生变熟，便开始了最初的烹调。但是这时的烹调，只能尝到食物的本味，不知用调味品，只能说是烹而不调。没有调味品的烹调，是非常单调的烹调。

研究发现，我国最早的调味品是盐。长期生活在海边的原始人，偶然将吃不完的动物放在海滩上。海水涨潮时，将这些动物浸泡在海水中。海水退潮时，原始人想到还有没吃完的动物，于是将这些动物从海滩边取来，用火烤熟食用。他们惊异地发现，这种经海水浸泡过的动物表面蘸上了一些白色的晶粒，而且比没有海水浸泡过的好吃。这种情况经过无数次重复显现，使原始人渐渐懂得这些白色小晶粒能够起到增加食物美味的作用，于是便有意识地收集这种晶粒——盐。这是对盐质自然的、无意的发现。

陶器发明之后，我们的祖先才渐渐地发明出烧煮海水以提取盐的方法。《世本》和《事物纪原》等书记载：“黄帝臣，夙沙氏煮海水为盐”“古者夙沙初煮海盐”。盐的使用，在人类的生活进程中，是继用火之后的又一次重大突破。盐和胃酸结合，能加速分解肉类，促进消化吸收，对人类体质的进化是一个积极因素。盐的化学构成为氯化钠，是人体氯和钠的主要来源。这两种元素，对维持细胞外液渗透压，维持体内酸碱平衡和保持神经、骨骼、肌肉的兴奋性，都是不可缺少的。盐又是调味的主角，居于五味之首。所以，盐的产生，对烹调技术的发展、对人类的进步有着极为重要的意义。

### （四）烹调原料的利用

烹调原料形成于人类用火熟食的同时，此前人类处在生食阶段，当然也就没有烹调原料。关于烹调原料的问题，我们在《烹调原料学》中已经学过。中华民族的历史十分悠久，在不同朝代、不同时期，由于生产力和科学水平的不同，人们对烹调原料的认识和利用也不尽相同，加之自然生态的变化和各朝各代体制、礼俗、饮食风尚等的差别，烹调原料的组成结构也在发生变化。从总的趋势来讲，可供烹调的原料是随着历史的发展而不断增加的。

综上所述，人类学会了用火，这是熟食的开始；人类发现了盐，这是调味品的发端；人类发明了陶器，使烹调技术的发展有了新的可能；人类在长期的生活、生产过程中，认识了世间各种各样可供烹调的原料，使烹调有了丰富的物质基础。火、盐、陶器、烹调原料的综合运用，标志着完整意义上烹调的开始。

## 二、烹调工艺基本要素的形成

烹调工艺是随着人们对饮食对文明的不断追求而发展的。旧石器时代，中国人在发现、利用、保存自然火和人工钻木取火后，便结束了茹毛饮血的生食状态，开始了熟食并孕育了原始烹饪。

新石器时代，为求得稳定的食物原料，人们开始了农耕、畜牧；为谋取或加工食物，开始了打制与磨制石器，制造陶器，并学会了制盐、酿酒。

青铜器时代，以青铜器为代表的烹调器具十分繁多，原始瓷器、玉石器、骨牙器、漆器、竹木器也制造得相当精美；烹调方法也呈多样化，烧、烤、燔、炙和水烹、汽蒸已很完善，油熟法、物熟法开始被普遍使用。《韩非子·难二》中晋平公与叔向、师旷讨论齐桓公成霸的原因时，师旷就以烹饪之道作比喻。这则故事在刘向《新序·杂事》篇说得更为详尽，原文是："师旷侍曰：臣请譬之以五味，管仲善断割之，隰朋善煎熬之，宾胥无善齐和之，羹以熟矣，奉而进之……"。很显然，断割（刀工）、煎熬（火候）、齐和（调味）三者便是中国烹调技术的三大要素。

在先秦的文献中，有关断割的故事，可以说是屡见不鲜，《庄子·养生主》中"庖丁解牛"、《管子·君臣》中厨师解牛等故事都是生动的记述，后来就衍变成中国厨行中的刀工技术。而煎熬实乃泛指食物的一切加热技术，在《诗经》《楚辞》等古文学名著中多次出现。魏晋以后，从道教炼丹术中移来了“火候”的概念，成了中国烹调技术体系中最重要的技术要素。至于“齐和”一词，大概在汉代就衍化成调味的概念了。这里要特别提一提“和”或“中和”，这是中国传统哲学的要旨，也是中华民族之民族性格的特征。《礼记·礼运》中关于“致中和”的定义是最典型的一例。《晏子春秋·外篇》中齐景公和晏婴在讨论“和”与“同”时，引用烹调技术来说明和而不同的道理。“五味调和”历来都是中国厨师乃至家庭小厨追求的极致状态。可以说，在青铜时代，以刀工、火候、调味三者为基本技术要素的中国烹调技术体系已经初步形成。

秦汉和秦汉以后，随着封建社会文明的发展、食物新原料的开发和引进，形成了用料广博的局面：熟食能源发展到用火力足、火势旺的煤加热，与铁釜、铁镬、铁锅使用，烹饪食物，形成了新的优势，一些以油为主要介质的快速烹调方法，如爆、炸、炒、氽、煎、贴、烙应运而生，为烹调工艺的进一步发展准备了良好的物质条件；烹调不断出现新工艺，同一类的烹调法，又可用多种手段制成不同风味的美味佳肴，地方风味流派已形成稳定的格局，并显示出各自的地方特色。而“食在广州”“味在四川”“刀在扬州”之类表示地方饮食特色的语言也应运而生。

## 三、烹调工艺理论的总结与提炼

中国烹调工艺不仅在制作技艺上属于世界之冠，而且在烹调理论研究上也是开世界各国之先河，这从历代的各种史籍、笔记、小说和一些烹饪著述中都可以看到。

早期烹饪著作大约出现在先秦时期，如在《周礼》《礼记》中有辨原料优劣的内容，保留了珍贵的饮膳史料。《吕氏春秋·本味篇》论鼎中之变，言天下之美，开创了烹调理论研究的先河。

到了汉魏六朝时期，《淮南五食经》《太官食方》《食珍录》《四时食利》《安平公食学》和《食经》等涉及菜肴、面点、腌腊品、酒、酱的制法。《四民月令》按一年十二个月为序，列举普通人家（实为士人之家）的经济活动，涉及制酱、酿酒、作枣糟、煮饼、水溲饼、酒溲饼、腌咸菜、做脯腊、祭祀、宴飨等，具有重要参考价值。贾思勰集古代食书之大成，写成的《齐民要术》收录有二十多种烹调方法的近二百种菜肴，是烹调理论演进史上的一座丰碑。

隋唐五代时期的烹饪著作大多已亡佚，仅少数几部残存下来。其中，韦巨源的《烧尾宴菜单》共记菜点五十多种，每种菜点后面有说明，涉及制法。昝殷的《食医心鉴》中所收食疗方，均先说明疗效，然后列举食物名称、用量，再介绍制法及食法，简明实用。

宋元时期的烹饪著作也已大部分亡佚。现存的宋代浦江吴氏《中馈录》，该书共分脯鲊、制蔬、甜食三部分，收录七十多种菜点的详细制法。陈达叟《本心斋疏食谱》共收素食二十个品种，每品先列名称的制法，再以十六字的“赞”加以评述，指出特色。林洪的《山家清供》共记一百多种菜肴、面点、饭、粥、饮料等品种，以素食为主，每种食品大抵先谈出典，然后道制法，话特色。书中有不少菜点如蟹酿橙、莲房鱼包、雪霞羹、莲糕等均取名雅丽，制法精致，体现了较高的水平。元代忽思慧的《饮膳正要》，更开辟了食医结合的研究领域，使烹调理论的根基更加深厚，在烹调史上占有重要地位。

到了明清时期，烹调理论已初步形成，袁枚的《随园食单》便是其发展的高峰。该书分须知单、戒单、海鲜单、江鲜单等十四种。须知单、戒单着重论述烹饪中的各种注意事项以及应克服的弊端，具有较强的理论色彩。其余各单共记载了三百四十多种著名菜肴、面点、饭、粥、酒、茶的制法或特色，史料价值极高。

但是，由于历史的局限和科学技术的落后，古代烹饪著述中，还有很多烹调原理和制作方法没有条件做进一步的探讨和科学说明。特别是古代从事烹饪工作的厨师地位低下，文化基础匮乏，尽管他们积累了丰富的实践经验，创造了丰富多彩的烹调技艺，为人类文明做出了巨大的贡献，但因缺乏系统、全面的整理，不能把烹调技术实践经验升华为工艺理论，致使我国烹调工艺学的发展受到很大局限。

## 四、烹调工艺学的形成

清末民初，社会发生了巨大的变革，东西方文化在中国大地上发生了激烈的碰撞。最先给传统烹调技术以科学认识的，当首推伟大的中国革命先行者孙中山先生。孙中山在《建国方略》中指出：“烹调之术本于文明而生，非深孕乎文明之种族，则辨味不精；辨味不精，则烹调之术不妙。中国烹调之妙，亦足表明文明进化之深也。”中国烹调之妙，孙中山还指出其科学性与艺术性。科学和艺术的关系与智慧和情感的内在关联相若。孙中山认为：“夫科学者，系统之学也，条理之学也。凡真知特识，必从科学而来也。”（《建国方略》）中国人之食，“不特不为粗恶野蛮，且极合于科学卫生也”“夫悦目之画，悦耳之音，皆为美术；而悦口之味，何独不然?是烹调者，亦美术之一道也。”孙中山的这个观点，把中国烹调提高到科学和艺术的高度，从而认识到中国文明进化的深度，在中国烹饪理论史上占有重要地位。

改革开放以来，我国烹饪事业迅速发展，各烹饪院校和烹饪研究机构涌现出了一批烹调理论和科技研究人员，进行了许多课题的研究工作，发表了大量文章，出版了一大批专著。综观烹调理论的研究状况，近年来在社会科学方面展开的研究比较广泛，也比较活跃。许多学者、专家从中国烹调的历史、考古、文物、民族、民俗、教育等诸方面展开了研究，论述较多；在哲学方面（包括美学）也有探索，也有收获；但在自然科学与工艺技术方面则起步较晚，成就也不大。

1979年，原商业部在湖南省长沙市召开了全国饮食服务技工学校教材编写规划会议，决定编写《烹调技术》等6本烹饪专业的试用教材，由中国商业出版社出版发行。《烹调技术》是中华人民共和国成立后第一本烹调技术教材，具有划时代意义，虽然存在不少缺点甚至错误，但从体系上讲，它奠定了烹调技术学科基础。在此之后所编写的各种烹调技术教材（包括高等教育层次用教材）以及相关的工具书，在技术体系上都不过是这部教材的延伸和进一步细化。

“烹调工艺学”一词，最早出现于20世纪八九十年代。当时，我国烹饪高等教育刚刚起步，为了适应我国烹饪高等教育的要求和发展，原商业部教育司组织编写、中国商业出版社出版了我国第一套商业专科烹饪专业试用教材，其中的《中国烹调工艺学》由四川烹饪专科学校罗长松老师主编，于1990年12月由中国商业出版社出版发行。随着我国烹饪高等教育和现代餐饮业的迅速发展，广大烹饪教育工作者热切期望有关方面能组织编写更加适合我国烹饪高等教育的规范化、科学化的教材。于是，在世纪之交，中国轻工业出版社聘请全国有影响的高等烹饪教育专家、学者，编写了面向21世纪的中国烹饪高等职业教育系列教材，其中的《烹调工艺学》（周晓燕主编）于2000年1月出版。

21世纪以来，有关烹调工艺学的研究不断深入，主要成果有季鸿崑的《烹调工艺学》（高等教育出版社，2003年），姜毅、李志刚的《中式烹调工艺学》（中国旅游出版社，2004年），冯玉珠的《烹调工艺学》（中国轻工业出版社，2005年），段仕洪的《中餐烹调工艺学》（东北财经大学出版社，2006年），杨国堂的《中国烹调工艺学》（上海交通大学出版社，2008年），毛汉发的《新烹调工艺学》（机械工业出版社，2010年），牛铁柱的《新烹调工艺学》（机械工业出版社，2010年），邵万宽的《烹调工艺学》（旅游教育出版社，2013年），刘正顺的《中国烹调数字化工艺学》（中国商业出版社，2013年），吴晓伟的《烹调工艺学》（北京工业大学出版社，2017年）等。目前，关于烹调工艺学的研究还在不断深化之中。

烹调工艺学将人们在烹调实践中积累起来的散在的个人技术经验集中起来，分门别类地形成科学知识体系，使烹调技术从经验成为科学。烹调工艺学的产生与发展，使人们能够掌握烹调的基本原理和基本技能，将脑力劳动与体力劳动结合起来，并为了解整个烹调工艺系统，传授烹调科学技术提供了可能。

# 第三节 烹调工艺学的主要内容

烹调工艺学的内容非常丰富，几乎包括了开发、加工、制作适合人类食用的各类菜肴的全过程。在这个过程中，通过对烹调原材料的技术处理，以保持和提高其可食性与利用价值，从而创造经济效益。这就是烹调工艺学中的经济观点，即经济上的合理原则。其次，在对烹调原材料的技术处理时，还应遵循技术先进的原则，使工艺控制达到高水平，以保证产品质量的优良。在烹调工艺学的研究中，除了遵循经济上合理和技术上先进两大原则外，还应保护环境，对任何生产所引起的环境污染都必须加以治理。要最大限度地利用原料，尽可能减少餐厨垃圾，降低用水量及其他能源消耗。

## 一、烹调工艺流程

流程是做事情的顺序，有输入、有输出，是一个增值的过程。烹调工艺流程是把烹饪原料加工成菜肴成品的整个生产过程，是根据烹调工艺的特点和要求，选择合适的设备，按照一定的工艺顺序组合而成的生产作业线。烹调工艺流程随具体的烹调方法和菜肴成品的要求而定。

### （一）烹调工艺流程和烹调工序的关系

烹调工序是烹调工艺流程中各个相对独立的加工环节，不同的工序有不同的目的和操作方法。一个完整的烹调工艺流程，实际上是不同的工序进行各种合理有序组合的过程。一个烹调工艺流程的形成，不是随心所欲的简单工序的拼凑，而是根据一定的加工要求，选择适合的加工条件，采用恰当的烹调工序组合形式而形成的，都有明确的目的。为了达到不同的目的，需要对不同的烹调工序进行组合；为了实现不同的烹调工序的目的，就需要选择相应的加工条件。

每种具体的菜式均有与之相对应的基本工艺流程，每一个具体产品的加工制作则是在基本工艺流程基础上加以一定的工序组合来完成的。中国菜肴风味流派众多，品类繁杂，其制作工艺流程一般随具体成品的要求而不同。

### （二）烹调工艺流程的特点

#### 1. 多样性

烹调工艺流程的多样性是与烹调产品的多样性相关联的。一个具体菜肴的烹调工艺流程的确定，取决于原料、菜式和具体的品种要求，而原料、菜式、品种要求的变化范围是很大的。因此，必须有多种工艺流程，才能适应实际烹调的需要。

#### 2. 模式化

烹调工艺流程作为具体的菜肴加工方法，在长期的烹调实践中经过无数人的总结和摸索，已经形成了相对稳定的若干个模式化的流程。这种模式化的流程就是一些基本的烹调加工方法，如炒、炸、煮、蒸、煎、熘、烩等。每一个较稳定的模式化流程都有其独特的加工性能，与一定的原料种类、菜式、产品特征相对应。

#### 3. 可变性

烹调工艺流程具有非常灵活的可变性，因为原料品种的不同、形态的不同、搭配的不同、菜式的变化以及成品要求的不同，会给工序的选择与组合带来变化。所谓模式化的流程，也是指其主要的熟制方法、调味方法等的相对稳定，而在实际运用中模式化的流程有时仍会有不同程度的变动。

### （三）烹调工艺流程的一般模式

#### 1. 模式化的流程

模式化的流程，也称固定模式，是烹调工艺流程的主要形式，绝大多数菜肴的烹调过程都是按固定模式进行的。固定模式是一种基本定型的工艺流程，在实际工作中也有两种表现形式：一是菜谱，每一种菜谱化的产品，对烹调工艺流程都有明确的指示；二是烹调方法，每种定型的烹调方法，对加工条件、工序组合、产品的品质特征都有明确、具体的要求。

#### 2. 创新流程

社会的发展、人们饮食观念的变化，不断地给烹调工艺带来新的内容。新的原料、新的加工条件、新的饮食观点，要求有新的加工方法、工艺流程与之相适应。所谓创新流程就是根据新的原料、新的加工条件、新的饮食观点等对传统工艺流程进行改造和对新兴工艺流程进行创造。

## 二、烹调工艺要素与技术规范

工艺要素是指与工艺过程有关的重要因素。烹调工艺作为一种技术体系，是以烹饪原料为加工对象，以各种炊制器具和饮食器具为工具，以切割、加热和调味为主要手段，以制备供人们安全食用的菜肴成品。烹调工艺包含选料、初加工、刀工、组配、火候、风味调和和盛装等基本要素。

### （一）选料

烹饪原料是烹调工艺的物质基础。选料有双重任务：一是依照菜品需要挑选合适的主料、配料及调料，定类定种；二是从已定的用料种类中再选质优者，定性定质。相对而言，定类定种对菜品虽有影响，但是不很大，因为没有这种原料，可用相近原料替代，届时更换一下菜名即可；而定性定质对菜品优劣影响甚大，因为同一种原料，由于生长地区、栽培品种、种植方法和收获季节不同，品质便有很大差异，反映在菜中，质量常有天壤之别。所以，名师历来把“选料严谨、鉴别准确、力争鲜活、处理及时、看料做菜、扬长避短、专料专用、综合利用”作为行厨的准则。

### （二）初加工

烹调原料经过筛选，便进入初加工阶段。所谓初加工，是指解冻、去杂、洗涤、涨发、分档、出骨等工艺流程，通常分为动物原料初加工、植物原料初加工、分档取料、干货涨发几方面。烹调原料初加工，目的是进一步精选原料，为精细加工做好准备。对于鲜活原料而言，它是“去芜存真”；对于干货原料而言，它是“返璞归真”。这两个“真”（即可食净料），才是原料的精华，烹饪中真正的“作业对象”。

烹调原料初加工有其技术要领。如宰杀、煺毛、去鳞、剥皮、开膛与翻洗，对不同动物有不同的要求；又如干货涨发，有水发、油发、盐发等，要“相物而施”，掌握好“度”；再如分档取料，对畜肉、禽肉、大鱼、火腿的分割要求也不一样，要依据技术规范来处理。

### （三）刀工与成形

原料经过初加工，即进入刀工与成形阶段，这属于菜品的形体设计和艺术美化，又称烹调原料的细加工。刀工是指依据菜品属性和烹制需要，结合原料构造特点，对其进行形体分解的一种物理方法。刀法是切割原料时的行刀技法。烹调工艺中原料的成形有多种方法，主要有利用自然形态、刀工成形、模具成形和其他成形方法等。刀工与成形不仅为了好看，还为了入味和成熟、分割与食用，显示菜肴的文化品位和艺术感染力。

### （四）组配

原料经过初加工和刀工处理成形后，要按照菜品档次及制作要求进行基本调味或挂糊上浆，并且要有计划、按比例地组合以备烹制，这一整套程序称为“配菜”或“组配”。

组配分为生配和熟配。前者主要用于制作热菜，是刀工与烹调之间的承接环节；后者主要用于制作凉菜，是刀工与烹调之后的收束环节。二者顺序和作用尽管不同，但都能使菜品定量、定质、定级和初步定形。原料怎样组配，就得怎样制作，确定配什么、做什么、配多少、做多少。所以，组配就是确定各类原料的组合比例，完成菜品的设计过程。

### （五）烹制与火候

烹制是热量传递的过程，烹饪原料从热源、传热介质吸收热量，使自身温度升高，逐步达到烹制的火候要求。火候是烹调工艺的精髓，是根据烹饪原料的性质、形态和烹调方法及食用的要求，通过一定的烹制方式，在一定时间内使烹饪原料吸收足够的热量，从而发生适度变化后达到最佳程度。全面分析火候，则是一个包括原料属性、刀工造型、技法运用、火势强弱、传热介质、加热时间以及调味方法等要素的综合概念。

中餐的烹制离不开勺工。勺工是中式烹调特有的一项技术，它把烹调工艺过程中的加热、调味、勾芡等各道工序巧妙地结合起来，要求操作者既要顾及器具的特点，又要考虑火力的情况、温度的变化以及烹饪原料的变化，依法（技法）使力施艺，实施烹与调的活动。勺工是烹制中国菜肴最基本的手段，晃勺、翻勺、出勺构成其三大环节，其中翻勺是最重要的环节。

### （六）风味调和

风味调和是指在烹调过程中，运用各类调味品和各种手法，使菜肴的滋味、香气、色彩和质地等风味要素达到最佳效果的工艺过程。各种菜肴感官性状、风味特征的确定，虽然离不开烹制工艺，但要达到菜肴的质量要求，风味调和也起着非常重要的作用。通过调和工艺可以使菜肴的风味特征（如色泽、香气、滋味、形态、质地等）得以确定或基本确定。准确地讲，风味调和应当包括原料拼配、调味品组合以及加热烹制三个方面。

### （七）盛装与造型

菜肴作为一种特殊商品，在厨房烹调好以后必须盛装在一定的器皿中才能上桌供顾客食用。顾客在食用时不仅仅注重菜肴的香、味、质等，还注重菜肴的色、形。而菜肴的色、形是否美观，除了与刀工、配菜、加热、调味等有关外，与造型和盛装技巧也有很大关系。一般认为，菜肴的精致来源于刀工，口味取决于烹调，美化依赖于盛装。因此菜肴的盛装是产品的包装，是演员出场的化妆，既是评判菜肴质量的一项指标，也是体现厨师精湛厨艺的一个重要方面。

## 三、烹调工艺原理

原理通常是指某一领域、部门或科学中具有普遍意义的基本规律。科学的原理以大量的实践为基础，是经过归纳、概括而得出的，既能指导实践，又必须经受实践的检验。烹调工艺原理是烹调工艺中带有普遍性的、最基本的规律。烹调工艺原理以大量实践为基础，故其正确性直接由实践检验与确定。从总体来说，烹调工艺原理包括安全卫生原理、营养保健原理、五味调和原理、畅神悦情原理；从烹饪工序要素来说，包括原料分割原理、刀工原理、组配原理、加热成熟原理、风味调配原理、盛装与造型原理等。

## 四、烹调方法

烹调方法是烹调工艺的核心和灵魂，是劳动人民几千年来烹调实践经验的科学总结。正确掌握、熟练运用各种烹调方法，不仅可以对成千上万的菜肴分门别类、执简驭繁，还可以举一反三、触类旁通，在继承传统的基础上不断创新，创造出更多的菜肴。

我国烹调方法的种类众多，地方性强，灵活性强，分类的方法也众说纷纭。常用的热菜烹调方法有炒、熘、炸、爆、烹、煎、烧、扒、烩、焖、炖、氽、蒸、烤、拔丝、蜜汁等，常用的凉菜烹调方法有拌、炝、腌、卤、酱、冻等。

## 五、烹调工艺产品

烹调工艺的产品是菜肴。菜肴是指相对于主食、小吃（少数小吃也是菜肴）、饮料等而言的用于佐酒、下饭的食品的总称。烹调工艺学不仅研究烹调工艺，还要研究烹调工艺的产品——菜肴的基本属性、质量标准、质量控制和质量评定。

### 六、烹调工艺的继承与创新

烹调工艺学是变化之学、创新之学。中国烹调工艺要想跟上时代的步伐，满足人民的需要，在知识经济的21世纪立于不败之地，就需要不断地去认识、去发现、去总结、去探索、去改革创新。烹调工艺的创新，一方面可以从烹调工艺的流程出发，对烹调工艺流程中的各个要素、主要工序，如选料、调味、刀工、坯形加工、组配、调味、加热、器具、造型等方面进行创新；另一方面可以学习古今中外的烹调技术，通过借鉴他山之石，从学习模仿、变化改良、引入组合中创新。此外，还应包括烹调工艺的标准化与现代化。

## 第四节 烹调工艺学的学科属性和地位

### 一、烹调工艺学属于应用型技术学科

烹调工艺是人们利用炉灶设备和烹调工具对各种烹调原料、半成品进行加工或处理，最后制成能供人们直接食用的菜肴的技术方法。烹调技术是一种实用技术，烹调工艺学是这些技术方法的系统化。在自然科学范畴内，烹调工艺学属于工科（图1-1），但理科是它的理论基础。在技术科学的范畴内，它属于一门应用型技术学科，主要研究内容是烹调的自然科学原理和技术理论基础，所用的方法主要是观察和实验，主要的研究场所为厨房和实验室。

### 二、烹调工艺学是一个以手工艺为主体的技艺系统

烹调工艺学不同于食品工程学，它是一个以手工艺为主体的更为复杂而丰富的技艺系统，具有复杂多样的个性和强烈的艺术表现性。

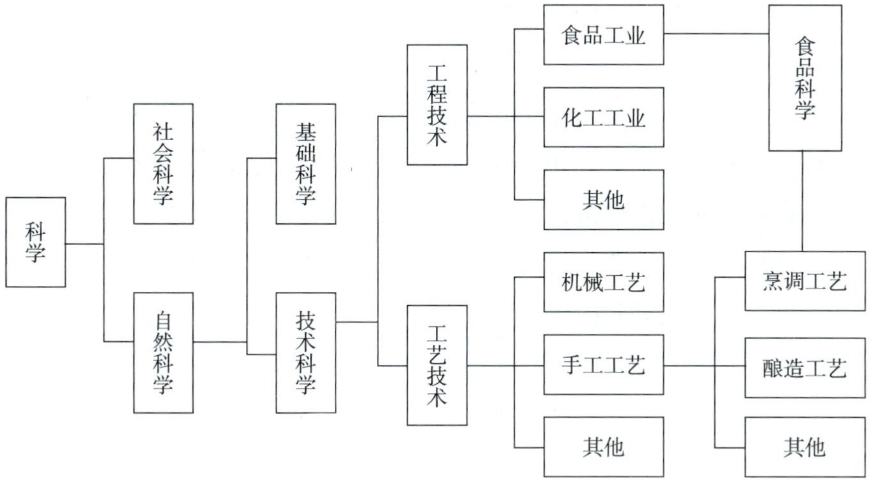


图 1-1 烹调工艺学的学科归属和性质

在人类世界中，每一个国家、每一个民族乃至每一个自然区域，都有许多地方风味浓郁、加工技艺精细、文化风格鲜明的名菜佳肴，有时连手工工具的形状都不一样。烹调工艺学具有显著的地方和民族特征。

在烹调工艺学中确实包含了一些艺术的因素，具有一定的艺术创造能力。通常我们所说的烹调艺术实际上是多种艺术形式与烹调技术的结合，即在食物的烹调过程中吸收相关的艺术形式，将其融入到具体的烹调过程中，使烹调过程与相关的艺术形式融为一体。从厨者在烹调过程中，需要借助雕塑、绘画、铸刻、书法等多种艺术形式（方法），才能实现自己的艺术创作。当然，现代科技知识正深入到烹调工艺体系之中，烹调工艺已不是过去的简单经验体系了。

## 三、烹调工艺学是一门综合性学科

烹调工艺学是一门既古老而又年轻的学科，在形成自己的理论基础和学科体系过程中，与其他学科有着密切的联系。如烹饪原料来源于农业生产或食品工业，原料品质的优劣直接影响到加工用途和产品质量。因此，农学和食品科学是烹调工艺学的基础。在不同层次的烹调加工中，需要解剖学和组织学、生理学、生物化学、物理学、食品化学、卫生学、营养学等学科知识。现代烹调工艺有些已实现机械化、自动化，这又与食品工程原理、机械设备和电子技术、人工智能等学科发生了联系。烹调工艺学还包含有丰富的社会科学内容，如哲学、经济学、历史学、民俗学、美学、心理学、管理学等。

## 四、烹调工艺学是烹饪学科的核心和“支柱”

烹调工艺学在烹饪学科中占主导地位，与烹饪原料学和烹饪营养学共同构成烹饪学科的三大支柱。烹调工艺学是烹饪学科相关各专业的一门主要专业课，是理论教学和实践训练并重的课程。从理论上讲，它融汇烹饪营养学、烹饪卫生学、食品安全学、烹饪原料学、烹饪器械和设备等课程的知识于烹调实践之中。从实践上讲，它对中国名菜、中国名点和宴席设计等课程起指导作用。

# 第五节 学习烹调工艺学的意义和基本要求

## 一、烹调工艺学课程的性质

烹调工艺学是高等职业教育烹饪工艺与营养专业的核心课程之一，它主要探讨中式烹调工艺的基础理论和工艺方法。通过教学，可以更加深入地了解各种烹调工艺现象及其基本原理，熟练掌握各类菜品的烹调工艺、技术关键，制作出满足人们需求的美馔佳肴。

烹调工艺学是一门主要实践性很强的专业技术课程，通过烹调工艺技能训练，使自身具有更高的实际操作能力和开拓创新精神，成为理论联系实际、具有独立工作能力和开拓精神的专门技术人才。

## 二、学习烹调工艺学的意义

### （一）丰富烹调工艺学理论知识

烹调工艺学是一门将基础科学，如生物化学、微生物学、食品化学、物理学、化学等应用于烹调原材料处理、加工的科学。它不仅有很强的理论性，又具有极强的实践性，与生产实际联系紧密，所以也是一门应用学科。近年来，随着基础科学和综合应用技术的发展，食品科学与工程的理论和技术的进步，现代食品科学广泛用于烹调工艺领域，已成为推动烹调工艺学发展的巨大动力；另一方面烹调工艺学自身实践的发展，也出现了许多新成果，提出了新的方法和概念，进一步加速了烹饪科学的前进步伐。

### （二）提高烹调操作技能

功以才成，业由才广。党的二十大报告指出，培养造就大批德才兼备的高素质人才，是国家和民族长远发展大计。烹饪专业的学生要成为大国工匠、高技能人才，不仅要具有高超的烹调技艺和精湛的烹调技能，而且还要有严谨、细致、专注、负责的工作态度和精雕细琢、精益求精的工作理念，以及对职业的认同感、责任感、荣誉感和使命感。

### （三）增强创业和就业能力

拥有了烹调技术，就拥有了一种谋生的手段。学好烹调工艺学，不仅可以培养创业意识，革新就业理念，而且可以拓展创业素质，提升就业技能。烹调技术为人们提供了一个就业、创业，施展才华、实现自我价值的机会。

## 三、学习烹调工艺学的基本要求

### （一）培养兴趣，用心学习

兴趣是最大的动力，勤奋是最好的老师。要学好烹调工艺学这门课程，必须端正态度，培养自己的兴趣，由“要我学”变为“我要学”。

### （二）熟练烹调的各项基本功

烹调基本功是指在烹制菜肴的各个环节中所必须掌握的实际操作技能和手法，包括选料得当、刀工娴熟、投料准确、灵活恰当地掌握火候、正确识别运用油温、挂糊上浆勾芡适度、勺工熟练等内容。只有切实熟练基本功，才能按照不同烹调工艺的要求，烹制出质量稳定，色、香、味、形、质俱佳的菜肴。

### （三）理论联系实际，重视实践教学

烹调工艺学具有很强的技术性和实践性，其内容与生活实际密切相关。在教学过程中要注意理论联系实际，对实验和实训教学中观察到的现象和数据进行分析，加深对课程基本理论的理解；要注意把教学过程中涉及的设备特点、工艺特点和产生的现象与课程的基本理论联系起来，以加深对课程实用性的认识。

### （四）勤学苦练，耐心细致，精益求精

烹调工艺学是一门技术性、实践性很强的课程，要掌握它，需要锲而不舍地勤学苦练。因为一项技能的掌握，并非一朝一夕就能完成的，往往要经过反复的练习、总结、实践。初步加工、干料涨发、刀工刀法、调味加热、冷菜拼摆、盛装美化等，每项操作都要耐心细致、精益求精，才能使烹调技术达到炉火纯青。

天才在于积累，聪明出于勤奋。有人说：“只有当你把一道菜做过1000遍以后，你才能真正懂得如何做好这道菜。”要想成为一名卓有成就的烹饪大师，就必须要实践、实践、再实践。

### （五）处理好继承与创新的关系

继承与创新是一个问题的两个方面，不能分割。任何事物的发展都是在继承与创新的过程中展开，在继承与创新的过程中实现的。唯有继承才可能创新，唯有创新才可能发展，从而达到真正的继承。继承是创新指导下的继承，创新是继承基础上的创新，二者紧密联系。继承不是照搬，而是加以改造的提高；创新不是离开传统另搞一套，而是新的、高水准的继承，二者相互包含、相互促进。

### （六）立志成为一名烹饪大师

“志不立，天下无可成之事。”古语有言：“立志而圣，则圣矣；立志而贤，则贤矣。”人生要有梦想，有追求，有意识。学习烹调工艺学，就要立志成为一名烹调工艺方面的专家、大家、大师。要成为烹调工艺专家、大家、大师，首先要淬炼过硬的政治品质，坚定不移听党话、跟党走；其次要弘扬劳动光荣、技能宝贵、创造伟大的时代风尚，弘扬精益求精的专业精神、职业精神、工匠精神和劳模精神；三要修炼大情怀、大格局。大师之路，因专业而卓越。

## 问题与讨论

1．如何理解“烹调”这一概念？它与“烹饪”“料理”有何关系？

2．什么是烹调工艺？烹调工艺与食品工程相比有哪些特点？

3．什么是烹调工艺学？其主要研究内容有哪些？

4．如何理解烹调工艺学的学科属性？

5．学习烹调工艺学有哪些意义和要求？

# 第二章

# 烹调工艺准备

教学目标

**知识目标**

（1）熟悉烹调工艺实施的空间环境
（2）了解烹调设备器具的种类和使用方法
（3）掌握烹调原料选择的原则和方法
（4）理解中式烹调师工作特点和职业守则，清楚中式烹调师的岗位职责和技能等级

**能力目标**

（1）能正确使用厨具设备
（2）能合理选择烹饪原料

**思政目标**

（1）遵守职业道德和职业规范，培养责任意识和职业素养
（2）提高节约意识，践行绿色低碳理念

## 内容提要

（1）烹调工艺环境
（2）烹调设备器具
（3）烹调原料选择
（4）中式烹调师职业岗位与技能等级

## 新课导入

烹调工艺作为一种技术体系，以烹调原料为加工对象，以炉灶锅勺为工具，通过烹调师在厨房的辛勤劳动，制作出供人们安全食用的菜肴成品。烹调工艺的准备工作，就好比是运动员参赛前的热身运动。准备工作做不好，将直接影响到后边的发挥。烹调工艺的实施，离不开适宜的厨房环境条件、先进的设备工具与能源、优质的烹调原料和优秀的烹调专业技术人员。

# 第一节
# 厨房

## 一、厨房的种类

厨房是实施烹调工艺的环境场所，国外经常将厨房描述成“烹调实验室”或“食品艺术家的工作室”。在服务性行业当中，厨房的组织运作其实更像工厂的生产：进入的是原料，输出的是形态、质感均发生变化了的成品。

厨房按规模可分为大型厨房、中型厨房、小型厨房、超小型厨房等。大型厨房是指生产规模大、能提供众多顾客同时用餐的厨房。一般餐位在1500个以上的综合型饭店，或经营面积在2000m$^2$或餐位在800个以上的具有单一功能的餐馆、酒楼，大多设有大型厨房。中型厨房是指能同时生产、提供300～500个餐位顾客用餐的厨房。小型厨房多指同时生产、提供200个左右餐位甚至更少餐位顾客用餐的场所。超小型厨房是指生产功能单一、服务能力十分有限的烹饪场所。

按经营风味不同，大体分为中餐厨房、西餐厨房和其他风味菜厨房等。

按厨房主要从事的工作或承担的任务不同，可分为加工厨房、宴会厨房、零点厨房、冷菜厨房、面点厨房、咖啡厅厨房、烧烤厨房、快餐厨房等。

中央厨房也称中心厨房，其实就是配餐配送中心，主要任务是将原料制作加工成半成品或成品，配送到各连锁店进行二次加热或者组合后销售给顾客。

中央厨房有两种加工方式：第一种是半成品的加工，就是把批量购买回来的菜品和蔬菜，放在单独一个地方加工成半成品，包括对蔬菜的清洗、切配、包装。再用冷藏车运输到各个店里使用，就是一个单独加工菜品的地方。第二种是成品的加工，就是通过强大的生产线，把米饭做熟配上做好的菜，直接送到需求量大的办公楼或是快餐店售卖。

## 二、厨房的空间

### （一）厨房面积

厨房面积对顺利进行厨房生产是至关重要的，它影响到工作效率和工作质量。面积过小，会使厨房拥挤和闷热，不仅影响工作速度，而且还会影响员工的工作情绪；面积过大，员工工作时行走的路程就会增加，工作效率自然会降低。因此，厨房面积应该在综合考虑相关因素的前提下，经过测算分析认真确定的。

厨房面积的确定一般要考虑原材料的加工作业量、经营的菜式风味、厨房生产量的多少、设备的先进程度与空间的利用率、厨房辅助设施状况等因素。在一个中型的酒店，中心厨房的整体面积一般与整个餐饮经营服务面积的比例为3∶5或4∶5，设备之间的主要通道宽度不少于1.6m，进货口和出菜口通道宽度不少于2.2m。

### （二）厨房的高度

厨房应有适当的高度，一般应在4m左右。如果厨房的高度不够，会使厨房生产人员有一种压抑感，也不利于通风透气，并容易导致厨房内温度增高；反之，厨房过高，会使建筑、装修、清扫、维修费用增大。依据人体工程学要求，根据厨房生产的经验，毛坯房的高度一般为3.8～4.3m，吊顶后厨房的净高度为3.2～3.8m为宜。这样的高度，其优点是便于清扫，能保持空气流通，对厨房安装各种管道、抽排油烟罩也较合适。

## 三、厨房的环境要求

### （一）讲究卫生

厨房卫生，首先是外部环境无污染，有清洁的水源、空气、地面。在厨房内部，设备、地面应整洁、干净、易清洗，并具有抗污染的能力。特别要防止苍蝇、蚊子、蟑螂、老鼠、蚂蚁等进入厨房，以免污染食品，危害人体健康。因而，必须定时对厨房进行打扫、消毒。

### （二）布局合理

厨房的空间有限，烹饪工艺需要有合理流程，因而在布局上应按流程的顺序排列。如原料进口储藏，生料加工处理，案板设置，冷菜、热菜烹制炉灶设置，调味品的放置，炊具的放置，出菜口与进食间的联结处置，器皿盥洗间与灶台堂口的位置安排，废汽、污水、下脚料和残羹的处置，都有一个“最佳”选择点问题（图2-1）。

### （三）通风良好

良好的通风会使室内气体流动，当风速在1m/s时会使室内温度下降1℃。一般而

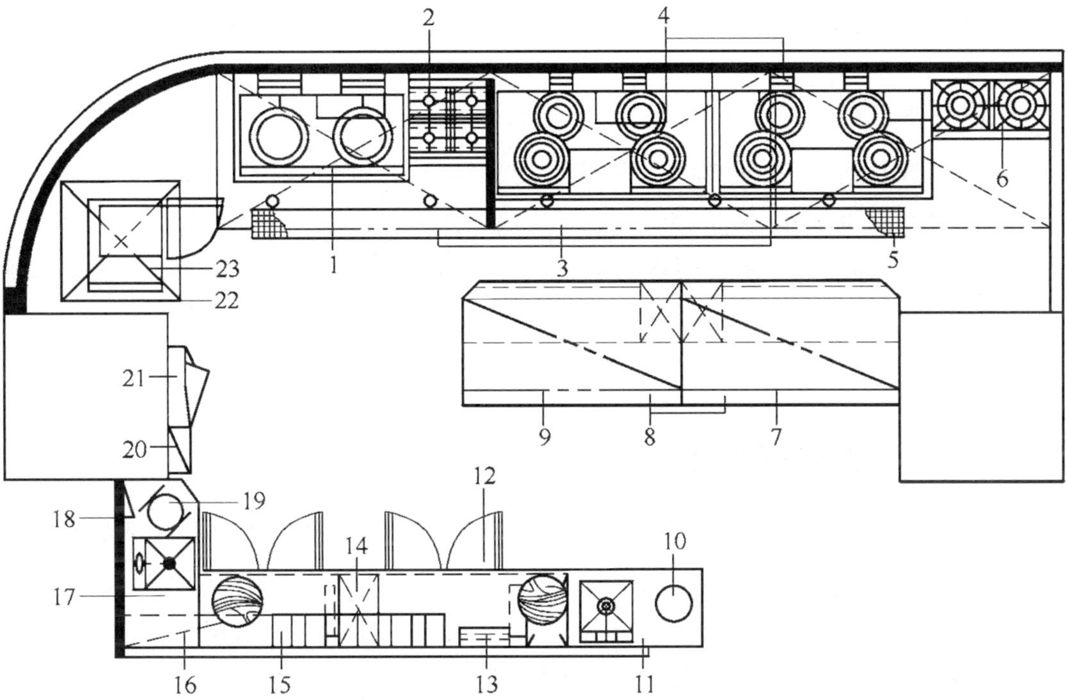


1．双头蒸炉　2．煲仔炉连烤箱　3．运水烟罩　4．双头双尾炒炉　5．明沟垫板
6．双头矮身炉　7，9．移门工作台　8．保温出菜台　10．活动垃圾桶　11．工作台
12．冷柜工作台　13．灭蝇灯　14．冷柜工作台　15．低温配料槽　16．双层吊架
17．单星盘工作台　18．双层吊架　19．活动垃圾桶　20．消防系统
21．运水烟罩控制箱　22．烟罩　23．蒸柜

图 2-1　中餐厨房布局

言，换气量随场所不同而不同，如厨房的换气量为60～90m$^3$/（m$^2$·h）；就餐场所的换气量为30m$^3$/（m$^2$·h）；蔬菜仓库的换气量为15m$^3$/（m$^2$·h）。

二氧化碳常作为空气污染的指标，虽然少量二氧化碳并不会使人感觉不舒服或危害人体，但过量的二氧化碳就不一样了，人在呼吸、煮饭或吸烟都会增加二氧化碳的含量。厨房的二氧化碳含量要求在0.1%以下。

### （四）照明适宜

厨房在生产时，操作人员需要有充足的照明，才能顺利地工作，特别是炉灶烹调，若光线不足，容易使员工产生疲乏劳累感，产生安全隐患，降低生产效率和质量。要保证菜点的色泽和档次，就应创造烹调区域内用于指导调味的灯光，不仅要从烹调厨师正面射出，没有阴影，而且还要保持与餐厅照射菜点的灯光一致的条件，使厨师调制追求的菜点色泽与客人接受、鉴赏菜点的色泽一致，否则成品的色泽往往难如人意。厨房照明应达到每平方米10W以上，在主要操作台、烹调作业区照明更要加强。

### （五）噪声较小

噪声一般是指超过80dB以上的强声。厨房噪声的来源有排油烟机电机风扇的响声、炉灶鼓风机的响声，还有搅拌机、蒸汽箱等发出的声音，其噪声在80dB左右。特别是在开餐高峰期，除了设备的噪声外，还有人员的喊叫声。强烈的噪声不仅影响人的身心健康，还容易使人性情暴躁，工作不踏实。因此，对噪声的处理也是一件很重要的工作。

### （六）厨房的温度和湿度

绝大多数餐饮企业的厨房内温度太高，在闷热的环境中工作，员工的工作情绪不仅受到影响，而且工作效率也会变得低下。在厨房安装空调系统，可以有效地降低厨房环境温度。在没有安装空调系统的厨房，也有许多方法可以适当降低厨房内温度，例如在加热设备的上方安装排风扇或排油烟机；对蒸汽管道和热水管道进行隔热处理；散热设备安放在通风较好的地方，生产中及时关闭加热设备；尽量避免在同一时间、同一空间内集中使用加热设备；通风降温（送风或排风降温）等。

湿度是指空气中的含水量多少，相对湿度是指空气中的含水量和在特定温度下饱和水气中含水量之比。厨房中的湿度过大或过小都是不利的。湿度过大，人体易感到胸闷，有些食品原料易腐败变质，甚至半成品、成品质量也受到影响；反之，湿度过小，厨房内的原料（特别是新鲜的绿叶蔬菜）易干瘪变色。

厨房内较适宜的温度应控制在冬天22～26℃，夏天24～28℃，相对湿度不应超过60%。

## 第二节 烹调设备器具

“工欲善其事，必先利其器”。优良的烹调设备器具是实施烹调工艺的物质基础，是烹调操作人员人身安全的重要保障。了解烹调设备的种类和性能对烹调操作人员来说

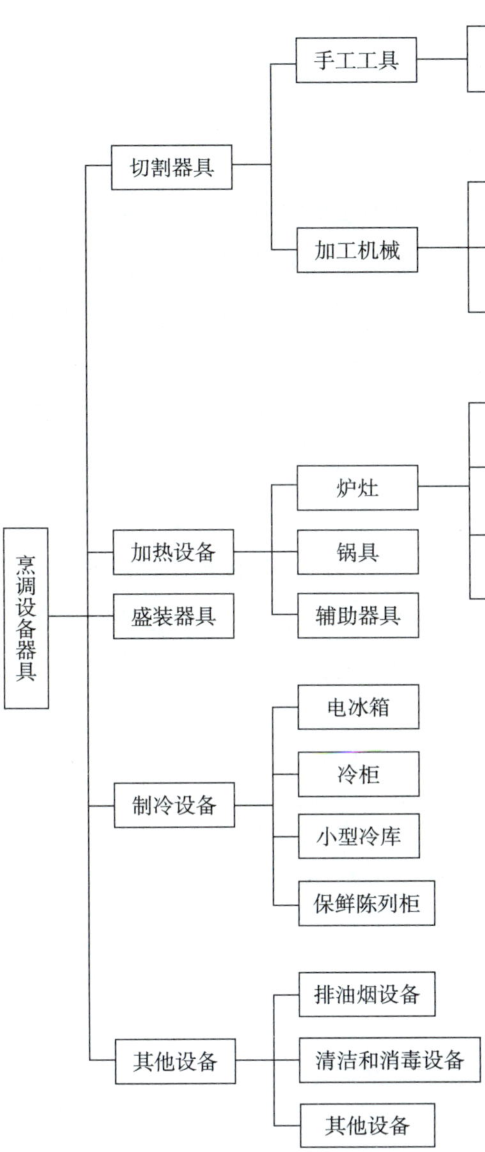


图 2-2　厨具设备的种类

尤为重要。常用的烹调设备器具种类很多（图2-2），主要有临灶工具和切配工具两大类，此外还有制冷设备、清洁和消毒设备等。

## 一、临灶使用的厨具设备

临灶使用的厨具设备是指在不同炉灶台岗位（比如灶台岗、蒸锅岗、发制原料岗等）工作中使用的各种烹调设备器具以及辅助器具等。广义上包括蒸锅、大锅灶的煮锅在内的各种加热炊灶器具；狭义上专指临灶岗位工作中所用的加热器具和辅助器具，如炒锅（炒勺）、手勺、滤器、调料罐等。

### （一）炉灶设备

炉灶设备按使用热源的不同可分为固体燃料炉灶、液体燃料炉灶、气体燃料炉灶、电热炉灶和其他热源炉灶五大类。固体燃料炉灶有柴草炉、煤炉、新型固体燃料炉、炭炉等；液体燃烧炉灶有柴油炉、煤油炉、酒精炉等；气体燃料炉灶有天然气灶、煤气灶、液化石油气灶等；电热炉灶较多，包括电灶、电烤箱、电磁炉、微波炉等。炉灶以节约能源和自由控制火候者为佳。

### （二）锅具

锅是用于煎、炒、烹、炸、烧、扒、炖、蒸等各种烹调方法的加热工具。按质地不同可分为铁锅（生铁锅、熟铁锅）、铜锅、铝合金锅、不锈钢锅、砂锅、搪瓷锅等；按用途不同可分为炒锅、蒸锅、卤锅、汤锅、煎锅、笼锅、火锅、压力锅等。此外，炊灶具合一的电锅、微波炉也属此类。

### （三）辅助器具

辅助器具是指在临灶烹调的过程中使用的烹调辅助器具，如手勺、手铲、锅刷子、锅勺枕器、锅盖、钩、叉、扦、筷、铁丝网、油罐、漏勺、笊篱、箩筛、调料罐等。

## 二、原料加工使用的厨具设备

原料加工的厨具设备主要有刀具、砧板、加工机械、盛装器具等。

### （一）刀具

刀具指专门用于切割食物的工具。其种类繁多，形状各异，除了一些专用刀具，如雕刀、刮刀、刨刀、涮羊肉刀、烤鸭刀等，最常见的刀具（俗称菜刀、厨刀）大致可分为四类，即片刀、切刀、砍刀、前切后砍刀（表2-1）。在使用时，应保持刀具锋利，每隔一段时间要进行磨刀。每次使用后刀具必须擦洗干净，挂在刀架上以免生锈，且刀刃不可碰到硬物上。

表 2-1　最常见厨刀的特点和用途

| 名称 | 特点 | 主要用途 |
|---|---|---|
| 切刀 | 切刀比片刀大，略宽、略重，刀口锋利，结实耐用，用途最广，如广州的双狮不锈钢刀 | 最适宜于切片、丁、条、丝、粒、块等，也可用于加工略带小骨和质地较硬的原料 |
| 片刀 | 片刀又称批刀，刀身较窄，刀刃较长，体薄而轻，重500～750g。刀口锋利、尖劈角小，使用灵活方便，如广东商刀 | 主要用于制片，也可切丝、丁、条、块等 |
| 砍刀 | 砍刀又称劈刀、斩刀、骨刀、厚刀，刀身较重，1000g以上，厚背、厚膛，大尖劈角 | 宜于砍骨或体积较大坚硬的原料 |
| 前切后剁刀 | 前切后砍刀又称文武刀，其综合了切刀与砍刀的用途，大小与切刀基本一致，刀根部位比切刀厚，重750～1000g | 刀口锋面的中前端刀刃适宜劈、切无骨的韧性原料及植物性原料，后端适宜砍带骨的原料（只能砍带小骨的原料如鸡、鸭等），既能切又能砍，故称文武刀，刀背还可锤蓉 |

## （二）砧板

砧板属切割枕器，是刀对烹饪原料加工时使用的垫托工具，包括砧墩和案板。砧板的种类繁多，主要有天然木质的、塑料制的、天然木质和塑料复合型的制品三类，通常使用天然木质的。砧板还可分为生食砧板与熟食砧板。砧板在使用时应保持其表面平整，且保证食品的清洁卫生。使用后要及时刮洗擦净，晾干水分后用洁布罩好。

## （三）加工机械

在现代厨具设备中，食品加工机械占有重要位置，它大大减轻了厨师的劳动强度，使工作效率成倍增长。食品加工机械包括初加工机械、切割加工机械、搅拌机械等。初加工机械主要是指对原料进行清洗、脱水、削皮、脱毛等处理的设备，如蔬菜清洗机、脱毛机、蔬菜脱水机、蔬菜削皮机等。切割加工机械主要有切片机、锯骨机、螺蛳尾部切割机等。切片机采用齿轮传动方式，外壳为一体式不锈钢结构，维修、清洁极为方便，所使用的刀片为一次铸造成型，刀片锐利耐用。切片机是切、刨肉片以及切脆性蔬菜片的专用工具，该机虽然只有一把刀具，但可根据需要调节切刨厚度。切片机在厨房常用来切割各式冷肉、土豆、萝卜、藕片，尤其是刨切羊肉片，所切之片大小、厚薄一致，省工省力，使用频率很高。搅拌机械主要有绞肉机和多功能搅拌机。绞肉机由机架、传动部件、绞轴、绞刀、孔格栅组成，使用时要把肉分割成小块并去皮去骨，再由入口投进绞肉机中，启动机器后在孔格栅挤出肉馅。肉馅的粗细可由绞肉的次数来决定，反复绞几次，肉馅则更加细碎。该机还可用于绞切各类蔬菜、水果、干面包碎等，使用方便，用途很广。多功能搅拌机结构与普通搅拌机相似，但多功能搅拌机可以更换各种搅拌头，适用搅拌原料范围更广。

在中国餐饮企业标准化发展趋势的推动下，智能烹调设备不断增多，如全自动智能炒菜机、智能油炸炉等可保障餐饮企业上菜速度及菜品质量，有助于餐饮企业形成标准化服务体系。

#### （四）盛装器具

我国菜肴的盛器种类特别多。按质料的不同分，有瓷器、陶器、玻璃器皿、搪瓷器皿以及铜器、锡器、铝器、银器、不锈钢器皿等，其中以瓷器应用最为普遍。实际应用中，一般按盛器的形状和用途不同将它们分为盘、碗、盆、锅、钵、铁板、攒盒、竹器、藤编等。其中以盘的种类最为丰富，有平盘、凹盘等品种；有圆盘、腰盘、长方盘、异形盘（如船形盘、叶形盘、方形、蟹盘、鸭盘、鱼盘盛器）等形状。碗有汤碗、蒸碗（扣碗）、饭碗、口杯等；锅有品锅、火锅、汽锅、砂锅等。每一种又有型号不一的各种规格。

## 第三节 烹调原料

烹调原料是烹调工艺实施的物质基础和首要条件，它不仅是味的载体、构成菜点的基本内容，而且其本身就是美味的重要来源。具有时代特色的烹调原料，与现代和传统的烹调工艺相结合，必将转化成潮流美食，满足人们日益增长的物质和精神的需求。

### 一、烹调原料的种类和形态

#### （一）烹调原料的种类

烹调原料的很多天然品种是自然生物，有些早已为原始人采集食用。自从人类用火熟食以来，这些自然生物逐渐成为烹调原料。在漫长的发展历程中，不断发现和引进新品种，培育出新良种，加工出新制品。经过烹调与饮食实践的反复筛选、优选，逐渐淘汰了一些不宜应用的原料。发展至今，烹调原料已经积累了相当的数量，据不完全统计，中国烹调原料总数达到万种以上。

烹调原料有多种分类方法，按原料的性质和来源不同，可分为植物性原料、动物性原料、矿物性原料、人工合成原料；按原料的加工状况不同，可分为鲜活原料、干货原料、复制品原料；按原料在烹饪中用途不同，可分为主料、配料、调味料；按原料分类可分为粮食、蔬菜、果品、肉类及肉制品、蛋奶、水产品、干货、调味品；按原料资源不同，可分为农产原料、畜产原料、水产原料、林产原料、其他原料。我国的营养学家把各种各样的食物分成了五类，包括谷薯类，蔬菜和水果，鱼、禽、肉、蛋类，奶类和豆类，油脂类，并设计了一个平衡膳食宝塔（图2-3）。

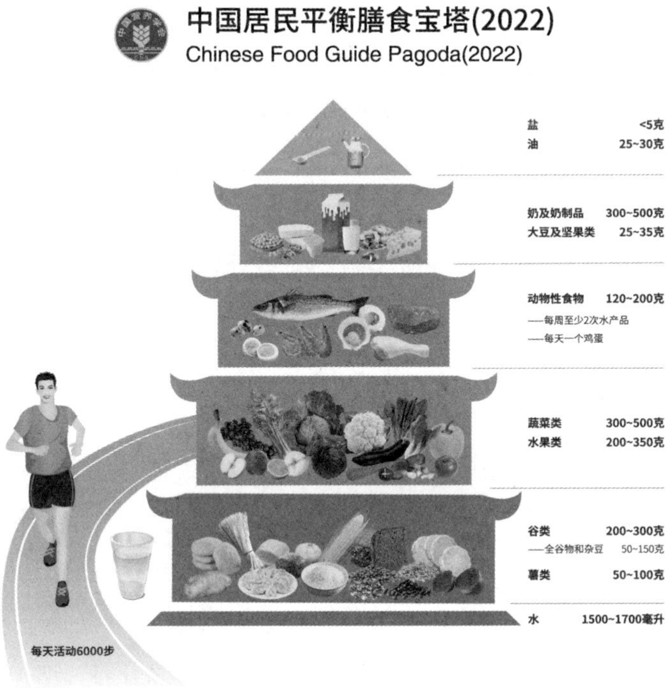


图2-3　中国居民平衡膳食宝塔（2022）

## （二）烹调原料的形态

烹调原料的形态是指各种烹调原料进入厨房所具的外部形式。按照餐饮行业的习惯，一般分为活体、鲜体和制品三类。活体，是指保持生命延续状态；鲜体，是指脱离生命状态，但基本保持活体时所具的品质；制品，是指原料经过特定方式加工后所具的形态，如干品、腌制品、成品等。

烹调原料在加工过程中因加工目的、加工条件、加工方法等的影响而有不同的使用形态：一是自然形态，即原料原本具有的形态，行业中一般称之为整料；二是加工形态，是指根据一定的目的对原料的自然形态进行适当改造，通常是用切削的方法对原料进行分割处理，化整为零；三是艺术形态，是在自然形态、加工形态的基础上，根据预先的设计通过一定的方法将原料处理成具有某种含义的形状，如几何图案、象形图案或寓意图案等。

## 二、烹调原料的热物理特性

### （一）烹调原料的成熟温度

不同的烹调原料有不同的成熟温度。比如，有些原料的生物组织质密，不易咀嚼，在其内部的一些不安全的成分也不容易破坏，因此就需要较高的热处理温度，有时甚至要多次加热才能成熟；而有些原料的生物组织结构疏松，或者含有大量水分，则不需要较高的热处理温度，否则会出现细胞脱水、组织松散等现象，使菜品质量下降，严重的还会大量破坏正常的营养成分。因此，在烹调工艺中，对于所要加工的烹调原料，必须要根据它们的生物组织、结构特点和所要制成的菜肴品种，确定热处理时的最佳温度条件，以便采取相应的加热方式手段。

### （二）烹调原料的比热容与热容量

比热容，又称比热容量，是单位质量物质的热容量，即单位质量物体改变单位温度时吸收或放出的热量。烹调原料的热容量是烹调原料由生变熟相应吸收的基本热量，它是烹调原料成熟度的一种度量。如果能确定烹调原料成熟应达到的温度，就可以计算出烹调原料在由生变熟时所吸收的热量。每一种或每一批量的烹调原料，因其所含的组成成分和结合状态不同，它们的比热容也不同。因而在进行烹饪时，所消耗的热能也是不等的。也就是说，在每一种（批）烹调原料的制熟过程中，要求达到一定热效应时所需的热容量是不同的。如1kg猪肉与1kg菠菜都从常温下加热到100℃，虽然都是1kg，由于两者的比热容不同，实际需要的热容量当然不同。又如1kg猪肉和2kg猪肉都从常温下加热到100℃，尽管两者的比热容相同，但因质量不等，所以两者所需的热容量也不同。

需要指出的是，这里所说的烹饪过程中所需要的热容量，是指使该烹调原料成熟时所必需的热能数量，并不简单等于加热设备（热源）所放出的热量。因为任何结构合理的炉灶或十分完善的发热方式，其热效率绝不可能是100%的，实际加热中会损耗一部分热量到空气或其他介质中。例如，煮熟3kg的猪肉，需要20.9kJ热能，而此时如有一热燃料，其值正好是20.9kJ，那么，即使其完全燃烧，也不可能把猪肉烧熟，即加热中的消耗是正常的。

### （三）烹调原料的热导率

热导率也称导热系数，它是表示物体导热性能的一个热力学参数。其物理意义是壁面为$1m^2$，厚度为1m，两面温度差为1℃时，单位时间内以传导方式所传递的热量。热导率的值越大，则物质的导热能力越强。对不同的物质，其热导率各不相同，对同一物质，其热导率随该物质的结构、密度、湿度、压力和温度而变化。各种常用物质的热导率都是经实验测定的，可从有关手册和参考书中查找。一般说来，金属的导热系数最大，固体非金属次之，液体较小，气体最小。与金属相比，烹调原料的热导率要小得多。所以，烹调原料是不良导热体。

烹调原料的热导率取决于它的内部结构，特别是其松散度。烹调原料的松散度与其自身的空气、脂肪和水的含量有关，三者之中水的热导率最大，脂肪次之，空气最小。一般来说，烹调原料的热导率都随其水分含量的增加而增加；随着脂肪含量、松散度的增加而降低。由于冰的热导率大于水的热导率，因此冻结的烹调原料比生鲜的烹调原料有更高的热导率。

据研究，液体原料如油、酱油等的热导率随着大气压力的上升而增大，随着浓度的增加而减少。在不同的海拔高度，油、水等传热介质虽然加热时状态一样，但温度却不同。海拔高度越高，单位时间内压力与传热介质的热交换量就越小，所以在高原地区，对于同种原料，无论是加热温度还是加热时间，都要略强于内地，才能保证菜肴达到要求的品质。

### （四）烹调原料的抗烹性

烹调原料的抗烹性是指烹调原料在烹饪时所遇到的困难程度。有些烹调原料较易烹饪，有些则很难烹饪，有些在技术条件不具备时根本不能烹饪。烹调原料的抗烹性主要表现在以下几个方面：一是体积，比如广东的烤乳猪、内蒙古的烤全羊，由于要烹的原料体积太大，所以不是一下子就能烹好的。二是形状，我们知道烹调原料的形状复杂多样，如果面对单向的热力（如燃气灶、燃煤灶）就有个阴阳向背的问题。面向着热源的，能充分感受到热力的作用，就容易成熟；而背火的那面，就难乎其为热了。再如嫩一点的东西，这面烧焦了，那面可能还未传过热。

### （五）烹调原料的耐热性

耐热性是指烹调原料对热能的耐受程度或接受程度。各种烹调原料，由于质地不同、组织不同，对热能接受的反应也就大不相同。有些原料质地黏软，组织的密度也不大，因此一烹就熟，再烹就易软烂。但有些原料则质地坚硬，密度也大，热能就难以透入内部，以致难于把它烹熟。

烹调原料的耐热性不仅因原料的不同而不同，即使在同一原料中，各部分的耐热力也不同。比如同是一棵白菜，白菜叶就容易烂，而白菜梗就不容易烂。同是一块猪肉，肥的就容易烂，瘦的就不容易烂。炖一锅肉时，往往肥肉都烂得化成油了，而瘦肉还咬不动。这当然给烹饪工作带来许多麻烦。

## 三、烹调原料选择的意义和原则

### （一）烹调原料选择的意义

烹调原料选择是按照一定的营养卫生标准和菜肴制作要求，利用一定的方法，有目的地对烹调原料的品质、品种、部位、卫生状况等多方面的综合挑选，以保证烹调工艺的正常实施和菜肴的质量。

烹调原料的选择是烹调工艺的准备工序之一，也是确保菜肴质量的前提条件。原料选择的是否恰当，不仅影响菜肴的色、香、味、形，而且影响到人体的健康以及菜品的成本控制。

### （二）烹调原料选择的原则

#### 1. 要具有“可食性”

“可食性”是选择烹调原料的先决条件。烹调原料“可食性”具有以下条件：一是必须确保食用安全，无毒无害；二是必须具有营养价值，能满足人体的正常需要，达到平衡膳食；三是必须有良好的口感口味。

#### 2. 要依据原料自身的性质和特点来选择

不同的原料性质和特点不同，如口感的不同、质地的老嫩、外观的优劣等。选择原料就是要根据原料的性质特点加以区别，做到看料做菜、因料施烹，充分发挥原料在烹调中的作用和使用价值，避免原料的浪费和选料不当而造成菜肴产品质量的下降。

（1）以鲜活为佳　在制作具体菜肴时则要根据具体情况灵活掌握。如制作蛋泡糊时，要求鸡蛋越新越好，以利于起泡和稳定；而虾仁的出肉加工，则应选择死后不久的虾。

（2）形态要完整，色泽鲜艳　为了保证菜肴的造型和色彩，原料的形态尽量要完整，色彩鲜艳有光泽。残缺不全或变色的原料，不能保证菜品的色和形完美。原料的色彩和形态除了人为的损伤以外，还与原料的品种、新鲜度、成熟度、产地等有一定的关系。

（3）根据原料的种类进行选择　烹调原料的种类繁多，各类原料都有自己的结构特点和化学组成，因而其品质各不相同。在选择原料的过程中，要充分重视因原料品种不同而存在的品质上的差异。

（4）根据生长季节进行选择　虽然现在人工培育的原料已不分季节性，但就风味而言，目前仍不能取代天然生长的原料。许多烹调原料受季节因素的影响较大，同一原料一年之中处在不同的时期，其状态差异较大。

（5）根据原料的部位进行选择　一是要对同一品种的不同部位进行比较，选出优劣；二是要对不同品种的同一部位进行比较。

（6）根据原料的产地特征进行选择　由于地理、气候等环境因素影响，不同的地区各有自己的特产原料。另外，即使是同一种原料，也会因地区不同而出现品质差异。

### 3. 要根据烹调方法和菜肴的具体要求选料

任何一种烹调方法或菜肴都有相应的选料范围，任何一种原料也有相适应的烹调范围（如爆炒菜原料必须质地细嫩、易于成熟；质地细嫩的绿叶蔬菜，适合高温速成的烹调方法），如果超出了各自的范围，就很难达到菜肴的要求。因此，必须要了解原料的各种性能，掌握具体菜肴的制作程序，针对各自的特点进行合理选择，既使原料的特点得到充分体现，又使烹调工艺得以顺利进行。

（1）按照菜肴产品的不同质量要求选择原料　一般情况下，大部分菜肴品种所使用的原料都有一定的要求和规格，尤其是一些地方传统名菜和创新名菜，对原料的选用更是十分讲究。只有按照菜点制作的质量要求选择合适的原料品种和不同部位的原料，才能做到因菜施烹，保证菜肴产品的质量和风味特点。

（2）选料要与烹调方法相适应　烹调的过程是原料成熟和入味的过程，不同的烹调方法其成熟的时间不同，选料时原料的部位、老嫩必须与烹调方法相适应，否则就很难达到菜品的要求。

此外，也可根据烹调原料的特点，选择相应的烹调方法，使制作的菜肴发挥原料的最大优点。

4. 要考虑人文社会因素

（1）依照人体需要和健康状况进行选择　烹调原料可以供给人体所需要的营养素，但不同的人对营养的需求有一定差异。首先是年龄的差异，如儿童、成人和老人的需要不同；其次是工作性质的差异，如体力劳动者爱肥浓，脑力劳动者喜清淡；再有，性别差异也会影响到他们对饮食的需求。此外，不同健康状况的人也有各自的膳食特征，选料时要因人而异。

（2）根据不同的风情民俗选料　由于各地区的民族习俗、宗教信仰、个人嗜好不同，从而使饮食习俗也有所不同，不同民族对食物的喜好也各不相同。选择原料要了解各地的民俗风情，投其所好，避其所忌。

（3）保护生态环境，严禁滥捕滥猎　生态环境，关乎人类福祉，烹调原料的选择必须遵循有关法律法规，如《中华人民共和国野生动物保护法》《中华人民共和国野生植物保护条例》《中华人民共和国食品安全法》和《全国人民代表大会常务委员会关于全面禁止非法野生动物交易、革除滥食野生动物陋习、切实保障人民群众生命健康安全的决定》等。

（4）弘扬勤俭节约精神　践行绿色低碳理念，培育时代新风新貌。

## 四、烹调原料选择的内容和方法

在实际工作中，对烹调原料的选择有两种情况：一是根据一定的要求选择合适的原料；二是根据一定的原料选择恰当的加工和烹调方法。在具体的选择过程中，主要是对原料的品种、质量、数量和形态进行确定（图2-4）。

烹饪原料的选择大致分为三个层次：第一个层次是根据烹饪原料营养安全卫生标准和法规选料，即决定什么原料能作为烹饪原料、什么原料不能作为烹饪原料；第二个层次是根据烹饪原料自身的性质、特点和烹调工艺及菜肴的具体要求来选料，即决定在能够用于烹饪的原料中，什么样的原料适用于什么样的加工或烹调方法，或者说什么样的加工或烹调方法才能最大限度地发挥该种烹饪原料的优点；第三个层次是根据人体健康状况、民俗风情、宗教信仰、法律法规等人文社会因素选料，以保障消费者身体健康，遵守党和国家的民族、宗教政策。

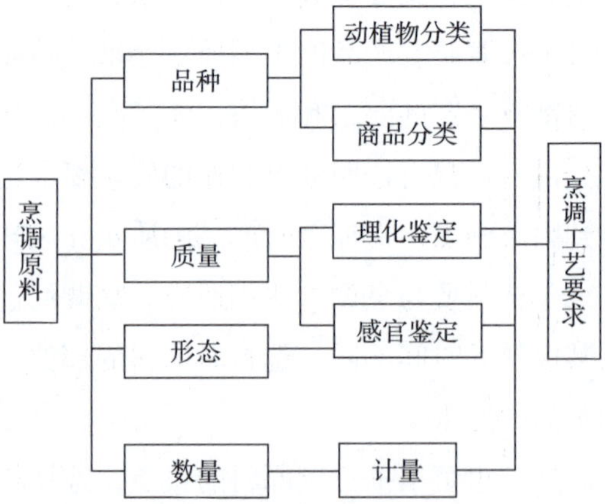


图2-4　烹调原料的选择方法

# 第四节
# 中式烹调师职业岗位与技能等级

《中华人民共和国职业分类大典》是我国第一部对职业进行科学分类的权威性文献。该大典从我国实际出发，在充分考虑经济发展、科技进步和产业结构变化的基础上，按照工作性质同一性的基本原则，将我国职业归为8个大类、66个中类、413个小类、1838个细类（职业），比较全面地反映了我国社会职业结构现状，同时突出了职业应有的社会性、目的性、规范性、稳定性和群体性特征。大典中的每一个职业都有编码、名称、职业定义和职业描述以及归入该职业的工种组成，对职业的性质和工作活动的内容、范围以及与工种的联系做了准确的界定和表述。

中式烹调师属于《中华人民共和国职业分类大典（2022年版）》（公示稿）中第四大类“商业、服务业人员”所含小类“中餐烹饪人员”中的细类，职业编码是4-03-02-01。

## 一、中式烹调师的工作内容

根据《中式烹调师国家职业技能标准（2018年版）》，中式烹调师是指“运用刀法与烹调技法，对原材料进行加工，制作中式菜肴的人员。”它与其他职业（工种）相比，具有从业人员多、技艺要求高、地方性强、覆盖面广的特点。其从事的主要工作内容见表2-2。

表 2-2 中式烹调师的主要工作内容

| 职业功能 | 工作内容 |
|---|---|
| 原料初加工 | 鲜活原料初加工，干货及加工性原料初加工，特色干制原料鉴别和初加工等 |
| 原料分档与切配 | 原料分割取料，原料切割成形，菜肴组配等 |
| 原料预制加工 | 挂糊、上浆，调味、调色处理，预熟处理，制汤，制冻，制蓉胶等 |
| 菜肴制作 | 热菜烹制，冷菜制作，食品雕刻，位上冷菜拼摆，餐盘装饰，创新菜的制作与开发，主题展台设计等 |
| 宴会主理 | 零点菜单设计，宴会菜单设计，宴会的组织，宴会服务的协调等 |
| 厨房管理 | 成本管理，厨房生产管理，厨房整体布局，人员组织，菜肴质量管理等 |
| 培训指导 | 撰写培训教案，编制培训计划，进行技术指导等 |

## 二、中式烹调师的岗位设置

在烹调工艺流程中，不同的工序有不同的岗位，不同的岗位有不同的职责。岗位职责是衡量和评估每个员工工作的依据，是工作中进行沟通和协调的依据，是选择岗位人选的标准和依据，同时还是实现厨房高效率安排工作、高效率从事生产的保证。

图2-5是我国现代大型厨房烹调师岗位的一般设置，中小型厨房的岗位设置相对比较简单。由于不同的餐饮企业不同的特点，在厨房的岗位设置方面也不尽相同，图2-6为粤菜厨房的烹调师岗位设置。

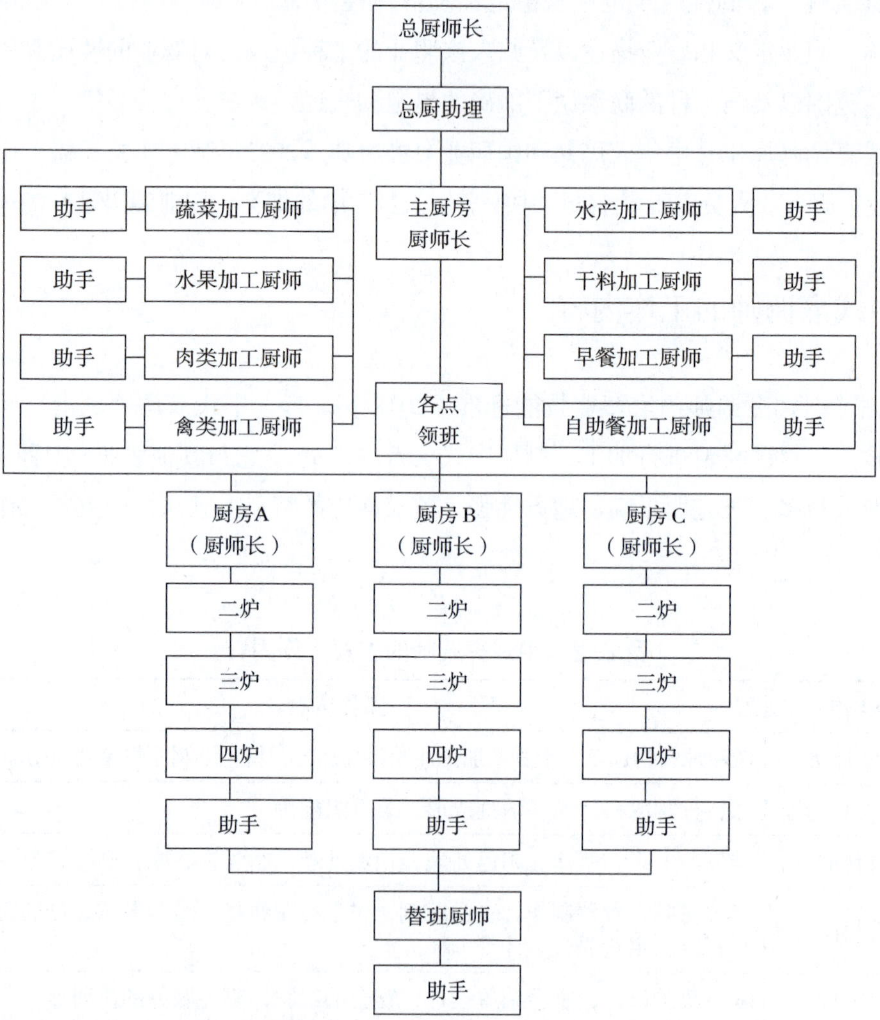


图2-5 现代大型厨房烹调师的岗位设置

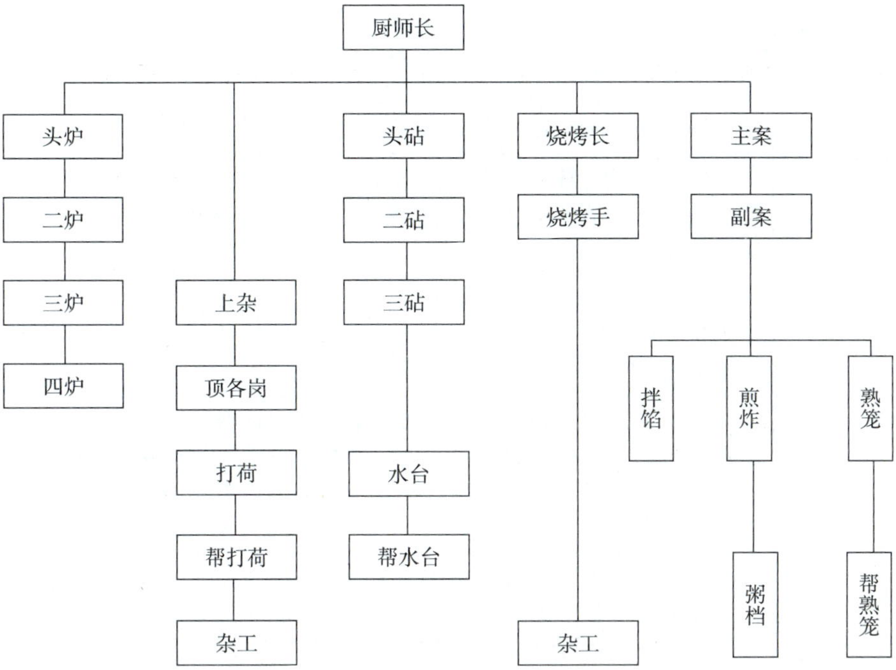


图2-6 粤菜厨房的烹调师岗位设置

## 三、中式烹调师职业技能等级体系

根据国家职业标准，中式烹调师按所从事的岗位和技能高低不同，一般可分为设五个等级，即初级（国家职业资格五级）、中级（国家职业资格四级）、高级（国家职业资格三级）、技师（国家职业资格二级）、高级技师（国家职业资格一级）。对初级、中级、高级、技师、高级技师的技能要求依次递进，高级别包括低级别的要求。

2022年3月18日，人力资源社会保障部《关于健全完善新时代技能人才职业技能等级制度的意见（试行）》（人社部发〔2022〕14号）中指出，要健全技能岗位等级设置。企业根据技术技能发展水平等情况，结合实际，在现有职业技能等级设置的基础上适当增加或调整技能等级。对设有高级技师的职业（工种），可在其上增设特级技师和首席技师技术职务（岗位），在初级工之下补设学徒工，形成由学徒工、初级工、中级工、高级工、技师、高级技师、特级技师、首席技师构成的职业技能等级（岗位）序列（表2-3）。行业企业根据自身特点，考虑历史沿用、约定俗成等因素，对上述技能等级名称可使用不同称谓，并明确其与相应技能等级的对应关系。

表 2-3　人力资源社会保障部职业技能等级（岗位）要求

<table>
<tr><th>序号</th><th>级别名称</th><th>基本要求</th><th>实施机构</th></tr>
<tr><td>1</td><td>学徒工</td><td>能够基本完成本职业某一方面的主要工作</td><td>用人单位</td></tr>
<tr><td>2</td><td>初级工</td><td>能够运用基本技能独立完成本职业的常规工作</td><td rowspan="5">用人单位和社评组织</td></tr>
<tr><td>3</td><td>中级工</td><td>能够熟练运用基本技能独立完成本职业的常规工作；在特定情况下，能够运用专门技能完成技术较为复杂的工作；能够与他人合作</td></tr>
<tr><td>4</td><td>高级工</td><td>能够熟练运用基本技能和专门技能完成本职业较为复杂的工作，包括完成部分非常规性的工作；能够独立处理工作中出现的问题；能够指导和培训初、中级工</td></tr>
<tr><td>5</td><td>技师</td><td>能够熟练运用专门技能和特殊技能完成本职业复杂的、非常规性的工作；掌握本职业的关键技术技能，能够独立处理和解决技术或工艺难题；在技术技能方面有创新；能够指导和培训初、中、高级工；具有一定的技术管理能力</td></tr>
<tr><td>6</td><td>高级技师</td><td>能够熟练运用专门技能和特殊技能在本职业的各个领域完成复杂的、非常规性工作；熟练掌握本职业的关键技术技能，能够独立处理和解决高难度的技术问题或工艺难题；在技术攻关和工艺革新方面有创新；能够组织开展技术改造、技术革新活动；能够组织开展系统的专业技术培训；具有技术管理能力</td></tr>
<tr><td>7</td><td>特级技师</td><td>在生产科研一线从事技术技能工作、业绩贡献突出的“企业高技能领军人才”。能够熟练运用专门技能和特殊技能在本职业的各个领域完成复杂的、非常规性工作；精通本职业及相关职业的重要理论原理及关键技术技能，能够独立处理和解决高难度的技术问题或工艺难题；承担传授技艺的任务，在技能人才梯队培养上作出突出贡献</td><td>省级及以上人力资源社会保障部门指导用人单位实施</td></tr>
<tr><td>8</td><td>首席技师</td><td>在技术技能领域作出重大贡献，或在本地区、本行业企业具有公认的高超技能、精湛技艺的“地方或行业企业高技能领军人才”。为地方、行业企业高技能人才队伍建设作出突出贡献；为国家重大技术攻关、成果转化、技术创新、发明等作出突出贡献，在地方、行业企业的技术进步与发展中发挥关键作用，专业水平在地方、行业企业具有很高认可度和影响力</td><td>省级及以上人力资源社会保障部门、国务院有关行业主管部门指导用人单位实施</td></tr>
</table>

## 四、烹调师的工作特点

### （一）服务性与创造性相统一

烹调师的劳动产品——菜肴，是销售给人们享受的。为顾客提供美馔佳肴，是烹调师劳动的主要目的。因此，烹调师的工作具有商业服务性特征。这一特征要求烹调师具有全心全意为人民服务的良好品德、顾客利益至上的态度以及甘于奉献的牺牲精神。烹调师被誉为“火之艺术的创造者”“火焰上的舞蹈家”，不仅要熟练掌握和运用烹饪技能，还必须懂得营养学、原料学、烹饪化学、烹饪美学、饮食心理学等多方面知识。烹调师只有博学多才、见多识广，才能厚积而薄发，创造出更多受人们喜爱的菜点。杰罗尔德说过：“人类中最具创造性的，当推烹调师。”

### （二）技术性与科学性、艺术性相统一

烹调是一门技艺，烹调师的劳动是以手工操作为主的技术工作。从原料的鉴别到初加工，从手工切配到掌握火候、调味，都有其特定的技术要求和操作难度。除了技术要素外，烹饪还是一门科学—— 一门以食物造型为主要表现形式的艺术。烹调师的劳动过程，实质上就是将技术性、科学性、艺术性三者有机结合的过程。

### （三）体力劳动与脑力劳动相统一

烹调师的劳动是以手工操作为主的技术工作，这种劳动在具体进行时，主要是以体力劳动为表现形式；甚至，有时表现为重体力劳动，如有些原料的初加工过程和炉台上翻锅等。然而，烹调师的劳动又不是单纯的体力劳动，而是包含着大量脑力劳动在内的一种劳动。特别是随着烹饪的科学化、规范化要求的提出，烹调师的劳动的脑力劳动比重越来越大，如宴会的设计、宴席的构思、菜肴营养卫生指标的确定以及菜点的造型等，无不凝聚着比较复杂的脑力劳动。

喜欢吃的美食家和喜欢做的烹调师凑在一起，无疑是一种绝佳的搭配，一个好的烹调师和一个优秀的美食家携手联袂，往往能形成双赢的结果——烹调师会觉得自己的辛苦和才华得到了肯定与回报，而美食家也从中饱尝到了难得的口福。因此在这个世界上，二者是相得益彰的：能够品尝到烹调师提供的佳肴是一个美食家的运气，而能够得到美食家的青睐却是一个烹调师的福气——毕竟没有一个善于鉴赏佳肴的美食家，烹调师就不会有成就感和荣誉感；而没有一个好的烹调师，美食家也只不过是一件摆设或一句空话。

## 五、烹调师的职业守则

良好的职业道德是事业成功的重要条件。烹调师个人良好的职业道德素质和修养不仅是其整体素质和修养的重要组成部分，也是餐饮企业文化的重要组成部分和增强餐饮企业凝聚力的手段。具备良好的职业道德素质和修养，能够激发烹调师的工作热情和责

任感，使其努力钻研业务，提高烹调技术水平，保证菜品质量，即人们常说的“菜品即人品，人品即菜品”。

### （一）忠于职守，爱岗敬业

忠于职守，就是要求把自己职责范围内的事做好，烹调合乎工作质量标准和规范要求，能够完成应承担的任务。爱岗就是热爱自己的工作岗位，热爱本职工作；敬业就是用一种恭敬严肃的态度对待自己的工作。

### （二）讲究质量，注重信誉

质量即产品标准，讲究质量就是要求企业员工在生产加工企业产品的过程中，必须做到一丝不苟、精雕细琢、精益求精，避免一切可以避免的问题。信誉即对产品的信任程度和社会影响程度（声誉）。一个商品品牌不仅标志着这种商品质量的高低，标志着人们对这种商品信任程度的高低，而且蕴涵着一种文化品位。注重信誉可以理解为以品牌创声誉，以质量求信誉，竭尽全力打造品牌，赢得信誉。

### （三）遵纪守法，讲究公德

遵纪守法指的是每个烹调师都要遵守纪律和法律，尤其要遵守职业纪律和与职业活动相关的法律法规。社会公德是全体公民在社会交往和公共生活中应该遵循的行为准则，主要内容为：文明礼貌、助人为乐、爱护公物、保护环境、遵纪守法。一个优秀的厨师必须讲究社会公德。

### （四）尊师爱徒，团结协作

尊师爱徒是指人与人之间的一种平和关系，晚辈、徒弟要谦逊，尊敬长者和师傅；师傅要指导、关爱晚辈、徒弟。团结协作也是从业人员之间和企业集体之间关系的重要道德规范，是指顾全大局、友爱亲善、真诚相待、平等尊重，搞好部门之间、同事之间的团结协作，共同发展。其具体要求包括平等尊重、顾全大局、相互学习、加强协作等几个方面。

### （五）精益求精，追求极致

近些年，国家一直在提倡“工匠精神”。何谓“工匠精神”？宽泛意义上讲，“工匠精神”是指一种对事业精益求精、追求极致的工作态度；一种把一门手艺当作信仰一般去追求、去完成的精神品格。

在精益求精中追求极致，是对工作最好的尊重。党的十九大明确提出：“建设知识型、技能型、创新型劳动者大军，弘扬劳模精神和工匠精神，营造劳动光荣的社会风尚和精益求精的敬业风气”。这是时代对“工匠精神”的呼唤，也是新时代每个烹饪专业学生的使命。

### （六）积极进取，开拓创新

积极进取即不懈不怠，追求发展，争取进步。开拓创新是指人们为了发展的需要，运用已知信息，不断突破常规，发现或创造某种新颖、独特的有社会价值或个人价值的新事物、新思想的活动。

## 问题与讨论

1. 现代化的中式厨房应具备什么条件？
2. 有人说中国菜刀不如西餐刀，谈谈你的看法。
3. 烹调机器人可以完全替代烹调师吗？为什么？
4. 为什么说烹调原料的选择和生产对生态环境有着直接和间接的影响？
5. 你认为中式烹调师应具备哪些基本素质？烹调师的职业道德对个人和餐饮企业而言，有何重要意义？如何加强烹调师的职业道德修养？

## 实训项目参考

1. 参观不同类型的中式厨房环境及其设备器具
2. 调研本地餐饮市场烹调原料的构成

# 第三章

# 初加工工艺

**教学目标**

**知识目标**

（1）了解鲜活原料初加工的一般流程，熟悉新鲜蔬菜、水产品、家禽家畜及其内脏的初加工方法

（2）了解干制原料涨发工艺的概念、一般流程和原理，掌握常用干料的涨发方法、步骤和技巧

（3）了解腌腊制品的初加工工艺

**能力目标**

能对各种常用原料进行初加工，所加工的半成品符合质量要求和标准

**思政目标**

（1）尊重食材，珍惜食材，崇尚节约光荣、浪费可耻的社会风尚

（2）培养良好的职业操守和道德品质，严格遵守国家法律法规和操作规程，维护餐饮食品安全

## 内容提要

（1）鲜活原料的初加工工艺

（2）干制原料的涨发工艺

（3）腌腊制品的初加工工艺

## 新课导入

一般情况下，经过选择的烹饪原料还不能直接用于切配和烹调，因为经过选择的原料中有些可能还带有不能食用的夹杂物（如泥土、杂物等），有些局部已变质或有害（如局部发生霉变、虫蛀的蔬菜原料，河豚的有毒部位等），有些则属于干货制品（如干贝、木耳、粉丝等），有些原料的某些部位因组织粗老或带有异味而不能食用（如鱼鳞、鱼鳃、黏液、果壳、黄叶、老根等）。烹调工艺中的初加工工艺，就是将经过选择的烹饪原料中那些不符合食用要求或对人体有害的部位进行清除和整理的一道加工程序。烹饪原料初加工的内容比较复杂，不同的原料往往有不同的加工方法，但其主要的内容是去污、去杂、去废以及活体的宰杀。

随着烹调工艺的现代化，今后大量的烹饪原料初加工都将在厨房以外完成。但现阶段，在厨房内进行的初加工还有一定的数量。在某些特定的情况下，初加工还必须由厨师来完成。

# 第一节 果蔬初加工

## 一、工艺流程

果蔬原料的用途广，使用普遍，加工方法也很多。大多数果蔬原料经初加工便可以直接用于烹调，有的还可以生食。

果蔬原料的初加工一般要经过择剔加工、洗涤加工、短暂保存等加工工序（图3-1）。

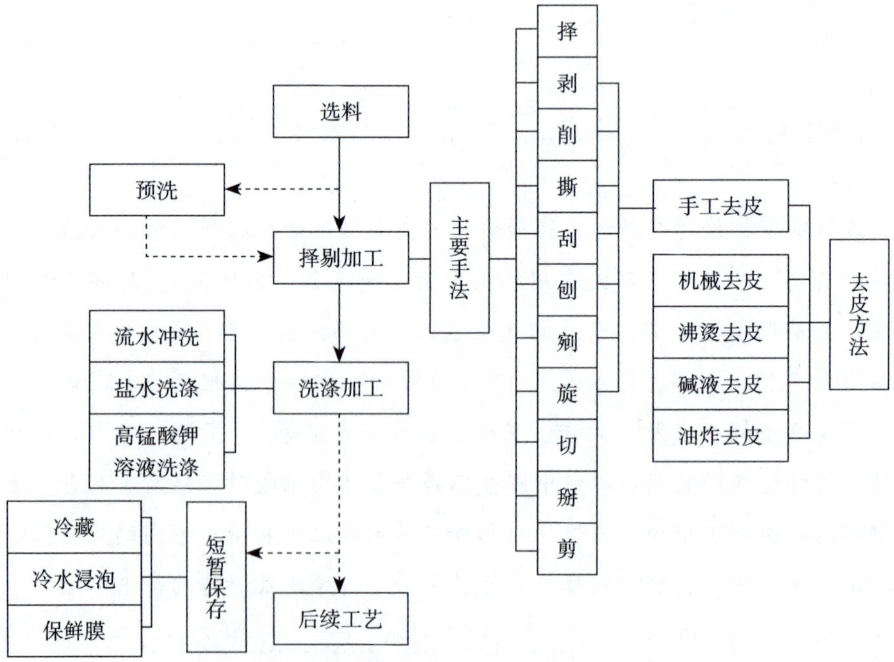


图3-1 果蔬原料初步加工的一般工艺流程

### （一）择剔加工

择剔加工是采用择、剥、削、撕、刨、刮、剜等手法，将原料中不能食用的老根、黄叶、外壳、籽核、筋质、内瓤、虫斑等部位剔除，为原料的进一步加工做好清障工作。择剔加工应掌握以下基本原则：一要根据原料的特征，如形状、品种、成熟度的不同选择具体的加工方法；二要根据成菜的要求进行加工；三要根据节约的原则进行加工。

### （二）去皮加工

许多根茎类蔬菜和鲜果原料要经过去皮加工，去皮的方法因原料的不同而不同（表3-1）。去皮加工要注意掌握正确、快速的去皮方法，同时要保证原料的完整形态。

**表3-1 常用的去皮方法**

| 去皮方法 | 加工工艺 | 适用原料 |
|---|---|---|
| 手工去皮 | 撕、剥、削、刨、旋等 | 形态圆小或细长的原料，如莴笋、芋头、萝卜、梨、苹果、菠萝等 |
| 机械去皮 | 旋皮机去皮、转筒擦皮机去皮 | 土豆、胡萝卜、莲子、板栗等 |
| 沸烫去皮 | 原料→入沸水中→加热烫制（5～10s）→迅速冷却→去皮 | 成熟度较高的原料，如桃、番茄、枇杷、核桃仁等 |
| 油炸去皮 | 原料入温油锅中加热浸炸，熟后轻搓去皮 | 花生、核桃仁、松仁等 |
| 碱液去皮 | ①原料入热碱液中，用竹刷搅拌去皮<br>②在标准设备中初步水洗→在碱液去皮机中用热烧碱液短时间浸渍→在清洗器中用高压水冲洗和转鼓转动以除去所有的表皮和化学物质→酸碱中和（偶尔使用）→手工修整和切割以得到漂亮的外观 | 大量的土豆、胡萝卜的去皮 |

### （三）洗涤加工

大多数果蔬原料经过择剔加工处理后仍需要进行洗涤加工，以进一步去除原料中的泥沙、杂物，特别是肉眼看不见的化学污染物质。有一些豆荚类的原料，虫卵往往生长在原料的内部组织中，通过择剔加工并不能将它们完全去除干净，但通过合理的洗涤加工则可以将它们完全去除干净，所以洗涤加工也是确保食用安全和卫生的重要环节。常用的洗涤方法见表3-2。

表3-2　常用的食材洗涤方法

| 洗涤方法 | 工艺要领 | 适用范围 | 备注 |
| --- | --- | --- | --- |
| 流水冲洗法 | 时间一般应在10min以上 | 经过加热至成熟以后才食用的果蔬原料。目的是冲洗吸附在原料表面的泥沙和农药 | 对直接生食的果蔬原料来说，除冲洗以外还需要进行其他的消毒处理 |
| 盐水洗涤 | ①盐水浓度一般控制在：20～30g／L为佳<br>②浸泡时间：15～20min<br>③盐水与原料的比例不低于2：1 | 虫卵较多的蔬菜原料，特别是体内钻有幼虫的豆荚类原料 | — |
| 高锰酸钾溶液洗涤 | ①高锰酸钾溶液浓度：2～5g／L<br>②浸泡时间：5～6min | 直接生食的蔬菜、水果原料 | 起杀菌消毒作用，食用前再用凉开水把原料冲洗一下即可 |

洗涤加工要注意保护营养素，尤其是水溶性的维生素和无机盐。除了要先洗后切外，还要注意洗涤时动作要轻柔，切不可用力搓揉或挤压，以免破坏原料的组织结构，致使养分流失。

### （四）短暂保存

果蔬原料经过择剔和洗涤后，比加工前更容易发生变色、变味。因此，还需要对它们短暂保存，以保色和保鲜。对加工后容易发生褐变反应的原料，应立即浸入冷水或稀释盐水中护色。需要注意的是，水泡的时间不宜过长，以免水溶性营养素大量流失。洗涤单宁含量高的原料时要注意用具的选择，因为单宁遇铁、碱易变黑。洗涤以后的果蔬原料应先放在网格上面沥去水分，但不宜堆放过紧、过实，更不能将湿的原料封在塑料袋中，这样很容易变味；也不能将原料放在炉台边或阳光下，温度偏高会使原料干缩枯萎，失去爽脆的质感。一般冬季可以放在室内，夏季应等水分沥干后放入冷藏柜中保存，但温度不能低于0℃，以免冻伤后影响菜肴的质感和口味。

## 二、加工方法

不同的果蔬原料，初加工方法也不尽相同（表3-3）。但总的说来，加工方法比较简单，技术难度较低。

表 3-3 不同果蔬原料的初加工方法

| 类别 | | 品种举例 | 初加工方法 |
| --- | --- | --- | --- |
| 蔬菜 | 叶菜 | 大白菜、小白菜、青菜、菠菜、卷心菜、油菜、韭菜等 | 一般采用择剔和切的方法，先择去老帮老叶、黄叶、烂叶，切去老根，然后洗净 |
| | 茎菜 | 冬笋、莴笋、菜薹、藕、姜、慈姑、马蹄、洋葱、土豆等 | 主要用剥、刮、剜、切的方法，去掉皮、壳、老筋等，剔除腐败、有害的部位，洗净即可 |
| | 根菜 | 白萝卜、胡萝卜、山药、番薯等 | 一般采用削、刮和切的方法，去掉老皮和根须，然后洗净 |
| | 果菜类 | 黄瓜、丝瓜、南瓜、冬瓜等 | 去皮、去籽（有的不去）、去蒂，清水洗净 |
| | | 番茄、茄子、辣椒等 | 去皮、去籽（有的不去）、去蒂，清水洗净 |
| | | 毛豆、扁豆、黄豆芽、绿豆芽等 | 以荚果为食用部位的，一般要掐去蒂和顶尖，撕去两边老筋，洗净即可；以籽粒为食用部位的，需剥去荚壳，取籽粒洗涤干净 |
| | 花菜 | 花椰菜、青花菜、黄花菜等 | 去蒂、茎叶、锈斑，洗净 |
| | 食用菌类 | 鲜蘑菇、鲜平菇、香菇、黑木耳等 | 摘去明显的杂质，剪去老根，洗去泥沙，漂去杂质 |
| 果品 | 鲜果 | 苹果、桃、梨等 | 去皮、去核、洗净 |
| | 干果 | 花生、桃仁、松仁等 | 挑选、去皮 |

## 三、基本要求

### （一）清除不能食用的部分

一要清除干净老的、腐烂的和不能食用的部分；二要洗去虫卵、杂物和泥沙；三要清除残留的农药。

### （二）保存应用，减少浪费

要先洗后切，防止营养素的流失。要尽量利用可食部分，防止浪费。

### （三）加工后应合理放置，妥善保管

蔬菜加工后容易变坏，为避免损失，应注意沥净水分，通风散热，做好保管工作。由于许多蔬菜加工后便直接用于烹制甚至生食，因此要妥善放置，注意卫生，防止二次污染。

# 第二节 禽畜初加工

## 一、家禽类原料的初加工

### （一）传统工艺

禽类原料初加工的传统工艺一般包括宰杀、放血、烫水、去毛、开腹取内脏及内脏洗涤等工序（图3-2）。现代禽类的初加工通常在禽类屠宰加工企业进行。

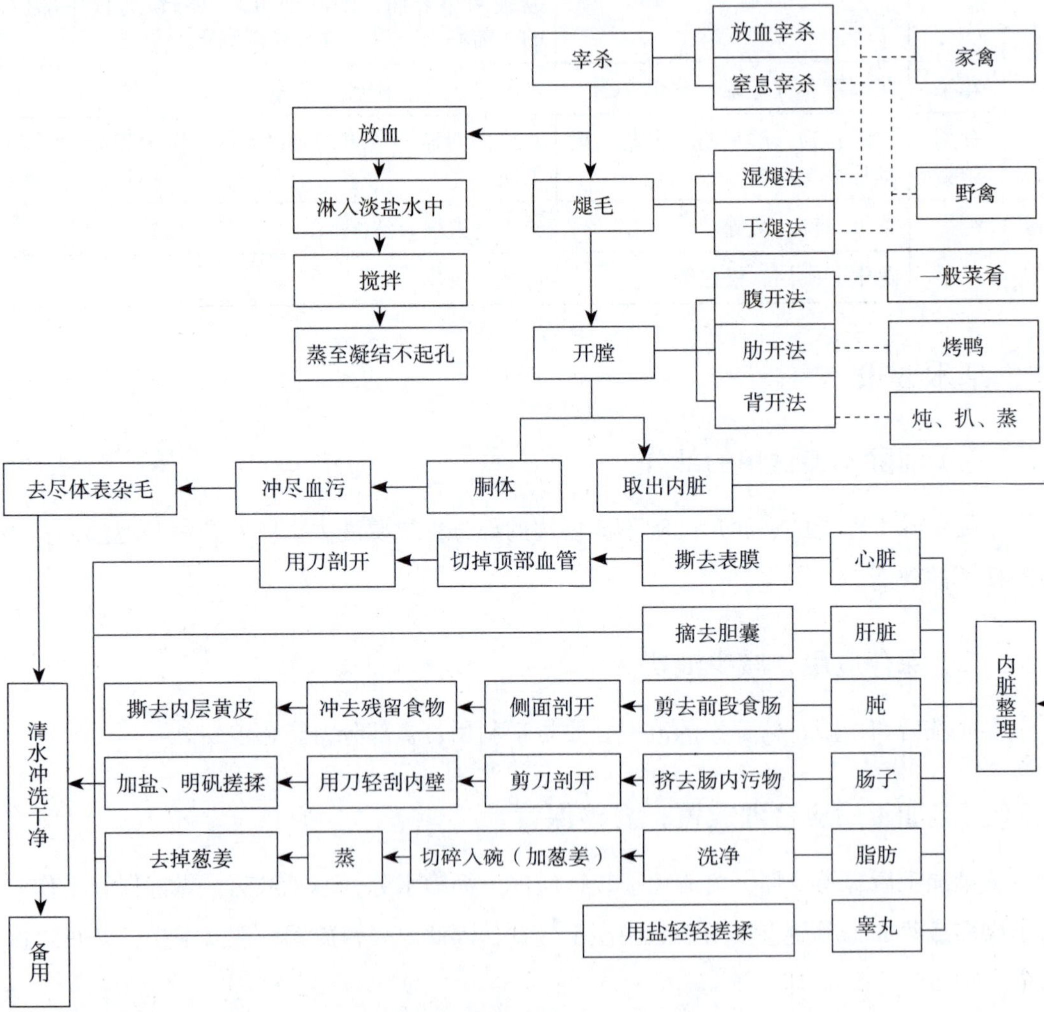


图3-2 活禽初加工的一般工艺流程

### （二）光禽开腹方法

禽类开腹的方法一般有腹开、肋开（腋开）、背开（脊开）三种。

腹开是先在家禽颈右侧的脊椎骨处开一刀口，再在肛门与肚皮之间开一条6～7cm长的刀口。这种方法适用于炒、烧等烹调方法。

背开是左手按住禽身，使禽的脊背朝右，右手执刀，由臀尖处插入刀尖用力劈至颈骨处。这种方法适用于整只禽体制作的菜肴，如蒸、扒、炸等，成品装盘时腹部朝上。用背开法既看不出裂口，又显得丰满，较为美观。

肋开是在禽的右翅腋下开一小刀口，这种开法适用于烤鸡或烤鸭，刀口不宜过大，否则烤制时易漏油汁。

## 二、家畜类原料的初加工

现代社会，家畜类原料的初加工大多在专门的屠宰加工厂进行，厨房一般仅对其整理和洗涤。

### （一）畜肉的修整及洗涤

修整是为了去除畜肉上能够使微生物繁殖的任何损伤、淤血、污秽物等。首先应割除残余脏器、带血黏膜及横膈膜；修去粗组织膜，修除颈部淤血肉、伤肉、黑色素肉；割除粗血管、有害腺体、脓包、皮肤病伤痕，然后修除残毛、浮毛，刮去污垢；再用清水冲洗（冬天宜用温水），使外观清爽整洁。

### （二）畜类副产品的整理与清洗

畜类的副产品原料又称下水或杂碎，主要包括头、尾、蹄、内脏（肝、心、肾、胃、肠、肺）、血液等。

#### 1. 肾脏

先撕去外表膜，然后根据烹调菜肴的要求，再进一步加工。如果用于炒、爆、熘等快速加热方法的菜肴，则可用刀从肾脏侧面平批成两半，再分别批去腰臊。如果用于炖、焖一类的菜肴，则加工时应先在肾脏上剞深刀纹，刀深至腰臊，然后焯水，使腰肌收缩并将血污和臊味从刀纹处排出，再用清水洗净后进行炖制，长时间的炖制可完全去除挥发性的异味。羊肾和马肾的皮质与髓质合并，不易去除髓质，烹调中利用不多。

2. 胃（肚）

采用盐醋搓揉，再里外翻洗，使里外黏液脱离，修去内壁的脂肪，用清水反复冲洗。

3. 肠

畜类的肠有小肠和大肠，小肠多做肠衣，大肠用于烹调菜肴。肠的整理与清洗同胃（肚）一样，也是利用盐醋搓揉、里外翻洗和焯水后再清洗的方法。

4. 肺

将水从主肺管注入，等肺叶充水胀大、血污外溢时，用双手轻轻地拍打肺叶，直到外表银白、无血斑时，倒提起肺叶，使血污水流出；然后焯水，再将主要肺管切除、洗净。

5. 心脏、肝脏

先将心脏顶端的脂肪和血管割除，然后剖开心室，并用清水洗去淤血即可；肝脏则要用刀修去肝叶上的胆色肝，批去肝上的筋膜，用清水洗去血液、黏液为止。

6. 脑

先用牙签剔去脑的血筋、血衣，然后盆内放些清水，左手托住脑髓，右手泼水轻轻地漂洗，按此方法重复3～4次，直到水清、脑中无异物脱落时即可取出。洗涤时，要十分小心，稍有不慎，破坏了保护膜，脑髓便会溢出，使原料破损，所以切不可用水直接冲洗。

7. 舌

用沸水泡烫至发白，再用小刀刮剥去白苔，然后用清水洗去血污，并用刀切去舌的根部，尤其要去除舌根背侧的舌扁桃体。

# 第三节 水产品初加工

## 一、鱼类初加工

鱼类原料的初加工的一般要经过宰杀、体表清理、体内整理等主要工序（图3-3）。

### （一）宰杀

宰杀主要用于鲜活鱼类，如黄鳝、河鳗、海鳗等的初加工。

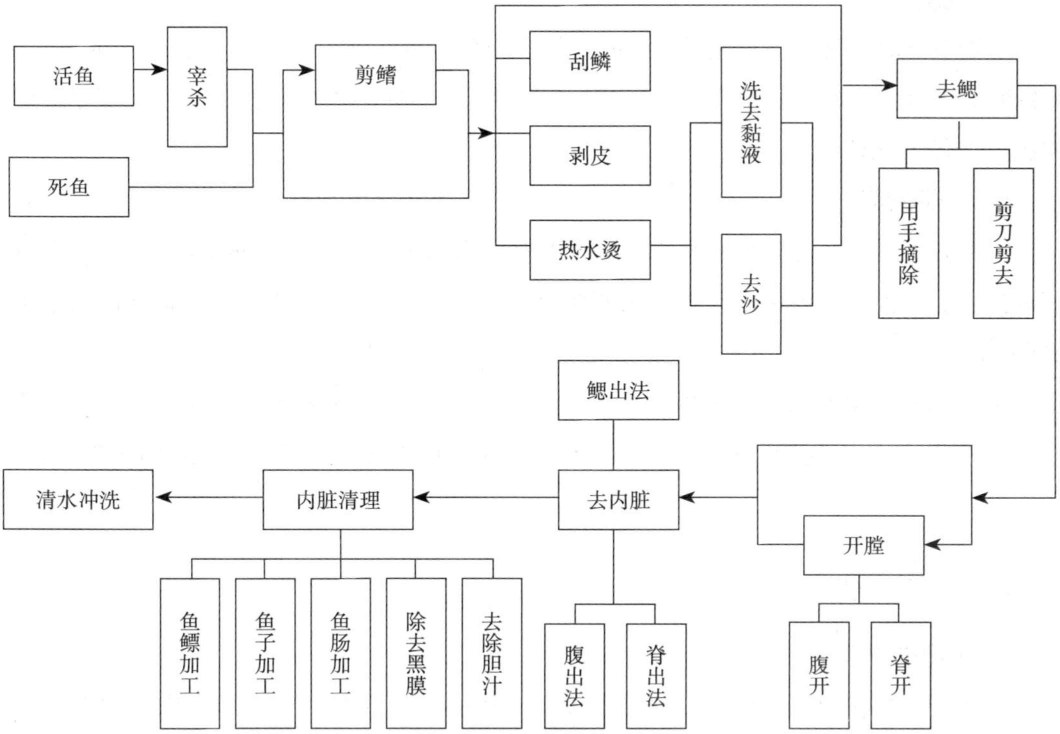


图 3-3　鱼的初加工工艺

## （二）体表清理加工

体表清理加工就是将鱼体外表的鳞片、黏液等不能食用的部分去除干净。加工时要根据鱼的体表特征选择具体方法，不要破坏鱼体的完整。

### 1. 剪鳍

根据加工需要，有些鱼要将部分鳍剪掉。剪鳍时要注意，有些鱼的鳍扎手，有些鱼（如鳜鱼）的鳍棘具有毒腺，被刺伤后可引起肿痛，甚至发热、畏寒等症状，一定要小心。

### 2. 刮鳞

用刀或特制的工具从鱼尾至头逆鱼鳞生长方向刮去鳞片，注意头部和腹部的小鳞片也必须刮除干净。鱼皮质地较嫩，特别是头部的形状不平整，容易划破表皮，加工时要控制好力度和深度。鲥鱼鳞片中含有较多脂肪，烹调时可以改善鱼肉的嫩度和滋味，应该保留。

### 3. 去鳃

形体较小的鱼可直接用手摘除，形体较大或骨刺坚硬有毒的鱼去鳃时，要用剪刀剪断鳃弓两端，然后取出。

4. 剥皮

主要用于鱼皮粗糙、颜色不美观的鱼类（如鳎目鱼）加工。一般方法是：有鳞片的先刮鳞，然后在靠近鱼头处割一浅刀口，割破鱼皮，剥起鱼皮并用力撕下，再除去鳃和内脏，洗涤干净即可。

5. 去除黏液

无鳞鱼的体表有发达的黏液腺，这些黏液有较重的腥味，而且非常黏滑，不利于加工和烹调。黏液去除的方法应根据烹调要求和鱼的品种而定，一般有浸烫法和盐醋搓揉法两种。

鱼类原料的品种很多，初加工的方法因具体品种的不同而有一定差异。比如鲈鱼的初加工工艺是：刮鳞→摘除鱼鳃→除去内脏→切开血线→摘除背鳍和臀鳍→剥除鱼皮。

## （三）体内加工

1. 开膛去内脏

选择开膛部位时要根据菜品的要求进行，表3-4是几种常见的开膛去内脏的方法。

表 3-4 几种常见的开膛去内脏的方法

| 部位 | 加工方法 | 适用菜例 |
|---|---|---|
| 脊出法 | 用刀从鱼背处沿脊骨剖开，将内脏从脊背内掏出 | 荷包鲫鱼、清蒸鲫鱼等 |
| 腹出法 | 用刀从腹部剖开（不能划破鱼胆），将内脏从腹部取出 | 红烧鱼、松鼠鱼、炒鱼片等 |
| 鳃出法 | 用两根筷子从嘴部插入，通过两鳃进入腹腔将内脏搅出（切断肛肠） | 叉烤鳜鱼、干煎黄鱼等 |

2. 内脏清理

鱼的内脏中，除鱼鳔、鱼肠、鱼子外一般都不能作为烹饪原料，个别原料在制作特色菜肴时可保留某些部位，但必须经过卫生性的加工处理后才能使用。

（1）鱼鳔　鳔是位于鱼的体腔背面的大而中空的囊状器官，多数硬骨鱼类都有鳔，软骨鱼类则无鳔。鳔的胶原蛋白含量丰富，是很好的食用原料，特别是鮰鱼鳔、黄鱼鳔更是鳔中上品。加工时应先将鱼鳔剖开，用少量的盐搓揉一下，再用沸水略烫，洗净后即可。

（2）鱼肠　鱼肠一般不作为食用的原料，只有少数菜肴需要保留，如扬州的名菜

“将军过桥”，但也只取咽部下端较肥厚的一段。加工时用剪刀剪开，加盐搓洗后入沸水略烫，再用清水洗净。

（3）鱼卵　在鱼卵中加浓度为4%的盐水，用木棍搅动，使衣膜与卵脱离，滤出卵衣膜即可。大麻哈鱼的红鱼子、鲟鱼的黑鱼子都是上等美味，但应注意鱼卵营养虽然丰富，如食之不当，则易引起中毒。如北方的狗鱼、鲇鱼，南方的斑节光唇鱼，青海湖的湟鱼等鱼的卵均含有毒素，不能食用。

（4）去除胆液　胆囊位于鱼腹外侧，剖腹时容易将其划破，如不及时处理，整个菜肴都会带有苦味。

（5）去除黑膜　鱼的腹腔壁内黏附着一层黑色的薄膜，带有异腥味，且影响菜肴的美观，但它与腹壁粘连较紧，清水冲洗并不能将其去除，加工时要用小刀轻轻刮除。

## 二、其他水产品的初加工

### （一）虾、蟹的初加工

对虾的清理与加工可分为五步进行：剪除虾须、虾枪、虾眼→剪去附肢→取出沙肠→摘除沙包（虾胃）→漂洗干净。即第一步用剪刀齐虾眼剪除虾须、虾枪、虾眼；第二步剪去所有附肢；第三步在虾背部中间处开一刀口，取出沙肠或在虾腹部第二节靠近背部插入牙签挑出沙肠；第四步揭开头胸甲，摘除沙包（虾胃）；第五步将虾放入清水中漂洗干净备用（不可用水冲洗，否则虾黄将被冲掉）。其他种类的虾加工方法相同。

蟹类初加工的程序一般是：静养→刷净污物→挤出粪便→清水冲洗净。即在加工前，应将其静养于清水中，让其吐出泥沙，然后用软毛刷刷净骨缝、背壳、毛钳上的残存污物，最后挑起腹脐，挤出粪便，用清水冲洗净即可。

### （二）田螺的初加工

田螺初加工的程序一般是：静养→刷洗泥垢→夹断尾壳。即先将田螺静养2～3d，待其吐尽泥沙。静养时可在水中放少量植物油，便于泥沙排出，然后刷洗外壳泥垢，用铁钳夹断尾壳，便于吸食。如果需要直接取肉，可将外壳击碎，然后逐个选摘，切不可将碎壳带入肉中，然后去除残留的沙肠，用盐轻轻搓洗，再用清水冲洗即可。

### （三）蛏、蛤蜊的初加工

蛏、蛤蜊初加工的程序一般是：冲去泥沙→盐水浸泡→清水冲洗。即先将鲜活的蛏、蛤蜊用清水冲去外壳的泥沙，然后浸入2%的食盐溶液中，静置40～80min，使其充分吐沙，体型较瘦的吐沙速度慢一些，烹调前用清水冲洗即可。烹调时既可带壳（将闭壳肌割断），也可取净肉食用，但外壳破裂或死蛏应剔除。

### （四）鲜鱿鱼、鲜墨鱼、鲜章鱼的初加工

将鲜鱿鱼用木盆盛着，注入清水浸泡，用小刀（或剪刀）剪开腹部，取出明骨和眼及其中污物，用手将它的须和肚分离开，顺手剥去它的紫红色外衣，翼也剥衣。清水洗净，用竹箕滤干水待改刀加工复制用。

鲜墨鱼加工时要用双手挤压墨鱼眼球，使墨液迸出，拉下墨鱼头，抽出脊背骨，同时将背部撕开，挖出内脏，揭去墨鱼表面的黑皮，洗净。加工时，除保留外套膜和足须外，其他皮膜、眼、吸盘、唾液腺、胃肠、墨囊、胰脏及腮片和齿舌都要去除，包埋于外膜内的内壳可保留做药用。在批量加工时要将体内的生殖腺保留，雄性生殖腺可干制成墨鱼穗，雌性产卵腺可干制成乌鱼蛋，二者都是著名的海味原料。

鲜章鱼的初加工与鲜鱿鱼、鲜墨鱼相似，但章鱼的嘴、眼中有少量泥沙，加工时要挤净并用水冲洗。

### （五）活海参的初加工

将活海参从腹部或背部剥开，取出肠子（注意：海参肠子可以清理干净，可食用），洗净，将海参放入高压锅，加适量水，小火煮沸，高压15min，闭火，待自然凉透，换清水，浸泡1～2d，即可食用。

# 第四节 干制原料涨发

## 一、干制原料涨发的概念

干制原料涨发也称干料泡发，就是用不同的加工方法，使干制原料重新吸收水分，最大限度地恢复其原有的形态和质地，同时去除原料中的杂质和异味，便于切配、烹调

的原料加工方法。

干制原料一般都在复水（重新吸回水分）后才食用。干制品的复水性就是新鲜食品原料干制后能重新吸回水分的程度，一般常用干制品吸水增重的程度来衡量，烹饪行业中用涨发率表示。干制品的复原性就是干制品重新吸水后质量、大小和形状、质地、颜色、风味、成分以及其他各个方面恢复原来新鲜状态的程度。

干制原料的涨发过程，是鲜活原料干燥脱水的逆过程，但并不是干燥脱水过程的简单反复。这是因干燥过程中所发生的某些变化并非可逆。干制原料复水性下降，是有些细胞和毛细管萎缩和变形等物理变化的结果，但更多的还是由于胶体中发生物理变化和化学变化。烹饪原料失去水分后，盐分增浓和热的影响会促使蛋白质部分变性，失去了再吸水的能力或水分相互结合的能力，同时还会破坏细胞壁的渗透性。细胞受损伤（如干裂和起皱）后，在复水时就会因糖分和盐分流失而失去保持原有饱满状态的能力。正是这些以及其他一些化学变化，降低了干制原料的吸水能力，使其达不到原有的水平，同时也改变了烹饪原料的质地。

烹饪原料脱水干制时蒸发掉的水分主要为机械结合水和部分渗透结合水，涨发是通过改变其干制原料的周围环境（如温度、pH），使之最大限度吸收水分；或将干制的原料在高温或加压的条件下进行水分子汽化，使之体积增大，形成小汽室，再进行复水的过程。干制原料的涨发主要表现为干制原料复水的过程。

## 二、干制原料涨发的工艺流程

干制原料的涨发一般要经过涨发前的加工、正式涨发、涨发后的浸漂保存等工艺过程（图3-4）。

### （一）涨发前的加工

干制原料在正式涨发前要经过一定的加工过程，目的是为正式涨发扫除障碍，提供条件。主要的加工方法有浸洗、烘焐、烧烤以及对原料的初步修整等。

### （二）正式涨发

这是干料涨发最关键的阶段。在这一阶段，干制原料基本涨大，形成疏松、饱满、柔嫩的质态，达到干料涨发特定的品质要求。主要的加工方法有碱溶液浸发和煮、焖、蒸、泡及油炸、盐炒等。

### （三）涨发后的浸漂保存

这是干料涨发过程的最后阶段，干料达到最终充分膨胀、吸水而松软的质量要求，并通过进一步的清理，去除杂质，洗涤干净，从而符合卫生的需要。

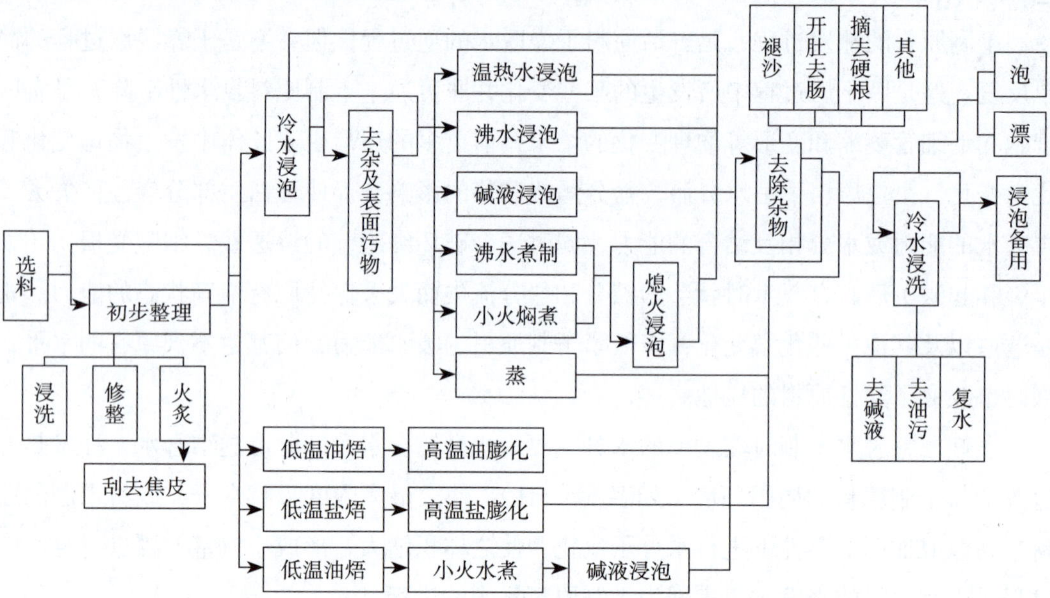

图 3-4　干制原料涨发的一般工艺流程

## 三、干制原料的涨发方法

干制原料的涨发方法，根据主要介质不同，可分为水发、蒸发、碱发、油发、盐发等（表3-5）。其中，水发是最基本的发料方法，其他方法大都离不开水发。有人将火发归为涨发的一种类型，实际上火发是有些原料在正式涨发之前的加工处理，是用火烧去原料粗劣的外皮，以便于正式涨发，如乌参、岩参的涨发。另外，根据使原料涨大的原理，可分为水渗透涨发和热膨胀涨发；根据涨发的次数，可分为一次性发料和多次反复发料。

表 3-5　常见干料涨发方法一览表

| 方法 | | | 适用范围 | 原理 |
|---|---|---|---|---|
| 水发 | 冷水发 | 浸发 | 适于体小质嫩的干料可直接用冷水浸透，如香菇、口蘑、银耳、木耳、黄花菜等 | 水渗透涨发 |
| | | 漂发 | 用于整个发料过程的最后，如海参、鱼皮、鱿鱼等涨发的最后一道工序是漂发 | |

续表

<table>
<tr><th colspan="3">方法</th><th>适用范围</th><th>原理</th></tr>
<tr><td rowspan="4">水发</td><td colspan="2">温水发</td><td>适于冷水发的原料一般适于温水发，特别是在冬季</td><td rowspan="7">水渗透涨发</td></tr>
<tr><td rowspan="3">热水发</td><td>泡发</td><td>适于体小、质微硬、略有杂质的干料，如银鱼、粉丝、干粉皮、脱水菜等。泡发还可以和其他发料方法配合使用，如猴头蘑、莲子、海参等涨发需先泡，以免干料煮、焖、蒸发后破裂</td></tr>
<tr><td>煮发</td><td>适于体大厚重和特别坚韧的原料，如海参、牛蹄筋等</td></tr>
<tr><td>焖发</td><td>适用于体形大、质地坚实、腥膻臭异味较重的干料，如驼掌（蹄）、牛筋，某些海参以及鲜味充足的鲍鱼和淡菜等</td></tr>
<tr><td colspan="3">蒸发（也可属热水发）</td><td>适合于一些体小易碎易散的干料，如干贝、虾干、莲子等。蒸发也可作为煮发、焖发的后续过程，如鱼皮、海参、鲍鱼、蹄筋初步涨发后，可再用蒸发使其发透</td></tr>
<tr><td rowspan="2">碱发</td><td colspan="2">碱水发</td><td rowspan="2">适用于一些热水难以发透，肉质不易回软，质地特别坚硬的干料，如鱿鱼干、墨鱼干等</td></tr>
<tr><td colspan="2">碱面发</td></tr>
<tr><td colspan="3">油发</td><td>适合油发的干制原料主要是含胶原蛋白丰富的蹄筋、干肉皮、鱼肚等</td><td rowspan="2">热膨胀涨发</td></tr>
<tr><td colspan="3">盐发</td><td>适合盐发的原料主要有干猪蹄筋、肉皮、鱼肚等</td></tr>
</table>

## （一）水发工艺

### 1. 工艺流程和方法

水发在干制原料涨发中应用范围最广。即使采用其他涨发方法，也必须再用水发处理。根据涨发过程中水温的不同，水发可分为冷、温水发与热水发两种，其一般工艺流程见图3-5。

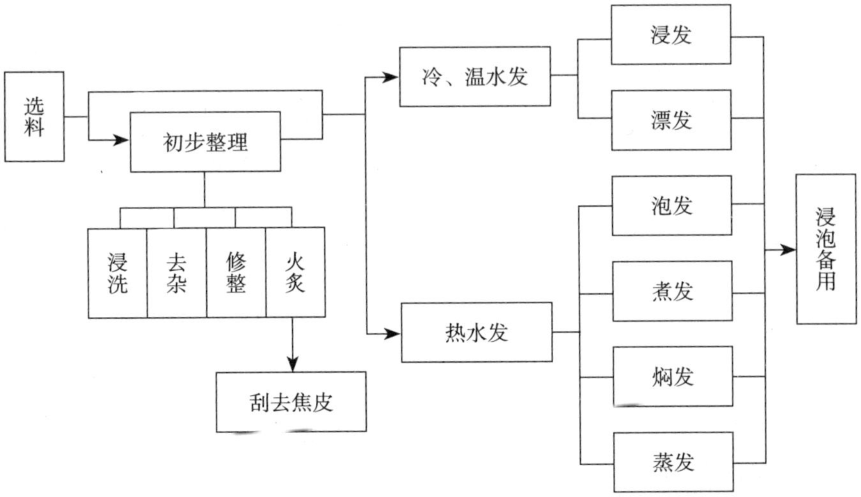


图3-5 水发工艺流程

（1）冷水发　冷水发是将干制原料放在冷水中，使其自然吸收水分，尽可能恢复新鲜时的软嫩状态，并漂去干料中杂质和异味的方法。冷水发可分为浸发和漂发两种。

①浸发：就是将干制原料直接用冷水浸没，使原料自然涨发的一种方法。浸发的时间长短要根据干料的大小、老嫩、松软和坚硬程度而定。一般体小质嫩的干料可直接用冷水浸透，如香菇、口蘑、银耳、木耳、黄花菜等。质地较老或带有涩味的蕈类，如草菇、黄菇等，在浸透后最好漂洗几遍（漂洗次数不宜过多）。在冬季或急用时，可在冷水中适当加些热水。在温度较高的环境中，涨发时要勤换水，以免干料腐烂变质。

②漂发：就是把干料放在水中，不时地挤捏，或者用流水缓缓地冲，让其继续吸水并除去杂质和异味的一种方法。漂发用于整个发料过程的最后，如海参、鱼皮、鱿鱼等涨发的最后一道工序是漂发，目的是除去其腥臊气味、杂质和碱味。

冷水发还可作为其他发料方法的配合措施，是油发、盐发、混合涨发方法的最后加工，最终使干料完成充分吸水膨胀过程，符合制熟的需要。

（2）热水发　热水发就是把干料放在热水中，或采用各种加热方法，使干料体内的分子加速运动，加快吸收水分，使之成为松软嫩滑的全熟或半熟的半成品的方法。热水发一般使水温保持在60℃以上。依据加热方式，热水发又细分为泡发、煮发、焖发和蒸发。

①泡发：就是把干料放入热水中（或将干料置于容器中，用热水直接冲入容器中）浸泡，使原料受热迅速膨胀的方法。操作中应不断更换热水，以保持水温。泡发适合一些体小、质微硬、略有杂质的干料，如银鱼、粉丝、干粉皮、脱水菜等。泡发还可以和其他发料方法配合使用，如猴头蘑、莲子、海参等涨发需先泡，以免干料煮、焖、蒸发后破裂。夏天泡发水温可适当低些。一般适用于冷水浸发的干料，也可用热水泡发。

②煮发：是将干料放入水中，在火上加热，使水温保持在沸点状态下（这时水分子热运动速度达到最大值，强力地向干料体内渗透），促使原料加速吸水的一种涨发方法。对体大厚重和特别坚韧的原料，如牛蹄筋、海参等，还需适当保持一段微沸状态，时间10～20min。有的还可反复煮发，但不能一次性长时间煮发，否则会产生外部水化过快、内部水化不够的不平衡状态。另外，在煮前要用冷水或热水泡一段时间，以免烧煮时原料皮面破裂。

③焖发：将原料置于密闭容器中，保持一定温度使原料内外涨发平衡的过程，称为焖发。焖发实际上是煮发的后续过程。某些原料不能一味地用煮发方法进行涨发，否则会使外部组织过早发透，外层皮开肉烂，而内部组织仍未发透，影响涨发后原料的品质。此法适于体形大、质地坚实、腥膻臭异味较重的干料，如牛筋、某些海参以及鲜味充足的鲍鱼和淡菜等。焖发的温度因物而异，一般为60～85℃。传统的方法是用微火保

温或将煮发后干料置于保温设备中，如保温箱或桶。

④蒸发：就是把干料放入盛器内，加入少量水或鸡汤、料酒等，置笼中加热，利用水蒸气使干料发透。蒸发的原理与煮、泡、焖相似，所不同的是蒸发是利用水蒸气加热，避免了原料与水接触，有利于保持鲜味干料的本味和干料外形的完整。此法适于一些体小易碎易散的干料，如干贝、虾干、莲子等。蒸发也可作为煮发、焖发的后续过程。

热水发料是一种应用广泛的发料方法，应根据原料的性质、品种采用不同的水温和涨发形式。可采取一次性的形式，也可采取多次反复和不同方法合用的形式。此法加工后的原料已成为半熟、全熟的半成品，经切配后就可烹调成菜，因此对菜肴的质量影响很大：过度则形烂，质软烂不美观；发不透则僵硬，无法食用。只有掌握好发料的时间、火候，才能获得较好的发料效果。

### 2. 工艺关键

（1）预发加工　预发加工的目的是为干料吸水扫除障碍，提高干制原料的复水率，保证出品质量，如浸洗、烧烤、修整等。

（2）涨发方法的选择　一些体积较小、质地松软的植物性干制原料，如银耳、木耳、口蘑、黄花菜等，能用冷水发的尽量用冷水发。因用冷水发可减缓高温所引起的物理变化和化学变化，如香气的逸散、呈味物质的溶出、颜色的变化等。在冬季或急用时，可加些热水以加快水分的传递。绝大部分的肉类干制品及山珍海味干制品适用于热水发。

凡是不适用煮发、焖发或煮、焖后仍不能发透的干料，可以采用蒸发，如一些体小易碎的或具有鲜味的干制原料。蒸发可有效地保持干制原料的形状和鲜味，使其不至于破损或流失鲜味汤汁，同时也是对一些高档干制原料增加风味和去除异味的有效手段。

（3）水温和涨发时间的调控　水发时要根据原料的性质及其吸水能力控制涨发时的水温，并根据成品的质量标准掌握好加热时间。

（4）对原料进行适时的整理　如海参去腹内异物及吸盘，蹄筋剔除筋间杂质等。要勤于观察、换水、分质提取，最后漂水。使干制原料经复水后保持大量的水分，最终达到膨润、光滑、饱满的最佳水发效果的同时，还可去除残存的异味、杂质。

## （二）碱发工艺

### 1. 工艺流程和方法

碱发有碱面（纯碱）发和碱水发两种方法，其一般工艺流程见图3-6。碱面发就是在用冷水或温水将泡至回软，剞上花刀切成小块的原料上沾满碱面（大块碱可先制成粉

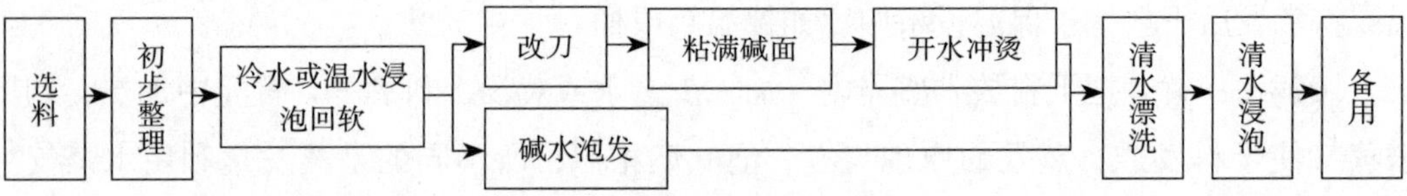


图 3-6 碱发一般工艺流程

末），涨发时再用开水冲烫，成形后用清水漂洗净碱分；但这种方法已不常用。碱水发是将干料放入配制好的碱溶液中，使之浸发涨大。发前一般应将干料用清水浸泡回软，然后再放入碱水中泡发，这样可以减轻碱溶液对原料的直接腐蚀。用碱水泡发后，须将原料用清水漂洗，以去除碱液和腥味；原料在排出碱水的同时，吸收清水而膨胀发起。

2. 工艺关键

（1）原料选择　碱水发主要适于一些热水难以发透、肉质不易回软、质地特别坚硬的干料，如鱿鱼干、墨鱼干等。由于碱的腐蚀性会使原料的营养成分受到不同程度的损害，所以无须碱发的原料尽量不用碱发。

（2）碱发前预先浸泡　在碱发时应预先将干料用清水浸至回软，以避免碱水对干料体表的直接腐蚀，提高水分子向干料内部的渗透速度，使内外达到平衡。

（3）严格控制碱溶液的浓度、温度、涨发时间以及投料量　一般来说，溶液pH和温度随干料的大小、老嫩、厚薄、多少而升降。涨发时要注意观察原料在碱水中的变化，如色泽、体积、回软程度等，如看到有的原料色呈半透明，形态丰满，富有弹性，质感脆、嫩、软、滑时，就要及时从碱水中捞出，防止碱发过度；对没有变化的则要继续在碱水中发。即先发透的先捞出，后发透的后取出，直至全部发完。

（4）碱发后漂洗　原料用碱涨发好后，必须用冷水反复漂洗，使原料组织内部的碱味吐尽。

## （三）油发工艺

### 1. 工艺流程和方法

油发就是把干制原料浸入油中加热，使其组织膨胀疏松，然后再吸水回软的涨发方法。其一般工艺流程见图3-7。

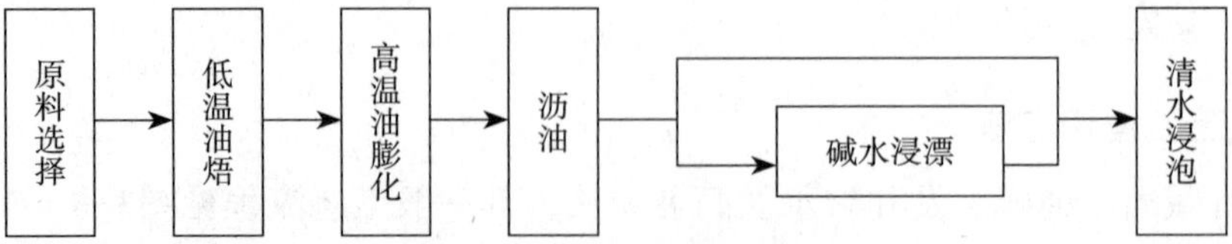


图 3-7 油发一般工艺流程

（1）原料选择 适合油发的干制原料主要是含胶原蛋白丰富的蹄筋、干肉皮、鱼肚等。

（2）低温油焐 将干料置于恒温的多量油中浸泡一段时间的过程，称为油焐。油焐的温度与时间上视具体原料而定，一般来说，原料薄小较干的应温度略高，时间也短；厚大而稍湿的则温度略低，时间较长。

（3）高温油膨化 将油温逐渐提高到120℃左右，原料逐渐由软变硬，开始发生膨化，并慢慢浮到油面。随着油温的继续升高（不超过150℃，可用加凉油的方法控制油温）和时间的延长，膨化越来越明显，直到原料组织从外到里全部膨松，即发透。

（4）浸漂 原料在油中加热至膨松后只是半成品，还需经浸漂使之自然吸水而柔软膨松。原料回软后，反复用清水揉洗去除碱味。对炸发后原料不宜采用80℃以上热水泡发，因为热水会使之塌缩，胶原纤维失去支持力，从而影响吸水率，伤害油发原料的体质。

2. 工艺关键

（1）油发的原料不一定要保持干燥 导致干料油发膨胀的关键是原料中的束缚水（也称结合水）。据测定，同种原料的束缚水含量是不变的。每100g蛋白质中束缚水有50g之多，100g淀粉中束缚水为30～40g。潮湿的原料仅是多了自由水，油焐时会排出体外，所以涨发前无须烘干处理，是否有吸湿水、吸湿水量多少均与涨发质量无关；如果说有影响的话，仅是延长了油焐的时间而已。

（2）干料油焐时不一定非要冷油下锅 实践证明，只要油温不超过110℃，在低于此温度的任何温度值，原料均可下锅油焐，油焐时间的长短则随具体原料而定。

（3）掌握好油脂温度和涨发时间 可以采用测温勺测控油温，用钟表掌握时间，这样能做到测控准确，并维持在相对固定的温度值上，为油焐和涨发时间的相对确定打下了基础，保证了干货原料在尽可能高的油温中涨发，同时又不会因时间的延长而出现报废或质量问题。另外涨发温度和时间定性、定量后，可通过正交试验法，得出同种原料不同情况下的最佳涨发工艺条件。

（4）原料膨化后的复水处理 将膨化原料复水处理是油发技术的最后一个流程，是否要用热碱水浸洗去油脂，要根据实际情况而定。如果是干净的原料用新油涨发，就无需用碱水浸洗，只要将回软的原料改刀焯水即可；如果采用老油涨发，或涨发后存放时间过长，则必须要用碱水浸洗去油脂。因老油对成菜风味有影响，对人体也有害，存放时间过长的原料表层的油脂易变质而产生哈喇味，且粘在油脂上的灰尘用水难以去除，用碱水浸洗则易去除油脂及灰尘，但必须用清水漂清原料中的碱味，防止给菜肴风味带来新的影响。

## （四）盐发工艺

### 1. 工艺流程和方法

盐发是将干料埋入已加热的盐粒中继续加热，使干料膨胀松脆成为半成品，然后再吸水回软的干料涨发方法。发制时，先将盐下锅炒热，蒸发出水分。待发出爆裂声时，即将干料放入翻炒，边炒边焖，发透为止。盐发后须用热水泡，使膨胀后的原料回软，并清除盐分、油分和杂质。盐发的一般工艺流程见图3-8。

图3-8　盐发一般工艺流程

（1）盐预热　将盐加热至80～100℃，使盐中水分蒸发，有盐爆声温度可达110℃。

（2）焐发　待盐中水分蒸发后，即可投进干料翻焐，盐量应多于干料5倍以上，将其完全淹没。由于盐经预热，故极干燥，能将干料中自由水、束缚水迅速吸出并蒸发，从而以较快的速度破坏料体内维系蛋白质空间结构的键链。因此，在盐中的焐发时间一般短于油焐的时间1/3～1/2。将原料翻匀受热后即用小火保温焐制，至干料质量减轻而干脆时，即可炒发。

（3）炒发　当焐发完成后，即改用高温加热，迅速将原料翻炒，使干料中结构水充分气化，干料体逐步膨松胀大呈多孔构象，这时盐温可高达210℃以上。干料中胶原纤维由于水分的完全丧失而显得极脆，呈不可逆变性。因此，炒发后干料的外部与内部构象与油发品相似。

（4）浸漂复水　炒发后的干料也是半成品，与油发一样还需用自然水浸漂复水回软，其多孔的结构像海绵一样为吸水提供了有利的条件。

### 2. 工艺关键

（1）选料及涨发前加工　适合盐发的原料主要有干猪蹄筋、肉皮、鱼肚等，涨发前要将干料加工成小段或小块。盐量应多一些，以盖住干料并能灵活翻动为宜。

（2）掌握好火候　盐炒热后再放原料，焐发时火力不宜过旺，特别是在干料开始膨胀时，应用温火处理，才能使其里外发透。

（3）盐发后的处理　盐发后的原料一定要经过复水浸漂处理才能用于切配、烹调。盐发后的盐不要去掉，可反复使用，但不能用于烹调菜肴。

## 四、干制原料涨发的基本要求

### （一）熟悉干制原料的产地和品种性质

同一品种的干制原料，由于产地、产期不同，其品种质量也有所差异。如灰参和大乌参同是海参中的佳品，但因其性质不同，灰参一般采用直接水发的方法，大乌参则因其皮厚坚硬需先用火发再用水发的方法。又如山东产的粉丝与安徽产的粉丝，由于所用原料不同，其发制时耐水泡的程度也就不一样，山东产的粉丝，用绿豆粉制成，耐泡；安徽产的用甘薯粉制成，不耐泡。

### （二）能鉴别原料的品质性能

各种原料因产地、季节、加工方法不同，在质量上有优劣等级之分，质地上也有老、嫩、干、硬之别。准确判断原料的等级、正确鉴别原料的质地，是涨发干制原料成与败的关键因素。如海参有老、有嫩，只有鉴别其老嫩，才能适当掌握涨发的方法及时间，以保证涨发的质量。

### （三）必须熟悉和掌握各项涨发技术，认真对待涨发过程中的每一环节

干制原料的涨发过程一般分为原料涨发前的初步整理、正式涨发、涨发后处理三个步骤。每个步骤的要求、目的都不同，而它们又相互联系、相互影响、相辅相成，无论哪个环节失误，都会影响整个涨发效果。在操作中，要认真对待涨发过程中的每一环节，熟悉和掌握各项涨发技术，了解掌握每一种方法所适用的原料范围、工艺流程、操作关键和成品质量要求。

### （四）掌握干制原料涨发的成品标准

干制原料涨发的成品标准一般包括原料涨发后的质地、色泽、口味和涨发率等。

## 问题与讨论

1. 鲜活原料的初加工工艺对菜肴质量有什么影响？

2. 如何清洗猪肚、猪舌、猪肺、猪肠、猪脑、牛百叶？

3. 影响干制原料涨发的因素有哪些？水发、碱发、油发、盐发的基本原理是什么？

4. 分析碱水涨发鱿鱼成品出现下列现象的原因是什么？①外表软烂，内部有硬心；

②鱿鱼卷缩；③鱿鱼碱味过浓。

5．怎样发鲍鱼、海参、广肚？标准是什么？涨发时分别要掌握哪些关键？

## 实训项目参考

1．鱼类的初加工

2．虾、蟹的初加工

3．黑木耳、香菇、玉兰片、海蜇皮、海参的水发

4．莲子、银杏、干贝、哈士蟆的蒸发

5．鱿鱼的碱发，猪蹄筋的油发、盐发

（各章实训项目参考的实施请参照中国轻工业出版社出版的配套教材《烹调工艺实训教程》，后续不再赘述）

# 第四章

# 分割及成形工艺

## 教学目标

**知识目标**

（1）了解刀工操作的基本要求，理解刀工的作用和原理，掌握刀法的种类和技术要领

（2）了解部位分割工艺的原则，掌握常用家畜、家禽、鱼类原料的部位分割工艺

（3）掌握家畜、家禽、鱼、虾、蟹类原料的骨肉分割工艺

（4）掌握丁、条、丝、片、块的成形工艺和剞花工艺

**能力目标**

（1）刀工姿势正确，动作规范、协调，能熟练运用各种刀法

（2）能加工出常用烹调所需的各种原料形状，并且均匀一致

（3）对原料的部位分割和骨肉分割，能做到下刀准确、顺序正确、取料完整

**思政目标**

（1）规范操作，培养责任意识、安全意识，养成良好的职业习惯

（2）感受中式刀法的魅力，增强文化自信和民族自豪感

（3）培养心怀“国之大者”，树立善于钻研、不畏困难、精益求精的工匠精神

## 内容提要

（1）部位分割工艺

（2）骨肉分割工艺

（3）刀工及其成形工艺

## 新课导入

烹调原料经过初加工后，有些可直接进入配菜工序，但对于某些整只、大型的原料，必须将其分割成更小的、具有相对独立意义的部件或形状，即经过分割及成形工艺，才能进入下道工序。

分割及成形工艺在整个烹调工艺流程中具有重要地位。原料经过分割及成形工艺后，由整形单一成为复杂多样，由厚大成为薄小，由粗糙成为精细，从而缩短成

熟时间，方便入味，利于咀嚼和消化，在各个方面充分发挥原料的性能作用，扩大原料在烹调加工中的使用范围，多方位体现各种烹饪原料的品质优点，满足人们对菜肴的多种需求。

按照加工的主要目的，分割及成形工艺大致可分为骨肉分割工艺、部位分割工艺、刀工及其成形工艺，但在实际工作中三者密不可分，有时同时、交叉或连续进行。

# 第一节 部位分割工艺

## 一、家畜原料的部位分割工艺

### （一）猪肉分割

我国猪肉分割方法通常将半胴体分为颊、肩、背、腹、臀、腿六大部分（图4-1），进而分割成更小的部位（表4-1）。

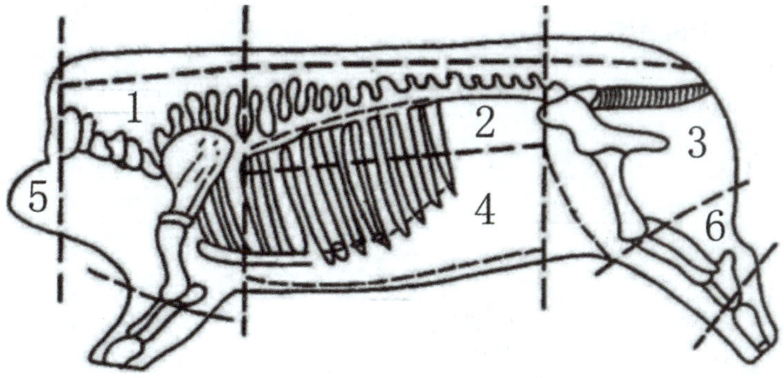


1. 肩臂肉　2. 背腰肉　3. 臀腿肉　4. 肋腹肉　5. 颊部肉　6. 腿肉

图 4-1　猪肉按部位分割

表 4-1　猪肉部位名称与特点

| 序号 | 名称 | 位置 | 图示 | 特点 | 用途 |
|---|---|---|---|---|---|
| 1 | 血脖（又名槽头肉） | 前腿的前部与猪头相连处，猪头肉与夹心肉之间。此处是割猪头的刀口处 | 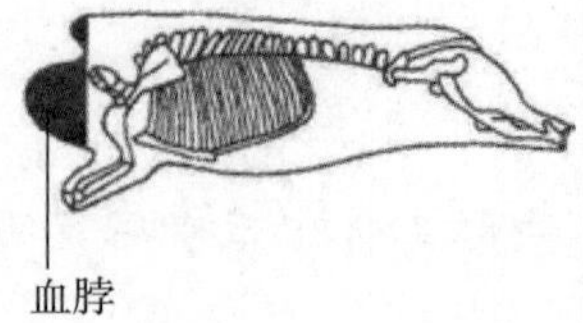 | 多具血污，肉色发红，膘中含肉，肉中含膘，肉质粗老，肥多瘦少，无骨，无筋膜、韧带，但吸水量多 | 烧、卤、酱或做丸子、肉馅、粉蒸肉等 |
| 2 | 上脑 | 位于靠近颈的背部处，在扇面骨（肩胛骨）上方 | 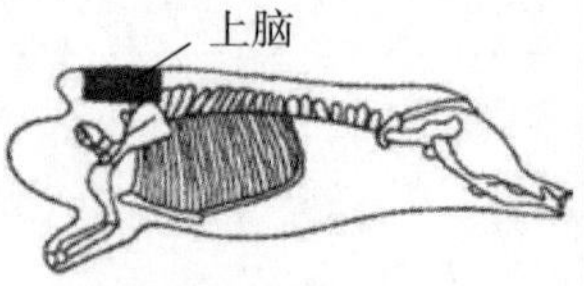 | 肌纤维较长，结缔组织少，肉质较嫩，瘦中夹肥 | 炒、熘、炸、烧、焖、汆、涮等 |
| 3 | 夹心肉 | 上脑下方和前肘上方 | 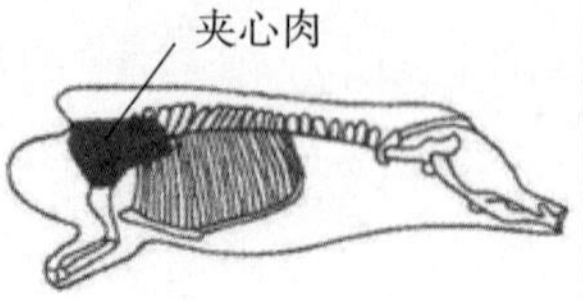 | 肉质较老，肌纤维较韧，瘦肉层间夹杂筋膜，韧带较多，但能吸收较多的水分 | 制馅、做丸子等 |
| 4 | 前肘子（又名前蹄髈） | 前脚爪膝盖上部与夹心肉下方，即前大腿骨的周围 | 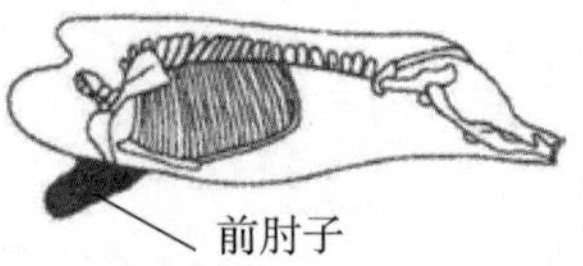 | 瘦肉多，肉质细嫩成束，筋膜很少，皮黏，富胶质，肥而不腻 | 烧、酱、扒、炖、焖、煨等 |
| 5 | 外脊（又名通脊） | 背部和前后腿的中间 | 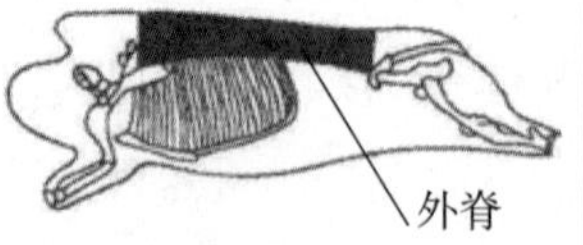 | 肉质细嫩，与肥膘相连的一面有板筋，应批去 | 炒、熘、炸、煎、汆、涮等 |
| 6 | 里脊 | 位于猪后腿的上方、通脊的下方和坐板与臀尖的中间 | 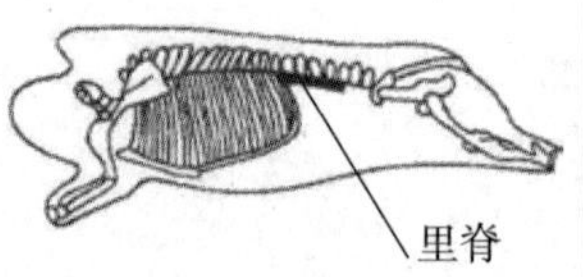 | 猪身上最嫩的部分，呈长扁圆形（长30cm左右，宽3cm左右），其上面常附有白色油质和碎肉，背部有细板筋 | 炸、炒、爆、烩等 |
| 7 | 五花肉（又名五花肋条） | 前后腿的中间、通脊的下方和奶脯之上。它的前部有肋骨的一端，俗称“硬肋”；后部腹壁一端，俗称“软肋” | 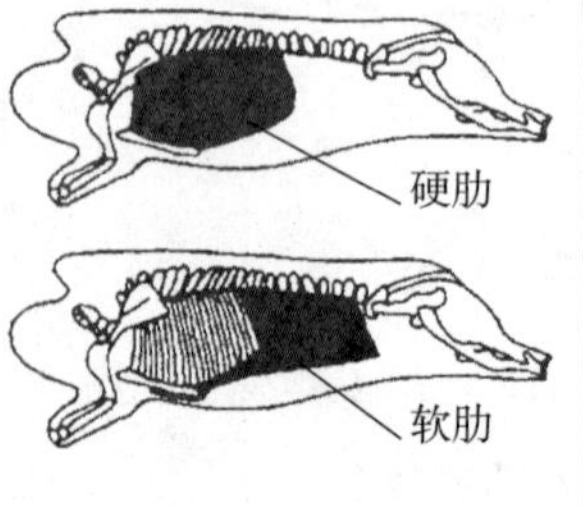 | “硬肋”瘦肉较多，肉质较嫩，膘、肉层次也多；“软肋”瘦肉较少，质差。肋条肉因为膘、肉互相层层夹杂，所以多称为“五花肉” | 烧、煮、炸、焖、煨、蒸等 |

续表

| 序号 | 名称 | 位置 | 图示 | 特点 | 用途 |
|---|---|---|---|---|---|
| 8 | 奶脯 | 在软五花下面，即猪的腹部 | 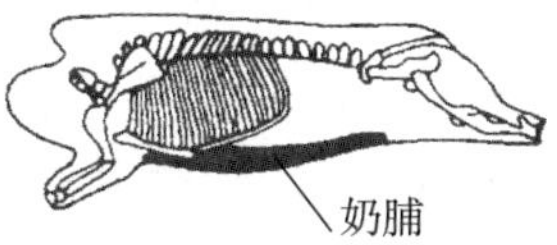 | 几乎全部呈泡状肥肉 | 可去皮炼油，但出油率低，也有用它做腊肉的 |
| 9 | 臀尖 | 位于猪臀部的凸处，尾根的上方部位 | 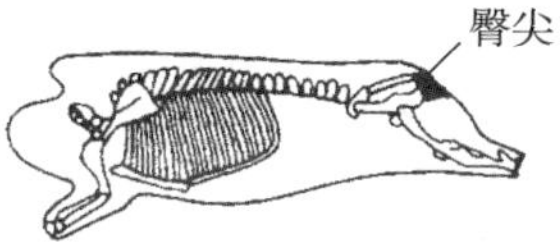 | 瘦肉，无筋膜，肉质细嫩，可代替里脊 | 爆、炒、炸、焖等 |
| 10 | 坐臀（又名二刀肉、坐板） | 位于后腿的中部，处于弹子肉、臀尖的中间 | 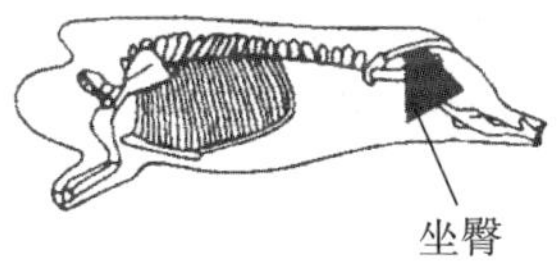 | 坐板肉的内侧上方（即后腿的中部，靠近尾巴处）和后肘的上方，有一块近圆形的瘦肉，称为抹裆，肉质细嫩 | 白切或酱、炒、煮、烧等。抹裆适用于炒、爆、炸等 |
| 11 | 元宝肉（又名弹子肉） | 位于股骨（棒子骨）前，近似圆形 | 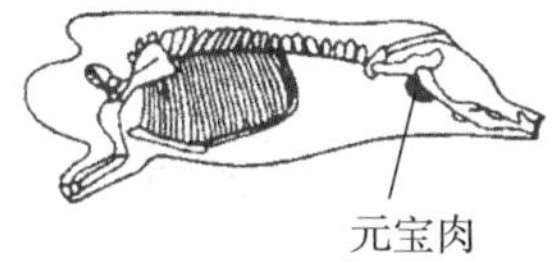 | 一块被薄膜包着的圆形瘦肉 | 可代替里脊肉使用。多用于炸、爆、炒、熘、烹等 |
| 12 | 黄瓜条 | 坐臀的内侧上方（即后腿的中部，靠近尾处）和后肘子的上方 | 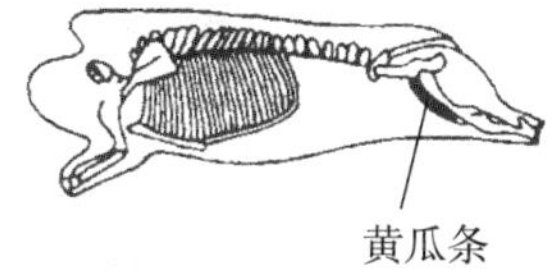 | 一块圆形的瘦肉，肉质细嫩 | 可代替里脊肉使用 |
| 13 | 后肘子（又名后蹄髈） | 后膝盖上面和坐板、抹裆、弹子肉的下方 | 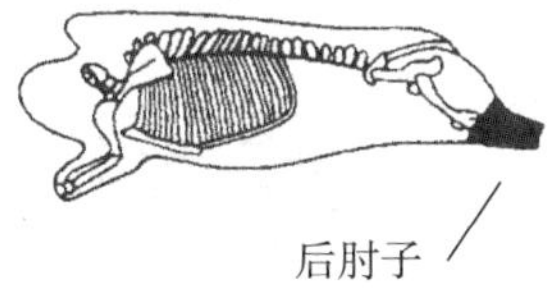 | 皮厚筋多，胶质多，瘦肉多 | 同前蹄髈 |

（1）肩颈部（俗称前槽、夹心、前臂肩） 前端从第1颈椎，后端从第4～5胸椎或第5～6根肋骨间，与背线成直角切断。下端如做火腿则从腕关节截断，如做其他制品则从肘关节切断，并剔除椎骨、肩胛骨、臂骨、胸骨和肋骨。

（2）臀腿部（俗称后腿、后丘、后臂肩） 从最后腰椎与荐椎结合部和背线成直角垂直切断，下端则根据不同用途进行分割：如做分割肉、鲜肉出售，从膝关节切断，剔除腰椎、荐椎骨、股骨、去尾；如做火腿则保留小腿后蹄。

（3）背腰部（俗称外脊、大排、硬肋、横排） 前面去掉肩颈部，后面去掉臀腿部，余下的中断肉体从脊椎骨下4～6cm处平行切开，上部即为背腰部。

（4）肋腹部（俗称软肋、五花） 与背腰部分离，切去奶脯即是。

（5）前臂和小腿部（俗称肘子、蹄髈） 前臂上从肘关节、下从腕关节切断，小腿上从膝关节、下从跗关节切断。

（6）颈部 从第1～2颈椎处或3～4颈椎处切断。

## （二）牛肉分割

我国实行的牛胴体分割法，是将标准的牛胴体二分体分成臀腿肉、腹部肉、腰部肉、胸部肉、肋部肉、肩部肉和前后腿肉七个部分，在此基础上进一步分割成牛柳、西冷、眼肉、上脑、胸肉、腱子肉、腰肉、臀肉、膝圆、大米龙、小米龙、腹肉等不同部位（表4-2）。

表4-2 牛肉部位名称与特点

| 序号 | 部位名称 | 位置及分割方法 | 图示 | 特点 | 用途 |
|---|---|---|---|---|---|
| 1 | 牛柳（里脊） | 即腰大肌。分割时先剥去肾脂肪，沿耻骨前下方将里脊剔出，然后由里脊头向里脊尾逐个剥离腰横突，取下完整的里脊 | 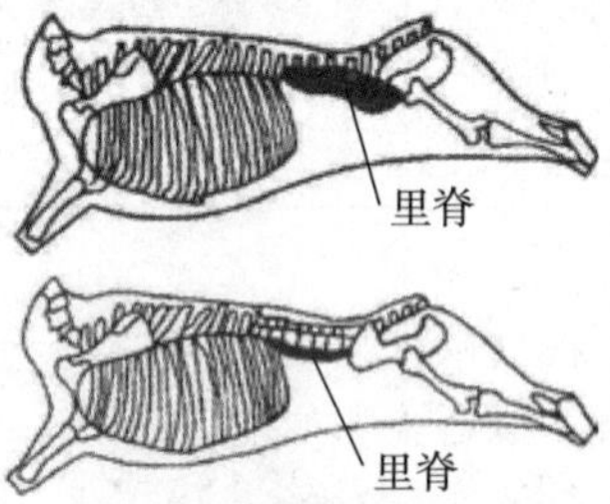  | 肉质细嫩，属一级牛肉 | 适于烤、熘、炒等 |
| 2 | 西冷（外脊） | 主要是背最长肌。分割时首先沿最后腰椎切下，然后沿眼肌腹壁侧（离眼肌5～8cm）切下，再在第12～13胸肋处切断胸椎，逐个剥离胸、腰椎 | 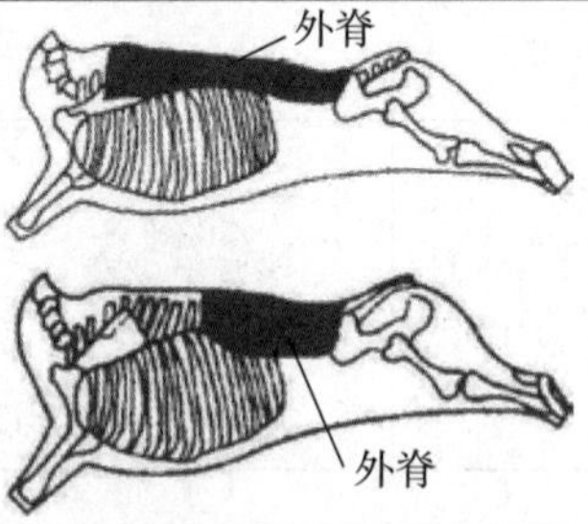  | 肉质松而嫩，肌纤维长 | 适于烤、熘、炒、炸等 |
| 3 | 眼肉 | 主要包括背阔肌、肋最长肌、肋间肌等。其一端与外脊相连，另一端在第5～6胸椎处，分割时先剥离胸椎，抽出筋腱，在眼肌腹侧距离为8～10cm处切下 | 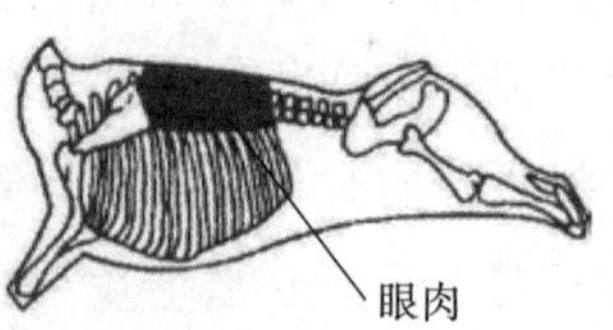  | 肉质较细嫩 | 适于烤、熘、炒、炸、制馅等 |

续表

| 序号 | 部位名称 | 位置及分割方法 | 图示 | 特点 | 用途 |
|---|---|---|---|---|---|
| 4 | 上脑 | 主要包括背最长肌、斜方肌等。其一端与眼肉相连，另一端在最后颈椎处。分割时剥离胸椎，去除筋键，在眼肌腹距离为6～8cm处切下 | 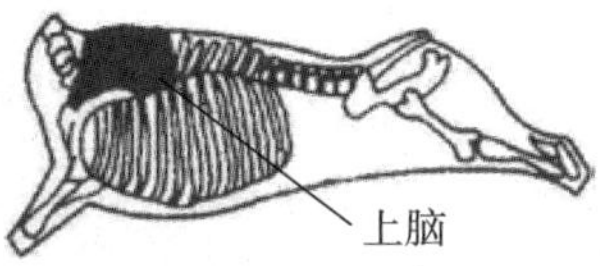 | 肉质肥嫩，属一级牛肉 | 适于烤、熘、炒等 |
| 5 | 胸肉 | 主要包括胸升肌和胸横肌等。在剑状软骨处，随胸肉的自然走向剥离，修去部分脂肪即成一块完整的胸肉 | 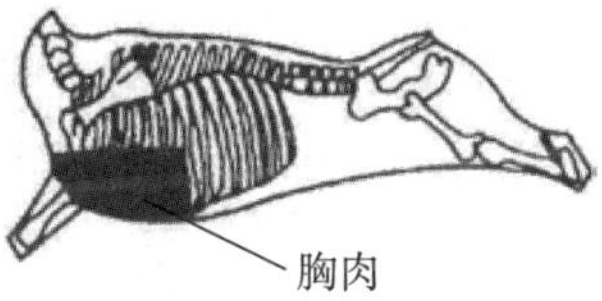 | 肉质坚实，肥瘦间杂 | 适于灌肠制品、酱肉等 |
| 6 | 腱子肉 | 分为前、后两部分，主要是前肢肉和后肢肉。前牛腱从尺骨端下刀，剥离骨头，后牛腱从股骨上端下刀，剥离骨头取下 | 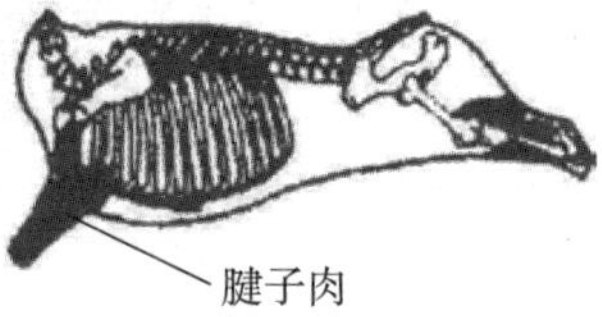 | 腱子肉肌肉紧凑，筋位较多 | 适于加工酱肉等 |
| 7 | 臀肉 | 主要包括半膜肌、内收肌、股薄肌等。分割时把大米龙、小米龙剥离后便可见到一块肉，沿其边缘分割即可得到臀肉。也可沿着被切开的盆骨外缘，再沿本肉块边缘分割 | 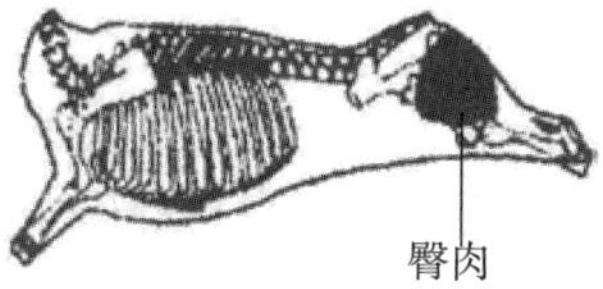 | 肉质较嫩 | 适于炒、炸、熘、制馅等 |
| 8 | 小米龙 | 主要是半腱肌，位于臀部。当牛后腱子取下后，小米龙肉块处于最明显的位置。分割时可按小米龙肉块的自然走向剥离 | 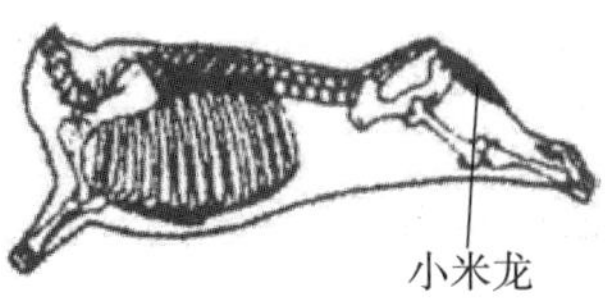 | 肉质较嫩，可切丁、丝片等 | 适于炒、爆、炸、熘或加工酱肉等 |
| 9 | 大米龙 | 主要是臀股二头肌，与小米龙紧相连，故剥离小米龙后大米龙就完全暴露，顺着该肉块自然走向剥离，便可得到一块完整的四方形肉块 | 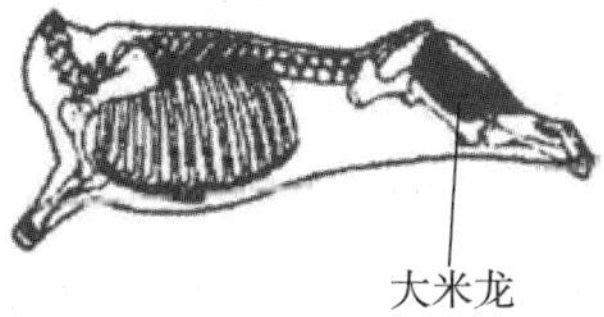 | 肉质较嫩，可切丁、丝片等 | 适于炒、爆、炸、熘或加工酱肉等 |

续表

| 序号 | 部位名称 | 位置及分割方法 | 图示 | 特点 | 用途 |
|---|---|---|---|---|---|
| 10 | 膝圆（元宝肉） | 主要是臀股四头肌。当大米龙、小米龙、臀肉取下后，能见到一块圆形肉块，沿此肉块周边（自然走向）分割，很容易得到一块完整的膝圆肉 | 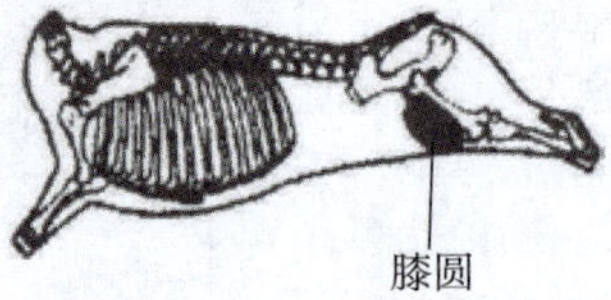 | 肉质较细嫩，但有筋，肌纤维交叉 | 适于炒、炸、熘等 |
| 11 | 腰肉 | 主要包括臀中肌、臀深肌、股阔筋膜张肌。在臀肉、大米龙、小米龙、膝圆取出后，剩下的一块便是腰肉 | 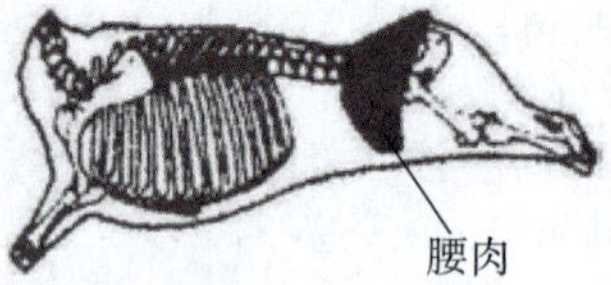 | 腰肉肉质细嫩，结缔组织少 | 适于炒、炸、熘、制馅等 |
| 12 | 腹肉 | 主要包括肋间内肌、肋间外肌等，亦即肋排，分无骨肋排和有骨肋排。一般包括4～7根肋骨 | 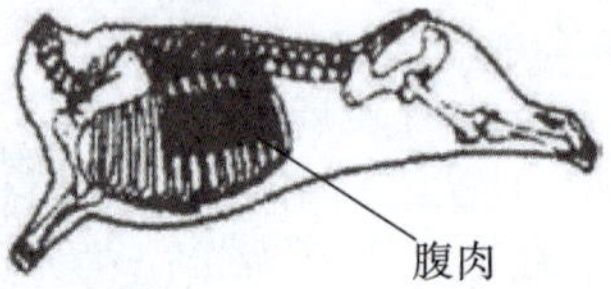 | 腹肉筋膜较厚，韧性大 | 可烧、煮、制馅等 |

## 二、家禽原料的部位分割工艺

### （一）鸡体分割

将光鸡平放砧板上，在脊背部，自两翅间至尾部，用刀划一长口，再从腰窝处至鸡腿裆内侧，用刀划破皮。左手抓住一鸡翅，从刀口自肩臂骨骨节处划开，剔去筋膜。撕下鸡脯，同时将紧贴胸骨的鸡里脊肉取下。再将鸡翅与鸡脯肉分开。左手抓住一鸡腿，反关节用力，用刀在腰窝处划断筋膜，再用刀在坐骨处割划筋膜，用力即可撕下鸡腿，再从胫骨与跖骨关节处拆下，然后将鸡翅、鸡脯、鸡腿、鸡架、鸡爪分类放置即分割完成。

### （二）鹅、鸭胴体的分割

与鸡相似，第一刀从附关节取下左爪；第二刀从附关节取下右爪；第三刀从下颌后颈椎处平直斩下头；第四刀从第15颈椎（前后可相差1个颈椎）间斩下颈部，去掉皮下的食管、气管及淋巴；第五刀沿胸骨脊左侧由后向前平移开膛，摘下全部内脏，用干净毛巾擦去腹水、血污；第六刀沿脊椎骨的左侧（从颈部直到尾部）将鹅、鸭体分为两半；第七刀从胸骨端剑状软骨至髓关节前缘的连线将左右分开，然后分成4块，即胸肉2块、腿肉2块。

## 三、鱼类原料的分割加工

### （一）梭形鱼的分档取料

梭形鱼是烹饪中使用较多的鱼类品种，常见的有鲤鱼、鳜鱼、草鱼、青鱼、鲢鱼等。鱼体一般为三个部位，即头部、躯干部、尾部。鱼头可以胸鳍为界线直线割下，其骨多肉少、肉质滑嫩，皮层含胶原蛋白质丰富，适于红烧、煮汤等。鱼尾俗称“划水”，可以臀鳍为界线直线割下。鱼尾皮厚筋多、肉质肥美，尾鳍含丰富的胶原蛋白质，适用于红烧，也可与鱼头一起做菜。躯干部可分为脊背与肚裆两部分。脊背的特点是骨粗（一根脊椎骨又称龙骨）肉多，肉的质地适中，可加工成丝、丁、条、片、块、糜等形状，适于炸、熘、爆、炒等，是一条鱼中用途最广的部分。肚裆是鱼中段靠近腹部的部分。肚裆皮厚肉层薄，含脂肪丰富，肉质肥美，适于烧、蒸等。

### （二）长形鱼的分档取料

长形鱼因其体形瘦长，各部位的肉质区别不大，一般不进行分档处理，只有个别菜肴需要分档，但也是在出骨加工以后进行。如熟鳝鱼去骨后，根据菜肴的要求进行部位分割，一般分为前脊背肉、尾脊背肉、腹肉三大部分。前脊背肉可用于炒制，如“炒软兜”；尾脊背肉可用于炝制，如“炝虎尾”；鱼腹可制汤菜，如“煨脐门”等；还有背肉、腹肉连在一起的单背肉，可用于炒、炸等，如“梁溪脆鳝”等。

扁形鱼的体形扁平，肉质较薄，如鲳鱼、鳊鱼等，一般不再分档。

# 第二节
# 骨肉分割工艺

## 一、猪胴体的骨肉分割

猪胴体的分割工艺一般是：将猪胴体二分体首先分割成前腿部分、背腹部分和后腿部分三段，再对每一部分进行骨肉分割。猪的骨骼结构见图4-2。

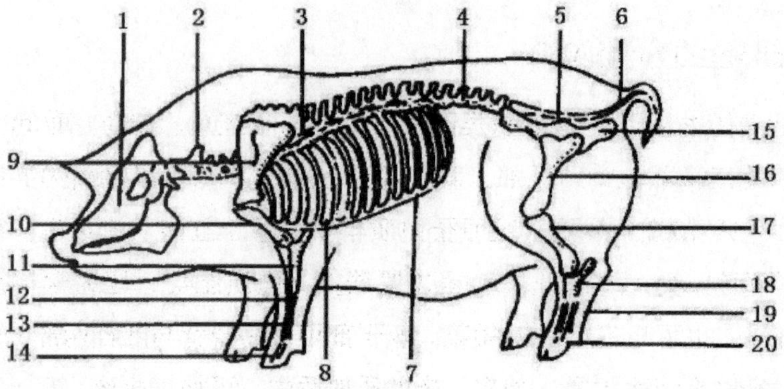


1. 头骨 2. 第一颈椎骨 3. 第一胸椎骨 4. 第一腰椎骨 5. 荐骨 6. 尾椎骨
7. 肋骨 8. 胸骨 9. 肩胛骨 10. 臂骨 11. 前臂骨 12. 腕骨 13. 掌骨
14. 指骨 15. 髋骨 16. 股骨 17. 小腿骨 18. 跗骨 19. 跖骨 20. 趾骨

图 4-2 猪的骨骼结构

## （一）前腿部分出骨

从腕骨关节卸下前爪，切下颈椎骨取下血脖；从胸骨下端进刀取下前胸肋和胸椎；斜刀从肩部上缘割下上脑，割开附着肩胛骨上筋膜，从肱骨与肩胛骨连接处关节将其前尖与前蹄分离，刮清肩胛骨平面上腱膜，从两侧进刀，剔下肩胛骨；将前蹄平放，从肱骨骺处顺下将其剖开，使肱骨、尺骨与桡骨裸露，呈扇面状。从腕骨与尺、桡骨关节处进刀，取下肱骨，再剔下尺、桡二骨（也可采用抽骨的方法）。

## （二）腹背部分出骨

在胸肋后八根下端进刀，取下胸肋与脊骨，再从通脊肥膘上剥下通脊肌（又称扁担肉）。将肋条与奶脯切割分离，再将软肋与硬肋分割开。脊肌也可连在椎骨上取下，称为“大排”。

## （三）后腿部分出骨

从跗骨下面的关节切下后爪，斜刀从髋骨与荐椎的连接处取下荐椎，刮净筋骨表层腱膜，从髋骨与股骨的关节取下髋骨。顺股骨剖开，使股骨裸露，完整剥下股二头肌、臀中肌，剔下股骨及膝盖骨，剥下底层肌肉，将余下切成大方块；后蹄从腓骨一侧剖开，剔出胫骨，或割上下端腱膜连接，抽出腓胫骨。

## 二、鸡的骨肉分割加工

鸡的剔骨加工分为分档剔骨与整鸡剔骨两种。鸡的骨骼结构见图4-3。

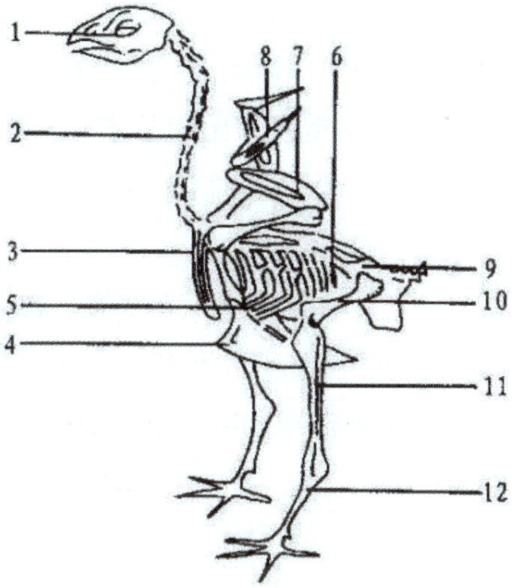


1. 头骨　2. 颈骨　3. 锁骨　4. 龙骨　5. 胸脊　6. 肋骨　7. 翅骨　8. 小翅骨　9. 脊骨　10. 股骨　11. 胫骨　12. 小腿骨

图 4-3　鸡的骨骼结构

### （一）分档剔骨

光鸡经过分割后，其分档剔骨的主要部位指鸡腿和鸡翅（因鸡脯已是净肉）。鸡腿剔骨：用刀从鸡腿内侧剖开，使股骨和胫骨裸露，从关节处将两骨分离，割断骨节周围的筋膜，抽出股骨；再用相同的方法取下胫骨。鸡翅剔骨：割断肱骨关节四周的筋膜，将翅肉翻转，再割断尺骨、桡骨上的筋膜，取下肱骨及尺骨、桡骨。翅尖部位的骨骼一般在生料剔骨时予以保留。

### （二）整料去骨

用于整禽去骨的原料是鸡、鸭、野鸭等，出骨方法大致相同，整鸡出骨有较强的技术性。去骨后的鸡应皮面完整、刀口正常、不破不漏。过嫩、过肥、过瘦的鸡都不利于整料剔骨。整鸡去骨的一般方法是：划开颈皮→去前翅骨→去躯干骨→出后腿骨→翻转鸡皮。

## 三、鱼类的骨肉分割

### （一）鱼的一般骨肉分割

#### 1. 梭形鱼类的剔骨出肉工艺

（1）用刀顺着鱼脊骨把上下两面的鱼背切开，再用刀从头部斜着切出一个切口。

（2）先从头部起，用刀沿着鱼脊骨向后剔，把背部的鱼肉剔出来。接着，顺着腹骨向后剔。剔时，要注意使鱼肉和腹骨分离，仔细地把上面的鱼片剔下来。再把鱼翻过来，按同样的方法把下面的鱼片也剔下来。

（3）摘除鱼片上的小刺。

（4）用刀在尾部鱼肉上切一个切口，一只手拉着鱼尾，另一只手用刀把鱼皮剥掉。

2. 扁形鱼类的剔骨出肉工艺

（1）刮除鱼鳞，用水清洗干净，用刀切开鱼的周边，并在鱼的腹背中间纵向切开一个切口。

（2）用刀从中间向外把鱼片剔下来。剔鱼片时，应注意不要碰伤鱼的内脏。

（3）掉转鱼尾方向，剔出另一鱼片。

（4）把鱼身翻转，按上述方法把另一面也剔成两片鱼肉，然后清除鱼片上的鱼血，拔取鱼刺。这样就把一条比目鱼剔成4片鱼肉和1个脊骨。

（5）用刀在鱼尾上切一个口，一只手拉着鱼尾方向的鱼皮，用刀从鱼尾方向把鱼皮剥下来。

3. 长形鱼类的剔骨出肉工艺

长形鱼类多为长圆柱状的体形，如海鳗（又名狼牙鳝）、鳗鲡（又名白鳝、白鳗、鳗鱼）、黄鳝（又名鳝、鳝鱼）等，这类鱼的脊骨多是三棱形的。海鳗、鳗鲡的出肉一般采用生出的方法，黄鳝则有生出和熟出两种方法。

（1）鳝鱼生出骨法　用刀将鳝鱼从喉部向尾部剖开腹部，去内脏，洗净抹干，再用刀尖沿脊骨剖开一长口，使脊部皮不破，然后用刀铲去椎骨，去头尾即成鳝鱼肉。鳗鱼生出骨也是如此。

（2）鳝鱼熟出骨法　①先用锅将清水烧沸，加入盐、醋、葱、姜、料酒，然后倒入活鳝鱼，迅速盖上锅盖，烫制过程中用刷把轻轻推动鳝鱼，使黏液从体表脱落，一般在90℃左右的水中烫制15min即可。汆好后的鳝鱼立即捞入清水中漂洗，将残留的黏液和杂物洗净。②将熟鳝鱼背朝外，腹朝里，头左尾右，平放于案上，左手捏住鱼头，右手捏住划鳝鱼的刀（为骨制，尖刃窄身），从颔下腹侧入刀，中指与无名指护住鱼身，顺椎骨向右移动，划开鱼体成腹、背两片，再同法将椎骨一侧划开，接着划出椎骨。③将鱼腹与脊背分离的划法称“双背划”。尚有腹背不分的“单背划”，即划的第一刀仅将其一侧划开，然后再取出椎骨。

## （二）整鱼出骨

整鱼出骨是烹调工艺中的一项特殊的技艺，它是指将鱼体中的主要骨骼（椎骨、肋骨）去除，而保持外形完整的一种出骨技法。适合整鱼出骨的鱼通常是一些体壁较厚，身瓣较宽或椎、肋较小的梭形鱼，如鳜鱼、鲤鱼、黄鱼、黄姑鱼、石斑鱼、鲈鱼等。一般以活鱼为佳，若使用冷藏或刚死不久的鱼，其品质应与鲜活鱼的新鲜度相仿；每条鱼的重量除刀鱼和白鱼外，都应在700g左右，刀鱼在250g左右，白鱼在600g左右。1 kg以上、250g以下的鱼一般不适用此法。整鱼出骨后的原料可制作“脱骨八宝鱼”“三鲜脱骨鱼”“蒸酿双皮刀鱼”“怀胎鲫鱼”“无骨稀卤白鱼”等特色菜肴。依据出骨点的不同，整鱼出骨可分为脊出骨法、腹开剔骨法、项出骨法和鳃内出骨法等几种。

1. 脊出骨法

脊出骨法也称背开剔骨法，即从鱼的背鳍两侧剖开鱼背，取出鳍骨与椎骨，再斜刀剔出肋骨，也可不出肋骨。

（1）将鱼刮鳞去鳃，并用剪刀剪除鱼鳍和尾尖。

（2）贴着脊骨，在脊鳍两侧用刀切开两个长切口。然后，贴着鱼骨进刀，把鱼背切开，并使鱼肉和内脏及鱼骨分离。

（3）用剪刀剪下脊骨的头尾两端，摘下脊骨和内脏。在进行上述操作时，务必十分小心，不要把鱼腹的皮扯破。

（4）摘除有血线的鱼骨，然后用布巾擦净。注意，不要用水清洗。

2. 腹开剔骨法

（1）将鱼头向外、腹向右放在案上，左手按住鱼身，右手持刀。刀尖由肛门插入，挑切开鱼腹至前鳍处，将内脏掏出，挖出鱼鳃。

（2）用刀尖在腹腔贴脊骨与肋骨连接处用刀割断，并剔落背刺。用同样的方法剔断另一侧肋骨，使两排肋骨与脊骨脱离。

（3）将脊骨与鱼头、尾相接处切断，取出脊骨。

（4）将鱼翻转过来，用刀在腹内斜刀片去肋骨。用同样的方法片去另一排肋骨，使两排肋骨剔出。鱼骨脱出后，把鱼身合拢，仍然保持完整的鱼形。

3. 鳃内出骨法

需用一把长约30cm、宽约2cm、两侧刀刃锋利的剑形刀具。其方法是（以鳜鱼为例）：取鳜鱼一尾洗净后，从鳃部把内脏取出，擦干水分，放在砧墩上，掀起鳃盖，把脊骨斩断，在鱼尾处斩断尾骨。接着将鱼头朝里，鱼尾朝外，左手按住鱼身，右手持刀将鳃盖掀起，沿脊骨的斜面推进，然后平片向腹部，先出腹部一面，再出脊背部，这样可使腹部刺不断。然后翻转鱼身，用同样方法出另一面。待出完后，可把脊骨连肋骨一起抽出，洗净即可。

## 四、虾、蟹类的去骨出肉工艺

### （一）小大头虾的去骨出肉工艺

在5片虾尾中拧下中间的1片虾尾，直接向后拉，把虾肠一起拉出来，摘除。然后，将虾立刻放入煮沸的水中，待水再次沸腾后，煮2～3min捞出来。接着将虾放进冰水中，以免余热继续把虾肉加热过火；拧下虾头，用两指横向挤压第一节虾壳，将其挤裂，剥下第一节虾壳。将虾腹朝上，用拇指和食指挤压虾尾出来。

### （二）大龙虾的出肉工艺

用刀把虾头和虾身之间的薄膜切开，摘除虾头；把虾腹朝上，用剪刀剪开龙虾腹壳的两侧，剥下虾腹的壳；剥出虾肉，在虾背上切出一条浅缝，摘出虾肠。

### （三）螃蟹的出肉工艺

螃蟹的出肉必须采用熟出的方法。其步骤为：蒸（煮）熟→卸下步足→撬出腿节→摘下屈腹→开背壳→剔出上壳内脂肪与肌肉→剔去食胃→摘除胸肋上肺叶→剔出肋间脂肪→将胸甲剪为左、右两半→剖开胸肋成上、下两半→剔去肋缝中肌肉→撬开螯足剔出肌肉→分别剪去步足关节→压或扦出足壁间肌肉→剖开曲腹去除屎肠→剔出腹中肌肉→分装保管。

## 第三节 刀工基本技法

## 一、刀工操作的基本要求

刀工是指根据烹调、食用和美化的要求，运用一定的刀具和行刀技法，将原料加工成组配菜肴所需的基本形状的操作过程。

### （一）根据原料的不同性质，选择不同的刀法

我国烹饪原料品种繁多，性质各异。刀工应根据原料性质的不同灵活掌握，区别对待（表4-3）。如牛肉质地老而肌肉纤维粗，要顶着肌肉纹切丝（顶纹切）；鸡脯肉质地松嫩，易断裂，要顺着肌肉纹切丝（顺纹切）；猪肉质地介于二者之间，则要斜着肌肉纹切丝（斜纹切）。韧性较强的猪肉、牛肉丝可以切得细一点；质地松软、韧性较差的

鱼肉就要切得粗一点，以防烹调时断、碎。

表 4-3　烹调原料的质地性能与刀法的运用

| 原料性质 | 原料举例 | 适应的刀法 |
|---|---|---|
| 脆性原料 | 青菜、大白菜、芹菜、藕、姜、葱、洋葱、胡萝卜、白萝卜、慈姑、竹笋、韭菜、黄瓜、芋头、马铃薯等 | 直切、滚料切、排斩、平刀片、反刀片、滚料片等 |
| 嫩性原料 | 豆腐、鸡血、鸭血、猪血、凉粉、粉皮、蛋白糕、蛋黄糕等 | 直切、排斩、平刀片、抖刀片、正刀片等 |
| 韧性原料 | 猪肉、牛肉、羊肉、鸡肉、鱼肉、猪肚、猪腰、猪肺、猪肝、猪心、牛肚、羊肝、鱿鱼、墨鱼等 | 拉切、排斩、拉刀片、正刀片等 |
| 硬性原料 | 去骨咸鱼、咸肉、火腿、冰冻肉类、大头菜等 | 锯切、直刀劈、跟刀劈等 |
| 软性原料 | 豆腐干、素鸡、百叶、方腿（西式火腿）、红肠、熏圆腿、白煮肉、白煮鸡脯、卤牛肉、熟猪肚、熟牛肚等。煮熟回软的脆性原料有熟冬笋、熟胡萝卜、熟毛笋、熟茭白、熟藕、熟慈姑等 | 推切、锯切、滚料切、排斩、推刀片、滚料片、正刀片等 |
| 带骨和带壳原料 | 猪大排、猪肋条、蹄髈、肋排、脚爪、脚圈、猪头、牛肉、鱼头、火腿、咸肉、河蟹、毛蟹、海蟹以及熟鸡蛋和熟鸭蛋等 | 铡刀切、拍刀切、直刀劈、跟刀劈 |
| 松散性原料 | 方腿、面包、烤麸、面筋、马铃薯、熟猪肝、熟羊肚等 | 锯切、排斩、拍刀切等 |

## （二）适应菜肴和烹调的要求

我国菜肴品种丰富，烹调方法繁多，有的用旺火短时间烹制，有的用小火长时间烹制。因此，原料的刀工处理要符合菜肴和烹调的要求。一般来说，对爆、炒等旺火速成的菜肴，原料要切得小些、细些、薄些；对焖、炖等小火长时间加热的菜肴，原料要切得大些、粗些、厚些。再如，香酥里脊丝与清烩里脊丝，前者口味酥脆，后者则口味鲜嫩。这就要求前者的里脊丝要切得粗些、长些，以防止里脊丝过于细短经油炸收缩后显得更细短，变得老而无味；后者则要切得细些、短些，以达到鲜嫩、美观的目的。

### （三）原料成形要整齐划一，均匀一致

对原料进行刀工处理时，要做到成形大小均匀、厚薄一致、粗细相当、长短相等、形状相似；否则，在加热调味过程中，过薄、过小、过细的原料先成熟、先入味，过厚、过大、过粗的原料后成熟、后入味，等到粗的、厚的原料成熟或入味时，细的、小的原料就早已过了火候。此外，将原料切成丝、片、条、丁、粒、末等形状时，相互之间要分开，不可连刀。如要连刀剞花，则刀距及刀纹的深浅和倾斜角度要均匀一致；否则，既不利于烹调，也不美观，不便于食用。

### （四）合理用料，物尽其用

合理使用原料、减小损耗、降低成本，是烹调工艺的一条重要原则，刀工操作更应遵循这一原则。在加工处理原料时，要充分考虑原料的用途；下刀时要心中有数，合理用料，做到大材大用、小材小用、合理分用、充分利用；对刀工后的边角碎料，也应物尽其用、精打细算，充分发挥其经济效用。总之，一切可利用的原料，都要充分合理地加以利用，不应随意抛弃。

### （五）符合卫生要求，力求保持营养

刀工操作中，要注意生熟原料要分墩、分刀操作，注意刀工操作环境及个人的卫生，养成干净、快捷、利落的操作习惯，刀、砧墩及其周围的原料、物品要保持清洁整齐。

## 二、刀工的作用和原理

### （一）刀工的作用

#### 1. 便于食用

绝大多数烹饪原料的形体都较大，不便于直接烹调和食用，经过刀工处理对原料进行分割，加工成小型的丁、丝、片、条、块等，方可便于食用。

#### 2. 便于调味

在使用调味品调味时，形体大的原料难以入味，经刀工处理的小型原料则比较容易调味。

#### 3. 便于加热

中式烹调善于制作旺火速成的菜肴，即用旺火进行短时间加热。形体较大、较厚的

原料不便于迅速加热至熟。经刀工处理，将原料形状改小，即可适合快速加热、短时间成熟的烹调方法。

### 4. 美化菜肴形态

刀工对菜肴的形态和外观起着决定性作用。原料经刀工处理后，可呈现出各种整齐、均匀、多姿的形态，尤其是运用剞刀法，在原料表面剞上各种刀纹，经加热后便会卷曲成各种美观的形状，使菜肴的形状丰富多彩。

### 5. 提高嫩度，改进质感

烹饪原料中纤维的粗细、结缔组织的多少及含水量等都是影响菜品质地的内在因素。菜肴质嫩的效果，除了依靠相应的烹调方法及挂糊、上浆等技法外，也可通过机械力加以改变而取得。例如，运用刀工技术将各种动物性烹饪原料加工处理（如采用切、剞、捶、拍、剁等方法）成体积大小不同、剞上花纹而呈形态各异的形状，使纤维组织断裂或解体，增大肉的表面积，从而使更多的蛋白质亲水基团暴露出来，增加肉的持水性，再行烹制，即可取得肉质嫩化的效果。

### 6. 丰富菜肴，增加品种

运用各种刀工刀法，可以把各种不同质地、不同颜色的原料加工成各种不同的形状，再辅之以拼摆、镶、嵌、叠、卷、排、扎、酿、包等手法，即可制成各式各样造型优美、生动别致的菜肴。可见，菜肴数量、品种的增加与刀工的运用和作用是分不开的。

## （二）刀工的基本原理

### 1. 刀具的锋利与用力的关系

刀具的锋利程度是指刀口的厚薄，刀口越薄，表明刀具越锋利，也越容易切断原料。古语说："工欲善其事，必先利其器。"切制烹饪原料也是如此。任何原料所能承受的压强都是由其本身性质决定的，当压强超过原料所能承受的强度时，就会产生断裂。

根据压强的计算公式：压强=压力÷面积，可以得出这样的结论：在运刀时，当所用的压力固定不变时（这里的压力指刀具的重力与人的作用力），刀口与被切割原料接触的面积越小，则刀与原料接触点所产生的压强就越大。压强越大，运刀时越省力。换言之，使用相同的刀具，刀口越锋利，刀口与原料接触点面积就越小，切割原料也就越省力。

### 2. 刀具的薄厚与力的关系

薄刀与厚刀，轻重是各不相同的。使用这两种类型的刀去砍性质相同的坚硬带骨的原料，倘若做功时的速度及砍原料的作用时间、施加的力都固定不变，那么这时所产生的效果却是不相同的。采用薄刀（片刀）挥臂砍剁时，刀刃锋口处所受的压力很大，因此，在刀刃锋口处受到冲击时极易摧折而形成缺口，原料也不容易被砍断。采用厚刀（砍刀）挥臂砍剁时，原料很容易被砍断。原因是：刀越厚越重，运动惯性也越大，所产生的冲力要比施加在刀具上的外力大很多，因而就越省力。正因为如此，砍原料时所采用的刀具都有厚背、厚刀膛、大尖劈角，以增加重量。

**3. 刀具的运动速度与用力的关系**

刀具是在外力作用下，在运动中来完成对原料切割过程的，其运行速度的快慢直接决定着切割原料的效果。当烹调师在所用刀具重量一定的情况下，其运刀速度越快（即加速度增力），刀口对原料所产生的力就越大，形成的压强也越大，也就越容易切断原料，既可以省力又能提高工效。

## 三、刀法的种类和技术要领

刀法是根据烹调和食用的要求，将各种烹饪原料加工成一定形状的行刀技法。刀法的种类很多，各地的名称和操作要求也不尽相同。

### （一）基本刀法

基本刀法是指在行刀过程中，刀面与原料（或砧墩面）始终成一定角度的刀法。通常根据所成角度的大小可分为直刀法、平刀法和斜刀法三种。

刀法分类一览表

**1. 直刀法**

直刀法是指刀具与墩面基本保持垂直角度运动的刀法。这种刀法依据用力大小的程度，可分为切、剁、砍三类。

（1）切　一般适用于无骨的原料。其一般操作方法是：左手按稳原料，右手持刀，对准原料向下用力使原料断开。根据原料性能及操作者的行为习惯不同，又可分为直刀切（又称跳切）、推刀切、拉刀切、推拉刀切、锯刀切、滚料切（行业称滚刀切）、铡刀切等多种不同的刀法。

（2）剁　也称斩、排，就是在原料的某一处上下垂直运刀，并许多次重复行刀，需要在运刀时猛力向下的刀法。一般分排剁、刀尖（跟）排和刀背排（捶）等几种。

（3）砍　又称劈，是只有上下垂直方向运刀，在运刀时猛力向下的刀法。根据运刀方法的不同，又分为直刀砍、跟刀砍、拍刀砍等几种。

### 2. 平刀法

平刀法是指刀面与墩面平行，刀保持水平运动的刀法。运刀要用力平衡，不应此轻彼重，而产生凸凹不平的现象。依据用力方向不同，这种刀法可分为平刀直片、平刀推片、平刀拉片、平刀抖刀片、平刀滚料片等。

### 3. 斜刀法

斜刀法是一种刀面与墩面呈斜角，刀做倾斜运动，将原料片开的刀法。这种刀法按刀的运动方向与砧墩的角度不同，可分为斜刀拉片（也称正斜刀法、正刀批、斜刀片等）和斜刀推片（也称反斜刀法、反刀批、反刀片等）两种方法。

以上各种刀法的主要区别如下：

（1）行刀角度不同　刀法的形成主要是刀刃在平行的砧案上所变化的各种角度。有的是呈直角、有的是呈锐角和钝角、有的是刀面与砧案呈平行线，这就产生了刀法，即直刀法、平刀法、斜刀法。

（2）运刀方法不同　当刀刃以一定角度进入原料后，刀运动方向有的是垂直上下或前后运动，有的是水平向前或是波浪式运动等。这一现象的变化是随着各种原料的性能不同，被割切原料组织、结构状况不同而改变的。如直刀法，既有直切又有推、拉切等；而刀刃与砧案所处的角度没变，还是呈直角，所变的是刀的运动方向。

（3）用力大小和速度不同　同一个角度、同一个方向，由于力量不同、速度不一，运刀方法也就有区别，如切与砍都是直刀法，用力方向都是同一个方向，但用力大小、速度不同而有区分。由于原料性能不同，有脆性的，韧性的等和原料厚度。如切猪肝，在按料时用力过大或过猛，就会造成截面凸出或前薄后厚的现象。速度的快慢对猪肝片的截面也是有影响的。

（4）左右手的配合　切割原料时，一般是右手持刀，左手按料。在运刀时，右手割切，左手按料或前推或滚动。此运刀方法要求左手作不同的动作加以配合，特别注意刀距是否一致对原料形态的影响。所以左右手配合得如何，直接影响原料的形态，如果左右手配合得不好还容易发生伤害事故。

## （二）剞刀法

“剞”的本义是雕刻用的曲刀；雕版，刻书。烹调工艺中的剞刀法是指在原料表面上切割横竖交叉深而不断（一般为原料的2/3或4/5左右）的各种花纹，经过烹调后，使原料卷曲成各种形状（如麦穗、菊花、玉兰花、荔枝、核桃、鱼鳃、蓑衣、木梳背等）的刀法。根据运刀方法的不同，剞刀法可分为直刀剞、斜刀剞和平刀剞等。

剞刀法的种类和技术要领

### 1. 直刀剞

直刀剞与直刀切相似，只是刀在运行时不完全将原料断开，根据原料成形的规格，刀进深到一定程度时停刀，在原料上剞上直线刀纹。也可结合运用其他刀法加工出蓑衣黄瓜、齿边白菜丝、鱼鳃块等形状。

（1）直刀直剞　直刀直剞与直刀切相似。区别之处在于，直刀直剞没有将原料切断，而是切到一定深度后即停刀，剞进原料的深度视原料、花刀的种类不同而有所区别。直刀直剞要求刀纹深浅一致、刀纹间距离相等。这种刀法适用加工各种脆性原料，如黄瓜、茄子、南瓜等，以及质地较嫩的韧性原料，如腰子、鱿鱼、黄鳝等。

（2）直刀推剞　直刀推剞与推刀切相似。区别之处在于，在直刀推剞时，刀进一定深度后即停刀，不将原料断开。这种刀法适用于加工各种无骨的韧性原料，如猪肚、通脊肉、鸡鸭鹅肫、鱼肉等，以及软性原料，如豆腐干等。

### 2. 斜刀剞

斜刀剞是运用斜刀法在原料表面切割具有一定深度刀纹的方法，适用于稍薄的原料。斜刀剞条纹长于原料本身的厚度，层层递进相叠，呈披覆之鳞片状。

（1）斜刀推剞　斜刀推剞与斜刀推片相似。不同之处在于，斜刀推剞的刀在运行时不完全将原料断开，而是留有一定的余地。这种刀法不但要求刀纹深浅和刀距一致，还要求刀纹间的倾斜角度相同。斜刀推剞适用于比较薄小的原料，如墨鱼、腰子、肚子等。

（2）斜刀拉剞　斜刀拉剞与斜刀拉片相似。不同之处在于，斜刀拉剞的刀刃在进入原料一定深度后即停刀，不将原料片断。该刀法适用的原料及刀法要求与斜刀推剞相同。

### 3. 平刀剞

平刀剞有平刀推剞和平刀拉剞两种，其刀法与平刀法相似，只是平刀剞在刀刃进入原料一定深度后便停止，不将原料片断。操作的要求是刀纹间相互平行、间距相等、深浅一致。这种刀法用于较小的原料，如虾球等。

剞刀法在应用上可分为一般剞和花刀剞两种。一般剞只是在原料上剞上一排刀纹，如烹制整尾鱼时，即可用拉刀剞法。花刀剞是剞刀法最广泛的一种。所谓花刀，就是在原料上交叉地剞上各种花刀纹路，使原料经过烹调后，出现各种不同形状。但使用这一类原料，必须是韧性带脆无筋的原料，如猪、羊、牛的腰子，以及猪肚子、鸡胗、鸭胗、鱿鱼等。

## （三）其他刀法

除了以上刀法，还有一些其他刀法，如削、剔、刮、挞、拍、撬、剜、剐、铲、割等，大多数是作为辅助性刀法使用，在此不再赘述。

# 第四节
# 刀工成形工艺

## 一、基本料形的成型工艺

基本料形指构成菜肴的各种基本形状，如块、段、片、条、丝、丁、粒、末、糜（泥）等，其工艺程序简单，运用切、剁、砍、片等刀法加工完成。这正是一个原料从大到小、由粗到细的加工过程。

### （一）一般工艺流程

基本料形的成型工艺流程如图4-4所示。

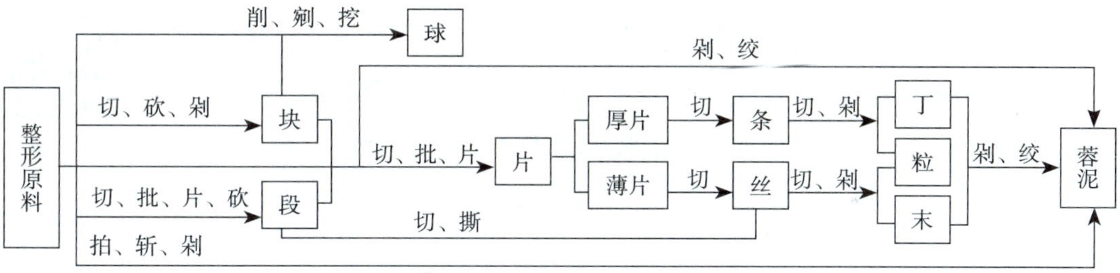


图 4-4　基本料形成型工艺

### （二）不同料形的加工

1. 段

将原料横截成自然小节或断开叫段。段和条相似，但比条宽一些或长一些，保持原来物体的宽度是段的主要特征；另外，段也没有明显棱角特征。加工段状原料时，常用的刀法有直刀法中的直刀切、推刀切、推拉刀切、拉刀切、剁等和斜刀法，带骨的原料用剁的方法，因此在形态上，段可分为直刀段与斜刀段。段的大小、长短可根据原料品种、烹调方法、食用要求灵活掌握。

2. 块

块是菜肴原料中较大的一种形状。块的成形通常使用切、剁、斩等直刀法。形体较厚、质地较老以及带骨的烹调原料一般采用剁、斩的刀法，如排骨等；质地较软嫩，不带硬骨、硬刺的原料主要使用切的刀法，如马铃薯和无骨的肉类。块的大小，一方面取决于原料所切成条的宽窄、厚薄，另一方面也取决于不同的刀法。块的种类很多，常用的有象眼块、正方块、长方块、骨牌块、滚刀块等。各种块形的选择，是根据烹调的需要以及原料的性质、特点来决定的。当块形较大时，也可在其两面上剞些花刀，以便于入味。

常见块的种类和加工方法

3. 片

片是具有扁薄平面结构的物体，是烹调中用得最多的一种形状。片的成形一般采用直刀法中的切（如直刀切、推刀切、拉刀切、锯刀切等）、斜刀法（斜刀拉片、斜刀推片）、平刀法（直片、推拉片）或削等刀法来完成。常用的片形有菱形片、月牙片、柳叶片、长方片等。片的大小、厚薄和形状，要根据原料的品种、质地和烹调方法确定。

常见片的种类和加工方法

4. 条

一般将宽0.5～1.0cm的细长料形称为条。条的加工方法是先将原料加工成稍厚些的片或段后，再加工成条。所用的刀法有直刀法、斜刀法和平刀法中的各法。常见条的形状有指条、笔杆条、筷子条、象牙条等。条的粗细、长短要根据原料的性质和烹调的需要而定。质地坚韧的原料，条要略细一些；质地软嫩的原料，条要切得略粗一些。

常见条的形状

5. 丝

将薄片形原料切成细长的形状，即为丝。丝是菜肴原料中体积较小、也较难切的一种形状。在烹调技术中，体现刀工很重要的一个方面就是看丝切得如何。丝在烹调中运用广泛，而且作用大。

丝有粗细之分，性质韧而坚的原料，可以加工得细一些；质地松软的原料，可以稍粗一些。丝的粗细，相当程度上取决于切片的厚薄。丝的切片刀法有直刀法、斜刀法和平刀法，再将片切丝的刀法主要有直刀法中的直刀切、推刀切、拉刀切、翻刀切。

常见丝的形状

丝状原料的加工方法：先将原料顺着纤维切成薄片，然后将薄片整齐地排成瓦楞形，顺刀顺着纤维切成丝状。切丝时，为提高效率，常将已切好的片叠起来切。叠的方法主要有瓦楞形叠法、砌砖形叠法和卷筒形叠法。

6. 丁

从条上截下的立方体料形称为丁。切丁的方法是先将原料片成厚片，再将片切成条，最后将条切成丁。丁也有大中小之分，大丁约2cm×2cm×2cm，中丁约

1.2cm × 1.2cm × 1.2cm，小丁约0.8cm × 0.8cm × 0.8cm。丁的形状有菱形丁、骰子形丁、橄榄形丁、指甲形丁等。适用于韧性原料、脆性原料、软性原料及硬实性原料。

切丁时，首先要掌握片的厚度，片切成条时，又要掌握条的整齐划一，最后切丁时，下刀要直，刀口的距离要一致。这样切出后，丁才能像骰子一样。如切肉类原料时，可事先将原料在0℃以下的环境中冷藏起来，但不宜冻得过硬，以原料冻成固体形状为宜，再切成丁，这样切出的效果会更标准一些。

7. 粒

从丝状原料上截下的立方体称为粒，又称"米"。粒取自粗丝，粒的形状比丁要小，一般也呈方形，是由细条和丝改刀而成的，大的如黄豆，小的如米粒。切粒与切丁的方法大致相同，只是片要薄些，条要细些，直切时刀口密度小些。切成粒的原料，一般常用于各种肉类或调料类，如火腿粒、鸡肉粒、猪肉粒、牛肉粒、干辣椒粒等。粒的原料用于烹调中，常常是配料或调料，如麻辣海参中的猪肉粒、石榴鸡中的鸡粒等。加工粒状原料时，经常使用的刀法有直刀法中的切、剁。

常见粒状原料有：豌豆粒——将整形后的原料切成长方条，然后顶刀切成0.5cm左右的小丁；绿豆粒——先将整形后的原料切成粗丝，或头粗丝，然后顶刀切成小丁；切米粒——先将整形后的原料切成细丝，然后顶刀切成0.1cm左右的小丁。

8. 末

末是由丝改刀而成的，末的形状比粒还要小一些，半粒为末。末的切法大体有两种：一种是将原料剁碎，如蒜末，先要将蒜粒用刀面拍裂、拍碎，然后再剁成末；再如鸡肉末，先要将鸡肉切成碎片，然后再剁成末。另一种是先将原料切成薄片，再将片切成细丝，最后将丝切成末，如切姜末、葱等。加工末状原料时，主要使用直刀法中的剁，也可用切的方法。末的大小近似于绿豆粒或米粒大小，如"松子鱼米""滑炒鸽松"等。

9. 蓉泥

蓉泥比末更细，也有粗细之分。粗的蓉泥是在末的基础上再用刀剁制而成的，细的蓉泥除了用刀刃剁，还要用刀背不断排捶或用刀刃刮抹。

蓉、泥之间没有严格的界限。就其特点来说，蓉一般用动物性原料，质地细腻而较薄，并要经过搅拌上劲；泥一般用植物性原料，质地相对较粗、较厚，一般不需要搅拌上劲。动物性原料在制蓉前应去皮、去骨、去除筋膜。对较鲜嫩的原料如虾肉、鱼肉、鸡脯肉，应先将刀刃放在原料表面，与原料成一定的角度再向一个方向刮制或切成片，再用刀背排捶，然后用刀刃刮抹，在刮的过程中剔去暗筋、细骨，最后用刀刃或刀背反复剁或排捶而成。植物性原料制泥前大多经过初步熟处理，再去皮、去子、去核、去除粗筋，然后用刀面按挞而成，如土豆泥、老南瓜泥、芋艿泥等。剁制蓉泥时，为防止菜墩碎末进入，在原料的下面应放一张鲜肉皮，或者使用质量好的砧墩或塑料砧板。现在，制蓉泥多用小型电动粉碎机，既省时、省力，质量又好。

## 二、剞花工艺

剞花工艺是指在特定原料的表面切割一些具有一定深度的刀纹图案的刀工过程。经过这种刀工处理后，原料受热会收缩、开裂或卷曲成花形，故称之为剞花工艺。剞花工艺的主要目的是缩短成熟时间，使热穿透均衡，达到原料内外成熟、老嫩的一致性。对有些原料，便于短时间散发异味，并利于对卤汁的裹覆。剞花扩大了原料体表的面积，有利于调料的渗透。在上述基础上，最终实现对料形的美化。

### （一）原料选择

剞花对原料的选择有特定的要求，并不是任何原料都可以用来剞花。一般来说，符合以下条件的原料才适于剞花。

#### 1. 具有剞花的必要

原料较厚、不利于热的均衡穿透，或过于光滑不利于裹覆卤汁，或有异味不便于在短时间内散发，则具有剞花的必要。

#### 2. 利于剞花的实施

原料必须具有较大面积的平面结构，以利于剞花的实施和刀纹的伸展。

#### 3. 突出刀纹的表现力

原料应具备不易松散、破碎，而有一定韧性和弹力的条件，具有可受热收缩或卷曲变形的性能，才能突出剞花刀纹的美观。

常用于剞花的原料一般有整形的鱼，方块的肉，畜类胃、肾、心，禽类的肫，鱿鱼和鲍鱼等，植物原料有豆腐干、黄瓜、莴苣等。

### （二）剞花的种类

常用花刀的种类和成形方法

#### 1. 一般原料的剞花

许多原料都可以剞花，如鱿鱼、墨鱼、猪腰子、鸡肫、鸭肫、里脊肉等。不同的原料所剞的花形也不同。

2. 整鱼剞花

在众多的鱼类菜肴中，以整体入馔者占较大的比重。由于鱼体较大，一般都要进行必要的刀工处理。经过刀工处理的鱼体，不仅可增加菜肴的外形美观，而且可使调味品容易渗入鱼体内部，同时也更易成熟，更加醇美可口。

整鱼剞花的种类

## （三）剞花工艺的注意事项

1. 根据原料的质地和形状，灵活运用剞刀法

由于各种原料组织结构不同，经刀工处理加热后形态也各异，因此运用剞刀法，既要熟练掌握各种刀法，也要熟悉各种原料的性能特点和原料纤维组织在加热后的形态变化。只有这样，才能得心应手，运用自如。

2. 注意花刀的方向、角度、深度和距离

花刀的角度主要指两个方面：一是指刀与原料的角度；二是两次剞刀的刀纹纵横相交的角度。对一般原料的花刀，不需要考虑方向；但对一些特殊的原料，如墨鱼、鱿鱼必须根据其卷曲方向及花刀的要求来决定纵横之间方向，成形改刀也必须根据其卷曲方向来决定。剞花刀的深度应根据原料的性质及菜肴的要求来确定，一般是剞进原料厚度的2/3至4/5。剞花刀的距离就是根据原料的大小剞成一条条距离相等的平行刀纹，但也因原料不同而有差别。

3. 要适应烹调方法和菜肴对花刀形状的要求

不同的烹调方法和菜肴口味，对花刀形状的要求不同。因此，在剞花刀时就应注意烹调方法和菜肴口味对花刀形状的要求。一般来说，炖、焖、扒、烧所用花形应稍大；爆、炒、熘、炸所用花形居中；汆、涮、蒸、烩所用花形应较小。口味要求脆嫩，刀纹应剞得深一些、密一些、形状细小一些；反之，应剞得浅一些、宽一些、形状大一些。

## 问题与讨论

1. 如何对家畜、家禽和鱼类原料进行部位分割？
2. 不同的国家和地区对家畜肉的部位分割不完全相同，请查找资料并加以比较。
3. 刀工操作有哪些基本要求？
4. 刀工的作用和原理是什么？
5. 刀法如何分类？不同刀法之间的区别主要表现在哪几个方面？

6. 试论刀工与配菜、火候、调味的关系。
7. 原料剞花的主要目的是什么？怎样才能保证花刀的质量？
8. 简述各种花刀的剞法和操作要领。

## 实训项目参考

1. 鸡、鱼的分割与出肉加工
2. 整鸡、整鱼出骨
3. 基本刀法与成形
4. 剞花工艺

# 第五章

# 组配工艺

**教学目标**

**知识目标**

（1）了解组配工艺的意义和内容

（2）掌握组配工艺的方法和要求

（3）学会花色菜肴生坯的组配工艺

**能力目标**

（1）能合理组配一般菜肴

（2）能用卷、包、填酿、镶嵌、夹、穿、串、叠合、捆扎、滚粘方法制作花色菜肴

**思政目标**

（1）培养科学素养和创新意识，提高职业道德和工匠精神

（2）树立中华民族的文化自信，继承和发扬勤俭节约、质量第一的优良传统

（3）坚持“以人民为中心”，助力健康中国建设

## 内容提要

（1）组配工艺的意义和内容

（2）组配工艺的方法和要求

（3）花色菜肴生坯的组配工艺

## 新课导入

原料经过初加工及分解切割成形后，还要按照一定的规格质量标准、通过一定的方法，将制作某个菜肴需要的原料按规格组配成标准的分量或制成菜肴生坯，才能正式烹调。这一过程称之为原料组配工艺或菜肴配料工艺。

组配工艺是烹调工艺中承上启下的环节，是菜品整体设计的过程。其目的是通过将各种相关的烹饪原料（即主料、辅料、调味品等）有规律地结合，产生菜肴生坯，为正式烹调提供对象，为食用和销售提供依据。这道工序看似简单，实际上很复杂，也非常重要，它犹如建筑中的设计备料，生产中的调配调度，不可轻视。

# 第一节
# 组配工艺的意义和内容

## 一、组配工艺的意义

### （一）奠定菜肴的质量基础

原料是构成菜肴的物质基础，各种菜肴都是由一定的质和量的烹饪原料构成的。所谓质，是指组成菜肴的各种原料的品质；所谓量，是指菜肴中原料的单位分量和各种烹饪原料之间在数量上的配比。固然，除组配工艺之外的所有制作工艺对菜肴质量或多或少地都有影响，但是组配工艺作为关键性中心环节，它规定和制约着菜料结构的优劣、精粗、营养成分、技术指数、用料比例、数量多少，对菜肴的质量有重要影响。

### （二）奠定菜肴的风味基础

菜肴的风味不是随机性的，各种菜肴感官性状、风味特征的确定，虽然离不开烹制工艺，但要达到菜肴的质量要求，组配工艺也起着非常重要的作用。通过组配工艺，能使菜肴的主体风味，即色、形、香、味、质等基本确定。

### （三）使菜肴的营养价值基本确定

不同种类的烹饪原料所含的营养素种类不同；同一种类的烹饪原料，因其部位的不同，营养素的种类及含量也不同。从某种意义上来说，配菜人员就相当于“营养调剂师”。要达到人体所需要的营养要求，使各种营养素之间搭配合理，配菜起着决定性作用。

### （四）控制菜肴的成本

菜肴的成本与菜肴所用的原料有很大的关系。各种烹饪原料有高、中、低档之分，不同原料数量的比例、同一原料不同部位的合理利用与否决定了菜肴成本的高低。所以合理配料、物尽其用是控制成本、提高经济效益的重要措施之一。

### （五）菜品创新的基本手段

菜肴创新的方式虽然很多，但在很大程度上还是原料组配工艺的作用。原料组配形式和方法的变化，必然会导致菜肴的风味、形态等方面的改变，并使烹调方法与这种改变相适应。不同的原料，经过合理的搭配，或一种原料单独使用，或一种主料配多种不同的辅料，或几种相同的原料以不同数量搭配等，可以形成品种繁多的菜肴。

## 二、组配工艺的内容

### （一）色彩的组配

不同的原料有不同的色泽，不同色泽的原料对人有不同的营养和心理作用（表5-1）。对原料的色彩组配，首先要确定其主要色彩，即“主调”或“基调”。在菜肴中通常以主料的色彩为基调，以辅料的色彩为辅色，起衬托、点缀、烘托的作用。主、辅料之间的配色，应根据色彩间的变化关系来确定。

表 5-1　不同原料的色泽及其营养和心理作用

| 色泽 | 心理作用 | 营养作用 |
| --- | --- | --- |
| 红色原料 | 红色给人以热烈、激动、美好、肥嫩之感，同时味觉上表现出酸甜、香鲜的味感 | 红色蔬菜大都含有$\beta$-胡萝卜素，食后能增强人体免疫力和细胞活力，常吃能防治流行性感冒等传染性疾病。鱼、肉类红色原料是优质蛋白质、脂肪、许多无机盐和微量元素的来源 |
| 绿色原料 | 绿色明媚、清新、鲜活、自然，是生命色，给人以脆嫩、清淡的感觉。绿色原料一般以蔬菜居多，常作为荤菜的点缀围边，使菜肴整体色彩鲜明，减少油腻之感。若配以淡黄色，更显得格外清爽、明目 | 绿色原料大都含有丰富的维生素及钾、钙、钠、铁等碱性元素，对维持人体内酸碱平衡起着重要作用，这些营养素直接调节人体许多生理功能 |
| 黄色原料 | 黄色给人以温暖、高贵的感觉，尤以金黄、深黄最为明显，使人联想到酥脆、香鲜的口感，淡黄、橘黄次之 | 黄色原料大都含有丰富的胡萝卜素和黄酮素，对预防心血管病和老年失明有一定的食疗作用 |
| 黑色原料 | 黑色在菜肴中应用较少，给人以味浓、干香、耐人寻味的感觉，但若加工不当会有煳苦味 | 黑色原料大都含有丰富的铁质、微量元素、维生素、蛋白质、氨基酸和生物活性物质，具有补血明目、延年益寿等保健与食疗作用 |
| 白色原料 | 白色给人以洁净、清爽、软嫩、清淡之感 | 白色原料大都含有淀粉、蛋白质、纤维素、钙质、维生素等人体必需的营养物质 |

1. 同类色原料组配

同类色原料组配也称“顺色配”。所配的主料、辅料必须是同类色的原料，它们的色相相同，只是光度不同，且非常相似，可产生协调而有节奏的效果。如“糟熘三白”是由鸡片、鱼片、笋片组配而成的，成熟后三种原料都具有固有的白色，色泽近似，鲜亮清洁。

2. 对比色原料组配

对比色原料组配也称“花色配”“异色配”，是把两种或两种以上不同颜色的原料组配在一起，成为色彩绚丽的菜肴。如果主料颜色浅，配料的颜色就宜深一些；相反，如果主料颜色深，配料的颜色就适宜浅一些。主料是红的，配料则宜是黄的、绿的；主料是白的，配料则宜是绿的、红的。配色时一般要求主辅料的色差要大些，比例要适当，配料应突出主料的颜色，起衬托、辅佐的作用，使整个菜肴色泽分明，浓淡适宜，具有一定的艺术性。

多色彩的组配是指组成菜肴的色彩是由多种不同颜色的原料组配在一起，其中以一色为主，多色附之，色彩绚丽，总体调和。如“三丝鸡蓉蛋”，主料“鸡蓉蛋”色泽洁白，配以火腿丝、香菇丝、绿茶叶丝，色彩十分和谐，将“鸡蓉蛋”的洁白衬托得淋漓尽致。

## （二）滋味的组配

滋味是通过的舌头上的味蕾鉴别的。烹饪原料本身特别是经烹制后的味道，有些是人们喜欢的，有些则是人们不喜欢的。原料滋味组配是保留、发挥人们所喜欢的味道和去除或改变不良味道的重要手段之一。

1. 以主料滋味为主，辅料衬托，并突出主料的滋味

一般以鲜活原料为主料的菜肴可采用这种配合方法。如鸡、鸭、肉、鱼、虾、蟹等都含有较多的脂肪、醇、酚、醛、氨基酸等芳香物质，经加热后，会散发出浓郁的鲜香味。在这些主料内配入没有特殊异味的辅料，如茭白、冬笋、花菜、萝卜等，可以突出主料鲜香味，增加菜肴的鲜美滋味；也可配以含有丰富芳香物质的蔬菜等辅料，使菜肴更加香美。

2. 以辅料来补充主料滋味的不足

当主料本身的滋味较淡时，可用滋味较浓的辅料加以补充。如干货原料，本身的滋味就比较清淡，经过各种方法涨发、多次漂洗以后，已经没有什么滋味了，为了增加这些原料的滋味，可以选用特殊鲜味的原料，以辅料形式配入，弥补主料滋味的不足。如海参、蹄筋、肉皮、鱿鱼、木耳、琼脂等，往往配以干贝、开洋（海米）、火腿、香

菇、各种鲜汤等。

3. 对味浓、油腻重的主料要冲淡或调和

有些主料味道过于浓重（如猪的五花条肉、肥鸭等），若配些味较清淡的新鲜蔬菜，可达到既解腻又提鲜的目的，如“萝卜烧肉”“牛肉粉丝”“香芋扣肉”等。也可以配些其他滋味较浓重的原料，以达到相互渗透、调和的目的。如干菜味重，可与肉等味重的原料同烧或配以其他原料来调和，如“干菜焖肉”“干菜炖鸭”“金银蹄”等。

4. 滋味相似的原料不宜相互搭配

有些原料的滋味比较相近，组配在一起反而使其滋味更差，如鸭肉与鹅肉、鳝鱼与鳗鱼、蟹粉与河蚌、文蛤与竹蛏、南瓜与白瓜、大白菜与卷心菜等。但也有另一种情况，即鲜味有相乘的效果，两个新鲜味美的原料组合，可以使二者的风味更加突出，如“三套鸭”“金银蹄”“文武鸭”“小鸡炖蘑菇”等菜肴，都是属于比较完美的组合。

### （三）形状的组配

菜肴原料形状的组配是指将各种加工好的原料按照一定的形状要求进行组配，组成一道特定形状的菜肴。菜肴原料形状的组配，不仅关系菜肴的外观，而且直接影响烹调和菜肴的质量，是配菜的一个重要环节。菜肴好的形态能给人以舒适的感觉，增加食欲；臃肿杂乱则使人产生不快，影响食欲。

1. 根据加热时间来组配

原料的加热时间有长有短，加热时间较短的，其形状宜小不宜大；加热时间较长的，其形状宜大不宜小。

2. 根据料形相似来组配

所配的主料、辅料必须和谐统一、相似相近，即在每一盘菜肴中，丁配丁、丝配丝、条配条、片配片、块配块，使主辅料形状和谐统一。

3. 辅料服从主料组配

辅料在菜肴中处于从属地位，其形状一般不要超过主料，即要等于或小于主料。对于一些原料成熟后体积有所变化，那么生料的体积应考虑这一因素，配得稍大一些或小一些，使成熟后的形状符合要求。对于一些主料成熟后呈花形、自然形的情况，那么辅料的形状应与主料的形状相似。如主料成熟后的形状呈菊花状，那么辅料可切成柳叶片、秋叶片；再如荔枝腰花配笋尖青椒时，辅料不太好造型，可加工成菱形片、长方片等形状。

## （四）质地的组配

烹饪原料的品种很多，不同的品种或同一品种的原料，由于生长的环境和时间不同，质地有软、硬、脆、嫩、老、韧之别，在配菜时应根据它们的性质进行合理搭配。

### 1. 同一质地原料组配

在菜肴原料的组配中，常以质地相同或基本相同的数种原料组配在一起，即原料质地脆配脆、嫩配嫩、软配软的方法，如“汤爆双脆”，主料以猪肚尖、鸭肫两个脆性原料组配在一起；又如“炒虾蟹”，虾仁和蟹粉都是软嫩原料相配。

### 2. 不同质地原料组配

将不同质地的原料组配在一起，使菜肴的质地有脆有嫩，口感丰富，给人以一种反差的口感享受。如“宫保鸡丁”，鸡丁软嫩，油炸花生米酥脆，质地反差极大；又如“雪菜肉丝”，雪菜脆嫩香鲜，肉丝软嫩细韧，吃口香脆软嫩，是佐酒下饭之佳肴。在炖、焖、烧、扒等长时间的加热烹调方法制作的菜肴中，主、辅料软硬相配的情况比较常见，通过菜肴口感差异，使菜肴的脆、嫩、软、烂、酥、滑等多种口感风味得到体现。

## （五）营养的组配

不同的原料所含的营养成分各不相同，配菜时要根据原料的营养成分、性能、特点进行合理、科学的搭配，尽可能地使食用者得到必要的、全面的营养，促进人体健康。在营养的搭配上，主要应做到以下几点。

### 1. 荤素搭配

动物性原料中，含有较多的蛋白质和脂肪；植物性原料中，含有较多的碳水化合物、维生素和无机盐。荤素搭配有助于各类营养素的均衡和充分，并能使食物理化性质达到平衡，满足人体对营养素的需要。

### 2. 粗细搭配

在配菜时，应有意识地选择一些粗粮、粗料，以增加食物中纤维素的数量，并保证必需氨基酸和脂肪酸的含量，比如感官性能很好的精细面粉，其营养价值远不如色泽次、口感粗的普通面粉。

### 3. 食物多样

各种不同的营养素存在于不同的烹饪原料中，为了做到各营养素的充分、均衡，配菜时选择原料要尽量多样化。

# 第二节 组配工艺的方法和要求

## 一、组配工艺的方法

在配制单一菜肴时，要突出原料的优点，尽量淡化原料缺陷。一般是直接采用盛器配料法，即在配菜时，根据菜肴的原料定额，由配菜人员将原料定量放入不同的盛器中。

### （一）配单一原料构成的菜肴

有些菜肴中没有配料，只有一种主料单一的原料，这种组配形式对原料的要求特别高，必须是比较新鲜、质地细嫩、口感较佳的原料，如清炒虾仁、清蒸鲥鱼、蚝油牛肉、葱油海蜇等，就是按规定的重量，取一种原料，放在盛器中即可。为了保证菜肴的质量，在配菜时应注意以下几点：

**1. 必须突出原料的优点，淡化原料的缺点**

因为用单一料的菜肴，直接体现了原料本身的特点。如时鲜的蔬菜，可以选用时令的鲜笋、菜心、毛豆、蚕豆；鲜活的河鲜、海鲜，可以选用河虾、大闸蟹、鲫鱼、鲍鱼等；以及鲜活的家禽类等。对一些高档的原料，如海参、鱼肚等，经过反复的涨发、漂洗，本身缺少鲜味，必须配一些有特殊香味、清鲜醇厚的辅料一起烹调，以增加菜肴的美味。当然可以在上席前除去辅料，仍以单一料上席。

**2. 对某些具有特殊味道的原料，如大蒜、洋葱、老姜、葱等，不宜单独配制**

因为这些原料含有特殊的辛香气味，一般不宜单独制成菜肴；否则，浓郁的气味会使食用者无法进食，并且影响了其他菜肴的品味。

**3. 用单一原料制成的菜肴可以点缀**

这类菜肴在菜名上往往加上一个“清”或“光”字，如“清炒虾仁”“清炒鸡丝”“光炒青菜”“光炒蛋”等。这类菜肴没有辅料，但可以配一些用于点缀的原料，如虾仁中配几粒葱丁、鸡丝中配几条红椒丝等。

### （二）配主辅料构成的菜肴

由主辅料组成的菜肴，配菜时将主辅料分别放入盛器中即可。所用的主料以动物性原料的居多；在辅料上，可以是一种，也可以是多种。在质和量的配合上，以主料为主，辅料在色、香、味、形等方面衬托主料；但也不能随意用增加辅料数量的方法来降低菜肴的成本，一般辅料的数量不能超过菜肴的30%。主辅料菜肴的配制，应将主料的形状加工得比辅料大一些、厚一些、长一些、粗一些，主料数量应多于辅料。

### （三）配无主辅之分原料构成的菜肴

有些菜肴的原料有两种或两种以上组成，它们在数量上基本相同，在比例上基本相等。这类菜肴在形态的配制上，如果是加工形成的形态，应将所配的原料加工成同一形态、同一规格；如果其中一种原料是自然的形态，应将其余的原料加工成与自然形相接近的形态，规格大小也相仿。在色泽的配制上，可采用如前所述的顺色或花色的方法配制。在具体操作上，应根据原料性质和烹调要求的不同，分别将原料放入相应的盛器中。这类菜肴在名字上往往带有数字，如“爆三样”“炒双冬”“汤三鲜”“植物四宝”等。

## 二、组配工艺的要求

### （一）要按照菜肴的质量标准和净料成本进行组配

菜肴组配工艺，首先要保证同样的菜名、原料的配份必须相同。配份不定，不仅影响菜肴的质量稳定，而且还影响到餐饮企业的社会效益和经济效益。因此，配菜必须严格按“标准菜谱”（表5-2）进行，统一用料规格标准，并且管理人员应加强岗位监督和检查，使菜肴的配份质量得到有效控制。配菜时要按照原料的性能、菜肴的要求、成本和价格等确定菜肴的质和量，既不能随意增加原料的数量，提高原料的质量，使菜肴成本增加，企业受损；又不能随意减少原料的数量，降低原料的质量及整个菜肴的成本，损害消费者利益。应注意以下几点：

（1）熟悉并掌握每种原料从毛料到净料的损耗率或净料率；

（2）根据一定的毛利幅度，确定饮食产品的毛利率；

（3）根据菜肴所投放的主料、辅料、调味品的质与量，计算出菜肴成本，再根据该菜肴的毛利率，确定其售价。

表 5-2 标准菜谱范例

编号：　　　　　　　　　　　　　　　　　　　　　　填写人：

<table>
<tr><td colspan="2">菜品名称</td><td></td><td>菜品分类</td><td></td><td>标准成本</td><td></td></tr>
<tr><td colspan="2">烹调方法</td><td></td><td>器皿规格</td><td></td><td>标准毛料率</td><td></td></tr>
<tr><td rowspan="4">原料</td><td>项目</td><td>名称</td><td>重量</td><td colspan="3">质量标准</td></tr>
<tr><td>主料</td><td></td><td></td><td colspan="3"></td></tr>
<tr><td>配料</td><td></td><td></td><td colspan="3"></td></tr>
<tr><td>调料</td><td></td><td></td><td colspan="3"></td></tr>
<tr><td rowspan="6">制作程序要求</td><td>初加工标准</td><td colspan="5"></td></tr>
<tr><td>切配标准</td><td colspan="5"></td></tr>
<tr><td>打荷标准</td><td colspan="5"></td></tr>
<tr><td>烹调过程</td><td colspan="5"></td></tr>
<tr><td>盘饰标准</td><td colspan="5"></td></tr>
<tr><td>注意事项</td><td colspan="5"></td></tr>
<tr><td colspan="2">菜品名称</td><td></td><td>菜品分类</td><td></td><td>标准成本</td><td></td></tr>
<tr><td>技术关键</td><td colspan="6"></td></tr>
<tr><td>成品质量标准</td><td colspan="3"></td><td>色彩照片</td><td colspan="2"></td></tr>
<tr><td>备注</td><td colspan="6"></td></tr>
</table>

## （二）必须将主料和辅料分别放置

在配制两种或两种以上原料组成的菜肴时，应将不同性质的原料（特别是主、配料）分别放置在配菜盘中，不能混杂在一起。因为不同的原料，其性质和特点不同（如老嫩不一、生熟有别），成熟方法、调味方法也不一样。有的需先下锅，有的要后下锅，有的虽不下锅，但要在菜肴烹调好后撒在上面。如不分别放置，烹制时将无法分开，会造成生熟不匀的现象，既影响菜肴质量，也影响烹调的顺利进行。

### （三）注意营养成分的配合

人们饮食的目的，是从食物中摄取各种营养素，以满足人体生长发育和健康的需要。不同原料所含营养成分的种类不同，数量也相差很大，而人体对各种营养素的需要则要求种类齐全、数量充足、比例适合。因此，在配菜时，要在掌握合理营养原则的同时，了解各种烹饪原料的营养特点，以便配制出色、香、味、形俱佳，既营养又卫生的菜肴。

### （四）菜肴组配的卫生要求

首先，所选择的原料必须保证安全、无毒、无病虫害、无农药残留；其次，所用的配菜器皿应与盛装菜肴成品的餐具区分开来。

### （五）物尽其用

烹饪原料种类繁多，性能各异，它们在烹调中发生的变化也不一样；同一种原料，因部位的不同，质量也不相同，适用范围也有差异；同一种原料，因为季节、产地、饲养或种植条件不同，又有优劣之分。因此在配料时，都要物尽其用，合理配合。对一些下脚料要物尽其用，如家禽的肠、血，可烹制成美味的菜肴“肠血羹”等。

# 第三节 花色菜肴生坯的组配工艺

## 一、卷制工艺

### （一）原料要求

常用的皮料非常丰富，植物性的有卷心菜叶、白菜叶、青菜叶、菠菜叶、萝卜、紫菜、海带、豆腐皮、千张、粉皮、笋片等，制成的菜有包菜卷、三丝菜卷、五丝素菜卷、白汁菠菜卷、紫菜卷、海带鱼蓉卷、粉皮虾蓉卷、粉皮如意卷、腐皮肉卷等；动物性的有草鱼、青鱼、鳜鱼、鲤鱼、黑鱼、鲈鱼、鲑鱼、鱿鱼、猪网油、猪肉、鸡肉、鸭肉、蛋皮等，制成的菜有三丝鱼卷、鱼肉卷、三文鱼卷、鱿鱼卷四宝、如意蛋卷、腰花肉卷、麻辣肉卷、网油鸡卷、蛋黄鸭卷、香芒凤眼卷、叉烧蟹柳卷等。

### （二）工艺方法

经过调味的丝、末、蓉等细小原料，用植物性或动物性原料加工成的各类薄片或整片卷包成各种形状。卷的形状主要有单卷、如意卷、相思卷等。单卷是将馅料放于卷料的一端或铺满卷料，卷成筒状。卷有大小之分：大卷用于炸方法居多，成熟后需改刀（装盘），外皮原料一般是猪网油、豆腐皮、鸡蛋皮、百叶等；小卷成熟后不需改刀，可直接食用，外皮原料一般为动物肌肉大薄片，如鸡片、鱼片、肉片等，经过卷制后，有的直接成形，并在一端或两端露出一部分原料，形成美丽的形状。如意卷是将馅料放在卷料两头成条形，卷制时，由两头向中间卷成如意形，馅料可以用两种不同的原料。相思卷是将馅料放在卷料一端，卷至中间，反过来，在卷料另一端放馅料，卷至中间，使条形卷的截面呈“∽”形。另外，卷制的皮料，有的不完全卷包馅料，将1/3馅料显现在外，通过成熟使其张开，增加菜肴的美感，如兰花鱼卷、双花肉卷等；有的完全将馅料包卷其内，外表呈圆筒状，如紫菜卷、苏梅肉卷等。

## 二、包制工艺

### （一）原料要求

所用的皮料有可食的，也有不可食的。不可食的如薄纸、无毒玻璃纸、荷叶、粽叶等，可食的如威化纸（也称糯米纸，是食品加工中的一种可食用纸）、蛋皮、豆腐皮、猪网油、卷心菜叶、春卷皮、百叶、紫菜等。另外用猪肉、鸡肉、鸭肉、鱼肉、对虾切成大薄片，可做包料；或者将虾肉、鲜贝、小肉块用木槌敲打成片状（一边捶一边拍上淀粉），也可包入馅料；特殊的菜肴还可用豆腐泥、面团、泥土包入馅料，如豆腐饺子、黄泥煨鸡等。

馅料可以是大块的或整只的原料，也可以是加工成丁、条、丝、块、片、粒、糜等形状的细小原料。可为生料，也可为熟料；可为荤料，也可为素料，但都必须在包前调味。包时可直接包制，也可用浆、糊或黏性的原料黏合，以防开口、爆包及露馅。

### （二）工艺方法

采用无毒纸类、皮张类、叶菜类和泥蓉类等做包裹原料，将加工成块、片、条、丝、丁、粒、蓉、泥的原料，通过腌渍入味后，包成一定形状。包的形状很多，如条形包、方形包、长方形包、圆形包、半圆形包、三角形包、饺子形包、葫芦形等。我国许多名菜的坯型加工即是用的包制法，如四川菜的“炸骨髓包”“包烧鳗鱼”、广东菜中的“鲜荷叶包鸡”“纸包虾仁”、北京菜的“荷包里脊”、安徽菜的“蛋包虾仁”、福建菜的“八宝书包鱼”“荷叶八宝饭”等。

1. 纸包类

纸包类菜肴，是以特殊的纸为包制材料，根据纸质的不同，可分为食用纸和不食用纸两类。食用纸有糯米纸、威化纸；不食用纸有玻璃纸和锡纸等。用纸包类包裹菜肴进行造型，一般以长方形居多，也有包成长条形的。不论用什么纸包裹原料，都要适当留些空间，不要包得太实，以免汁液渗透，炸时易破洞。在包制过程中，要做到放料一致、大小均匀、外形整齐、扎口要牢，并留有“技角”（指包方形或长方形，包料时对角包，两头往中间折，扎口留角在外），便于食时用筷子夹住、易于抖开。纸包类的菜肴最好是现包现炸，炸好即食。若包后放的时间较长，原汁的汁液会使纸浸湿透，也易破洞，影响质量。

纸包类很多，如纸包鸡（威化纸包）、灯笼鸡（玻璃纸包）、柱候焗烧鸭（锡纸包）、锦绣虾丝（玉扣纸包，玉扣纸产于广西、广东，其特点是纸质柔韧、无毒、耐油浸、炸时不易脆烂，是两广地区制作纸包类菜肴的主要用料之一）等。

2. 叶包类

叶包类菜肴一般是以阔大且较薄的植物叶或具香气的叶类作为包裹菜肴的材料。根据“叶”的质地不同，又可分为食用叶和不食用叶两类。食用叶如包菜叶、青菜叶、生菜叶、白菜叶、菠菜叶等；不食用叶有荷叶、粽叶和芭蕉叶等。叶包类菜肴主要体现其叶的清香风味和天然特色。

利用叶包馅料，其大小形状根据档次的高低、食用情况而定，有每人一客包制的小型包，也有一桌一盘的大型包。所用叶类，有些叶类可先用水烫软，使其软韧可包，如圆白菜叶、白菜叶等；有些叶类只需洗净便可包制，如粽叶、荷叶、蕉叶等。使用荷叶可鲜可干，可整张包成大包，也可裁成小张包成小包，还可将大张裁成一定形状包制。包裹后的形状有石榴形、长方形、圆筒形等。叶包类的馅料，可使用生馅包制，也可使用熟馅包制，生馅鲜嫩爽口，熟馅软糯味纯。叶包类菜肴大都采用蒸的烹调方法制熟，也有的用烘烤、油煎进行加热。蒸的清香酥烂，烤的鲜嫩清香，煎的金黄酥香，各有风味特色。

3. 皮包类

皮包类菜肴，一般是以可食用的薄皮为材料，包制各式调拌或炒制的馅料。根据所用“皮子”的不同，具体又可分为春卷皮（或称薄饼皮）、蛋皮、豆腐皮、粉皮和千张等种类。此类皮包料较薄较宽，且具有一定的韧性，易于包裹造型。馅料常用蓉、丝、粒等包裹成形，有长方形、圆筒形、饺形、石榴形等。长方形用方形薄饼皮或粉皮对角包折，如三丝春卷、粉皮鲜虾仁等。圆筒形用任何皮都可包卷成圆柱形，封口需用蛋糊，如薄饼虾丝包、鸭肝蛋包等。饺形常用蛋皮包，制法有两种：一种是将适量蛋液倒入热锅内，摊成稍厚的小圆片，待其还未熟透时下肉馅，将一半对粘包起；另一种是把摊好的蛋皮用玻璃杯压出直径5～6cm的圆片，放入肉馅包成饺形，半圆边用蛋糊封口，如煎焖蛋饺、炸金银蛋饺等。石榴形（或叫烧卖形）是用10cm见方的蛋皮包入馅心，上部收口处用葱丝扎紧成石榴形蒸制成熟；或用蛋液倒入热锅或手勺内，包上馅心用筷子包捏收紧，如蛋烧卖等。

#### 4. 蓉制包类

蓉制包类，主要是采用具有黏性的肉类蓉泥和一些植物蓉泥，经过精心制作为皮料包制菜肴。如鱼蓉、虾蓉、鸡蓉、豆腐泥、山药泥、马铃薯泥、芋头泥等，以这类做皮层包制，款式新颖，形态别致。因其柔软，且具有黏性，可塑性强，特别是含淀粉类多的原料，经包入馅心后，可捏成各式不同的花色形状。如包成饺形、圆盒形、圆球形、椭圆形，还可用模具做成桃形、梨形、苹果形以及兔、鸟等形态，如鲜虾玉兔（虾胶为皮）、茄汁鱼饺（鱼泥为皮）、烧豆腐饺（豆腐泥为皮）、象生雪梨果（土豆泥包馅）等。

#### 5. 其他包类

除上述之外，还有很多其他包类菜肴。如网油包菜一般都需经过挂糊后油炸，由于网油面积大，包制成熟后都要采用改刀切段装盘。另外如用黏土包裹成菜，较具代表性的品种是叫花鸡以及泥煨火腿、泥煨蹄髈等。黏土以酒坛泥为最好，因其黏性大，不易脱落损坏，能保持内部的温度。

## 三、填酿工艺

### （一）原料要求

外壳原料一般为脱骨全鸡、全鸭、全鱼、猪肚、肠、海参、贝壳（鲍鱼、海螺、蛤蜊、蟹）及挖空的青椒、丝瓜、苦瓜、黄瓜节、豆角、冬瓜盒、炸豆腐盒、面筋、藕、苹果等。馅料多种多样，可荤可素，可生可熟，可以是泥蓉料，也可以是加工成的粒、丁、末、丝、片状原料及小型的脱骨鸽子、鹌鹑等。一些海鲜原料，如鲜贝、海参、鲍鱼等都可做馅料。馅料填入前一般都要调好味。

### （二）工艺方法

将调和好的馅料填入另一原料内部，使其内里饱满、外形完整。馅料填入后，为防止内部原料渗出，往往采用加盖、扎口、缝口、用淀粉蛋清糊粘口等方法，如荷包鲫鱼、八宝刀鱼、糯米酥鸭、八宝鸭鹅的坯型制作；有些原料也可为开放式，如酿豆腐、镜箱豆腐、酿枇杷、酿金枣、煎酿凉瓜、百花煎酿椒子等。

## 四、镶嵌工艺

### （一）原料要求

主料多为整鱼，底托原料为香菇、面包片、鱼肚、肉类、虾片等，形状多种多样，如长方形、正方形、圆形、鸡心形、梅花形等，镶于表层的原料为片状及胶糊状的动物性原料。一般要用各种原料在蓉泥上粘贴出五彩缤纷的图案。

### （二）工艺方法

将平面原料嵌在主料上，或将泥蓉状原料镶在以平面原料为底托原料上（有时为使蓉泥粘牢，还用“排斩”方法在原料上斩几下）的方法。代表菜品有象眼鸽蛋、麒麟鳜鱼、百花鸡、百花鱼肚等。

## 五、夹制工艺

### （一）原料要求

夹制所用原料必须是脆、嫩、易成熟的原料，以便于短时间烹制，便于咀嚼食用。对于那些偏老的、韧性强的原料，尽量不要使用夹制方法，以免影响口味和食欲。可以切夹刀片的原料有鱼肉、里脊肉、火腿片、鸡肉、藕、茄子等。馅料多为蓉泥状，一般以动物性原料为主构成，也有用豆腐、香菇、木耳制成的素馅料。片不要太厚，既不要影响成熟，也不要影响形态，并且片与片的大小要相等，以保证造型的整体效果和达到成熟的基本要求。夹料的外形大小，应根据菜肴的要求、宴会的档次来决定。挂糊的菜肴，更要注意形态的适体。

### （二）工艺方法

将一种原料加工成相连两片或多片，然后在片与片之间夹入另一种原料，使其黏合成一体。夹菜的造型，构思奇巧，在主要原料中夹入不同的原料，造型和口感发生了奇异的变化，使其增味、增色、增香，产生了以奇制胜的艺术效果。具体可分为连片夹、双片夹和连续夹。

#### 1. 连片夹

连片夹要求两片相连，如虾肉吐司夹，在刀切加工时，第一片不要切断，留1/4相连处，在刀切面上夹馅料。一般的蔬菜均可利用制作夹菜，如冬瓜、南瓜、黄瓜、茄子、冬笋、藕、地瓜等，都可切连刀片夹入其他馅料。

#### 2. 双片夹

双片夹是取用两个切片夹合另一种原料，经挂糊后使其成为一个整体，食用时2～3种原料混为一体，口感清香多变，如冬瓜夹火腿、香蕉鱼夹等。

#### 3. 连续夹

连续夹是在整条或整块上，将肉批成薄片，或底部相连，将许多连在一起的片之间夹入其他原料。它不是单个的夹合，而是整体连续的夹合，给人以色彩缤纷、外形整齐之感。如彩色鱼夹、火夹鲩鱼、灯笼茄子等。

## 六、穿制工艺

### （一）原料要求

穿法一般选用小块型带骨的原料或中间有空的菜料，如鸡翅、鸭翅、排骨、水面筋、黄瓜环等；穿入的原料形状可用丝，也可用条；穿入后菜料间相互结合紧密，两头或平齐、或略出。另外，可将猪肝顺长刺出空隙，穿入肥肉条或虾肉条，烹熟后顶刀切片，制成凤眼肝。

### （二）工艺方法

穿是将原料去掉骨头，在出骨的空隙处，用其他原料穿在里面，形成生坯的方法。穿入的原料充当“骨头”，仍保持原来的形状，达到以假乱真的目的，从而提高菜肴的品位。代表菜肴有象牙排骨、龙穿凤翼、穿心鸭翼、葱心排骨、火腿穿鸡翅、三丝穿鸭翅、银针穿凤衣、翠带虾仁、熘素排骨等。

## 七、串制工艺

### （一）原料要求

所用的扦子有竹制品、木制品、不锈钢制品等。有些菜肴外裹蛋糊炸熟后再抽去扦子。串料为小块状或厚片状原料，如各种肉片、肉粒、水果片、山药片、内脏片等。

### （二）工艺方法

将一种或几种厚片原料调汁腌制后，串在扦子上，形状独特，别具一格。代表菜品有铁板鳝串、五彩肉串、芙蓉虾串、鲜贝串等。

## 八、叠合工艺

### （一）原料要求

一般形式是下层为片状的整料，多见为淡味或咸味的馒头片、猪肥膘片、猪网油、笋片等物料；中层为主要特色原料，如火腿片、豆腐片、鸡片、鳝片等，要添加浆、糊作为黏合剂；上层为菜叶和其他点缀物。黏性材料有各种蓉泥、淀粉糊等。生坯的形状有圆形、长方形、正方形、菱形、金钱形等。三层原料整齐、相间、对称地贴在一起，如锅贴青鱼、锅贴鳝鱼、锅贴火腿、锅贴鸡等菜肴。

### （二）工艺方法

将不同性质的原料，分别加工成相同形状的片，分数层粘贴在一起，成扁平形状的生坯。如三夹鸭片的制法是：去骨熟鸭片、火腿、冬笋切成长方片，笋片蘸上干淀粉，抹一层虾泥，放上火腿片，再抹上一层虾泥，盖上鸭片，入烤箱烤熟，码入盘中浇上辣酱油即成。

## 九、捆扎工艺

### （一）原料要求

主料多为混合原料，形状有丝、条、片、小块等，如各种肉片、肉丝、鱼条、笋丝、芹菜丝、火腿丝、香菇丝等。捆扎料常采用绿笋、芹菜、葱叶、蒜叶、海带、金针菜加工成丝状，较特殊的也可用棉线、麻线扎制。

### （二）工艺方法

将加工成条、段、片状的原料用丝状原料成束成串地捆扎起来，由于成形后似柴把，故菜肴命名为“柴把××”。如柴把鸭掌、柴把鸡、柴把药芹、柴把竹笋、清汤腰带鸡、柴把肚、捆蹄等。

## 十、滚粘工艺

### （一）原料要求

主料一般为糜状原料，因其具有一定的黏性，能粘连上各种物料，如无黏性，则在表面先蘸上水；粘连物为各种丝状原料、椰蓉、松仁末、熟芝麻、核桃末、糯米、面包渣、葛粉、藕粉等细小原料。滚粘时，大部分为一次性滚粘，少量的为多次滚粘，如藕粉圆子。

### （二）工艺方法

在预制好的原料（一般为球形、条形、饼形、椭圆形等）表面均匀地滚粘上一种或几种细小的香味原料（如屑状、粒状、粉状、丁状、丝状等）的方法。根据滚粘的特点，可将其工艺分为三类，即直接粘、糊浆粘和点粘法。

**1. 直接粘**

直接粘即是利用预制好的生坯原料，直接粘细小的香味原料。对原料的要求较高，所选原料经加工必须具有黏性，使原料与粘料之间能够黏合，而不至烹制成熟时使粘料脱落、影响形态。对于动植物的片类、块类原料，中间必须有一种“黏合剂”，通常的方法就是对原料进行“挂糊”或“上浆”。

**2. 糊浆粘**

糊浆粘就是将被粘原料经过上浆或挂糊处理，再粘上各种细小的原料。如面包虾、香脆银鱼、香炸鱼片等。

**3. 点粘法**

点粘法不像前面两类大面积地粘细碎料，而是很小面积的粘，起点缀美化的作用。其粘料主要是细小的末状和小粒状，许多是带颜色和带香味的原料，如火腿末、香菇末、胡萝卜末、绿菜末、黑白芝麻等。

## 问题与讨论

1. 组配工艺的意义和内容有哪些？
2. 组配工艺的方法和要求是什么？
3. 药膳配菜组配应注意什么问题？
4. 制定标准食谱的目的是什么？如何编制标准食谱？
5. 花色菜肴生坯的组配方法有哪些？举例说明。

## 实训项目参考

1. 清蒸鱼、鱼香肉丝、扒三白等一般菜肴的配菜实训
2. 扒酿海参、百花大虾、三丝鱼卷等花色菜肴的配菜实训

# 第六章

# 烹制工艺基础

教学目标

**知识目标**

（1）了解临灶操作的一般要求，掌握各种勺工技法
（2）理解烹制工艺中的热传递现象
（3）掌握各种烹制基本方式的特点和应用
（4）弄清火候的内涵，掌握火候的调控方法
（5）把握初步热处理的概念、工艺流程与操作关键

**能力目标**

（1）熟练掌握翻勺技巧，操作姿势正确
（2）能正确运用初步熟处理方法
（3）能恰当掌握火候

**思政目标**

（1）养成良好的工作习惯，遵守操作规程，时刻注意安全操作
（2）培养执着专注、精益求精、一丝不苟、追求卓越的工匠精神

## 内容提要

（1）临灶操作与勺工技法
（2）烹制工艺中的热传递现象
（3）烹制基本方式
（4）火候及其调控
（5）初步熟处理工艺

## 新课导入

原料经过组合搭配成为菜肴生坯后，通常进入烹制工艺或调和工艺的阶段。一般来讲，烹制工艺是根据烹调和食用的要求，利用一定的设备工具，通过一定的烹制方式，对烹饪原料进行加热处理的方法和过程。

烹制在整个烹调工艺中具有十分重要的地位和作用。烹制工艺是烹调工艺的有机组成部分和重要的技术环节，它的成功与否直接影响到菜肴的色、香、味、形、质等各个方面。因而理解和掌握烹制工艺的基本原理和技术方法，对准确调控火

候，保证菜肴质量，加速烹调工艺科学化、规范化的进程，具有十分重要的指导意义和现实意义。

本章我们将学习烹制工艺的基础知识和基本技能，主要包括临灶操作与勺工技法、烹制工艺中的热传递现象、烹制基本方式、火候及其调控、初步熟处理工艺等方面。

# 第一节 临灶操作与勺工技法

## 一、临灶操作的基本要求

### （一）卫生要求

首先要做好个人卫生。随时洗手，勤剪指甲，穿好工作服，戴好工作帽，系上工作围裙，要求干净、整洁、大方。其次要清理好炉灶台、调料台和地面的卫生。要求做到灶台上无油污、无残渣；墙面干净、无污垢；调料台（车）上下、内外干净卫生无死角；烹调器具、调料罐明亮、整洁；地面无浮土、无油迹、水迹以及各种遗弃物，干净、整洁。一天的卫生都要做到手下清、脚下清、随时清、完活清。

### （二）检查炉灶设备

以天然气、石油液化气、沼气加热设备的炉灶为例，要检查气体是否满足烹调的需要量、炉灶具设备是否完好、火孔是否通畅、启动开关是否合格，若有问题或通过领导、或找工程人员检修。在以煤为燃料的地区，首先要点火，以提高炉膛的燃烧温度。

### （三）准备烹制工具

在烹制前准备好所使用的炊具，如锅、手勺、漏勺等，应放置在方便操作使用的位置。

1. 炒勺（炒锅）

炒勺也称单柄勺，通常是用熟铁加工制成的。炒勺在我国北方地区的餐饮业使用较为普遍，根据烹制菜肴的容量分为大、中、小三种型号。按炒勺的外形及用途可分为炒菜勺、扒菜勺、烧菜勺、汤菜勺。

炒锅也称煸锅，通常是用熟铁制成的（也有用生铁制成的）。炒锅在我国南方地区的餐饮业使用较为广泛，根据烹制菜肴的容量分为大、中、小三种型号。按炒锅的外形及用途又可分为炒菜锅和烧菜锅。

2. 手勺

手勺是烹调中搅拌菜肴、添加调料、舀汤、舀原料、助翻菜肴以及盛装菜肴的工具，一般用熟铁或不锈钢材料制成。手勺的规格分为大、中、小三种型号。应根据烹调的需要，选择使用相应型号的手勺。

### （四）姿势正确，自然大方

临灶操作时，姿势要正确，动作要自然。这样既能方便操作，又能减少身体疲劳，提高工作效率。

### （五）认真细致，注意安全

按照操作规范，井井有条，做到活而不忙、忙而不乱。自始至终都要注意卫生工作和安全工作。

## 二、勺工的作用和基本姿势

勺工就是厨师临灶运用锅勺的方法与技巧的综合技术，是在烹制菜肴的过程中，运用相应的力量及不同方向的推、拉、送、扬、托、翻、晃、转等动作，使锅中的烹饪原料能够不同程度地前后左右翻动，使菜肴在加热、调味、勾芡和装盘等方面达到质量要求。

### （一）勺工的作用

勺工技艺对烹调成菜至关重要，直接关系到成品菜肴的品质，是衡量中式烹调师水平高低的重要标志。

1. 保证烹饪原料均匀地受热成熟和上色

原料在勺内不停移动或翻转，使原料的受热均匀一致、成熟度一致、上色程度一致；及时端勺离火，能够控制原料受热程度、成熟程度。

2. 保证原料入味均匀

原料的不断翻动使投入的调味料能够迅速而均匀地与主辅料融合渗透，使口味轻重一致，滋味渗透交融。

3. 形成菜肴各具特色的质感

如菜肴的嫩、脆与原料的失水程度相关，迅速地翻拌使原料能够及时受热，尽快成熟，使水分尽可能减少流失，从而达到菜肴嫩、脆的质感。不同菜肴其原料受热的时间要求不同，勺工操作可以有效地控制原料在勺中的时间和受热的程度，因而形成其特有的质感。

4. 保证勾芡的质量

通过晃勺、翻勺可使芡粉分布均匀，成熟一致。

5. 保持菜肴的形状

对一些质嫩不宜搅动、翻拌的原料，可采用晃勺，而不使料形破碎；对一些要求形整不乱的菜肴，翻勺可以使菜形不散乱，如扒菜的大翻勺。

## （二）勺工基本姿势

勺工是一项技艺较高的工作，要想熟练地掌握勺工技术，首先必须掌握正确的翻炒姿势。各地厨师传授的翻炒姿势各有特色，不尽相同；但应从既方便工作，又利于提高工作效率，并能耐久和减少疲劳与有利于身体健康等方面来考虑。

1. 站立姿势

站立姿势与灶台高低有一定的关系。用于翻炒的灶台，其高度为85～90cm。灶台太高，握勺的手就要过高抬起，这样就会加重手臂及手腕的负担，人会感到十分吃力；反之，灶台太低，人必然会弯腰曲臂，加强腰腹的负担，时间长了就会感到腰酸背疼。翻炒时的具体站立姿势要求如下。

（1）面向炉灶站立，人体正面应与灶台边缘保持一定距离（根据身高可保持在5～25cm）。

（2）两脚分开站立，两脚尖与肩同宽，为40～50cm（可根据身高适当调整）。

（3）上身保持自然正直，自然含胸，略向前倾，目光注视勺中原料的变化。但不可弯腰曲背，以免造成职业病。

2. 握勺手势

（1）握单柄勺的手势　一般习惯用“握棒”的方式，用左手握住勺柄，手心朝右上方、大拇指在勺柄上面，其他四指弓起收拢握住勺柄，指尖朝上，手掌与水平面约成140°夹角，合力握住勺柄。翻炒时，食指和掌根是主要的两个着力点，前者用力托，后者用力压。

（2）握双耳锅的手势　一般用左手大拇指扣紧锅耳的左上侧，其他四指微弓朝下，呈散射状托住锅底，并用抹布垫手（以防烫手并增大手与锅的摩擦力）。这样的拿法，锅的重量可均匀地分摊在较宽的手指面上，比较稳当。

（3）握手勺的手势　一般用右手中指、无名指、拇指与手掌合力握住勺柄，主要目的是在操作过程中起到勾拉、搅拌作用。具体方法是：食指前伸（对准勺碗背部方向），指肚紧贴勺柄，大拇指伸直与食指、中指合力握住手勺柄后端，勺柄末端顶住手心。要求持握牢而不死，施力、变向均要灵活自如。

## 三、勺工技法

### （一）晃勺

晃勺也称晃锅、转菜，是指将原料在炒勺内旋转的一种勺工技艺。晃勺可以防止粘锅，可以使原料在炒勺内受热均匀，成熟一致。对一些烧菜、扒菜，勾芡时往往都是边晃勺边淋芡，使勾出的芡均匀而不会局部太稠或太稀。此外，晃勺可以调整原料在炒勺内的位置，以保证翻勺或出菜装盘的顺利进行。

1. 操作方法

通常用左手端起炒勺（或炒勺不离灶口），通过手腕的转动，带动炒勺做顺时针或逆时针转动，使原料在炒勺内旋转。待勺中的原料转动起来后再做小幅晃动，保证勺中的原料能继续旋转。

2. 技术要领

晃动炒勺时，主要是通过手腕的转动及小臂的摆动，加大炒勺内原料旋转的幅度，力量的大小要适中。力量过大，原料易转出炒勺外；力量不足，原料旋转不充分。

晃勺时锅中原料数量必须有一定的限制。如果原料过多，在锅内翻动的范围缩小，即原料在锅中的运动距离缩短，这样原料就难以达到抛的速度，锅中的菜肴难以翻转，因此用于晃勺的原料不宜过多。

3. 适用范围

晃勺应用较广泛，在用煎、塌、贴、烧、扒等烹调方法制作菜肴时，以及在翻勺之前都可运用。此种方法单柄勺、双耳锅均可使用。

晃勺的目的是让炒勺与原料一起转动，如果只让炒勺转动而不使原料转动则称转勺或转锅。转勺时，左手握住勺柄，炒勺不离灶口，将炒勺向左或向右转动。要注意手腕向左或向右转动时速度要快，否则炒勺会与原料一起转，起不到转勺的作用。这种方法主要用于烧、爆等烹调方法的制作。

### （二）翻勺

在烹调工艺中，要使原料在炒勺中受热均匀、成熟一致、入味均匀、着色均匀、挂浆均匀，除了用手勺搅拌以外，还要用翻勺的方法达到上述要求。翻勺是勺工的重要内容，是烹调操作的基本功之一，翻勺技术功底的深浅可直接影响到菜肴的质量。因为炒勺置火上，料入炒勺中，原料由生到熟只不过是瞬间变化，稍有不慎就会影响菜肴的质量。因此，翻勺对菜肴的烹调至关重要。

### 1. 翻勺的方向

翻勺的技法很多，通常按翻勺方向的不同，可分为前翻、后翻、左翻、右翻。前翻，也称顺翻、正翻，是将原料由炒勺的前端向勺柄方向翻动，其方法分拉翻勺和悬翻勺两种。后翻，也称倒翻，是指将原料由勺柄方向向炒勺的前端翻转，可防止汤汁和热油溅在身上引起烧烫伤，有人形象地比喻为“珍珠倒卷帘”。左翻和右翻，也称侧翻。左翻就是将炒勺端离火口后，向左运动，勺口朝右，手腕肘臂用力向左上方一扭一抛扬，原料翻个身即可落入勺内；右翻则是将原料从炒勺的右侧向左翻回内即可。

### 2. 翻勺的幅度

根据翻勺的幅度大小，翻勺可分为小翻勺和大翻勺。小翻又称颠翻、叠翻，即将炒勺连续向上颠动（每次翻勺只有部分原料做180°翻转，翻起的部分与另一部分相重叠），使锅内菜肴松动移位，避免粘锅或烧焦，使原料受热均匀、调料入味、卤汁紧包。因翻动时的动作幅度较小，锅中原料不颠出勺口，故称“小翻勺”。大翻勺是指把炒锅（勺）中的原料一次性做180°翻转，因翻勺的动作及原料在勺中翻转的幅度较大，故名。大翻勺的方法也多种多样，讲究上下翻飞、左右开弓。按方向不同分为顺翻、倒翻、左翻、右翻，一般采用顺翻和左侧翻居多，以顺翻较为保险，按其位置分为灶上翻和灶边翻。当然，采用什么翻法主要随个人的习惯及实际效果而定。

我国厨师在长期的烹调实践中，总结出各种各样的大翻勺方法，并赋予它不少趣称。比如，“怀中抱月”，也称“百鸟朝凤”，即通常所说的前翻（顺翻）大翻法。具体方法是：先将炒锅放在炉口边晃动，使原料在锅内旋转，边晃勺边拉向胸前，让肩部放松，肘与臂的夹角收在45°～90°之间，然后迅速向前上方推送到一定高度（约与眼部同高），顺势将炒锅的前端向里猛勾一下，使原料脱锅而出，在空中整体翻转180°自动落下，随即用锅将已翻身的原料接住，并顺势下移一段距离至胸前。

“珍珠倒卷帘”，也称“逆水推舟”，实际上就是通常的倒翻（后翻）大翻勺。具体方法是：先晃炒锅，使原料在锅中旋转起来，待转至或接近锅柄位置的一瞬间，将炒锅突然后拉（拉的同时使前端略低），再把后端猛地抬起，并同时将炒锅向前方推送，这样，原料从锅柄处抛起，向前翻过，这时再将锅的前端抬起接住原料。

“白鹤亮翅”，又称“空中摘月”“九霄通天”，即左侧大翻勺。具体方法是：左手握炒锅，晃动原料，然后将炒锅向左前上方轻松提臂，把炒锅举过头顶，伸展左臂与身体呈45°，随即抖腕，向上抛送，借用腕力和臂力将原料腾空向上而起，来一个180°的大翻身；同时，轻轻收腕，把原料稳稳接住，顺势下移一段距离，使原料整齐地光面朝上落入炒锅中。

“顺手牵羊”，即右侧大翻勺。具体方法是：先将原料在锅中晃动，然后将炒锅向右前上方举起，伸展左臂，就势抖腕，使原料从锅中右侧抛起，翻转，再准确地接住原料，顺势下移至胸前。

“当天划月”则是右侧大翻勺的变化形式，不同处是其运动幅度更大，原料随炒锅从胸前至右前上方，从右前上方弧行至左前上方，然后再行至胸前。具体方法是：先使原料在炒锅中逆时针旋转，然后将炒锅迅速推送至右前上方，左臂伸直，抖腕，使原料从炒锅右侧向上翻起，这时炒锅要紧随原料向左运动的方向报以左臂为半径在头部前上方弧行，待至左前上方时稳稳接住原料，就势移至胸前即可。这种大翻勺方法叫上翻下接法，也叫大拉勺技法。先晃动原料，欲翻勺时，将身体后移蹲成骑马蹲裆式（或左脚退后半步，右腿下蹲），迅速把炒锅从灶上顺势拉下，当锅即将触地面的一瞬间，马上提起，整个原料便从前往后翻了过来。

#### 3. 翻勺的工具

根据翻勺时是否有手勺协助可分为单翻勺和助翻勺。单翻勺是指炒勺在做翻勺动作时，不需要手勺协助推动原料翻转的一种翻勺技法；助翻勺是指炒勺在做翻勺动作时，手勺协助推动原料翻转的一种翻勺技法。

### （三）出勺

出勺，也称出菜、装盘，就是运用一定的方法，将烹制好的菜肴从炒勺中取出来，再装入盛器的过程。出勺是整个菜肴制作的最后一个步骤，也是烹调操作的基本功之一。出勺技术的好坏，不仅关系到菜肴的形态是否美观，而且对菜肴的清洁卫生也有很大的影响。出勺的手法很多，主要有拨入法、倒入法、舀入法、排入法、拖入法、扣入法等，我们将在第十章“造型与盛装工艺”中介绍。

### （四）手勺的运用

手勺在勺工中具有重要作用，它不仅舀料和盛菜装盘，还要参与配合左手翻锅。通过手勺和炒锅的密切配合，可使原料达到受热均匀、成熟一致、挂芡均匀、着色均匀的目的。手勺在操作过程中大致有以下几种方法：拌法、推法、搅法、拍法、淋法。

#### 1. 拌法

在制作炒、爆等菜肴时，原料下锅后，先用手勺翻拌原料，再配合翻锅方法将原料翻转，使其受热均匀。

2. 推法

当对菜肴勾芡时，用手勺背部或手勺勺口前端向前推炒原料或芡汁，扩大其受热面积，使原料或芡汁受热均匀，成熟一致。

3. 搅法

有些菜肴在即将成熟时，往往需要烹入碗芡或碗汁，为了使芡汁均匀包裹住原料，要用手勺从侧面搅动，使原料、芡汁受热均匀，并融合为一体。

4. 淋法

就是在烹调过程中，根据需要用手勺舀取水、油或水淀粉，缓缓地将其淋入炒锅内，使之分布均匀。

# 第二节 烹制工艺中的热传递现象

## 一、热传递的基本方式

热传递又称传热，是物质系统内的热量转移过程。在烹制工艺中，热量的传递现象极为复杂，但分析起来主要有热传导、热对流、热辐射等几种方式。

### （一）热传导

热传导又称导热，是热能由物体的一部分传递给另一部分或从一个物体传递给另一个物体，同时并无物质质点迁移的传热方式。用分子运动论的观点来解释，热传导的实质是物质的分子、原子和自由电子等微粒在相互碰撞时传递动能的一个过程。所以，热传导在固体、液体及气体中都可以发生。在金属固体中，热传导主要是依靠自由电子的碰撞；在液体和非金属固体中，则主要是由于分子、原子等微粒不断碰撞所引起的。但是，在地球引力场的范围内，单纯的热传导只能发生在密实的固体中，因为当有温度差时，液体和气体总会出现热对流现象，难以维持单纯的热传导。

热传导是热传递的一种基本方式，也是固体热传递的主要形式。在烹调工艺中，将热能通过厨具、器具（锅、勺、铛、石板、铁板等）或其他物料（盐、砂粒、石头等）直接或间接传热给烹饪原料的方法主要就是利用传导传热的方式。不同的物质，热传导的性能也不相同。金属的热传导性能较好，所以常用金属作为烹调工艺的各种加热器具；而石棉则是良好的绝热材料，因此常作为烹调工艺加热装置设备上的防火、防烫、隔热的安全材料。

### （二）热对流

热对流是指流体（如水、油、空气、水蒸气等）不同部分因温度不同发生相对位移而引起的热量传递现象。其特点是伴随着冷、热流体的分子定向运动而产生的物质内能的转移。这种传热方式有两种情况：一种是利用温度差异导致密度的差异而发生流体质点的相对位移（即流体流动），称为自然对流传递；另一种是利用外力作用（例如机械搅拌等），使冷、热流体的质点发生相对位移而进行的对流传热，称为强制对流传热。在热对流过程中，由于流体存在温差，所以表现为微观粒子间能量传递的导热现象也必然存在，只是不处于主导地位而已。

烹调工艺中，利用对流方式传热的烹调技法主要有汽蒸、隔水炖、水煮、焯、汆、涮、油炸、油汆、滑油等。

### （三）热辐射

热辐射是热传递的又一种基本方式，也是自然界最普遍存在的传热现象。它不需要任何传递介质（既不依靠流体质点的移动，又不依靠分子之间的碰撞），而只是借助于不同波长的各种电磁波来传递热量。

理论证明，当物体的温度大于绝对零度（−273.15℃）时，它就能向空间放射出各种波长的电磁波。不同波长的电磁波投射到其他物体后会产生不同的效应，波长在0.1～40μm范围内的电磁波（包括一部分紫外线、可见光和红外线）投射到物体上后，能被物体吸收，产生热效应，这一波长范围内的电磁波称为热射线，热射线的传播过程就称为热辐射。物体的温度越高，辐射力（即在单位时间内物体的单位面积向外放射的能量）越强。产生热辐射必须要有很高温度的热源存在。烹调工艺中，利用热辐射传热的主要有直接用火烧烤的热辐射和电磁波辐射两种方式，前者多为传统的烹调方法，如挂炉烤鸭、烧鹅等；后者为现代烹调工艺，如红外线烤箱对原料的加热和菜肴的烹制。

热传递虽然有上述三种基本方式，但在烹制工艺中，热量的传递通常并非都是以一种方式进行的，有时还可以是两种或三种基本方式同时进行。一般说来，固体和静止的液体所发生的热传递完全取决于导热，而流动的液体以及流动或静止的气体热传递，导热虽然发生，但起主导作用的是依靠内部质点的相对运动而进行的热对流或因放热而形成的热辐射。比如给油加热时，在油保持静止阶段主要是以导热为主，经过进一步的加热，热油分子上升而冷油分子下降，使油中产生了相对流动，形成了热对流。可见，在液体加热过程中，导热与其他热传递方式都是相伴而行的，主要看以哪种方式占主要地位。

## 二、烹制工艺中的传热介质

介质，是指物体系统在其间存在或物理过程在其间进行的物质。传热介质一般泛指传递热量的中间物质，如水、油等。传热介质在烹制过程中的作用，一是从热源吸取热量，使自身的温度升高；二是把自身的热量传递给温度较低的烹饪原料。

传热介质的运用，标志着烹饪原料受热变熟的途径。因此，在介质层中，以直接与烹饪原料接触的介质最为重要，谓之直接介质；而其他则为间接介质。如烹饪原料在水中受热，水就是直接介质，而锅则是间接介质；烤的直接介质就是干性热空气等。直接介质是各种烹调方法的标志。在烹调工艺中，根据传热介质物态的不同，可将其分液体传热介质、气体传热介质和固体传热介质三大类。每一类传热介质又包含各种不同的具体物质，并都有各自的性质和特点（图6-1）。

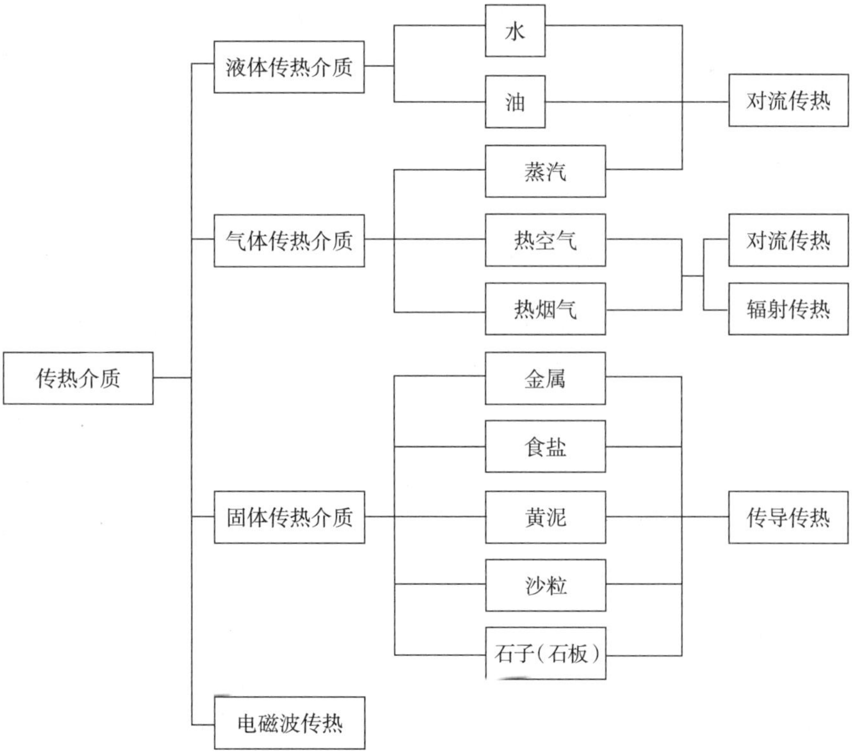


图6-1　烹制工艺中的传热介质分类

## 三、烹制工艺中的热传递过程

### （一）烹饪原料的外部传热

烹饪原料的外部传热过程与热源的种类、炊具、灶具、烹制方式及传热介质等因素有关。通常情况下，烹饪原料的外部传热过程有三种类型：一是热量由热源直接传至原料表层，如直接烧烤，即原料直接放在火（或火灰）中加热，其传热的方式是热传导；二是热量由热源只通过直接介质传至原料表层，如煎、贴、封闭的烤箱烤、管道直接供热蒸汽的蒸等，其传热方式因直接介质的物质状态不同而有差异；三是热量由热源先通过间接介质（锅）再通过直接介质（如水、油）传至原料表层，其传热过程又包括下列三个环节。

#### 1. 热源把热量传给锅的底部

如果热源是火焰，在旺火情况下，火焰高而稳定，火焰接触锅底，直接将铁锅烧热，主要的传热方式是热传导，其次也有热辐射和热对流作用；在微火情况下，传热的方式主要是热辐射，其次是热对流。如果灶具是封闭的烤箱或烤炉，则热传递的方式主要是热辐射。

#### 2. 热量从靠热源一侧的锅底传到锅面

锅的材料不管是金属还是陶瓷，都是固体，所以这一环节热传递的方式是热传导。

#### 3. 热量通过直接介质传给原料表层

如果传热介质是水或油，则热传递的主要方式是热对流；如果传热介质是盐或沙粒，则热传递的主要方式是热传导。

### （二）烹饪原料的内部传热

烹饪原料的状态一般分为固态和液态，液态烹饪原料（如牛奶）加热遵循液体介质的加热原理。这里主要介绍固体烹饪原料的内部传热。

固体烹饪原料内部的传热方式属于热传导。当烹饪原料表层从热源或传热介质获得热量后，温度首先升高，导致外层温度高于内层，中心温度最低（采用微波炉加热者例外）。因此原料中存在着温度梯度，热量就从外层向内层传递，使内层和中心的温度也逐渐升高。在加热过程中，由于原料各点的温度均随时间而变化，因此所形成的温度场为不稳定温度场，其导热过程属于非稳定导热。又因为烹饪原料往往不是单一纯净的物质，而是多种具有不同成分的结合体，例如猪肘子，就有皮、筋、骨、瘦肉、肥肉等成分，它们的密度、比热容都不一样，对热量传导的能力不同，所以猪肘子在烹制过程中的某一时刻，不同部位不可能具有相同的温度和温度变化速度。即使是成分比较单一的原料，如鱼、牛肉等，也因为烹饪原料是热的不良导体，传热系数小，传导热量的能力差，导致原料表层和内层的温度不一样。

试验表明，一条大黄鱼在油锅里炸，当油温高达180℃，鱼的表面温度也达100℃左右时，鱼的内部温度才60～70℃；一块1.5～2kg的牛肉，在沸水中煮1.5h，内部的温度才达到62℃。这都表明对于大块的烹饪原料如果一直用旺火加热，虽然能增大原料表面从传热介质中吸收更多的热量，但热量在原料内部传递的速度依然不能明确加快，反而会导致锅内的水或油大量挥发很快烧干，而原料内部还未成熟。所以对于体积较大的原料，必须小火加热，一方面减少水的汽化或油的分解，另一方面使原料表面对传热介质吸收的热量与原料表面向内部传递热量的速度相适应。如炖、焖、烧、煨等烹调方法，就是水烧开后改用小火或微火进行长时间的加热，让食品内部温度慢慢升高。

大块原料采用小火长时间加热的另一个原因是可以让烹饪原料吸附更多的调味料。调味料在被原料吸附之前，要先经过扩散才能进入原料内部，而扩散的速度比较慢，扩散时间越长，扩散数量就越大。采用小火长时间加热，就有较多的调味料扩散到原料的内部而被吸附，使制作出来的菜肴酥烂味厚、香气馥郁。

如果原料的体积很小或切得很薄，这样的原料可认为它从外部吸收的热量能迅速传递到内部各处，使内部各点具有相同的温度和温度变化速度。

### （三）烹制过程中的热封锁现象

在烹制工艺中，我们有时会遇到这样的情况：有些原料一次性煮（蒸）不熟，待稍凉后再煮（蒸），需要花加倍的时间才能使其成熟，有时甚至不管再加热多长时间，其中间仍然夹生，这种现象就是烹制过程中的热封锁现象。如粽子要一次性煮熟，若一次性煮不熟，待粽子稍凉后再煮，不管煮多长时间，中间仍然夹生；鸡蛋要一次性煮熟，否则未煮熟的鸡蛋稍凉后再煮，需用加倍的时间，才能使热传递到鸡蛋内部逐渐成熟；蒸馒头、煮大块的猪肉牛肉，也会出现类似现象。最明显的例子是扬州千层油糕，必须一次性蒸熟，否则不管怎么蒸也蒸不熟。

造成热封锁现象的主要原因是，原料中所含的淀粉和蛋白质在烹制过程中出现了明显的物理变化，即淀粉吸水膨胀糊化和蛋白质变性。我们知道，在以水或汽作为传热介质时，原料本身热的传递是由外层向内层逐步进行的。热的本质是物质内部的分子运动速度，分子在运动过程中遇到的阻力小，则烹饪原料很容易成熟；如果遇到一定的阻力，热传递的速度减慢，烹饪原料熟得就慢。

在煮粽子过程中，糯米中的淀粉大部分是支链淀粉，这些支链淀粉受热后，外层糯米首先膨胀糊化。这种糊层只要不冷却，是不会坚挺的，在一直加热的过程中始终处于一种绵软状态。此糊化层随着加热时间的延长，会逐渐加厚，热的传递逐渐受到越来越大的阻力，所以煮粽子需很长时间焖煮并一次性成熟。若粽子未煮熟，一旦冷却，糊化层就会“老化回生”，变成坚挺的溶胶，成为传递热的最大障碍，粽子四周形成了一个完整的屏障，阻碍着热的传递，因而产生热的封锁现象。

煮鸡蛋过程中，鸡蛋清外层受热变性，在继续煮制的过程中，这种变性蛋白虽然不会坚挺，仍处于一种柔软的状态，但对热的传递会有一定阻碍。只要一次性加热至鸡蛋熟，这种阻碍不会对热的传递出现太大的问题；若鸡蛋煮至半熟，捞出，用冷水一淋（或自然冷却）再煮，就将花费成倍的时间。这是蛋白质对热的传递形成的封锁现象。大块肉、整鸡、整鸭，若用大火煮制，热量首先过早地使外层的蛋白质急剧变性，也使小脂肪过早溢出，蛋白质变坚挺，一定程度上阻碍了热的传递，出现热封锁现象，则欲速不达。若用小火以长时间加热，使蛋白质的变性始终处于一种对热传递十分有利的状态，则会收到事半功倍的效果。

在烹制过程中，防止热封锁现象发生主要有三种方法：一是要正确运用火候，力求一次性成熟；二是选用蒸汽蒸笼、夹层锅、高压锅之类的烹饪器具，压力增加，加热介质水的温度相应提高，使热的传递加快及穿透原料的能力加强；三是采用现代化的烹制手段，如微波烹制，改变传统的传热方式（微波传热，一般不会出现外熟里不熟的现象）。

## 四、烹调原料在加热过程中的变化

### （一）分散作用

破坏原料的组织结构，属于物理变化，包括吸水、膨胀、分裂、溶解四个阶段。生蔬菜或新鲜水果，细胞中充满水分，细胞间起连结作用的植物胶素硬而饱满。加热时胶素软化与水温合成胶液，同时细胞破裂，里面一部分包含物，如矿物质、维生素等溶于水中，整个组织变软。所以，蔬菜加热后锅中出汤汁。这些汤汁中含有丰富的矿物质及维生素，是菜肴营养的重要组成部分。果品中所含果胶较多，加热时加入少量水，可以制成各种果酱、果冻和蜜汁菜。

烹调加热中，淀粉的变化是典型的分散作用。天然淀粉由直链和支链淀粉组成，不溶于冷水，但在60～80℃时直链淀粉形成稳定的溶胶，支链淀粉粉粒氢键断裂向水中扩散，扩散中粉粒吸水膨胀50～100倍形成立体网络，而直链淀粉的溶胶则分散在网络中，这就是淀粉的糊化。烹调上的辅助手段挂糊、上浆、勾芡就是利用糊化的原理。在天然淀粉中，直链与支链淀粉的比例有所不同，含支链淀粉多的天然淀粉糊化能力强，如马铃薯淀粉的支链含量高于玉米淀粉，因此勾芡时马铃薯淀粉吸水较多，糊化的能力高于玉米淀粉。

### （二）水解作用

水解作用是使原料中的营养成分在水的作用下发生分解，属化学变化。如蛋白质水解为肽段和氨基酸，脂肪水解为甘油和脂肪酸。水解作用能使结缔组织中的纤维分裂，令肉质柔软酥烂。在各种烹调技法中，制汤是水解作用的典型应用。

### （三）凝固作用

凝固作用是指加热过程中，原料中蛋白质空间结构遭到的破坏，属物理变化。如卵蛋白质在煎煮时的凝固、瘦肉在加热时的收缩变硬、汤中的盐使蛋白质沉淀析出等。

原料中蛋白质变性后，许多性质发生改变，如质地变硬、色变暗、生物活性丧失等。变性后的蛋白质易被身体中的酶水解，消化吸收率提高。原料中的酶同样具有蛋白质的性质、酶变性后失去催化功能，可防止原料腐败。几乎所有的蛋白质在加热时都会出现变化凝固现象，一般温度在45℃时便可觉察到变性，55～70℃是变性凝固的正常温度。

### （四）酯化作用

酯化作用是指醇类物质与有机酸共同加热产生具有芳香气味酯类的化学反应。如原料中的氨基酸、核酸、脂肪酸以及食醋中的乙酸与料酒中的乙醇共热均可不同程度地发生酯化反应，生成芳香性酯类物质。因此，许多菜肴在烹制时都离不开料酒和食醋这两种调味品，尤其在做鱼时更不可缺少。

### （五）氧化作用

氧化作用是一种化学反应。在烹调加热时食用油脂及维生素最易发生这种反应。油脂的使用是在空气中进行的，并且是在高温下连续反复使用的，在这种状态下油脂与空气中的氧在高温下直接接触，所发生的反应是高温氧化反应（这与常温下油脂的自动氧化是有区别的），高温氧化下所产生的某些醛、醇、酸及过氧化物对人体危害很大，所以烹调加热使用的油脂要经常更换。维生素与空气接触氧化更快。可以说，原料在烹调时损失最大的就是维生素，其中以维生素C最甚。所以在烹调时，对蔬菜的加热时间不宜太长，不宜放纯碱（碳酸钠）、小苏打（碳酸氢钠），也不宜用铜锅、铜铲等。

#### （六）其他作用

原料在加热中还会发生其他变化，如鸡蛋黄中的铁与蛋的硫化反应、肉类蛋白在无水高温下的美拉德反应、糖类物质的焦糖化反应及糊精反应等。这些反应互为基础，互为影响，既增添了成品菜肴的特色，又为研究和掌握这门技术增加了难度。

## 第三节 烹制基本方式

### 一、水烹

#### （一）水烹性能

1. 导热均匀迅速

水一经加热，热量就会靠对流作用迅速而均匀地传递到各处，形成均匀稳定的温度场。原料置身于这样的温度场中，其感受的是一种均衡的立体温度，原料各点接受相同的热量，使原料受热均匀。同时，由于水的比热容高、导热系数大，使受热原料迅速成熟。

2. 渗透力较强

水的分子小、黏度低，所以具有很强的渗透能力。在水烹过程中，水在热力和渗透压差的作用下可以说是“无孔不入”。如果原料含水量低，水就会进入原料内部，促使原料吸水，膨胀后达到细嫩、软烂的目的。水的渗入不仅改变了原料的质感，也为调味品的渗入创造了条件。

3. 溶解力强

水具有良好的溶解能力，其溶解力随温度的升高而增强。在水烹过程中，原料中的许多营养成分和呈味物质，如水溶性蛋白、氨基酸、糖类、维生素和无机盐等溶于水中；某些不能溶解于水的成分，如胶原蛋白、果胶物质、抗性淀粉、脂肪等，也能分散在水中形成胶体溶液或乳状液。利用水的溶解力还可以去除原料中某些不良气味物质，例如植物性原料的萝卜、笋经焯水可除去辣味和苦涩味；动物性原料的牛、羊肉及内脏等焯水可排出血污，除去腥膻气味。

4. 无污染

水的化学组成比较简单，化学性质稳定并无色、无味。因此，在烹制范围内，水不会因加热而产生有害人体的物质，也不会污染环境。但烹制加热所用的水，一定要符合国家卫生标准，长期使用硬水也会对健康不利。

## （二）水烹方式的类型

1. 一次供热方式

一次供热水烹是指主要依靠水或汤液一次携带的热量加热，原料在水中瞬时受热即可达到烹制要求的方法。如烹调方法中的汤爆、汆、涮，预熟处理技法中的沸水锅焯水等。此方式适用于对热特别敏感的原料，如猪肝、猪腰、鸭胗、鸡胗、某些叶茎类蔬菜等。通常情况下，为了保证熟化程度，一般要将原料切成薄片或剞上花刀，以缩短热传导时间。

2. 短暂供热方式

短暂供热水烹是指将原料置于一定温度水（或汤液）中，作短暂加热处理。在烹制过程中，传热介质虽然可以不断地从热源获取补充热量，但为了保证热源供热量与原料吸热量瞬间平衡（尽量不使温度降低），不但要求热源供热量要大，而且要求介质有足够的数量，以保证有较大的热容量，可以缓冲原料吸热引起的介质降温作用。至于原料在介质中停留时间的长短，则可根据烹制工艺的目的和原料对热的敏感程度而定。

3. 持续供热方式

持续供热方式是指将原料置于一定温度的水（或汤液）中，持续供热，使原料不断从热源获取热量直至符合烹制的要求。它主要通过调节水沸腾汽化速度来适当控制水温。因为液体汽化时，需要吸收大量汽化热。如果外界不能及时供热，液体就可依靠降低自身温度来支出热量。所以对于大块动物性原料，为了防止外表蛋白质过早高温变性凝固，阻止汤液向原料深层渗透对流传热，水沸后要采用较小的火力加热，使汤液处于微沸状态，利用汽化热的消耗，控制汤液相对较低温度，尽快使大块原料内外均匀熟透。而对于某些菜肴的烹制，则应用大火持续供热，使汤液猛烈汽化，造成密闭加热空间局部水蒸气高压，适当提高水的沸点。同时，汤水的剧烈沸腾对强化强制热对流过程和乳浊汤液的形成都会产生有益的作用。

## （三）水烹方式的成品特征

1. 汤汁醇美

用水烹方式制作菜肴时，原料中的部分营养成分和风味物质会溶解或分散在水中，从而形成醇美的汤汁。

2. 味透肌理

水是各种呈味物质进行扩散与渗透的良好介质，因此水烹能使原料的滋味互相调和，调味品的滋味也容易渗入烹饪原料内部，从而使成品具有味透肌里的特点。

3. 酥烂、水嫩

以水作为主要导热体，烹制时原料浸没于水中，原料脱水较少，能较好地保持原汁原味。对于鲜嫩细小的原料，成菜后具有柔软水嫩的特点；老韧的原料则可以酥烂脱骨。

## 二、油烹

### （一）油烹性能

1. 比热容大，烟点高，温阈宽

常用食用油的比热容在1.8～2.0J/（g·℃），烟点一般均在200℃左右，色拉油产生油烟的温度在220～240℃。所以它可以贮存很高的能量，促使原料很快成熟。另外，油烹方式还具有宽温阈的特点，从0～200℃（甚至更高）这样广阔的温度区间，可使菜肴形成不同的风格特点。

2. 导热性能好，可形成均匀的温度场

油经加热后，由于对流作用，可使热量迅速传递到各处，从而形成均匀的温度场，使投入其中的原料从各个方向受热均匀。但这个温度场的上限温度很难界定，会在持续加热中不断升高，是一个不稳定的温度场。因此，运用油烹方式时，油温的鉴别十分重要。

3. 有利于提高菜肴的营养价值

油烹方式可以不同程度地提高菜肴的营养价值。一方面，油本身就是一种营养物质，含有人体需要的各种脂肪酸和某些维生素、磷脂等，能帮助脂溶性维生素吸收；另一方面，在高温作用下，原料中的蛋白质降解为肽段和氨基酸，糖类分解为醇、酸、羰基化合物，这些变化对提高原料中营养成分的消化吸收率意义很大。此外，由于蛋白质变性会失去生理活性，致使原料中含有的各种有害的酶及蛋白质性的有害因子，如豆类中含有凝集素（有毒），豆类、谷物、马铃薯等植物中含有抗胰蛋白酶和抗淀粉酶，鸡蛋中含有抗生物素因子、抗胰蛋白酶等，在加热时失活，有利于人体健康。

4. 造成部分维生素损失，易产生有害物质

油烹方式有很多优点，但也有一些不足之处：首先，油烹方式会使一些脂溶性维生素溶于油中，造成损失；其次，如果反复高温加热，还会产生有害物质，危害健康。

## （二）油烹方式的类型

### 1. 大油量烹制方式

大油量的油烹方式，是指油量要充分浸没原料，能对原料表层同时均匀加热的烹制方式，具体可分为中油温的滑油（或划油）和热油温、高油温的走油（或过油）两种具体运用方式。在大油量烹制方式中，保持足够的油量（从而保持足够的总热容量）和控制合适的温度是很重要的。

### 2. 小油量烹制方式

小油量烹制方式是指油脂量一般仅够浸没原料厚度的1/4 ~ 1/2，原料同时接受油脂对流传热、贴锅底层油脂的传导传热以及上表面暴露于灼热空气中的气—固热传导传热三个不同温区的加热，属于温度不均匀、不稳定的加热方式。

### 3. 薄层油量烹制方式

薄层油量烹制方式主要应用于炒、贴等工艺。它主要依靠薄层油脂传导导热，所以温度极不均匀、极不稳定，必须不断翻动原料，使其两面均匀受热；而且只宜处理片、丝、丁、条类小型原料，必要时还要先经过焯水、滑油等初步熟处理过程。

## （三）油烹方式的成品特征

### 1. 口味干香

油的含水量极低，属于干性物质。极低的含水量能防止水溶性物质流失，确保烹饪原料原本的风味。同时，烹饪原料中的蛋白质、脂类、糖类、核酸等许多香气前体物质，在油烹中发生美拉德、焦糖化等化学反应，生成了醛、醇、酮、呋喃、低级脂肪酸、糊精等香气物质，使菜肴香气四溢。

### 2. 质地丰富多彩

油烹方式的成品质感是丰富多样的，有滑、嫩、爽、脆、酥、松、软等，其形成主要取决于油温和其他工艺处理。比如炸法中的具体烹调技法，往往以特定的质感作标示：脆炸（脆感）、酥炸（酥感）、松炸（松感）、软炸（软感）等。

### 3. 色泽亮丽诱人

油烹方式对制品色泽的形成有重要作用。蔬菜类原料，如青菜、菠菜等经油热处理，色泽会更加鲜艳、光润；油炸类制品，由于焦糖化褐变作用，可得到悦目的色泽。

### 4. 形成优美造型

油的疏水性和油温对制品的成型具有重要作用。原料经过油处理后，形成较致密性的保护层，原料内部成分不易溶出，使菜肴形态饱满。“菊花鱼”“爆墨鱼”“松鼠鱼”

等象形菜，必须依靠较高或高油温的定型处理，才能形成立体感强的自然造型。

## 三、汽烹

### （一）汽烹性能

#### 1. 加热均匀迅速

在设备完好、操作规范的情况下，汽烹方式能形成稳定均匀的温度场，对原料迅速加热。这是因为水蒸气的加热温区要比水宽阔，其比热容又比水小，导热十分迅速。水蒸气除靠自身降温对原料供热外，主要靠水蒸气冷凝时释放出大量的冷凝热。水蒸气黏度又特别小，可以很方便地将热量有效地传至原料的每个角落，加热非常均匀。

#### 2. 不具有水的渗透性

水蒸气是雾化了的水分子，不具有水的渗透性，因而也就不具有携带调味品向原料中渗透的功能。在汽烹过程中，蒸屉内的湿度处于饱和状态，压力较高，调味品不容易进入原料内部，所以通过汽烹方式制作菜肴时，原料一般要经过烹前调味或烹后调味。

#### 3. 卫生条件好

水蒸气无色、无味，因而汽烹方式对环境无污染，不产生有害物质，卫生条件好。

### （二）汽烹方式的类型

#### 1. 低压汽烹

低压汽烹是利用水在低温（＜100℃）蒸发状态下形成的水蒸气与空气混合物共同满足1个大气压（101325Pa），而其中对原料传递热量的水蒸气分压低于1个大气压状态，通常用来加热细嫩易老、不耐高温的原料，如蛋糕、肉糜、虾片等。因此，应控制住热源供热总量，使其基本满足水转变为同温度水蒸气时所需的蒸发热（在数量上等于冷凝热，符号相反），但不能超出太多，以免形成蒸发空间水蒸气过分不饱和，引起原料失水、起孔、变老、跑味及变色等。

#### 2. 常压汽烹

常压汽烹即所谓的“沸腾状态的蒸”，主要利用水在常压下沸腾所产生的100℃饱合水蒸气传热，其传热温度和总供热量都大于低压水蒸气传热。为了排除空气组分的干预，保证蒸制空间水蒸气分压为1个大气压，常压水蒸气传热要求在一定封闭空间进行（笼屉要加盖）；同时要控制热源供热，勿使过量，以能满足水在沸腾状态下正常产生水蒸气为原则。

3. 高压汽烹

在汽烹时，如果出现提高供热强度和增加密闭程度两个条件，就会在蒸发空间造成水蒸气过量积累，形成一定程度的高压水蒸气。由于与之平衡的水的沸点可随压力增大而升高，所以高压水蒸气的温度都高于100℃。在旧式笼屉蒸制条件下，温度可达105～110℃，在一般高压锅内可达到124℃，大大提高了水蒸气传热强度。由于这时蒸制空间内外压力差较大，蒸汽从缝隙处压出时速度较快，使人产生所谓“蒸汽冲力大”的印象。

### （三）汽烹的成品特征

1. 原汁原味

在汽烹时，由于蒸屉内的相对湿度处于饱和状态，所以烹饪原料中所含的水分不会蒸发流失，能够保持烹饪原料中原有的营养成分和呈味物质，使成品具有原汁原味的特点。

2. 保色保形

水蒸气是一种无色的气体，原料在水蒸气作用下受热成熟，一般不会改变原来的色泽。由于水蒸气是在预热过程和饱和蒸汽压下形成的等温场，能够使原料免受水烹或油烹时液体对流对原料产生的撞击，所以汽烹通常能较好地保持原料固有的形状。许多花色菜肴就是利用汽烹方式来完成的。

3. 鲜嫩爽口或酥烂脱骨

水蒸气是一种良好的传热介质，能改变原料中的结构物质。蒸锅（蒸箱、蒸笼）中高密集的水蒸气能使原料充分吸水，从而极大地保持成品质地的鲜嫩度。当用旺火沸水长时间汽蒸（或高压汽蒸）时，原料与蒸汽的对流换热频繁，热能浸入原料过多，致使原料内的肌纤维组织松散，进而形成某些菜品酥烂脱骨的特征。

## 四、固体烹

### （一）金属锅具传热

金属锅具作为传热介质，在烹制工艺中有着广泛的用途，如煎、贴等烹调方法。通常情况下，以金属锅具作为传热介质时，其锅面都布有少量的油，一方面是为了获得良好的色、香、味，另一方面是为了增大整个传热系统的热阻。因此，严格地说在这种情况下传热介质并不是单纯的金属，而是金属与油。油的导热系数很小，热阻变大，减少了锅面向原料表面的导热量，防止了原料表层升温过度，以免脱水碳化。

### （二）盐或砂粒传热

盐或砂粒均属固体物质，当与加热的锅面接触时，通过热传导从锅面获得热量。由于盐、沙粒的导热系数大于水、油、蒸汽和空气，所以吸收一定热量后，自身温度升高较快，与此同时又把自身的热量传递给烹调原料。

## 五、辐射烹

### （一）普通热辐射

普通热辐射是指利用敞口的火炉、火盆或电炉作为热源，通过柴、炭、煤等燃烧时产生的热能或电炉通电时产生的热能，以光子的形式辐射到烹饪原料上，使其变性成熟的烹制方式。这种方式实际就是传统的烤制法。

#### 1. 普通热辐射方式的特性

（1）设备简单，方便易行，易于掌握火候。

（2）火力分散，属于不均匀温度场，通过转动（翻动）原料，才能使其受热均匀，成熟度一致。

#### 2. 成品特征

（1）普通热辐射常伴随着热空气的对流热换，原料表面水分吸收足够的热量后，迅速汽化，其表皮往往处于脱水或半脱水状态，结成一层硬膜，使原料内部的水分难以向外扩散，所以大多数烤制品的特点是皮脆而酥，肉鲜而嫩，外酥脆，里鲜嫩。

（2）香味醇浓一般的烤制品都具有诱人的香气。

### （二）远红外线辐射

红外线是一种人看不见的电磁波，波长介于可见光和微波之间，由于它位于可见光的红端以外，所以称红外线。用于加热的远红外线，通常是指波长为30～1000μm的电磁波，它能被各种气体（包括水蒸气）分子及固体微粒所吸收，并转化为原料内部基本粒子微观运动的动能——热能。随着原料对远红外线吸收量的增多，温度逐渐上升，致使原料成熟。

#### 1. 远红外线加热的特性

（1）热效率高　一般的热辐射仅能加热原料表面，对原料内部没有多少直接作用，而远红外线除了加热原料外面之外，还能深入到原料内部去，使原料分子吸收远红外线发生谐振，达到加热的目的。此外，远红外线所产生的温度一般在300～400℃，远远高于其他传热介质。因此，远红外线加热具有热效率高、加热迅速的特点。

（2）便于大规模生产　远红外线加热时间便于控制，加热均匀，适合机械化和自动化大生产。

2. 成品特征

用远红外线辐射方式烹制的菜肴，具有色泽黄红、外焦里嫩和香气浓郁的特点。

### （三）微波辐射方式

1. 微波辐射方式的特性

（1）加热均匀，控制方便　微波具有较强的穿透能力，能深入到物体内部，使其受热均匀，不会发生外焦里生的情况。微波发生器在接通电源后便能立即产生交变电场并进行加热，一断电就立即停止加热，因此能方便地进行瞬时控制。

（2）营养破坏少　微波炉能最大限度地保留烹调原料中的维生素，保持食品原来的颜色和水分。此外，微波还具有低温杀菌作用。

（3）加热快、热效率高　由于食品的热传导性通常都比较低，采用一般加热方法使物体内、外温度趋于一致需较长时间。采用微波加热则能使原料里外同时受热，所以加热速度快、热效率高。

（4）清洁、方便　用微波炉烹调食品过程中，没有汁水流出，不会使厨房气温升高，而且对放在餐具内的烹调原料直接加热，出炉后不必更换餐具，节省时间。

2. 成品特点

微波辐射方式不通过水、油等介质即可进行快速烹制，因此成品可以保持原料的色彩、形状和风味。

# 第四节 火候及其调控

## 一、火候的概念和要素

### （一）火候的概念

火候就是根据烹饪原料的性质、形态和烹调方法及食用的要求，通过一定的烹制方式，在一定时间内使烹饪原料吸收足够的热量，从而发生适度变化后所达到的程度。对于火候的定义，我们需要从以下几方面理解。

首先，一般情况下所说的火候，指的是“最佳的火候”，即把烹饪原料烹制到最理想的程度。所谓理想的程度，有内外两层意思：就外在来说，就是多少原料需要多少热量，达到多高的温度，才能烹熟烹饪原料，这一程度是可以精确计算出来的，如现在的微波烹饪、红外线烤箱烹饪等都可如此；至于内在的程度，则是指通过加热，把烹饪原料烹制得鲜美香嫩、恰到好处，这是烹制工艺的最高要求，也是最难把握的。

其次，烹调中的火候有三个层次的意义，它们分别由热源、传热介质和烹饪原料三者通过一定的表现形式（外观现象或内在品质）呈现出来。对热源而言，火候就是热源在一定时间内向原料或传热介质提供的总热量，它由热源的温度或其在单位时间内产生热量的大小和加热时间的长短决定；对传热介质而言，火候就是传热介质在一定时间内产生的总热量，并由热源及传热介质的种类、数量、温度和对原料的加热时间决定；对烹饪原料而言，火候就是原料达到烹调要求时所获得的总热量，由热源、传热介质、原料本身的状况及其受热时间所决定。

其三，对于一定种类、一定数量的烹饪原料，或一个菜肴来说，其烹制质量预先都有一个标准（存在主观因素，但至少应有一个范围），因此，其应达到的“火候”就是一个定值。一般情况下，加热时间长，热源（或传热介质）的温度（火力）就应低（小）；反之，热源（或传热介质）的温度高（或火力大），加热时间就短。火候的掌握关键是找出时间与热源温度（火力）的比例关系。

其四，火候是以原料感官性状的改变而表现出来的，火候的表现形态是人们判断火候的重要依据。因为原料在受热的过程中，内部的各种理化变化都会由色泽、香气、味道、形状、质地的改变所反映，其中最核心的是口感（质感）的变化程度。原料受热口感的变化是一个动态的过程，从生到刚熟、再到成熟、到熟透以至于发生解体、干缩、焦煳。不同的菜肴，火候要求不同，每类菜肴都有自己的标准，如炒爆一类的菜，口感要求脆爽、细嫩；烧菜、蒸菜、卤菜要熟软，这些特点在制作中应通过经验判断和感官鉴别体现出来。

### （二）火候的要素及相互关系

#### 1. 火候的要素

从火候的定义可以看出，火候的运用和把握离不开热源在单位时间的发热量、热媒温度和加热时间，这三者是构成火候的基本要素。

（1）热源发热量　热源发热量既包括炉口火力（即燃料燃烧时在炉口或加热方向上

的热流量），也包括电能在单位时间内转化为热能的多少。炉口火力的大小受燃料的固有品质、燃烧状况、火焰温度以及传热面积、传热距离等因素的影响，火力的大小仍然主要靠经验判断。电能转化为热量的多少则主要由加热设备所控制，可以通过设备上的调控部件来调节。

（2）热媒温度　热媒温度即原料在烹制时受热环境的温度。热源释放的能量通常要通过热媒的载运才能直接或转换后作用于原料，要使原料在一定的时间内获取足够的热量而发生适度的变化，一般都要求热媒必须具有适当高的温度。如上浆原料的滑油，油温要求保持在90～140℃，否则不是脱浆，就是原料表层发硬、质地变老。但微波加热不需要热媒，而是取决于微波所载电子能的多少，这是一个特例。

（3）加热时间　原料在烹制过程中受热能或其他能量作用的时间长短，也是火候的要素之一。热媒温度的高低，能够决定热媒与原料之间传热时热流量的大小，而不能确定原料吸收热量的多少。一定温度的热媒或微波只有经过一定的加热时间，才能保证原料获取足够的热量而达到规定的火候。

#### 2. 火候各要素之间的相互关系

火候三要素在烹制工艺中相互联系，相互制约，构成若干种火候形式，不同的火候形式又具有不同的功效。如果把它们粗略地划分为三个档次，热源发热量分为大、中、小，热媒温度分为高、中、低，加热时间分为长、中、短，那么从理论上讲就可得到27种不同的火候形式，也就是27种不同的火候功效。在实际烹制工艺中，火候各要素的档次划分远不止三个，按原料性状和烹调要求的不同，所组成的火候形式简直难以计数。这就是我国烹调的火功微妙之处。

## 二、炉口火力的调控

### （一）炉口火力的种类及特征

目前以燃料（如煤气、液化石油气、柴油等）燃烧为热源（即明火）的加热方法仍十分普遍，对这类热源火候的控制主要是依靠经验来判断其炉口火力的大小和加热时间的长短。

所谓的炉口火力，主要是指炉内燃料燃烧时在炉口发出的热流量（即在单位时间里，通过一定面积的热量）的大小。当燃料处于剧烈燃烧状态时，炉口的火力就大；反之，炉口的火力则小。炉口火力的从小到大或从大到小其实是一个无级系列，很难划定等级界限。在实践操作中，人们通常根据火焰的颜色、光度、形态、辐射热等现象，把炉口火力粗略地划分为旺火、中火、小火和微火四种（表6-1）。

表 6-1　炉口火力的种类及特征

| 种类 | 别称 | 含义 | 形态 | 颜色 | 光度 | 温度 | 应用 |
|---|---|---|---|---|---|---|---|
| 旺火 | 武火、大火、猛火、烈火、急火 | 炉口最强的一种火力。燃气（油）灶的闸阀和气阀开到最大限度，燃料处于剧烈燃烧状态，火势喷射猛烈，并有“呼呼”的响声 | 火焰全部升起 | 黄白色 | 耀眼 | 热度逼人 | 急速烹制菜肴，能使菜肴脆嫩爽口，如爆、炒、烹、汆、蒸 |
| 中火 | 文火、武火 | 仅次于旺火的一种火力。燃气（油）灶的闸阀和气阀开到较大程度，火势喷射不急不慢，火焰高低适中 | 火焰高而稳定 | 黄色 | 明亮 | 热度较强 | 快速烹制菜肴，使菜肴鲜脆软嫩，如炸、熘、蒸等 |
| 小火 | 文火、慢火、温火 | 炉口火力中较小的一种。燃气（油）灶的闸阀和气阀开到较小程度，火势较弱，火力较轻，火苗达不到锅底 | 火焰较低，时而上下跳动 | 黄红色 | 发亮 | 热度较弱 | 速度稍慢的烹制菜肴，使菜肴酥软入味，如煎、贴等 |
| 微火 | | 燃烧度最弱的一种火力。燃气（油）灶的闸阀和气阀刚刚启开，火势微弱 | 火苗很低，时起时落 | 蓝紫色 | 暗淡 | 热度较小 | 速度最慢，适合煨、炖等 |

以上是各种炉口火力的基本特征。当然，对于不同规格、种类的炉灶设备来说，炉口的火力强弱是不同的。

## （二）影响炉口火力的因素

炉口火力的大小由燃料燃烧时在单位时间内产生热量的多少来决定，因此影响炉口火力大小的因素与影响燃烧的因素密切相关。而影响燃烧的因素主要是燃料的种类和数量、燃料氧化的程度以及燃烧的速度。

## （三）各种火力的作用与综合运用

### 1. 各种火力的作用

火力是燃料燃烧时在炉口发出的热流量。炉口火力的改变，热源在单位时间内传给传热介质或烹饪原料的热量也随之改变，从而影响到烹饪原料本身温度的上升速度和成熟状况。所以，不同的火力具有不同的作用。

（1）旺火在单位时间内携带的热量多，因而可以缩短烹制的时间，减少营养成分的损失，并保持某些菜肴的鲜美脆嫩。旺火一般适用于炒、爆、烹、炸等快速烹制的菜肴，如炒豆芽、爆鱿鱼卷等，也适用于烹制量比较大的汤、羹类菜肴。使用旺火烹制时，各种烹制的手法也应随之加快，如翻锅、搅拌和取用油料、调料的动作要迅速、敏捷、准确、熟练。只有这样，才能与旺火密切配合，达到理想的效果。

（2）中火一般适用于扒、烧、煮、烩、煎、贴等烹调方法，或炸制体大、质坚的烹饪原料，如清煎鱼、香槟排骨、脆皮童子鸡等。上述菜肴的烹制若用旺火，则容易出现外焦里生甚至焦煳的现象。

（3）小火通常适用于用软炒、炖、焖、煲、煎、窝贴等烹调方法烹制的菜肴，如三不沾、炒鲜奶、大良燕窝盏、窝贴鱼等。因为这些菜肴的原料质地鲜嫩易熟，成菜时又要求色泽素洁雅观，若火力过大，不仅会使原料失去鲜嫩的特色，也会损坏成菜的色泽。

（4）微火，由于其供热微弱，一般不太适用于烹调菜肴，主要作为烹调中的补助性加热方法。如有些用熬、炖、煲、焖等烹调方法制成的菜肴，必须预先制好，以便随时上桌供客人食用。这些菜肴一般上桌前要在微火上保持温度，使其处于似滚非滚状态。另外，有些要求质地特别酥烂的菜肴，有时也采用微火加热的方法。

2. 不同火力的综合运用

不同的炉口火力有不同的用途，它们分别适用于不同的烹饪原料或不同的烹调方法，但对于同一种原料或同一种烹调方法来说，并不一定只适用于一种火力加热。在实际烹调中，有的菜肴只需用一种火力，如清炖狮子头，必须用小火，否则就不能达到质量要求。有的菜肴则需用两种或两种以上的火力，如清炖牛肉，先中火，后微火；再如汆鱼圆，先小火，后中火。更多的是两种或两种以上的火力综合交替使用，其方式有递增式、递减式、波浪式等。如干烧鱼，先用旺火热油炸制，再用中火、小火烧制，后用旺火收汁，这其中无穷的变化与加热时间有着紧密的联系。恰到好处地转变火力，或增或减，掌握好时间是菜肴制作的关键。

### （四）控制炉口火力的操作方法

1. 烹调器具移动法

此法属基本操作技能。烹调时，炒锅上火加热后锅热，若需降温，则可将锅离开灶口。

2. 主火、副火换位法

凡是有主火、副火装置的炉灶均可用此方法。一般主火火力大，副火火力小。实际工作中，可双锅双火同时运用，交替使用。一锅主火烹制炒爆菜，另一锅副火烧炖制菜，待副火的菜品即将成熟时，可将其移上主火，用收汁或勾芡方法完成此菜。

3. 启动能源开关控制火力法

现代化烹调加热装置多用启动开关控制火力大小，如电器炉具、天然气灶具等。

## 三、传热介质的温度调控

温度是描述发热体发热激烈程度的标志，属于热能的强度因素。准确地测知并控制好传热介质的温度，对烹制工艺中火候的掌握至关重要。

### （一）水温的分类和调控

#### 1. 水温的分类

在烹制工艺中，通常根据用途不同，将水温划分为冷水、温水、温热水、热水四种类型（表6-2）。

表 6-2　水温的划分与应用

| 种类 | 温度范围/℃ | 适用的烹调方法 | 主要用途 |
| --- | --- | --- | --- |
| 冷水 | 0～30 | — | 初加工原料清洗，冷冻原料解冻，体小、质软的干货水发，碱发后原料的去碱，油发后原料的水发，干货涨发后的成品保存等 |
| 温水 | 31～50 | — | 初加工原料清洗干货水发、碱发后原料除碱等 |
| 温热水 | 50～80 | — | 冷水难发好的干货原料的涨发，碱发、半油半水发的碱水配制，油发干货原料的水发及去油质，禽类宰杀后的浸烫煺毛，甲鱼、白鳝等的去污膜，禽、畜去爪或嘴的皮、壳，舌头去苔等 |
| 热水 | ＞80 | 水爆、水氽、煮、烧、烩、扒、炖、焖、煨、卤、酱等 | 杀菌消毒，初加工动植物性原料焯水，质地坚硬的干货原料的泡、煮、焖、涨发等 |

应当注意，这里对水温的划分，有别于人们的习惯。如同为20℃的水，冬天人们感觉它暖，称之为温水，夏天感觉凉，称之为凉水。开水也是这样，人们习惯认为沸水，而由于水的沸点，随海拔的不同而不同。所以这里讲的沸水一定是开水，而开水未必是沸水（高原地区除外）。

#### 2. 水温的调控

在烹制工艺中，水温对菜肴的影响很大。如在预热工艺中往往因焯水温度偏低，而使维生素损失；杀鸡因水温度高而烫破皮，或因水温低毛拔不下来；制汤撇沫以95℃左右为好，而制汤下料宜原料与冷水一起下锅同煮，若不这样，汤的质量就有影响。做鱼圆下锅成熟的水温以40℃左右为宜，而成熟时的水温又以90～95℃为好。

水温的高低要根据原料的性质和烹调的要求来调控。原料本身含水量大、质地鲜嫩、块形小，烹调时水温要高，加热时间短，所耗用的水和原料吸收的水就少。而质地较老、加工块形大、含水量也少的原料，烹调时加热时间长，相对加热温度也高，原料吸水量也大，在烹调加水时就要多一些。一般来说，一定的水量就有与之相适应的温度和加热时间，它们是相辅相成的。科学地控制加热时的水温，是水烹菜肴的关键。

### （二）油温的识别和调控

#### 1. 油温的识别

目前厨房对油温的识别主要是靠感官凭经验，即把油加热时的状态及投料后的反应与油温联系起来。如无烟、无响声、油面较平静的油温为70～100℃；若油面有烟或微有青烟，油从四周向中间翻动，油温为100～170℃；若油面有青烟、油面较平静，用手勺搅时有响声，油温在180～220℃。

当然，油温的测定最好使用带测温功能的器具（测温锅、测温勺、测温铲等）、一些炉具上附有的温度指示表等。

#### 2. 油温的划分与应用

根据烹制用途的不同，油温通常可划分为温油、热油、高热油等几种类型（表6-3）。

表6-3 油温的划分与应用

| 种类 | 温度范围/℃ | 适用范围 | 主要用途 |
|---|---|---|---|
| 非成熟油温 | 0～60 | — | 制冷菜；制酥炸糊；加入上浆原料等防粘连 |
| 成熟油温（非实用范围） | 60～90 | — | 在此范围内原料也能成熟，但实际使用时油温偏低，火候难以控制，易引起脱浆或不熟，应用较少 |
| 温油温 | 90～100 | 滑炒、松炸、滑熘、油氽 | 油发、半油水涨发干制原料时的焐油；初步熟处理中的滑油；芙蓉类菜肴的油氽；松炸、油浸等菜肴的制作等 |
| 热油温 | 140～180 | 炸、烹、焦熘、煎、贴 | 干制原料的热油涨发；初步熟处理的走油、走红；炸、煎、贴菜的制作等 |
| 高热油温 | 180～230 | 炸、油爆、油淋 | 油发干货的重油涨发；走红、炸、烹、焦熘、油爆、油淋等方法 |
| 极高油温 | 230～250 | 炸、油淋 | 可用于酥炸、挂糊炸、焦熘的重油、油淋等。由于油的高温劣变，产生有毒物质，有害人体健康，破坏营养成分，所以不提倡使用，应以高油温替代，个别传统菜肴应改进操作方法 |
| 油温禁区 | >250 | — | 250℃以上油温在烹调中失去应用价值，一般烹调方法都不适用。在此温域内，油的质量产生严重劣变，故为油温禁区 |

### 3. 油温的调控

（1）根据火力大小调控油温　在旺火情况下，原料下锅时油温应低一些；在中火情况下，原料下锅时油温应高一些。因为用中火加热，油温上升较慢，尤其对挂糊上浆的菜肴，如果在火力小油温低的情况下下锅，则易出现脱浆、脱糊等现象。

（2）根据原料性质调控油温　原料质地老的，下锅时油温应高一些；原料质地嫩的，下锅时油温应低一些；含水量大的，下锅时油温高一些；含水量小的，下锅时油温应低一些。

（3）根据原料形状大小调控油温　原料形状大的，下锅时油温应高一些；原料体积小的，下锅时油温应低一些。

（4）根据油量与原料的比例大小调控油温　油量多原料少时，原料下锅时的温度应低一些；油量少原料多时，原料下锅时的温度应高一些。

（5）根据油的性质调控油温　油的精制程度、使用次数的多少、含水及杂质的量和热劣化程度等都会对油的温度产生一定的影响。

## （三）蒸汽的温度和压力调控

### 1. 旺火沸水圆汽的强化控制

运用旺火将水加热至猛烈沸腾，汽化迅速，温高压强，使蒸汽有力地在笼上喷泻，加强笼的密封性，减少蒸汽的外泄量，将烹饪原料在短时间内迅速蒸成。这是蒸制鱼类菜最为典型的方法，时间一般为5～15min，菜品质地鲜嫩。

### 2. 中火沸水圆汽的普通控制

运用中、小火将水加热至沸，使汽量满足，但不猛烈喷泻，这样蒸笼里的温度不至于太低，但压力明显减弱，能保持蒸制的时间较长。主要适用于禽畜肉类原料，成品酥烂。

### 3. 中火沸水放汽的限制控制

运用中火将水加热至沸，微启笼盖，限制蒸时的汽量、温度和压力，使蒸笼内的温度保持在一定平衡的水平上（80～90℃），这样能防止某些烹饪原料因气流和温度的影响而起孔老化。主要运用于对软嫩质地的肉糜状原料和蛋制品原料的蒸制，蒸制的时间较短，一般为5～10min。

### 4. 微火沸水持气保温控制

利用微弱的火力加热，使水保持微沸状态，而蒸笼的热汽温度保持在50～60℃。主要用于对食品的保温，不能产生制熟的效果。

## 四、加热时间的调控

不同的菜肴加热时间不同。如旺火烹炒爆制的菜肴瞬间完成，其时间短的多以分秒计算；慢火煨焖烧制的佳肴，其加热时间较长，时间长的则以小时衡量。烹制菜肴时加热时间的长短，既与具体原料的热容量有关，也和实际操作设施的热传递方式、热源的热效率（即热能利用率）以及原料的形状、炊具的材质有关。在烹制工艺中，加热时间的长短要根据烹饪原料的性状差异、菜肴制品的不同要求、热传介质的不同、投料量的多少、火力的大小、烹调方法的差异等可变因素灵活调控。其中，火力与加热时间的运用是相互配合、相辅相成的，其特点多为反比，火力大则加热时间短，火力小则加热时间长。火力的大小与加热时间的长短应根据具体情况具体运用。

## 五、火候调控的基本原则

### （一）根据原料在加热前的性状特点调控火候

不同菜肴所使用的原料性能不尽相同（包括品种、部位、形态、耐热性、含水量、一次投料量等情况），在加热时必须选择与之相适应的条件（传热介质、受热方式、火力变化等），才能达到预期效果，满足成菜后该菜品的特色要求。

### （二）根据传热介质的传热效能调控火候

不同的传热介质，其传热效能各不相同，而传热效能直接影响原料的受热情况和成熟速度，所以火候的调控要根据传热介质的不同区别对待。

### （三）根据不同的烹调方法调控火候

传热介质不同，菜肴的烹调方法也不同；即使传热介质相同，由于其数量多少、温度高低、加热时间长短等因素的不同，也会形成不同的烹调方法。而不同的烹调方法有不同的火候要求，因此火候的调控还需要根据不同的烹调方法来掌握。

### （四）根据原料在加热中的变化情况调控火候

火候的调控是否恰到好处，取决于烹饪原料在加热中所发生的物理、化学变化是否达到最佳的程度。原料在加热过程中的火候掌握，通常要根据其所产生的各种现象及其变化（如颜色、质感、声音、气味等的变化）进行调控。如调味前、中、后的变化，焯水、过油、汽蒸前后以及中途的变化，汤芡汁运用中的变化，原料的软硬度、色泽度、浓缩度、断生度、生熟度的变化等；尤其是瞬间的变化更为重要。比如拔丝菜中的炒（熬）糖工艺，其看火候的方法一般就是看色、看起花现象。有经验的烹调师可以通过操作时持手勺的手感来判断火候。此外，还可以借助工具体察观看火候，比如将鸡（鸭、鱼、肉）煮后或蒸后用筷子戳，观察其断生度、软硬度、成熟度、老嫩度。

### （五）根据菜肴的质量要求和人们的饮食习俗、需求调控火候

不同的菜肴有不同的质量要求，如有的要求脆鲜、有的要求酥烂、有的要求色黄、有的要求色白等，所以火候的调控必须要以菜肴的质量要求为准绳。但有三条是最基本的，即食用安全、营养合理、适口美观，这是火候调控的首要原则。不论采取什么样的火候加热，都必须要保证杀菌消毒彻底，原料成熟适度，不产生有害物质，营养损失较少，同时要保证菜肴的质感可口，色泽美观，香气浓郁，入味充分，形态美观。

菜品烹制的最终目的是供食客食用，因此食者对菜品质量的要求（包括火候）应当是第一位的。百里不同风，十里不同俗，各地区、各民族、各个年龄段的食客对于菜品的火候要求，对于原料加热后的断生度、成熟度的感受与标准，往往是不相同的。故而火候运用，应以人为本、因人而异。

# 第五节 初步熟处理

## 一、初步熟处理的作用和方法

### （一）初步熟处理的意义

初步熟处理也称前期热处理、加热预处理、初步热处理、预熟处理或初熟制备，是指在正式烹调之前，把经过加工整理的烹调原料放入水（卤）锅、油锅、蒸锅、熏烤炙炉等不同的传热媒介中进行初步加热，使其成为半成品，以备正式烹调之用的加工过程。前面讲过的部分干料的涨发工艺也属于初步熟处理。

烹调原料的初步熟处理是烹调工艺中的一个环节，具有较高的技术性，属于半成品烹调工序，直接关系到成品菜肴的质量。对烹调原料进行合理的初步熟处理，是许多菜

肴烹调前的必备条件和实现菜肴色、香、味的重要因素。

## （二）初步熟处理的作用

### 1. 缩短正式烹调的加热时间

对用量较大的烹调原料进行初步熟处理，作为半成品或预制品在一定时间内储备待用，可以使正式熟处理过程快捷方便，以避免厨房工作的忙乱现象。

### 2. 调整同一菜肴中主辅料的成熟速度

不同的烹调原料，因其比热容不同，所以热容量不同，加上料块大小和用量多少的差异，因此在同一加热条件下，其生熟程度也是不同的，故而不可能同时出锅。为了保证成菜的质量，只有将难熟的原料用预熟的方法先行处理，达到半熟或接近成熟，然后在正式制熟时，与其他易熟原料同时下锅，最后一起出锅，保证其生熟程度和风味特色的均匀一致。

### 3. 增加和保持原料的色泽

在初步熟处理过程中，许多烹调原料自身的组成成分会起变色反应（美拉德反应、焦糖化反应）而使原料的色泽增加，如许多烹调原料在高温油炸使之形成的金黄色。

### 4. 除去原料的异味

大多数动物原料常具有膻、腥、臊、臭等不良气味，如果不在正式烹调前除去它们，将会严重影响菜肴成品质量；而一些植物性原料，也常有酸、涩、腥等异味成分影响菜肴的口味，也必须在正式烹调前去除它们。

### 5. 使原料保持一定形状，在正式烹调时不变形，同时又方便原料进行刀工处理

有时初步熟处理是为了使原料在正式烹调前有固定的形状，如将樱桃肉用水加热定形后再剞刀，可使其在以后的加热中不再变形，更有利于最后定形。各种禽蛋带壳预熟，也属于这个目的。

### 6. 保存某些容易变质的烹调原料

烹调原料中的细菌活动的旺盛温度为4～60℃，因此为了保持烹调原料的卫生条件，既可以在4℃以下冷藏，也可以经60℃以上中温处理杀死细菌后存放。例如鳝鱼肉便可以经60℃油炸后存放备用。

## （三）初步熟处理的原则

对原料进行初步熟处理是正式烹调前的一个必需准备阶段，进行初步熟处理时都应遵从一定原则，违背了这些原则就会影响菜品的质量。

（1）根据原料的性质和菜肴的要求，正确地采用不同的熟处理方法，控制好加热时间的长短和原料的成熟度。

（2）在初步熟处理过程中，对不同性质、不同种类、不同用途的原料，应分别进行熟处理，以防止串味，以及因受热程度不一致而造成的生熟不均。

（3）避免或减少在熟处理过程中营养素的损失，对有些原料在熟处理后的汤汁要加以利用。

## （四）初步熟处理的种类

在烹调工艺中，用于初步熟处理的方法（图6-2）主要是用水、油或蒸汽作为传热介质的加热方法，以热空气、盐、沙等为介质进行初步熟处理的也有，但不多，如米粉蒸肉所用的糯米粉，先行干炒预熟从而改善成菜的口感。

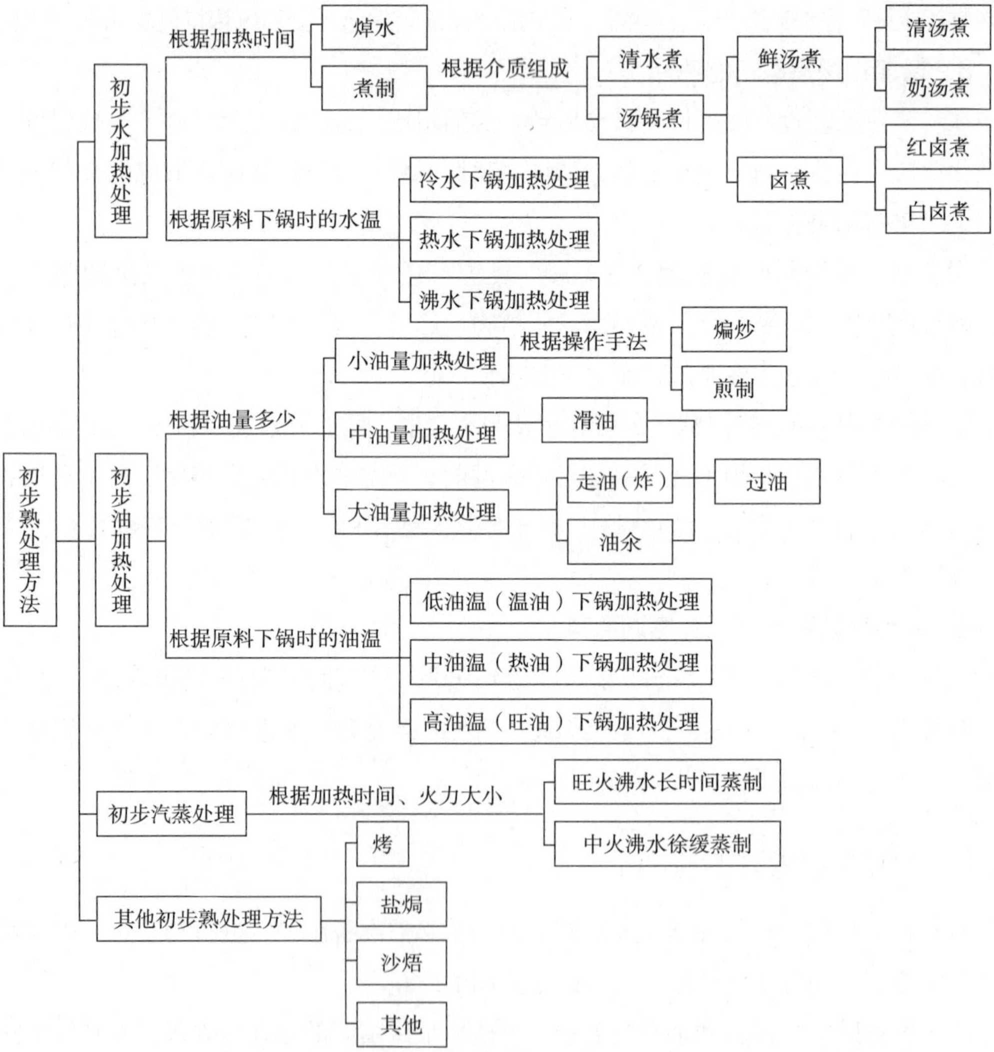


图6-2　初步熟处理方法

## 二、水加热初步熟处理

### （一）水加热初步熟处理的方法

#### 1. 焯水

焯水是指把经过初加工后的烹饪原料，根据用途放入开水锅里短时间加热以备进一步烹调之用的热处理方法。肉类（如鸡、鸭、蹄髈、方肉等）焯水是为了去除肉中的血沫和腥膻；而蔬菜焯水，除了让蔬菜色泽更艳丽更脆嫩外，还能让一些自带毒素的蔬菜通过焯水而去除毒素，减轻对人体的危害。焯水的一般工艺流程见图6-3。

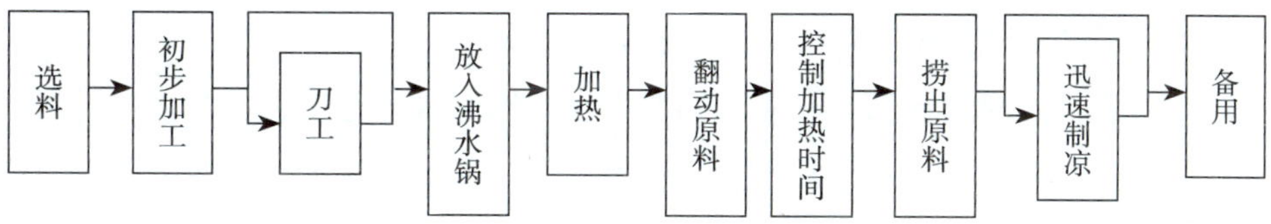


图6-3 焯水工艺流程

焯水的技术要领如下：

（1）焯水前要洗净原料表面的血污，去除杂质。

（2）必须做到沸水下料，水量要大；火要旺，焯水时间不能过长，以保持原料的色泽、质感和鲜味。

（3）蔬菜类原料焯水后要捞出迅速用冷水冲凉或透凉，直到完全冷却为止。鸡、鸭、蹄髈、方肉等原料焯水后要从水沸处捞出，其汤汁去掉浮沫后可作制汤之用。

#### 2. 煮制

煮制是将整只或大块原料在焯水后或直接投入不同水温的水锅加热至所需的成熟程度，为正式烹调做好准备的热处理方法。一般适用于牛、羊、猪、鸡、鸭、兔肉及其内脏等动物性原料，或体积较大、质地坚实的蔬菜，如笋类、芋头、萝卜、马铃薯、慈姑、山药等。在水煮过程中加入适量姜葱，能除腥、膻、臊等异味，增加鲜香味。一般工艺流程见图6-4。

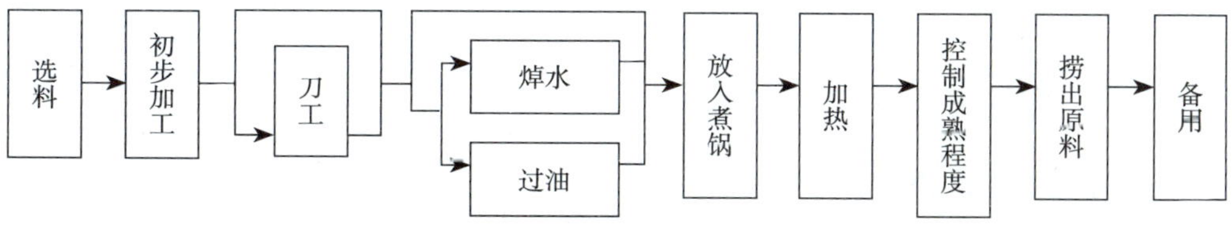


图6-4 水煮一般工艺流程

煮制应掌握以下技术要领：

（1）掌握好水量，一次性加足，中途不宜加水，水量以淹没原料为度。

（2）需要水煮的原料，一般都应先经焯水后再煮制，特别是血污较多的动物性烹饪原料。新鲜又基本无异味的原料，如新鲜的鸡肉、猪肉等也可洗净后直接煮熟。

（3）腥膻味重、血污多的动物性原料，如牛肉、羊肉及动物的内脏等，要冷水下锅。

（4）火候的掌握应适当，一般情况都是旺火煮沸后，改用小火，使内外成熟一致，防止外烂内不熟。火力过大容易造成皮烂肉生的现象，应保持锅中汤汁微沸为好。在煮制过程中，应注意适时翻动原料，使各部分受热均匀。

（5）原料入锅煮沸后撇尽浮沫，如果短时间内不撇尽浮沫，则变成絮状的杂质，影响原料的色、形和汤汁质量。

（6）根据原料的性质和切配、烹调的要求，控制好成熟程度，适时捞起原料。

（7）充分利用煮后的汤汁。在煮制过程中，无机盐的溶解、蛋白质的水解、脂肪的酯化等因素使多种营养素溶入汤中，汤汁多呈乳白色。建议煮后的汤不能倒掉，要很好地利用。

在煮制时，如果先将原料焯水或走油，然后再将其放入红色的调味汁中加热，使原料上色并初步成熟的方法，行业中一般称为“卤汁走红”，也称酱锅、红锅。卤汁走红一般适用于鸡、鸭、鹅、方肉、肘子等烹饪原料的上色，以辅助用烧、蒸等烹调方法制作菜肴，如“红烧全鸡”“九转大肠”等。其一般工艺流程见图6-5。

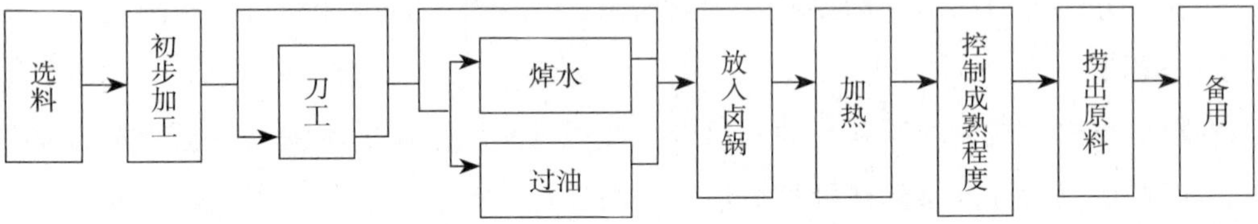


图6-5　卤汁走红的一般工艺流程

卤汁走红时，应按成品菜肴的需要掌握有色调料用量和卤汁颜色的深浅。要先用旺火将卤汁烧沸，再转用小火加热，旨在为烹饪原料表层附着上颜色，卤汁的味道能由表及里地渗透至烹饪原料内。为防止烧焦，可在锅底垫上竹箅，避免烹饪原料与锅底接触，并且要控制好加热时间。

## （二）初步水加热熟处理的原则

（1）根据原料的质地掌握加热时间，选择适宜的水温。原料有大小、粗细、厚薄、老嫩、软硬之别，热处理时应区别对待，控制好时间，使之符合烹调的需要。一般新鲜原料要沸水下锅，有异味、血污的原料要冷水下锅。比如，羊肉冷水下锅，可以去除羊肉中大部分的血水，而且冷水下锅焯水，加热时间比较长，可以有效地去除羊肉中的腥味。而用热水焯水，羊肉外面的肉很快就会收缩，里面的血水和腥味会很难去除。

（2）用同一锅水处理多种烹饪原料时，要注意它们在颜色、气味、荤素等方面的差别。一般来说，无色的、无味的和植物性原料先下锅加热；有色的、有味的和动物性原料后下锅加热；最好有特殊气味的原料应与一般原料分别处理，深色原料与浅色原料应分开处理。

（3）注意烹饪原料在受热过程中的营养和风味变化，尽可能不要过度加热，因为正式熟制时还要加热。

## 三、油加热初步熟处理

初步油加热熟处理工艺又称过油、油锅，是指在正式烹调前以食用油脂为传热介质，将加工整理过的烹饪原料制成半成品的初步熟处理过程，对菜肴色、香、味、形、质、养的形成起着重要作用。

### （一）油加热初步熟处理的方法

#### 1. 滑油

滑油又称划油、拉油等，是指用中油量、温油锅将加工整理的烹饪原料滑散成半成品的一种过油方法。滑油的油温一般控制在五成以下。有的烹饪原料需要采用上浆处理，旨在保证烹饪原料不直接接触高温油脂，防止原料水分外溢，进而保持其鲜嫩柔软的质地。滑油多适用于炒、熘、爆等烹调方法，一般工艺流程见图6-6。

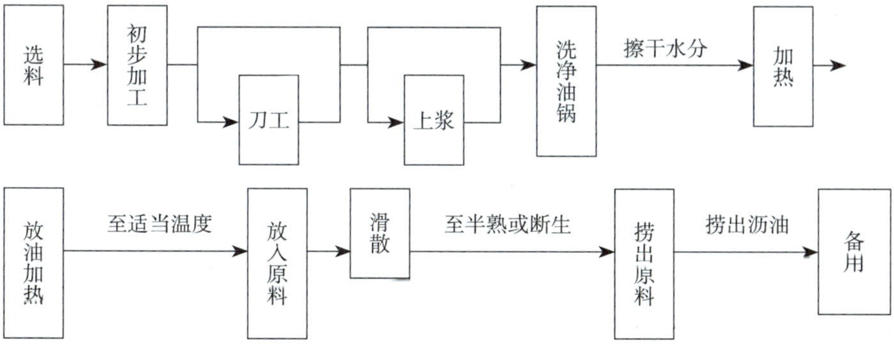


图6-6 滑油一般工艺流程

技术要领如下：

（1）炒锅要洗净、炙好，油脂要新鲜干净，否则会发生粘锅，或影响成菜的色泽及味感。

（2）上浆的原料应分散下锅，未上浆的应抖散下锅，防止原料相互粘连。

（3）掌握好油量、油温。滑油的油量一般控制在原料的3～4倍，油温控制在2～5成热的范围内。

（4）成品菜肴的颜色要求洁白时，应选取干净的油脂，以确保烹饪原料的颜色符合成菜标准。

2. 走油

走油又称为跑油、油炸等，是指用大油量、热油锅将原料炸成半成品的一种初熟制备方法。走油时，因油温较高，原料内部或表面的水分迅速蒸发，从而达到定形、上色、酥脆或外酥肉嫩的效果。在走油时，将经过焯水等预热处理后的半成品，揩去皮面的水分，然后均匀地涂抹上饴糖或酱油、料酒、蜂蜜等调料，再皮向下放入热油锅中炸制上色的方法，在行业中一般称为"过油走红"。过油走红一般适用于鸡、鸭、方肉、肘子等原料的初熟与表面上色，以辅助用红烧、红焖、蒸、卤等烹调方法制作菜肴，如"虎皮肘子""梅菜扣肉"等。一般工艺流程见图6-7。

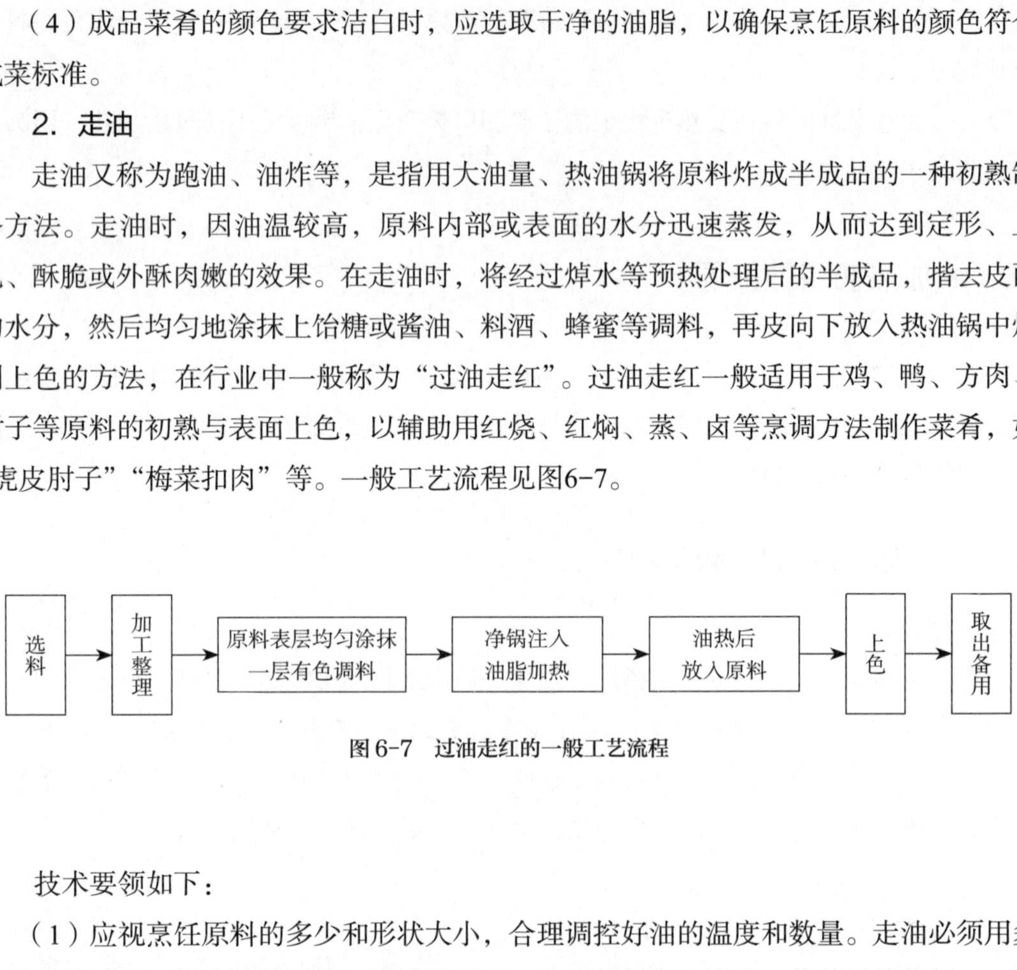


图6-7　过油走红的一般工艺流程

技术要领如下：

（1）应视烹饪原料的多少和形状大小，合理调控好油的温度和数量。走油必须用多油量的热油锅，锅内油量需多，要淹没原料，让原料能自由滚动，使其受热均匀。

（2）原料应分散下锅，火力要适当，防止外焦而内不熟。

（3）根据原料的特点和初步熟处理的质感要求进行油炸。

（4）注意安全，防止烫伤。

值得注意的是，原料在走红前涂抹的料酒、酱油、饴糖等调料要均匀一致，否则，原料走红后的颜色不均匀；此外，要掌握好油温，油温一般应控制在180～210℃，才能较好地达到上色目的。

### （二）初步油加热熟处理的原则

#### 1. 选择适宜的加热方法

不同的原料，不同的烹调方法，在初步油加热处理时所适用的具体方法不完全相同，如有的适宜于滑油，有的适宜于走油；有的适宜于煸炒，有的适宜于油煎。因此要根据原料的具体性质和烹调方法的要求，来选择适当的油加热预处理方法。

#### 2. 正确把握火候

用油对原料初加热时，要根据原料的质地，调整好火力的大小、油温的高低、加热时间的长短，以保证初步熟处理的质量标准。如油温的高低，直接影响原料的质感。凡是原料质地老的、形体大的，油温要高一些；凡质感细嫩柔软的、形体小的，应用低油温；凡质感外酥内嫩的原料，应用热油温；凡下锅原料多且形体大的，可运用重油方法达到过油的效果；相反，下锅原料少且体形又小，油温可低一些。

#### 3. 掌握好投料数量与油量大小的关系

投料的数量与油量的大小呈正比。原料多，油量应多；原料少，油量也应少一些。这样在走油时，才能保证原料受热均匀、火候一致。

## 四、汽蒸初步熟处理

初步汽蒸工艺也称蒸汽预熟法或汽锅、蒸锅，就是将加工整理过的烹饪原料放入蒸锅（蒸箱）中，以普通常压蒸汽或过热高压蒸汽为传热介质对烹饪原料进行初步熟处理。可适用于形体较大或质地老韧的原料，如干贝、整只鸡、整块肉、整条鱼、整个肘子等，也可适用于鲜嫩、易熟的烹饪原料以及经加工制成的半成品，如蛋黄糕、蛋白糕、鱼糕、虾肉卷等。一般流程见图6-8。

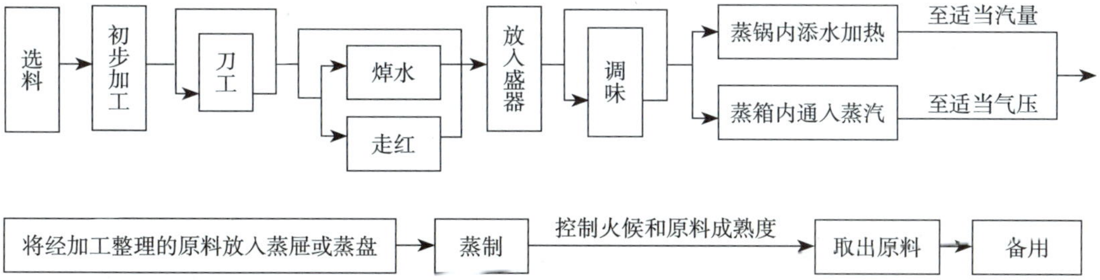


图6-8 汽蒸工艺流程

技术要领如下：

（1）注意与其他初步熟处理的配合　许多烹饪原料在汽蒸处理前还要进行其他方式的热处理，如过油、焯水、走红等。各个初步熟处理环节都应按要求进行，以确保每一工序都符合要求。

（2）调味要适当　汽蒸属于半成品加工，一般进行加热前的调味；但调味时必须给正式调味留有余地，以免口重。

（3）要防止烹饪原料间互相串味　烹饪原料不同、半成品不同，所表现出的色、香、味也不相同。因此，多种烹饪原料同时采用汽蒸时，要选择最佳的方式合理放置烹饪原料，防止串味、串色。味道独特、易串色的烹饪原料应单独处理。

（4）掌握好蒸制时的火候　汽蒸时，要根据原料的质地和蒸制后应具备的质感，采用旺火沸水猛汽蒸（大火汽足）或中火沸水缓汽蒸（中小火汽弱）。

## 问题与讨论

1. 勺工操作的基本要求有哪些？勺工包括哪些技法？其基本原理是什么？
2. 什么是烹制过程中的热封锁现象？举例说明。
3. 简述火候的要素及其相互关系，并说明如何调控火候。
4. 烹制的基本方式有哪些？各有什么特点？
5. 什么是初步熟处理？焯水、过油、汽蒸、走红的操作关键是什么？

## 实训项目参考

1. 勺工基本姿势实训
2. 小翻勺技法实训
3. 大翻勺技法实训
4. 出锅装盘技法实训
5. 滑油、走油、焯水、汽蒸等初步熟处理技法实训

# 第七章

# 调和工艺基础

教学目标

知识目标

（1）了解调和工艺的概念、意义、内容和作用

（2）理解调味工艺、调香工艺、调色工艺和调质工艺的原理、方法、原则和要求

（3）掌握调味、制汤、制蓉以及上浆、挂糊、拍粉和勾芡的操作要领

能力目标

（1）能准确调配常用味型

（2）能独立制作出合格的清汤和奶汤

（3）能合理上浆、挂糊、拍粉和勾芡

思政目标

（1）追求和谐美，领略中国“和”思想的博大精深和源远流长

（2）树立文化自信和民族自豪感，大力弘扬爱国主义精神，增强民族认同感，提高使命感

## 内容提要

（1）调味工艺

（2）调香工艺

（3）调色工艺

（4）调质工艺

## 新课导入

“民以食为天”。菜肴不仅是维持生命正常活动的物质基础，满足果腹的需要，而且随着社会的进步、人民的生活水平的不断提高，对于菜肴的风味，也就是色、香、味、形、质、养等要求更高，饮食越来越成为一种感官享受、精神娱乐的方式和饮食文化内涵的体味。菜肴风味的形成离不开烹制工艺、食材搭配，更离不开调和工艺。

所谓调和工艺，是指在烹调过程中，运用不同调料和手法，使菜肴的滋味、香气、色彩和质地等风味要素达到最佳效果的工艺过程。通过调和工艺，可以使菜肴

的风味特征（如色泽、香气、滋味、形态、质地等）得以确定或基本确定。在本质上，调和工艺是对菜肴原料固有的口味进行改良、重组、优化的过程，目的是去除异味、调和美味、适应口味，直接为饮食审美服务。

# 第一节 调味工艺

## 一、调味工艺的意义和作用

### （一）味和味觉

#### 1. 味的含义

“味”字顾名思义，即未知的食物经过口即有了“味”。这就告诉人们，味的主体是人，只有人才赋予食物各种各样的感受，即产生了“五味调和百味香（鲜）”“以味媚人”“食无定味，适者为珍”“民以食为天，食以味为先，味以香为范”“心以味为乐”“目以色为食，耳以声为食，舌以味为食”“味乃食品之呈形”“千人千味，百人百味”“不同的人有不同的味”等令人浮想联翩的俗语。

“味”的含义广泛而深远，这里所指的“味”主要是指菜肴在人口腔内的感觉。据统计，味的种类多达5000余种；但概括起来，不外乎两大类，即单一味和复合味。单一味又称单纯味或母味，是最基本的滋味。从味觉生理的角度看，公认的单一味只有咸、甜、酸、苦四种。现在有人证实，鲜味也是一种生理基本味。我国习惯上把食物在口腔内引起的与味觉相关联的辣与涩也作为单一味。从烹调的角度看，一般有咸、甜、酸、鲜、辣、麻六种。涩和苦，人们通常不太喜欢，在调味中应用不多或基本不用，所以排除在外；麻，在菜肴滋味中时有出现，故将之列入。

复合味，也称多样味，是指两种或两种以上的单一味组合而成的滋味。复合味是菜肴的根本味道，每一款菜肴都是复合味的充分体现。

#### 2. 味觉及其特性

味觉又称味感，是某些溶解于水或唾液的化学物质作用于舌面和口腔黏膜上的味蕾所引起的感觉。近代生理科学研究指出：菜肴的各种味感都是呈味物质溶液对口腔内味感受体的刺激，通过收集和传递信息的神经感觉系统传导到大脑的味觉中枢，经大脑综合神经中枢系统的分析处理而产生的。

味觉具有灵敏性、适应性、可融性、变异性、关联性等基本性质，是控制调味标准的依据，也是形成调味规律的基础。

### （二）调味工艺的作用

#### 1. 确定和丰富菜肴的口味

菜肴的口味主要是通过调味工艺实现的，虽然其他工艺流程对口味也有一定的影响，但调味工艺起着决定性作用。各种调味原料在运用调味工艺进行合理组合和搭配之后，可以形成多种多样的风味特色。

#### 2. 去除异味

有些原料带有腥味、膻味或其他异味，有些原料较为肥腻，都必须通过调味才能除去或减少菜肴的腥与腻等。如一般用姜、葱、芹菜及红辣椒等除去鱼的腥味，用葱、姜、甘草、桂皮、料酒等去除羊肉的膻味。

#### 3. 提鲜佐味

有的菜肴原料营养价值较高，但本身并没有什么滋味，除用一些配料之外，主要靠调味料调味，使之成为美味佳肴。

#### 4. 杀菌消毒

调味料中有的具有杀灭或抑制微生物繁殖的作用。如盐、姜、葱等调味料，能杀死微生物中的某些病菌，提高食品的卫生质量；食醋既能杀灭某些病菌，又能减少维生素损失；蒜头具有灭杀多种病菌的功能和增强维生素$B_1$功效的作用。

## 二、调味工艺的方法和原理

### （一）调味工艺的方法

#### 1. 根据调味的时机不同划分

（1）原料加热前的调味　原料在加热前的调味又称基本调味，其目的主要是使原料在加热前就具有一个基本的滋味（即底味），同时改善原料的气味、色泽、硬度及持水性，一般多适用于加热中不宜调味或不能很好入味的烹调方法制作的菜肴，如用蒸、炸、烤等，一般均需对原料进行基本调味。

（2）原料加热中的调味　原料加热中的调味又称定型调味，其特征为调味在原料加热容器内进行，目的主要是使菜肴所用的各种主料、配料及调味品的味道融合在一起，并且配合协调统一，从而确定菜肴的滋味。所以，此阶段是菜肴的决定性调味阶段，主要适用于水烹法加热过程中的调味。常用的调味方法有热渗法、分散法、裹拌法、粘撒法等。

（3）原料加热后的调味　原料在加热后的调味又称辅助调味，是菜肴起锅后上桌前或上桌后的调味，是调味的最后阶段，其目的是补充前两个阶段调味的不足，进一步增加风味，使菜肴滋味更加完美。很多冷菜及不适宜加热中调味的菜肴，一般都需要进行辅助调味。此阶段常用的调味方法有浇拌法、粘撒法和跟碟法等。

### 2. 根据调味的次数划分

（1）一次性调味法　在烹调过程中一次性加入所需要的调味品就能完成菜肴复合味的调味方法。

（2）多次性调味法　在烹调过程中需要在烹制前、中、后进行多次调味才能确定菜肴口味的方法。如油炸菜肴在加热前调定基本味，在加热后补充特色味。

### 3. 按照调味品作用于原料的不同形式划分

（1）纯物理作用的调味方法　借助调味品的呈味作用，通过对原料（半成品）吸附、粘裹、渗透等方式，改善原料固有的滋味，使之成为菜肴的一类调味方法。调味时，将配制好的调料（不必加热）直接作用于经过一定加工的原料（包括生、熟两类），调味品之间、调味品和原料之间都不需共同受热。这类调味方法多属于一次性调味，只适用于少数类别菜肴的调味，如拌、淋、泡、腌等类。

（2）理化作用相结合的调味方法　此种调味方法在调味时需借助于加热。菜肴新滋味的形成，主要靠调味品和原料之间受热发生的化学变化——分解与合成。这种变化受到诸多因素影响，如不同传热介质的性能差别以及加热时间长短、调味品对原料的效果等，属于多次性调味。有些菜品在加热前需借助物理方式，将调味品作用于原料，使其渗透入味；加热中，原料与调味品之间发生分解合成等反应，从而形成特定滋味；加热结束后，有的菜肴还要进行补充调味——吸附、粘裹。其中，加热前和加热后的调味属于物理性的调味方法，加热中的调味则属于化学变化的调味方法。上述几个环节中，使用的调味手段既可以一次完成，也可以分两步完成，有些菜肴三个阶段都需要。

### 4. 根据烹调工艺中原料入味（包括附味）的方式不同划分

（1）腌渍调味法　将调味品与主辅料拌和均匀，或者将主辅料浸泡在溶有调味品的溶液中，经过一定时间使其入味的调味方法。所用调味品主要有食盐、酱油或蔗糖、蜂蜜、食醋等。腌渍有两种形式：一种是干腌渍，即将调味品干抹或拌揉在原料表面使其进味的方法，常用于码味和某些冷菜的调味；另一种是湿腌渍，即将原料浸置于溶有调味品的溶液中腌渍进味的方法，常用于花刀原料和易碎原料的码味以及一些冷菜的调味和某些热菜的进一步入味。

（2）分散调味法　将调味品溶解并分散于汤汁中的调味方法，多用于水烹菜肴的调味。对于糜状原料仅靠水的对流难以分散调味品，还必须采用搅拌的方法将调味品和匀，有时要把固态调味品事先溶解成溶液，再均匀拌和到肉糜原料之中。

（3）热渗调味法　在加热过程中使调味品中的呈味物质渗入到原料内部中去的调味方法。此法常与分散调味法和腌制调味法配合使用。热渗调味需要一定的加热时间做保证，一般加热时间越长，原料入味就越充分。

（4）裹浇调味法　将液体状态的调味品裹浇于原料表面，使其带味的方法。按调味品黏附方法的不同可分为裹制法和浇制法两种。裹制法是将调味品均匀裹于原料表层的方法，在菜肴制作中使用较为广泛，可以在原料加热前、加热中或加热后使用。从调味的角度看，上浆、挂糊、勾芡、收汁、拔丝、挂霜等均是裹制法的应用。浇制法是将调味品浇散于原料表面的方法，多用于热菜加热后及冷菜切配装盘后的调味，如脆熘菜及一些冷菜的浇汁等。浇制法调味不如裹制法均匀。

（5）粘撒调味法　将固体状态的调味品黏附于原料的表面，使其带味的方法。通常是将加热成熟后的原料，置于颗粒或粉末状调味品中，使其粘裹均匀；也可将颗粒或粉末状调味品投入锅中，经翻动使原料裹匀；还可将原料装盘后再撒上颗粒或粉末状调味品。此法适用于一些热菜和冷菜的调味。

（6）跟碟调味法　将调味品盛入小碟或小碗中，随菜一起上席，由用餐者蘸食的调味方法，多用于烤、炸、蒸、涮等技法制成的菜肴。跟碟上席可以一菜多味（上数种不同滋味的味碟），由用餐者根据喜好自选蘸食。跟碟法较之其他调味方法灵活性大，能同时满足不同人的口味要求。

## （二）调味工艺的原理

### 1. 溶解扩散原理

溶解是调味过程中最常见的物理现象，呈味物质或溶于水（包括汤汁）或溶于油，是一切味觉产生的基础；即使完全干燥的膨化食品，它们的滋味也必须等人们咀嚼以后溶于唾液才能被感知。溶解过程的快慢和温度相关，所以加热对呈味物质的溶解和均匀分布是极为有利的。

有了溶解过程就必然有扩散过程，所谓扩散就是溶解了的物质在溶液体系中均匀分布的过程。扩散的方向总是从浓度高的区域朝着浓度低的区域进行，直至进行到整个体系的浓度相同为止。在调味工艺中，码味、浸泡、腌渍及长时间的烹饪加热中都涉及扩散作用。调味原料扩散量的大小与其所处环境的浓度差、扩散面积、扩散时间和扩散系数密切相关。

2. 渗透原理

渗透作用的实质与扩散作用颇为相似，只不过扩散现象里，扩散的物质是溶质的分子或微粒，而渗透现象中进行渗透的物质是溶剂分子，即渗透是溶剂分子从低浓度溶液经半透膜向高浓度溶液扩散的过程。在调味过程中，呈味物质通过渗透作用进入原料内部，同时食物原料细胞内部的水分透过细胞膜流出组织表面，这两种作用同时发生，直到平衡为止。加热可以提高呈味物质的扩散作用，机械搅拌或翻动可以增加呈味物质的扩散面积，从而使渗透作用均匀进行，达到口味一致的目的。

3. 吸附原理

吸附是指某些物质的分子、原子或离子在适当的距离以内附着在另一种固体或液体表面的现象。在调味工艺中，调味品与原料之间的结合，有很多情况就是基于吸附作用，诸如勾芡、浇汁、调拌、粘裹，甚至撒粉、蘸汤、粘屑等，几乎都和吸附作用有一定的关系。当然，在调味工艺中，吸附与扩散、渗透及火候的掌握是密不可分的。

4. 分解原理

烹饪原料和调味品中的某些成分，在热或生物酶的作用下，能发生分解反应生成具有味感（或味觉质量不同）的新物质。例如，动物性原料中的蛋白质，在加热条件下有一部分可发生水解生成氨基酸，能增加菜肴的鲜美滋味；含淀粉丰富的原料，在加热条件下，有一部分会水解生成麦芽糖等，可产生甜味；某些瓜果蔬菜在腌渍过程中产生有机酸，使它们产生酸味等。另外在热和生物酶的作用下，食物原料中的腥、膻等不良气味或口味成分有时也会分解，这样在客观上起到了调味的作用，也改善了菜肴的风味。

5. 合成原理

在加热的条件下，食物原料中的小分子量的醇、醛、酮、酸和胺类化合物之间发生合成反应，生成新的呈味物质，这种作用有时也会在原料和调味品之间进行。合成时涉及的常见反应有酯化、酰胺化、羰基加成及缩合等，合成产物有的会产生味觉效应，更多的是嗅觉效应。

## 三、调味工艺的原则

### （一）适时适量，准确投料

调味适时主要包括两方面的含义：一是调和菜肴风味，要合乎时序，注意时令。因为季节气候的变化，人对菜肴的要求也会有改变。在天气炎热的时候，人们往往喜欢口味清淡、颜色雅致的菜肴；在寒冷的季节，则喜欢口味浓厚、颜色较深的菜肴。在调味时，可以在保持风味特色的前提下，根据季节变化，灵活掌握。另外，各种原料都有一个最佳的食用时期，其他时期滋味自然会不如此时。菜肴的色香味形质等要因季节而变化。二是烹调中投放调味品和原料要讲求时机和先后顺序。如煮肉不宜过早放盐、烧鱼一般要先放些醋、易出水的馅料要先拌点油、菜肴出锅时放味精等，都是有先后顺序的，颠倒了就达不到应有的调味效果。

适量是指调味品的用量合适和比例恰当。用量合适就是根据原料的数量来确定调味品的用量，大件投料多，小件投料少，做到味的轻重浓淡不变。比例恰当，就是根据菜肴的滋味要求，来确定各种调味品之间的比例，严格控制调味品组合，保证每次调配同一种菜肴时滋味变化不大。适时指投放调味品的顺序正确，时机得当。顺序正确，就是根据调味品的性质确定谁先谁后，要井然有序，并使主料、辅料、调味品、加热、施水等密切配合。时机得当，就是看火下料，瞅准锅中的变化情况，不迟不早地果断投入调味品，使菜肴滋味鲜美，又免受不利影响。

常见调味品的一般投放时机和用量参考

### （二）按规格调味，保持风味特色

我国的烹调技艺经过长期的发展，已形成了许多各具风味特色的名菜佳肴，各个菜系也形成了不同的调味特色和相对固定的味型。味型主要由滋味来体现，如鱼香味型、宫保味型、荔枝味型、麻辣味型、家常味型等。在烹调时要按照相应的规格要求调味，保持风味特色。

不同菜系的主要调味特色

### （三）五味调和，适口者珍

味的调制变化无穷，但关键在于“适口”。所谓“物无定味，适口者珍”，其最重要的在于五味调和。所谓“正宗”，只是相对的，不存在绝对的“正宗”，正宗还要以适口为前提。人的口味受着诸多因素的影响，如地理环境、饮食习惯、嗜好偏爱、宗教信仰、性别差异、年龄大小、生理状态、劳动强度等，可谓千差万别，因此菜肴的调味要因人而异，以满足不同人的口味要求。但对于某一类人来说，在很多方面是相同的。所以，在调味时应采取求大同、存小异的办法。

把握适口原则，可以从两方面开发菜肴口味：一是通过消费群体对菜肴风味需求引导菜肴风味的变化，不能死搬硬套；二是开辟新的味源，引导消费群体接受新的口味。此外，菜肴的质地、温度等都应当遵循适口原则。根据实验结果报告，冷菜的最佳适用温度在10℃左右，热菜在70℃以上，汤、炖品在80℃以上，砂锅、煲菜在100℃。

## 四、调味工艺的一般要求

### （一）了解调味品的种类和特点

调味品是形成菜肴滋味的物质基础，其种类越多，所调配的复合味就越丰富；其品质越优，所调配的菜肴滋味就越纯正。因此，调味前必须要先备调味品，对调味品的要求不仅要各味俱全，而且要求每一味调味品还应有较多的品种，同时每一品种应选品质最优者。

### （二）掌握味觉的特性及其相互影响

在调味工艺中，要了解各种味觉的特性。如咸味为“百味之本”，除甜味外，其他所有味觉都是以咸味为基础，然后再进行调和；甜味是甜味菜肴的基础味，是调整风味、掩蔽异味、增加适口性的重要因素，对菜肴风味起协调平衡作用，在低浓度时对于某些菜肴还具有增鲜的作用。味觉之间的相互影响见表7-1。

表 7-1　味觉之间的相互影响

| 类型 | 含义 | 实例 |
|---|---|---|
| 对比增强效应 | 将两种或两种以上不同味觉的呈味物质以适当的浓度调和，使其中一种呈味物质的滋味增强的现象 | 在蔗糖溶液中加少量食盐，糖会更甜；在味精中添加食盐，其鲜味增强 |
| 相乘增强效应 | 将同一种味觉的两种或两种以上呈味物质互相混合，其呈味效果大大超过单独使用任何一种时的现象 | 味精和肌苷酸钠的混合；甘草酸钠的甜度是蔗糖的50倍，当将其与蔗糖共用时，可使其甜度增至蔗糖的100倍 |
| 消杀减弱效应 | 将两种或两种以上不同味觉的呈味物质以适当比例混合后，使每一种味感都有所减弱的现象 | 蔗糖对食盐的咸味和醋的酸味都能起减弱的作用，同时又没有甜味的感觉 |
| 转换变调效应（变味现象）（转化效应） | 某些呈味物质对其后续呈味物质的味觉类型产生明显的影响 | 喝了浓盐水之后，再喝淡水反而有甜的感觉；大量摄食甜食后，再吃酸的食物，觉得酸味特强；咀嚼酸涩的青橄榄果，随后反而有甜的感觉 |

续表

| 类型 | 含义 | 实例 |
|---|---|---|
| 复合转化效应 | 将两种或两种以上的呈味物质以适量的比例均匀调和，调和的方式可以是细粉末混合，也可以是在水中同时溶解，则可以产生一种新的味道 | 粉状物混合的实例如用胡椒、姜黄、番椒、茴香、陈皮等粉末配制的咖喱粉，又如用多种呈味物质调成的怪味料等。而酸甜味、糖醋味、鱼香味、荔枝味等复合味则是在液体状态下形成的 |
| 迟钝现象（适应现象） | 连续进食单一味觉的食物，随着时间推移此种味觉越来越不敏感，需要不断加大浓度方可感知 | 品尝家进行口味品评时，常需用水经常漱口，就是为了防止味觉迟钝 |

### （三）根据烹饪原料的性质，掌握好调味

一是新鲜原料，调味不宜太重，以免影响原料本身的鲜美滋味。例如新鲜的鸡、鸭、鱼、虾、肉类、蔬菜等，调味时不宜太重；否则，原料本身的鲜美滋味会被浓厚的调味品所掩盖。过分地咸、甜、酸、辣，都将是“喧宾夺主”。如贵州传统名菜“三把鸡”、山东名菜“活吃鲤鱼”、河南名菜“生鲜蒸鱼”等，要求烹调的时间极短，一只活鸡、一条活鱼几分钟内就变成席上佳肴，吃的就是鲜味。

二是带有腥膻味的原料，要酌加去腥膻的调味品，以解除腥膻气味。例如牛羊肉、鸡、鸭、鱼和动物内脏，腥膻气味较大，在烹调时要酌加料酒、醋、葱、姜、蒜、糖等。有的腥膻原料，还可用焯水的办法，解除一些原料本身的腥膻气味。

三是原料本身无显著滋味的，调味时要适当增加滋味。有些原料本身不具有鲜味特性，如豆腐类原料、海参、燕窝等，都是淡而无味的，如不加调料则不好吃，调味时应适当增加滋味。海参、燕窝之类珍贵原料，需要用经调味烹制的鸡汤、肉汤或其他鲜汤煨汤后，才能使鲜味浸入，成为席上佳肴。对豆腐、粉皮之类原料，则要全靠调味品调味，使之成为美味佳肴。

此外，我国厨师还非常讲究原汁原味，凡能保持原汁原味的菜肴，一般应采取“清蒸、清炖”的烹调方法和调味手段，尽量保持原汁原味。

### （四）根据烹调工艺和菜肴的不同要求，采取不同的调味方法

不同的烹调工艺和不同的菜肴，需要经历的调味阶段不同，适应的调味方法也不同，有的甚至要经过多道调味工序。因此，要做到随菜施调，同时保证各种菜肴的滋味层次分明且交融协调，风味特色突出。

## 五、菜肴味型的种类及其调制

常见菜肴味型种类

菜肴的味型是指用几种调味品调和而成的、具有一定规格特征、相对稳定而约定俗成的菜肴风味类型，主要由滋味来体现。菜肴味型主要借助调味品的调和，当然也有主、辅料的本味和火候运用等方面的辅助作用。

我国菜肴以味型丰富著称，常见的有咸鲜、咸甜、香咸、咸麻、香糟、椒盐、五香、酱香、荔枝、酸辣、麻辣、酸甜、怪味、蒜泥、姜汁、芥末、甜香、烟香、陈皮、椒麻、红油香、家常等20余种。各种味型之间有差异，各有特色，这反映了我国菜肴调制的精妙细微。

## 六、制汤与制卤工艺

### （一）制汤工艺

#### 1. 制汤工艺的原料选择

（1）必须选用鲜味充足、异味小、血污少、新鲜的原料　在动物性原料中，牛肉、羊肉因含有大量的低分子挥发性脂肪酸，从而带有特殊的气味，因此，除非用于烹制牛肉、羊肉菜肴，一般不使用牛羊肉作为制汤的原料。鱼肉中含有谷氨酸、肌苷酸、琥珀酸、氧化三甲胺，滋味非常鲜美，但其放置时间稍久，氧化三甲胺在还原为气味浓烈的三甲胺的同时还会分解出一些有腥味的有机化合物，因此除了鱼类菜肴可以使用鲜鱼汤外，其他菜肴一般不用鱼汤。

（2）原料中应富含鲜味成分　制汤的原料中应富含鲜味成分，如核苷酸、氨基酸、酰胺、三甲胺、肽、有机酸等。这些成分在动物性原料中含量最为丰富，所以制作鲜汤的原料应当以动物性原料为主。在动物性原料中，首选原料是肥壮老母鸡，并以“土鸡”为好。鸭子应选用肥壮的老母鸭，但不宜选择太老的鸭子，也不宜选用嫩鸭和瘦鸭。猪瘦肉、猪肘子、猪骨头，一般宜从肥壮阉猪身上选用，不宜选用种猪肉。在选择火腿、板鸭时，以选用色正味纯的金华火腿和南安板鸭为好。冬笋、香菇、竹笋、鞭笋、黄豆芽等都是制作素菜汤的理想原料。

（3）不同性质的汤，选料不同　制作奶汤的原料需要具备以下条件：含有丰富的动物性蛋白质，这是鲜味之源；要有一定的脂肪，这是奶汤变白的一个重要条件；要有能产生乳化作用的物质，即要有一定量的骨骼原料；要有含有一定量的胶原蛋白的原料，使奶汤浓稠，增加味感和辅助乳化作用，使水油均匀混合。

制作清汤的原料要具备以下条件：一定要选择陈年的老母鸡，保证清汤充足的鲜味；所选原料不能含有过多的脂肪，防止使清汤变色；要选用含胶原蛋白少的原料，避免汤汁浑浊。

### 2. 制汤的种类

制汤有多种分类方法（图7-1），按制汤的原料种类不同，鲜汤可分为荤汤和素汤两大类。荤汤中按原料品种不同有鸡汤、鸭汤、鱼汤、海鲜汤等；素汤中有豆芽汤、香菇汤等。

按汤料的多少不同，鲜汤可分为单一料汤和复合料汤两种。单一料汤是指用一种原料制作而成的汤，如鲫鱼汤、排骨汤等；复合料汤是指用两种以上原料制作而成的汤，如双蹄汤、蘑菇鸡汤等。

按汤的色泽和透明度不同，鲜汤可分为清汤和白汤两大类。清汤的口味清纯，汤清见底；白汤口味浓厚，汤色乳白。白汤又分一般白汤和浓白汤，一般白汤是用鸡骨架、猪骨等原料制成的，主要用于一般的烩菜和烧菜；浓白汤是用蹄髈、鱼等原料制成的，既可单独成菜，也可用作高档菜肴的辅料。

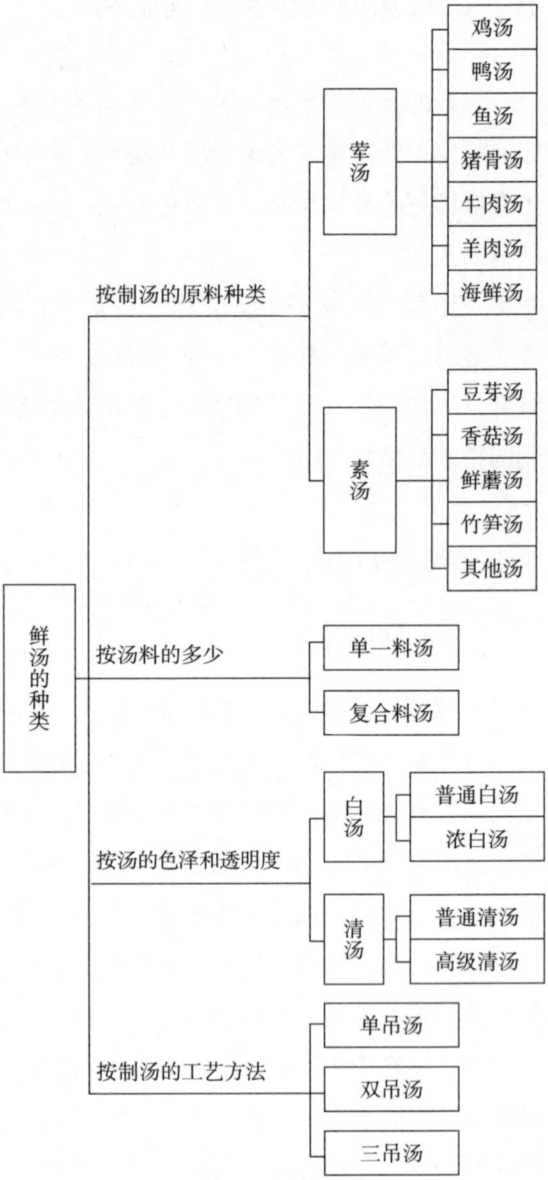


图7-1 鲜汤的种类

按制汤的工艺方法不同，鲜汤可分为单吊汤、双吊汤、三吊汤。单吊汤是一次性制作完成的汤；双吊汤是在单吊汤的基础上进一步提纯，使汤汁变清、汤味变浓；三吊汤则是在双吊汤的基础上再次提纯，形成清汤见底、汤味纯美的高汤。

### 3. 制作工艺

鲜汤种类虽然很多，但其一般制作工艺却基本相同（图7-2）。下面是几种常用鲜汤的制作方法。

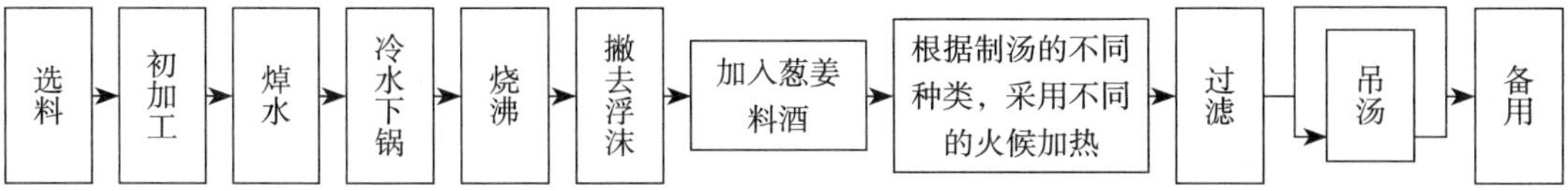


图 7-2　鲜汤的制作工艺

（1）普通白汤（毛汤）　将鸡、鸭、猪等的骨架，焯水去异味洗净后，加葱、姜、黄酒、清水烧沸后，控制在沸腾的状态下维持数小时甚至更长时间，汤液呈乳白色，有时也用制高汤后的原料再加水煮2～3h，所得之汤也作毛汤使用。此汤多用于一般菜肴制作。

（2）浓白汤（奶汤）　将原料焯水洗净后放入冷水锅内，加足量水加热煮沸，除去汤面的血污浮沫，然后加葱、姜和料酒，加热迅速煮沸，再降低加热强度，使液面保持沸腾状态，直至汤汁变浓呈乳白色为止。用此法制得的浓白汤，可用于煨、焖、煮、炖等技法烹制菜肴的汤汁，尤其适宜无味的烹饪原料增味之用。

（3）普通清汤　熬制普通清汤的原料多为老母鸡，早在袁枚的《随园食单》中就有明确记载。现代也有用老母鸡与瘦猪肉同煮者。具体制法都是先将原料焯水去除血污杂质，然后另加冷水与原料同煮沸，再度除去浮沫，加入葱、姜和料酒，立刻转入微火加热，保持汤面不沸腾状态，3h左右即成。注意掌握火候，如果强热使汤水沸腾，则会使汤水变浑或变成乳白色；如果温度过低，则呈味物质很难溶出，汤味寡淡。

（4）高级清汤　也称高汤、上汤、顶汤，是在普通清汤的基础上，利用“吊汤”技术加工而成。高级清汤制作的具体工序如下：①先制得普通清汤，设法除去汤中的脂肪和微粒悬浮物（可将汤液放冷至0℃时静置，使其中分散的脂肪液滴凝聚浮出水面撇去，再用纱布、或汤筛、或专用滤纸将普通清汤过滤除去杂屑、骨渣等直径较大的颗粒），继而在汤液中加少量食盐。②取新鲜鸡腿肉（也可用鸡脯肉、瘦猪肉等）斩成肉糜，并加入葱、姜、料酒和清水，浸泡出血水。将血水和鸡腿肉糜一起倒入滤过的清汤中，立即迅速加热，控制火候使之微沸，加热强度不宜过大，仅保持微沸5～10min，捞出浮在汤表面的鸡肉糜，除去悬浮物，即得高级清汤，行业中称为“一吊汤”。③再将新的鸡脯肉糜加姜、葱、料酒和清水浸泡出血水，除去血水后倒入凉透的“一吊汤”中，一边加热一边轻轻搅拌，待肉糜上浮后捞出，所得清汤称为“双吊汤”。④重复②、③，可得“三吊汤”。

4. 技术关键

（1）原料的选用及初步加工　所用原料一定要新鲜，否则原料中的异味将被一起带入汤中，影响汤的质量。制汤的原料必须经过初步加工处理，除去原料上的污物和尾上腺，避免制成汤后出现异味。

（2）焯水处理　在制作清汤和高级奶汤时原料必须经过焯水处理，以除去原料中的血污和异味，确保清汤和高级奶汤的鲜美滋味。

（3）掌握好水、料的比例　制汤的最佳料水比在1：1.5左右。水分过多，汤中可溶性固形物、氨基酸态氮、钙和铁的浓度降低，但绝对量升高；水分过少，则不利于原料中的营养物质和风味成分浸出，绝对浸出量并不高。但清汤与浓汤的料水比也有一定的区别，一般清汤的比例可以大于1：1.5，浓汤的比例可以略小于1：1.5。

（4）制汤的原料都应该冷水下锅，且中途不宜追加冷水。

（5）恰当地掌握火力和加热时间　制作奶汤一般先用旺火烧开，然后改用中火；使汤面保持沸腾状态，一般需要3h左右，但可根据原料的类别形状和大小而灵活掌握。在制作清汤时，先用旺火烧开，水开后立即改用中小火；使汤面保持微弱、翻小泡状态，直到汤汁制成为止。

### （二）制卤工艺

#### 1. 制卤的种类

卤水主要包括有“白卤水”“一般卤水”“精卤水”“潮州卤水”“脆皮乳鸽卤水”和“火朣汁”等。

#### 2. 制卤的用料

各地卤水用料不一，主要包括花椒、八角、陈皮、桂皮、甘草、草果、沙姜、姜、葱、生抽、老抽及冰糖等。对卤汁质量影响最大的是香料、糖、盐和酱油的用量。香料过多，药味大，卤菜成品色黑；香料过少，成品香味不足。糖过多，成品“反味”；糖过少，品味欠佳。食盐过多，除影响口味外，还会使成品紧缩干瘪；食盐过少，则成品的鲜香味不突出。酱油过多，成品色黑难看；酱油过少，则口味达不到要求。

#### 3. 制作工艺

原卤的一般工艺是：把煮的鸡骨、猪骨汤放入锅中，加入香料和调味品，先用大火烧开，再用小火煮1h左右即成（卤汁也可事先不煮，而与原料同时下锅，这样可以避免料酒中的酒精和香料的香气白白地挥发掉，并可节省燃料的时间）。

卤汁第一次现配，用后保存得当，可以继续使用。反复制作卤制品并保存好的卤汁，称为老卤（又称老汤）。再次使用时，适当添加水、香料和其他调味品，一次次使用下去。凡用老卤卤制，又称套卤，制品滋味更加醇厚，有些老店甚至保存有百年以上的老卤。

#### 4. 技术关键

（1）异味较重的原料，如牛肉、羊肉、动物内脏等，不要生卤，否则易串味坏卤。原料入锅前应先进行过油、焯水等初步熟处理，尽量除去原料本身的血污及异味。

（2）调味香料的比例要恰当，不可投放颜色太黑或产出香味太浓的超量香料制卤。水和料的比例适宜。

（3）熬卤的盛器以不锈钢为佳，卤时要掌握好不同原料品种的成熟度和质量要求。

（4）卤汤以使用时间较长的老汤为好，新制的卤汤以熬制时间长一些的为佳，最好加入一些老卤，以增强成品的醇厚感。随着卤汤使用时间的延长及次数的增多，应及时添加调料和更换料包，以保证卤汤的味道醇厚。

（5）卤汤熬好后不立刻使用时应冷却后盖严，以防异物或生水混入引起卤汤变质，并且要定时加热老卤。

## 第二节 调香工艺

### 一、气味与嗅觉

气和味总是联系在一起。气是一个载体，味是气的一种附着物，气飘到哪里，味就跟到哪里。气味是嗅觉所感到的由空气传播的各种各样的味道。

嗅觉是挥发性物质刺激鼻腔嗅觉神经而在中枢神经引起的一种感觉，比味觉更敏感、更复杂。嗅觉具有以下基本特性。

#### （一）敏锐性

人的嗅觉相当敏锐，从嗅到气味物到产生感觉，仅需0.2～0.3s的时间。一些嗅感物质即使在很低的浓度下也会被感觉到，正常人一般能分辨3000～3500种不同的气味。

#### （二）易疲劳、适应和习惯

人们久闻某种气味，易使嗅觉细胞产生疲劳而对该气味处于不灵敏状态，但对其他气味并未疲劳，当嗅体中枢神经由于一种气味的长期刺激而陷入反馈状态时，感觉便会受到抑制而产生适应性。并且人在长时间感受同一高浓度的同样的呈香物质时，人的感知程度会大大降低。另外，当人的注意力分散时会感觉不到气味，时间长些便会对该气味形成习惯。疲劳、适应和习惯这三种现象会共同发挥作用，很难有明显区别。

### （三）个体差异大

不同的人对嗅觉敏感程度的差别很大，即使嗅觉敏锐的人也会因气味而异，这是由遗传产生的。研究发现，女性的嗅觉比男性敏锐，青年人的嗅觉比老年人灵敏。

### （四）阈值会随人体状况变动

当人的身体疲劳或营养不良时，会引起嗅觉功能降低。人在生病时会感到食物平淡不香，女性在月经期、妊娠期或更年期可能会发生嗅觉减退或过敏现象等，这都说明人的生理状况对嗅觉有明显的影响。

## 二、菜肴香气的来源及香型

### （一）菜肴香气的来源

气味的种类极多，对气味进行准确分类也非常困难。人们通常将产生令人喜爱感觉的挥发性物质称为香气，而产生令人厌恶感觉的挥发性物质称为臭气。

菜肴的香主要来源于原料的天然香气及其在烹调过程中产生的香气（表7-2），并非由某一种呈香物质所单独产生，而是多种呈香物质的综合反映。呈香物质种类繁多，但含量极微，其中大多数属于非营养性物质，而且耐热性很差。

表7-2　菜肴香气的来源

| 种类 | | 含义 | 举例 |
|---|---|---|---|
| 原料的天然香气 | 辛香 | 有刺激性的植物性天然香气 | 葱香、蒜香、花椒香、胡椒香、八角香、桂皮香、香菜香、芹菜香等 |
| | 清香 | 清新宜人的植物性天然香气 | 芝麻香、果仁香、果香、花香、叶香、青菜香、菌香等 |
| | 乳香 | 动物性天然香气，包括牛奶及其制品的天然香气以及其他类似香气 | 奶粉、奶油、香兰素等香气 |

续表

| 种类 | | 含义 | 举例 |
|---|---|---|---|
| 原料的天然香气 | 腥膻异香 | 一种令人厌恶的脂类天然气味 | 鱼腥气、牛脂香、羊脂香、鸡油香、各种植物油的香气等 |
| 烹调过程中产生的香气 | 酱香 | 酱品类的香气 | 酱油香、豆瓣香、面酱香、腐乳香等 |
| | 酸香 | 包括以醋酸为代表的香气和以乳酸为代表的香气 | 各种食醋香、泡菜、腌菜香等 |
| | 酒香 | 以酒精为代表，各种酒精发酵制的香气 | 料酒香、米酒香、白酒香等 |
| | 腌腊香 | 经腌制的鸡、鸭、鱼、肉等所带有的香气 | 火腿香、腊香、肉香、香肠香、风鸡香、板鸭香等 |
| | 烟熏香 | 某些物质受热生烟产生的香气 | 茶叶烟香、樟叶烟香、糖烟香、油烟香等 |
| | 加热香 | 某些原料本身没有什么香味，经加热可产生特有的香气 | 煮肉香、烤肉香、煎炸香等 |

## （二）菜肴的香型

常见菜肴的香型很多，见表7-3。

**表 7-3　常见菜肴的香型**

| 香型 | 基本调料 | 特点 |
|---|---|---|
| 酱香 | 甜酱、精盐、酱油、味精和麻油，也可酌加白糖、胡椒面和葱、姜，有时可加辣椒 | 酱香浓郁，咸鲜带甜，多用于热菜 |
| 麻酱 | 芝麻酱、芝麻、精盐、味精或浓鸡汁，有时也可酌加酱油或红油。调制时，芝麻酱要先用麻油调散 | 酱香咸鲜，多用于冷菜 |
| 酒香 | 烹调时加入白酒或黄酒、啤酒。白酒用于一些特殊的菜品，如醉虾、醉蟹等。以黄酒香气为主的菜品主要有醉鸡、醉鹅掌、醉鸭舌等凉菜，也有酒焖肉等一些热菜。啤酒一般用于煮焖的菜品，但投放时不要过早，应在原料快成熟时投入锅中，再继续煮焖至完全成熟；有时也可代替水用于挂糊上浆工艺中 | 闻其酒香，不食酒辣 |
| 香糟 | 香糟汁（或醪糟）、精盐、味精和麻油，也可酌加胡椒粉或花椒、冰糖、姜、葱等 | 糟香醇厚，咸鲜回甜，冷、热菜均可 |
| 烟香 | 视菜肴风味需要，选用锅巴屑、茶叶、香樟叶、花生壳、食糖、稻壳、锯木屑（木材种类要选择）等做熏料，利用它们不完全燃烧时产生的浓烟，熏制已经过腌渍的食物原料，使其形成烟熏香味 | 烟香独特，冷、热菜均可 |

续表

| 香型 | 基本调料 | 特点 |
| --- | --- | --- |
| 五香 | 五香并非只有五种调香料，而是泛指用花椒、八角、桂皮、丁香、小茴香、甘草、豆蔻、肉桂、草果、山柰、荜拨、陈皮等20～30种植物香料，或加水溶解成卤水卤制；或与盐、料酒、姜、葱等腌渍或直接烹制食物。香料组分视菜肴的实际需要酌情变化选用 | 浓香，口味咸鲜，广泛用于冷菜，热菜也可用 |
| 陈皮 | 陈皮、精盐、酱油、醋、花椒、干辣椒节、姜、葱、白糖、红油、醪糟汁、味精、麻油等，白糖和醪糟汁用于提鲜，用量以略带回甜为度。陈皮用量不宜过多，否则回味带苦 | 芳香、麻辣回甜，冷、热菜均可 |
| 乳香 | 主要用料是饮用乳、奶油、黄油、乳酪、炼乳等。特别是一些煎、炸、焗、烤的菜品，经常添加或蘸食乳制品，用来丰富和改善菜品的香味 | 乳香浓香。主要应用于口味清淡的菜品中，在一些麻辣、红烧或甜香味型的菜品中添加乳制品也可以收到较好的风味效果 |
| 茶香 | 绿茶与菜肴配合使用时也不宜加热时间过长，一般在菜肴成熟时投茶汁或茶叶，既可保持绿色的淡雅，又可保存清鲜的茶香。红茶使用时主要是取其茶汁，如将嫩鱼片放在烧开的茶叶中涮食，不但去腥解腻，而且茶香浓郁 | 不同的茶类都有各自独特的香气 |
| 花香 | 新鲜的花叶，常用的品种有荷叶、粽叶、菊花、荷花等 | 一般色彩鲜艳，香味清鲜淡雅，如荷叶鸡、荷叶粉蒸肉、粽叶鱼片、炸荷花盒等 |
| 甜香 | 白糖或冰糖，佐以食用香精、蜜饯、水果、干果仁、果汁等，糖桂花、木樨花等也常用 | 滋味以甜为正，辅以格调不同的香气 |

## 三、调香工艺的时机和方法

### （一）调香工艺的时机

#### 1. 原料加热前的调香

原料加热前的调香多采用腌渍的方法，有时也采用生熏法。其作用有两个：一是清除原料异味；二是给予原料一定的香气。前者是主要的。

#### 2. 原料加热中的调香

原料加热中的调香，是确定菜肴香型的主要阶段，可根据需要采用加热调香的各种方法。其作用也有两个：一是原料受热变化生成香气；二是用调味品补充并调和香气。加热过程中的调香，香料的投放时机很重要。一般香气挥发性较强的，如香葱、胡椒粉、花椒面、小磨麻油等，需要在菜肴起锅前放入，才能保证浓香；香气挥发性较差的，如生姜、干辣椒、花椒粒、八角、桂皮等，需要在加热开始就投入，有足够的时间使其香气挥发出来，并渗入到原料之中。此外，还可以根据用途的不同灵活掌握。

3. 原料加热后的调香

原料加热后的调香，即在菜肴盛装时或装盘后淋入麻油，或者撒一些香葱、香菜、蒜泥、胡椒粉、花椒面等，或者将香料置于菜上，继而淋以热油，或者跟味碟随菜上桌。此阶段的调香主要是补充菜肴香气之不足或者完善菜肴风味。

### （二）调香工艺的方法

1. 腌渍调香法

腌渍调香法，即在加热前用食盐、食醋、料酒、生姜、香葱等调味品和有异味的原料拌匀后腌渍一段时间（动物内脏常用揉洗的方法），使调味品中的有关成分吸附于原料表面，渗透到原料之中，与其异味成分充分作用，再通过焯水、过油或烹制，使异味成分得以挥发除去的方法。此法适用范围很广，兼有入味、增香、助色的作用，在调香工艺中经常使用。

2. 加热调香法

加热调香法，就是通过加热使调味品的香气大量挥发，并与原料的本香、热香相交融，形成浓郁香气的调香方法。调味品中的呈香物质在加热时迅速挥发出来，或溶解在汤汁中，或渗入到原料内，或吸附在原料表面，或直接从菜肴中散发出来，从而使菜肴带有香气。此法在调香中运用甚广，几乎各种菜肴都离不了它。加热调香法具体操作形式有炝锅助香、加热入香、热力促香、醋化增香等。广义上，加热调香还应包括原料本身受热变化形成的香气。

3. 封闭调香法

封闭调香法属于加热调香法的一种辅助手段。调香时，呈香物质受热挥发，大量的香气在烹制过程中散失掉了，存留在菜肴中的只是一小部分，加热时间越长，散失越严重。为了使香气不至于在烹制过程中严重散失，将原料保持在封闭条件下加热，食时启开，可获得非常浓郁的香气。封闭调香的手段主要有容器密封、泥土密封、纸包密封、面层密封、糨糊密封、原料密封等。

4. 烟熏调香法

烟熏调香法是一种特殊的调香方法，常以樟木屑、花生壳、茶叶、谷草、柏树叶、锅巴屑、食糖等做熏料。把熏料加热至冒浓烟，产生浓烈的烟香气味，使烟香物质与被熏原料接触，并被吸附在原料表面，有一部分还会渗入到原料表层之中去，使原料带有较浓的烟熏味。

## 四、调香工艺的原则

### （一）充分利用原料中的天然呈香物质

呈香物质都具有一定的挥发性，对那些极易挥发的呈香物质，要控制好火候和调香时间，防止香气过早挥发；对那些在常温下不易挥发的呈香物质，可在加热条件下使用，或者碾成粉末助其挥发；对于那些在水中溶解度极低的呈香物质，可通过炝锅、熏制等方法，使香气溶于油中或吸附在原料表面，或者制成乳状液，加入肉糜等半成品中，增强其呈香效果。

### （二）利用制熟加热过程，合成新的呈香物质

在制熟加热过程中，许多呈香物质前体分解为呈香物质。例如焙烤烘炒多种食物原料所产生的吡嗪类呈香物质，都是由蛋白质和氨基酸转化来的；油炸食品香气一部分来自煎炸油自身的分解；熟肉制品的香气，大都来自蛋白质和核酸的受热分解；多种烧炒蔬菜的香气，源于含硫氨基酸的分解和转化；至于美拉德反应等，更是众所周知。

### （三）除腥抑臭，排除不良气味

对于烹饪原料中的腥膻等不良气味的去除，通常有四种办法：一是加入易挥发物质，降低具有不良气味物质的蒸汽分压，使它们在受热时迅速逃逸；二是利用酸碱中和原理，使不良气味物质分解或转化；三是加入气味浓烈的呈香物质，掩盖不良气味；四是利用焯水、过油等预熟手段，溶解或破坏不良气味。

# 第三节
# 调色工艺

## 一、菜肴色泽的来源

菜肴的色泽主要来源于三个方面：原料固有的色泽、加热形成的色泽、调味品调配的色泽。

### （一）原料固有的色泽

原料固有的色泽，即原料的本色。菜肴原料大都带有比较鲜艳、纯正的色泽（表7-4），在加工时需要予以保持或者通过调配使其更加鲜亮。

表 7-4 菜肴原料固有的色泽特征

| 色泽 | 菜肴原料 | 菜肴调料 |
| --- | --- | --- |
| 白色 | 白萝卜、绿豆芽、莲藕、竹笋、银耳、蛋清、鸡（鸭）脯肉、鱼白肉等 | 乳制品等 |
| 黄色 | 蛋黄、口蘑、韭黄、黄花菜等 | 酱油等 |
| 绿色 | 绿色蔬菜、青椒、蒜薹、四季豆、莴笋等 | 绿叶菜汁等 |
| 红色 | 火腿、香肠、午餐肉、腊肉（瘦）、胡萝卜、红辣椒、番茄等 | 糖色、番茄酱、红腐乳汁等 |
| 紫红色 | 红苋菜、紫茄子、紫豆角、紫菜、肝、肾、鸡（鸭）肫等 | 着酱品、酱油等 |
| 黑色或深褐色 | 香菇、海参、黑木耳、海带等 | 红醋等 |

### （二）加热形成的色泽

加热形成的色泽，即在烹制过程中，原料表面发生色变所呈现的一种新的色泽。加热引起原料色变的主要原因是原料本身所含色素的变化及糖类、蛋白质等的焦糖化作用、羰氨反应等。

### （三）调味品调配的色泽

调味品调配色泽包括两个方面：一是用有色调味品调配而成；二是利用调味品在受热时的变化来产生。用有色调味品直接调配菜肴色泽，在烹制中应用较为广泛。调味品与火候的配合也是菜肴调色的重要手段。如烤鸭时在鸭表皮上涂以糖醋，可形成鲜亮的枣红色；炸制畜禽肉及鱼肉前码味时放入红醋，所形成的色泽会格外红润，这些都是利用了调味品在加热时的变化或与原料成分的相互作用。

## 二、调色工艺的方法

### （一）保色法

保色法就是利用有关调味品来保持原料本色和突出原料本色的调色方法。如绿色蔬菜的保色，一般可采用加油、加碱、加盐、水泡等措施。红色鲜肉的保色，可加入亚硝酸钠等发色剂腌渍，但此类发色剂有一定毒性，目前我国已禁止餐饮服务单位及个人购买、储存、使用亚硝酸盐。

### （二）变色法

变色法就是利用有关调味品改变原料本色，使之形成鲜亮色泽的调色方法。此法所使用的调味品本来不具有所调配的色彩，而需要在烹制过程中经过一定的化学变化才能产生相应的颜色。此法多用于烤、炸等干热烹制的一些菜肴。按主要化学反应类型的不同，变色法有焦糖化法和羰氨反应法两种。

### （三）兑色法

兑色法就是利用有关调味品，以一定浓度或一定比例调配出菜肴色泽的调色方法，多用于水烹制作菜肴的调色。常用的调味品是一些有色调味品，如酱油、红醋、糖色、番茄酱、红糟、甜酱、食用色素等。

### （四）润色法

润色，即增加菜肴色彩的明亮程度。润色法就是在菜肴原料表面涂抹一层薄薄的油脂，使菜肴色泽油润光亮的调色方法。此法的操作过程是和制熟过程同时进行的，主要有淋、拌、翻等手法。

以上四种方法主要是根据它们的原理和作用不同来划分的，在实际操作中，往往是几种方法同时使用，甚至和调味、调香等过程协同进行，这样才能使菜肴达到应有的色泽要求。

## 三、调色工艺的基本要求

### （一）要了解菜肴成品的色泽标准

在调色前，首先要对成菜的标准色泽有所了解，以便在调色中根据原料的性质、烹调方法和基本味型正确选用调色料。

### （二）正确选料，先调色后调味

根据原料的性质、基本味型和烹调方法正确选用调色原料和调料。添加调色料时，要遵循先调色后调味的基本程序。这是因为绝大多数调色料也是调味料，若先调味再调色，势必使菜肴口味变化不定，难以掌握。

### （三）控制好火候，讲究时机

对于采用烹调生色的菜肴，火候的控制很重要。当烹调需要长时间加热时，影响生色的各种成分浓度会发生变化，要注意调色的时机。油炸、油煎不要过火，否则色泽过深；酱油等在长时间加热时会发生因糖分减少、酸度增加使颜色加深的现象，过早加入酱油，到菜肴成熟时色泽就会过深，应在开始时调至七八成，在出锅前调色，才能获得满意的色泽。

### （四）护好色，充分利用原料的自然色

菜肴烹调的原料大多有很好的自然色，利用自然色调色，更赏心悦目，也是发展的趋势。黄瓜、青椒等可以用食盐护色；藕、红薯、马铃薯、苹果、梨等削皮后放在水中可以减轻褐变，维持本色；用油膜隔绝空气，避免蔬菜叶绿素氧化，发挥护色的作用；焯开水短时处理可以给绿色蔬菜护色。但这些方法的处理时间都不能过长。

### （五）要符合人的生理和安全卫生需要

调色要符合人们的生理需要，因时而异。同一菜肴因季节不同，其色泽深浅要适度调整，一般夏天宜浅，冬季宜深。同时还要注意尽量少用或不用对人体有害的人工合成色素，保证食用的安全性。

# 第四节
# 调质工艺

## 一、菜肴的质地与口感

### （一）菜肴质地的含义

菜肴的质地是决定菜肴风味的主要因素，以口中的触感判断为主，但是在广义上也应包括手指以及菜肴在消化道中的触感判断。菜肴的质地是由菜肴的机械特性、几何学

特性、触感特性组成的（表7-5），与菜肴的温度、大小、形状、各成分的含量，特别是大分子物质的含量和种类等有关。

表 7-5　食品质地的组成

| 食品质地的特性 | | | 内涵 | 备注 |
|---|---|---|---|---|
| 机械特性 | 第一感觉因子 | 硬度 | 指物体变形所需的力 | — |
| 机械特性 | 第一感觉因子 | 凝结性 | 构成形态的内部结合力 | — |
| 机械特性 | 第一感觉因子 | 黏性 | 指在单位力作用下的滚动程度 | — |
| 机械特性 | 第一感觉因子 | 弹性 | 外力消失后，恢复变形前后状的性质 | — |
| 机械特性 | 第一感觉因子 | 附着力 | 克服物体间表面附着力所需的力 | — |
| 机械特性 | 第二感觉因子 | 脆性 | 凝结性和硬度构成的，破坏物体所需的力 | 由第一感觉因子组合构成 |
| 机械特性 | 第二感觉因子 | 咀嚼性 | 凝结性、硬度和弹性构成的，嚼咀物体达到吞咽程度时所需的力 | 由第一感觉因子组合构成 |
| 机械特性 | 第二感觉因子 | 胶性 | 较大的凝结性和较小的硬度构成的，咀嚼半固态物体达到吞咽时所需的力 | 由第一感觉因子组合构成 |
| 几何特性 | | | 指与构成食品颗粒大小、形态和微粒排列方向有关的性质，颗粒大小和形态是食品的重要标志 | — |
| 触觉特性 | | | 是与食品水分、含油率、含脂量以及蛋白质和多糖类的含量及相互之间的比例有关的性质 | — |

## （二）菜肴质地的种类

菜肴质地的种类很多，烹饪行业中通常把菜肴的质地即“质感”划分为单一型质感和复合型质感两大类（图7-3）。单一型质感简称单一质感，是烹调专家和学者为了研究上的方便而借用的一个词，以作为抽象研究的一种手段，实质上不是菜肴质地的存在形式。复合型质感简称复合质感，细分又有双重质感和多重质感。双重质感由两个单一质感构成，多重质感由三个以上的单一质感构成。复合性是菜肴质感的普遍特征。

以上这些概念只是一种行业习惯语，并没有科学的界定。近代食品科学从研究食品的力学特性出发，按硬度、脆度、耐嚼性、胶弹性、黏着性和黏性等几个方面，规范了一批食品质感的评价语言，使之成为国际通用的学术语言。

国际通用的食品质感评价用语

- 菜肴质感
  - 单一型质感
    - 老嫩感：如嫩、筋、挺、韧、老、柴、皮等
    - 软硬感：如柔、绵、软、烂、脆、坚、硬等
    - 粗细感：如细、沙、粉、粗、渣、毛、糙等
    - 滞滑感：如润、滑、光、涩、滞、粘等
    - 爽腻感：如爽、利、油、糯、肥、瘦、腻等
    - 松实感：如疏、酥、散、松、泡、暄、弹、实等
    - 稀稠感：如清、薄、稀、稠、浓、厚、湿、糊、燥、干等
  - 复合型质感
    - 双重质感：如滑嫩、软烂、酥脆、肥糯等
    - 多重质感：如外酥脆里软嫩、外焦里嫩、脆嫩滑爽、柔软细嫩等

**图 7-3　菜肴质感的基本类型**

## （三）菜肴质感的形成特征

### 1. 菜肴质感的规定性

菜肴质感的规定性，是对菜肴质感形成的方式、方法、工艺流程、质量标准等方面的具体要求。传统菜特别是已被现代厨师继承下来的传统菜，其名称、烹饪方法、味型、质感及其表现该菜特征的一系列工艺流程等都必须是固定的，不能随意创造或改变；否则，便不能称为传统菜，至少不是正宗的传统菜。新潮菜具有很大的灵活性与随意性，但总的要求是必须得到食客的认可，其工艺流程和菜肴形成特征也就应当在一定时间、范围和条件下予以固定。显然，作为菜肴属性之一的质感同样也应当具有规定性。

### 2. 菜肴质感的变异性

菜肴质感的变异性，是指菜肴受生理条件、温度、浓度、重复刺激等因素的影响引起的质地感觉上的差异与变化。

### 3. 菜肴质感的多样性和复杂性

由于原料的结构不同、烹调加工的方法不同以及人对菜肴质感要求不同，使菜肴的质感也多种多样。如有的菜肴可能以“脆”为主、“嫩”为辅；有的菜肴则可能以“嫩”为主、“脆”为辅；还有的可能在以某一种或几种质感为主体的同时，还带着更多辅助质感。

### 4. 菜肴质感的灵敏性

质感具有灵敏性，这是客观存在的，其来自菜肴刺激的直接反馈，主要由质感阈值和质感分辨力两个方面来反映。食品科学界通过研究已经证实：“触觉先于味觉，触觉要比味觉敏锐得多”。

#### 5. 菜肴质感的联觉性

菜肴质感与味觉、嗅觉、视觉等都有不可分割的联系，这种联系表现为一种综合效应从而满足深层次的审美需求。其中，质感与味觉的联系最为密切，质感既可直接与味觉发生联系，也可通过嗅觉的关联与味觉发生关系。例如本味突出或清淡的菜肴，质感或滑嫩、或软嫩、或脆嫩，而浓厚味的菜肴多酥烂、软烂等。

## 二、调质工艺的方法

### （一）致嫩工艺

致嫩工艺就是在烹饪原料中添加某些化学品或施以适当的机械力作用，使原料原先的生物结构组织疏松，提高原料的持水性，从而导致其质构发生变化，表现出柔嫩特征的工艺过程。致嫩工艺主要针对动物肌肉原料。

#### 1. 物理致嫩

物理致嫩即对烹饪原料施以适当机械力作用而致嫩的方法，如敲击、切割、超声振动分离和断裂肉类纤维，对牛肉采用挂的方法等。

#### 2. 无机化学物质致嫩

无机化学物质致嫩即在食物原料中添加某些无机化学物质而致嫩的方法，如食碱致嫩、食盐致嫩、水致嫩等。

#### 3. 酶致嫩

酶致嫩即在食物原料中添加某些酶类制剂而致嫩的方法。餐饮业常把一些蛋白酶类制剂称为嫩肉粉，常见的如菠萝蛋白酶、无花果蛋白酶、胰蛋白酶、木瓜蛋白酶、猕猴桃蛋白酶、生姜蛋白酶等植物蛋白酶类。这些酶能催化肌肉蛋白质的水解，促进肉的软化和嫩度的提高。

#### 4. 添加持水性强的其他原料致嫩

（1）淀粉致嫩　原料上浆和制缔时需要加入适量的淀粉，淀粉受热发生糊化，起到连接水分和原料的作用，达到致嫩的目的。淀粉致嫩要注意两点：一是要选择优质淀粉；二是要控制好淀粉用量，使其恰到好处。

（2）蛋清致嫩　原料上浆常用鸡蛋清。鸡蛋清富含可溶性蛋白质，是一种蛋白质溶胶，受热时蛋白质成为凝胶，阻止了原料中水分等物质的流失，使原料能保持良好的嫩度。

（3）油脂致嫩　油脂具有很好的润滑、保水、保原作用，上浆时放入适量的油脂，能保持或增加原料的嫩度。上浆时原料与油脂的比为20∶1，一般500g原料放油25g。放油应在上浆完毕后进行，切忌中途加油，否则不能达到上浆目的。另外，油浸也是很好的致嫩方法。

### （二）膨松工艺

膨松工艺就是采用各种手段和方法，在烹饪原料中引入气体，使其组织膨胀松化成孔洞结构的过程。在烹调工艺中主要应用在前面讲到的干料涨发中的油发和盐发，以及一些糊的调制。

### （三）增稠工艺

增稠工艺是在烹调过程中添加某些物质，以形成菜肴需要的稠度、黏度、黏附力、凝胶形成能力、硬度、脆性、密度、稳定乳化等质构性能，使菜肴形成希望的各种形状和硬、软、脆、黏、稠等质构特征的工艺过程。增稠方法主要包括勾芡增稠、琼脂增稠、糖汁增稠、动物胶质增稠、酱汁增稠等。

## 三、调质工艺的基本原则

### （一）充分了解原料的质构特点

前面已经提到过，菜肴的质地与原料的质构是密不可分的，原料的质构状况往往影响甚至决定菜肴的质地特点。要使调质恰到好处，就必须充分了解原料的质构特点，这是前提条件。

### （二）合理调控菜肴质地

任何菜肴，都应当有特定的质地标准，按照这种标准进行合理调控，是调质的核心原则。为此，应注意三点：一是传统名菜有固定的质地标准，应当将这种标准展现到极致；二是现代新潮菜具有明显的区域文化特点，调控其菜肴质地应入乡随俗，灵活变通；三是严格控制工艺流程，严格把握调配菜肴质地的原材料比例，不可随心所欲，不可滥用替代品，并严格控制好火候。

### （三）注意保存菜肴的营养价值

追求菜肴质感丰富多彩，是中国烹调的一大特色，这其中也渗透着鲜明的营养思想。无论菜肴质地怎样演变和调配，都必须适应营养的需要，切忌因一味追求完美的质地而导致营养物质的损失；否则，调质失去意义，菜肴也没有生命力。

## 四、蓉泥调制工艺

### （一）蓉泥制品的概念及意义

蓉泥制品，是指将动物性原料的肌肉经破碎加工成糜状后，加入调辅料（2%～3%的食盐、水等），再经搅拌成高黏度的肉糊。各地区对此称谓不同，如北京称“腻子”、山东称“泥子”、江苏称“缔”或“缔子”、湖南称“料子”、四川称“糁”、广东称“胶”、陕西称“瓤子”、河南称“糊子”……而“蓉泥制品”可作为烹调工艺的规范标准名称。蓉泥制品在烹调工艺中应用广泛，既可以独立成菜，也可作为花色菜肴的辅料和黏合剂。

### （二）蓉泥调制的工艺流程

蓉泥制品的品种很多，其一般工艺见图7-4。

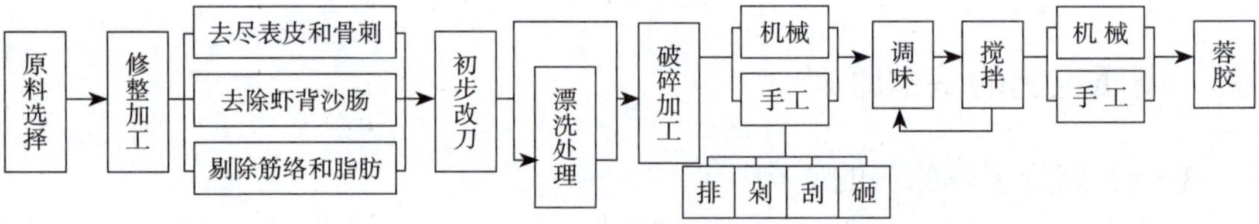


图7-4 蓉泥调制的一般工艺

#### 1. 原料选择

制作蓉泥制品的原料要求很高，选择的原料应是无皮、无骨、无筋络、无淤血伤斑的净料，原料质地细嫩、持水能力强。如鱼蓉泥制品制作，一般多选草鱼、白鱼等肉质细嫩的鱼类，虾蓉泥制品一般选用河虾仁，鸡蓉泥制品的最佳选料是鸡里脊肉，其次是鸡脯肉，鸡腿肉不能作为蓉泥制品的原料。

#### 2. 漂洗处理

漂洗处理的目的是洗除色素、臭气、脂肪、血液、残余的皮屑及污物等。鱼蓉泥要求色白和质嫩，需要充分漂洗。漂洗时，水温不应高于鱼肉的温度，应力求控制在10℃以下。鸡脯肉一般也需放入清水中泡去血污，猪肉、牛肉、虾肉则不需此操作。

#### 3. 破碎处理

（1）机械破碎　绞肉机、搅拌机的使用范围最为广泛，特点是速度快、效率高，适于加工较多数量的原料。但肉中会残留筋络和碎刺，而且机械运转速度较快，破碎时使肉的温度上升，使部分肌肉中肌球蛋白变性而影响可溶性蛋白的溶出，对肉的黏性形成和保水力产生影响。因此应特别注意在绞肉之前将肉适当地切碎，剔除筋和过多的脂油，同时控制好肉的温度。

（2）手工排剁 速度慢、效率低，但肉温基本不变，且肉中不会残留筋络和碎刺，因为排斩时将肉中筋络和碎刺全部排到了蓉泥制品的底层，采用分层取肉法就可将杂物去尽。用手工排剁的方法时，也应根据具体菜品的要求采用不同的方法。

4. 调味搅拌

一般可加入盐、细葱、姜末、料酒（或葱姜酒汁）和胡椒粉等调味品，辅料有淀粉、蛋清、肥膘、马蹄等。盐是蓉泥制品最主要的调味品，也是使蓉泥制品上劲的主要物质。对猪蓉泥制品来说，盐可以与其他调味品一起加入；对鱼蓉泥制品来说，应在掺入水分后加入。加盐量除与主料有关外，还与加水量呈正比。

加盐后的蓉泥通过搅拌使其黏性增加，成品外形完整、有弹性。搅拌上劲后的蓉泥应置于2～8℃的冷藏柜中静置1～2h，使可溶性蛋白充分溶出，进一步增加蓉泥的持水性能。但不能使蓉泥冻结，否则会破坏蓉泥的胶体体系，影响菜品质量。

## 五、糊浆工艺

### （一）上浆工艺

上浆又称抓浆、吃浆，广东称“上粉”，是指在经过刀工处理的原料表面黏附上（或融入）一层薄薄的浆液的工艺过程。上浆的原料经加热后，能使制品达到滑嫩的效果。

1. 上浆的佐助原料及调味品

主要有精盐、淀粉（干淀粉、湿淀粉）、鸡蛋（全蛋液、鸡蛋清、鸡蛋黄）、油脂、小苏打、嫩肉粉、水等。

2. 浆的种类及调制

根据浆料组配形式的不同，浆大体可分为水粉浆、蛋粉浆两种基本类型。此外还有酱品粉浆以及在基本浆的基础上加入不同调味品的特殊粉浆，如苏打浆等（表7-6）。

表7-6 浆的种类及调制

| 种类 | 浆料构成 | 调制方法 | 用料比例 | 适用范围 | 制品特点 |
|---|---|---|---|---|---|
| 水粉浆 | 淀粉、水、精盐、料酒、味精等 | 将主料用调味品（精盐、料酒、味精）腌入味，再用水与淀粉调匀上浆。浆的浓度以裹住烹饪原料为宜 | 主料500g，干淀粉50g，加入适量冷水（应视原料含水量而定） | 肉片、鸡丁、腰子、肝、肚等，多用于炒、爆、熘、氽等 | 质感滑嫩 |

续表

| 种类 | | 浆料构成 | 调制方法 | 用料比例 | 适用范围 | 制品特点 |
|---|---|---|---|---|---|---|
| 蛋粉浆 | 蛋清浆 | 鸡蛋清、淀粉、精盐、料酒、味精等 | ①先将主料用调味品精盐、料酒、味精拌腌入味，然后加入鸡蛋清、淀粉拌匀即可；<br>②用鸡蛋清加湿淀粉调成浆，再把用调味品腌渍后的主料放入鸡蛋清粉浆中拌匀即可。上述两种方法都可在上浆后加入适量的冷油，以便于主料滑散 | 主料500g，鸡蛋清100g，淀粉50g | 爆、炒、熘等 | 柔滑软嫩，色泽洁白 |
| | 全蛋浆 | 全蛋液、淀粉、精盐、料酒、味精等 | 与蛋清浆相同，将鸡蛋清换成全蛋液即可。<br>①全蛋粉浆需要更加充分地调和，以保证各种用料相互溶解为一体；<br>②用全蛋粉浆浆制质地较老韧的主、配料时，宜加适量的泡打粉或小苏打，使主料经油滑后松软而嫩 | 与蛋清浆基本相同 | 炒、爆、熘等菜肴及烹调后带色的菜肴 | 滑嫩，微带黄色 |
| | 蛋黄浆 | 水、盐、料酒、蛋黄、淀粉等 | 与蛋清浆相同，将鸡蛋清换成蛋黄即可 | 与蛋清浆基本相同 | 炒、爆、熘等菜肴及烹调后带色的菜肴 | 滑嫩，黄色 |
| 特殊浆 | 苏打粉浆 | 鸡蛋清、淀粉、小苏打、水、精盐等 | 先把主料用小苏打、精盐、水等腌渍片刻，然后加入鸡蛋清、淀粉拌匀，浆好后静置一段时间使用 | 主料500g，鸡蛋清50g，淀粉50g，小苏打3g，精盐2g，水适量 | 质地较老、肌纤维含量较多、韧性较强的原料，如牛肉、羊肉等。多用于炒、爆、熘等 | 鲜嫩，滑润 |
| | 酱品粉浆 | 酱品（黄酱、面酱、辣酱等）或酱油和淀粉 | 将主料用调味品（精盐、料酒、味精）腌入味，再用酱品（黄酱、面酱、辣酱等）或酱油和淀粉调匀 | 主料250g，绍酒10g，黄酱30g，湿淀粉10g | 炒、爆、熘等菜肴及烹调后要求是酱色的菜肴 | 滑嫩，酱色 |

在水粉浆、全蛋粉浆、蛋清粉浆中还可加入不同的调味品，如胡椒粉、嫩肉粉、吉士粉、食油等。

调浆时应注意：浆的稀稠度应根据烹饪原料水分含量的多少来定，以浆能够均匀地将原料包裹为度，不可过稀或过稠。此外，还应当考虑淀粉本身的性能，吸水力强、糊化程度高的淀粉要控制用量。

### 3. 上浆所用主料的选择

上浆所用的主料宜选用鲜嫩的动物性原料，如猪精肉、鸡脯肉、牛肉、鱼肉、虾仁、鲜贝和内脏，刀工处理以加工成片、丝、丁、粒（米）、花刀形为主。

### 4. 上浆的工艺流程和一般方法

上浆的一般工艺流程见图7-5。

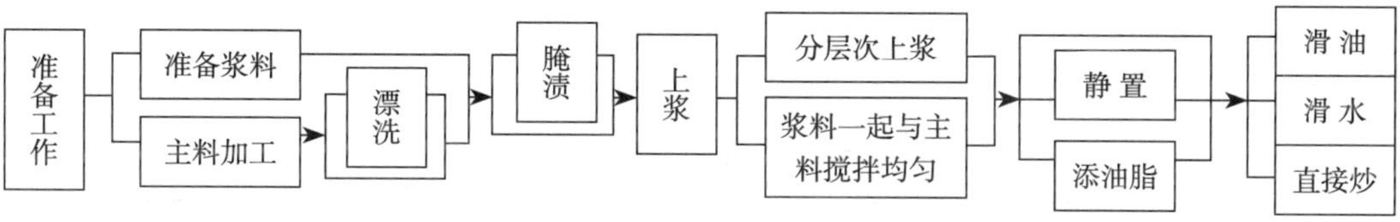


**图7-5　上浆的一般工艺流程及应用**

### 5. 上浆的技术关键

（1）灵活掌握各种浆的浓度　在上浆时，要根据原料的质地、烹调的要求以及原料是否经过冷冻等因素决定浆的浓度。

（2）恰当掌握上浆过程中的每一环节　上浆过程一般包括三个环节：一是腌制入味，一般在原料中加少许精盐、料酒等调味品腌渍片刻，浸透入味；二是用鸡蛋液拌匀，即将鸡蛋液调散（但不能抽打成泡）后加入原料中，将鸡蛋液与原料拌匀；三是调制的水淀粉必须均匀，不能存有渣粒，浆液对原料的包裹必须均匀。

（3）必须达到吃浆上劲　在上浆时必须抓匀抓透，一方面使浆液充分渗透到原料组织中去，达到吃浆的目的；另一方面充分提高浆液黏度，使之牢牢黏附于原料表层，达到上劲的目的，最终使浆液与原料内外融合。但在上浆时，对比较细嫩的原料如鸡丝、鱼片等，抓拌要轻，用力要小，既要充分吃浆上劲，又要防止断丝、破碎情况的发生。

（4）根据原料的质地和菜肴的色泽选用适当的浆液　要选用与原料质地相适应的浆液，如牛肉、羊肉中结缔组织较多，上浆时宜用苏打浆或加入嫩肉粉，这样可取得良好的嫩化效果。另外，菜肴的色泽要求不同，也要选用与之相适应的浆液。成品颜色为白色时，应选用蛋清浆；成品颜色为金黄、浅黄、棕红色时，可选用全蛋浆、蛋黄浆等。

## （二）挂糊工艺

挂糊是根据菜肴的质量标准，在经过刀工处理的原料表面适当地挂上一层黏性糊的工艺过程。挂糊的原料都要以油脂作为传热介质进行热处理，加热后在原料表面形成或脆、或软、或酥的厚壳。

1. 调制粉糊的原料

调制粉糊的原料主要有淀粉（干淀粉、湿淀粉）、面粉、鸡蛋、膨松剂、油脂等，也可加入一些辅助原料，如滚粘的原料（如面包渣、芝麻、核桃粉、瓜子仁等）、吉士粉、花椒粉、葱椒盐等。不同的用料具有不同的作用，制成糊加热后的成菜效果有明显的不同。

2. 糊的种类及调制

糊的种类很多，常用的有水粉糊（也称硬糊、淀粉糊）、蛋清糊、蛋黄糊、全蛋糊、蛋泡糊、发粉糊、脆皮糊等，其用料及调制方法如表7-7所示。

表 7-7　糊的种类及调制

| 种类 | 用料构成 | 调制方法 | 用料比例 | 适用范围 | 过油后的制品特点 |
|---|---|---|---|---|---|
| 水粉糊 | 淀粉、冷水 | 先用适量的冷水将淀粉澥开，再加入适量的冷水调制成较为浓稠的糊状 | 淀粉与冷水的用量为2∶1 | 厚片、块或整形料，以炸、溜为主 | 外焦脆、里软嫩、色金黄 |
| 蛋清糊 | 鸡蛋清、淀粉（或面粉）、冷水 | 打散的鸡蛋清加入干淀粉，搅拌均匀 | 鸡蛋清与淀粉（或面粉）的用量为1∶1 | 刀口一般为条、块，多用于炸、熘等方法 | 质地松软，呈淡黄色 |
| 蛋黄糊 | 淀粉（或面粉）、鸡蛋黄、冷水 | 用干淀粉（或面粉）、鸡蛋黄加适量冷水调制而成 | 鸡蛋黄与淀粉（或面粉）的用量为1∶1 | 多用于炸熘类菜肴 | 外层酥脆香、里软嫩 |
| 全蛋糊 | 淀粉（或面粉）、全蛋液 | 打散全蛋液加入淀粉（或面粉），搅拌均匀即可，切忌搅拌上劲 | 全蛋液与淀粉（或面粉）的用量为1∶1 | 多用于炸及炸熘类菜肴 | 外酥脆、内松嫩、色金黄 |
| 蛋泡糊 | 干淀粉、鸡蛋清 | 用蛋抽子（筷子或电打蛋器）将蛋清抽打成泡沫状态（以可以立一支筷子而不倒为度），而后加入干淀粉或面粉或兼而有之，调和均匀即成 | 鸡蛋清与干淀粉的用量为2∶1 | 鲜嫩、软嫩、柔软的原料，刀口为丁、条、片、球、块等，多用于松炸类菜肴 | 外形饱满、质地松软、色泽乳白 |
| 发粉糊 | 面粉、冷水、发酵粉 | 面粉先加少许冷水搅匀，再加适量冷水继续将粉糊澥开，然后放入发酵粉拌匀静置20min即可 | 面粉350g，冷水450g，发酵粉15g | 多用于炸类菜肴 | 涨发饱满、松而带香、色泽淡黄 |

续表

| 种类 | 用料构成 | | 调制方法 | 用料比例 | 适用范围 | 过油后的制品特点 |
|---|---|---|---|---|---|---|
| 脆皮糊 | 用老酵面 | 面粉、淀粉、老酵面、油脂、精盐、水、食用碱面等 | 老酵面加水澥开，放入面粉、淀粉和适量精盐搅拌均匀，静置3～4h，使粉糊发酵，以粉糊中产生小气泡且带酸味为准。临用前20min放入碱面水加入油脂搅匀 | 面粉380g，淀粉60g，老酵面70g，清水500g，食用碱面10g，适量精盐，油脂100g | 适用于脆炸类菜肴 | 外松脆、内软嫩、色泽金黄 |
| | 用干酵母 | 面粉、干淀粉、干酵母、油脂等 | 干酵母用少许水稀释后，再加水、面粉、淀粉调成稀糊，静置25min左右进行发酵，待糊发起后加油脂调匀 | 面粉350g，淀粉150g，水500g，干酵母10g，油脂100g | | |

### 3. 适宜挂糊的原料选择

挂糊的原料以动物性原料为主，也可选择蔬菜、水果等；原料形状可以是整形的、大块的，也可是其他形状的。

### 4. 挂糊的方法

（1）先将糊调好，再蘸（或拖、拌、裹）糊　即先将粉状原料（如淀粉、面粉）和其他着衣糊料（如鸡蛋）、调味品调和均匀制成糊，而后再把加工好的原料（多为主料）放在糊中挂粘、裹匀、拖过的操作技法。

（2）将糊料和主料一起抓拌均匀。

### 5. 挂糊的技术关键

（1）要灵活掌握各种糊的浓度（同上浆）。

（2）恰当掌握各种糊的调制方法　在制糊时，必须掌握“先慢后快、先轻后重”的原则。

（3）挂糊时要用糊把主料全部包裹起来　在挂糊时，要用糊把主料的表面全部包裹起来，不能留有空白点；否则在烹调时，油就会从没有糊的地方浸入主料，使这一部分质地变老、形状萎缩、色泽焦黄，影响菜肴的质量。

（4）根据主、配料的质地和菜肴的要求选用适当的糊液。

## （三）拍粉工艺

拍粉又称粘粉、上粉，是在加工成形的原料表面均匀地粘挂一层粉状原料的操作技法（传统上称拍粉为干粉糊）。拍粉常用的粉料有淀粉、面粉、玉米粉、米粉（大米粉、糯米粉）等。

1. 拍粉的种类和方法

（1）按其用料品种的多少，可分为两种。①单一粉料使用法：是指只使用一种粉状原料作为拍粉料。比如单用面粉或单用淀粉等；②复合粉料使用法：是指使用两种或两种以上的粉状原料调拌均匀作为拍粉料，比如“松鼠鱼”的拍粉料可用淀粉与面粉按7∶3的比例调匀拌制而成。

（2）按其操作方法分，常用的有三种。①滚料粘法：将原料在拍粉料中滚动而粘上粉料，比如莲子就是用滚粘法拍粉；②粘料抖动法：将原料粘上拍粉后，用手抖动原料，使粉料里外粘裹均匀，比如“松鼠鱼”的拍粉加工。③粘料拍制法：将原料粘上粉料后，用刀背拍一拍，比如中式牛排的拍粉工序。

2. 拍粉的操作关键

拍粉时要注意现拍现炸，这是因为粉料非常干燥，拍得过早，则原料内部水分被干淀粉吸收，经高温炸制后菜肴质地会发干变硬，失去外酥脆、里鲜嫩的效果，影响菜肴的质量；同时，粉料吸水过多也会结成块或粒，造成表面粉层不匀，炸制后外表不光滑美观，也不酥脆。所以，拍干粉时，现拍现炸为宜。

在烹制“松鼠鳜鱼”“菊花鱼”等菜肴时，原料剞花刀后，要腌渍调味，然后再拍粉油炸。原料经过多种液体调味品腌渍，被剞开的原料表面水分增大，黏性增强，干粉不易粘挂均匀，所以要边拍粉边抖动，防止炸制后，结成一团，花纹呈现不出来，影响卤汁的粘挂和吸收，失去酥松香脆的口感。

## （四）特殊粘挂方式

粘挂是指在加工好的原料表面粘挂上粒、米、肉糜等细小形态的着衣物料的操作技法。粘挂方法按其原料本身的生熟程度划分，有生料粘挂和熟料粘挂两类方法；按粘挂前原料形状或表层处理方式的不同，有上浆挂糊后粘挂、卷包工艺后粘挂、肉糜制品上粘挂三种形式。

1. 上浆挂糊后粘挂

一般多用此法粘挂原料，其中以在拍粉托蛋糊的基础上粘挂原料最为常见，此法用糊又称面包屑糊或拍粉托蛋面包屑糊。其工艺流程是：原料浸渍→拍粉→拖蛋液→粘挂面包屑（或鲜面包粉）。除粘挂面包屑以外，还可以粘挂其他着衣粘料，如芝麻、松子、栗子、花生、腰果、夏果、椰蓉、馒头渣、窝头渣等，其刀口多为粒、米、糜状。挂粘时要轻轻按实，以防止粘料在炸煎中脱落。

2. 卷包工艺后粘挂

（1）卷包先将主料加工成馅料，并进行调味，然后用薄皮形态的原料将其卷制或包制成方形、圆形、半圆形、菱形、三角形等不同形状的半成品。薄皮原料主要有油皮（豆皮、腐皮）、豆腐皮、鸡蛋皮（用鸡蛋液煎摊吊制成的薄皮）、菜叶、煎饼、江米薄饼等。

（2）挂粘先用鸡蛋液或水与面粉调和均匀制成糊，然后将卷包好的原料在糊中拖过或粘挂，再粘挂粘料，如面包屑、桃仁等。

3. 肉糜制品上粘挂

肉糜制品的粘挂法一般分为以下两种。

（1）先将肉糜制品酿（瓤）在或镶嵌在原料上，而后在肉糜上面粘挂粘料，比如面包屑（鲜面包粉）、松子、椰蓉等。

（2）先将肉糜制品（馅料）搓成丸子状，而后串在扦子上，再在粘料上滚粘即可。

## 六、勾芡工艺

勾芡是根据菜肴制作的特定要求，在烹制的最后阶段加入芡液，使菜肴汤汁具有一定的浓稠度的调质工艺，实质上是一种增稠工艺。勾芡也称拢芡、着芡、打芡、走芡，广州一带俗称"打献"，潮州一带则俗称"勾糊"。勾芡不仅能直接影响菜肴的滋味，而且还关系到菜肴的色泽、质地、形状等方面。

### （一）勾芡工艺的作用

1. 浓稠汤汁

一般地说，菜肴原料在烹调时总要加入一些鲜汤、液体调味品或水，原料受热后也有一些水分流出来，这些汁水汇合形成了汤汁。由于汤汁过于稀薄而不能附着于原料上，因而给人"不入味"的感觉。在汤汁中勾芡后，淀粉的糊化作用增加了菜肴汤汁的黏稠度和浓度，从而形成了菜肴的芡汁。这些芡汁不但能较多地包在菜肴原料上，而且还使菜肴的滋味鲜美。

2. 融合汤、菜

汤汁较多的汤羹类菜肴，主配原料往往会离析于汤汁之中，使汤、菜分离。如果在汤汁中勾芡，使汤汁变成芡汁，其浓度增加，就会与主配原料很好地交融在一起，达到保鲜增味的目的。比如酸辣汤、烩三鲜等汤菜，若不勾芡，主料则沉于汤底，见汤不见菜，以致影响菜肴的风味质量和客人的饮食心理。此时只要采用勾芡的手段，使汤汁浓度提高，黏性增强，汤菜就会融合在一起，部分原料还会显露于整个菜肴表面，突出了主料。

#### 3. 改善口感

勾芡能使菜肴的汤汁黏度增大，从而形成一种全新的口感。不同菜式的汤汁多少差异较大，有的很少，甚至没有，有的却又很多。不经勾芡，汤汁少者易感糙滞，无汤汁者易感干硬，汤汁多者易感寡薄。勾芡之后口感就不同了，一般无汤汁者因芡汁包裹菜肴原料，口感变得嫩滑；汤汁少者因芡汁较稠且与菜肴原料交融，口感变得滋润；汤汁多者因芡汁较清水黏稠，口感变得浓厚。

#### 4. 添色增亮

菜肴的芡汁有红色、黄色、白色、黑色、青色等，这些芡汁包裹于菜肴原料外表，使菜肴的色泽五彩缤纷。此外，淀粉本身具有旋光性，糊化后这种特性更加明显，这就使菜肴的芡汁具有较好的透明性和光泽度。

#### 5. 减少养分损失

菜肴的芡汁，一般是菜肴原料在加热过程中所形成的汤汁经勾芡后形成的，溶于汤汁中的各种营养物质，随着糊化的淀粉一起黏附在菜肴原料的表面，使汤汁中的营养成分得到比较充分的利用，减少了损失。

### （二）勾芡工艺使用的粉汁及其调制

#### 1. 单纯粉汁

单纯粉汁又称水粉芡、单纯粉汁芡，有些地方也称之为跑马芡，即用湿（或干）淀粉加水调匀而成不加调料的粉汁。这种粉汁的适用范围很广，主要用于烧、扒、焖、烩等烹调方法。因为这些烹调方法以水为主要导体，加热时间较长，在加热过程中可以有足够的时间将调味品逐个投入，使原料入味。所以应预先把调味品陆续加入，待菜肴口味确定并即将成熟时，再将水粉芡汁淋入锅内即可。

#### 2. 混合粉汁

混合粉汁又称调味粉汁、兑汁芡、碗汁芡，是在烹调前（或烹调过程中）先把某个菜所需要的各种调味品和湿淀粉、鲜汤（或水）放入一个碗中调好的粉汁，多用于爆、炒、熘等烹调方法。因为这类烹调方法多采用旺火速成，如果将各种调味品在菜肴原料加热过程中逐一下锅，势必影响操作速度，而且口味也不易调准。如果预先将制作菜肴所需的各种调味品及粉汁放在一起调匀，一并投入，就可达到既快又好的要求。

### （三）勾芡工艺的步骤和手法

#### 1. 下芡

下芡就是将调好的粉汁（单纯粉汁或混合粉汁）下入锅内的过程。具体手法主要有以下两种。

（1）倒入法　一般适用于混合粉汁，即根据烹调的需要，将调好的混合粉汁一次性倒入（或泼入）底油锅中或正在加热的菜肴原料上。

（2）淋入法　一般适用于单纯粉汁，即将调好的单纯粉汁缓缓淋入锅内正在加热的菜肴原料或汤汁中。在运用这种方法时，要注意下芡的位置要准确。一般情况下，宜让原料在锅的中央，下芡汁的位置应在菜肴的边缘、距离锅心1/3的地方。如靠近锅边勾芡，由于锅边温度太高，糊化后的淀粉发生焦煳；如在锅心勾芡，因其温度太低，淀粉糊化缓慢，导致菜肴加热时间延长，使菜肴出现老化现象。

### 2. 上芡

上芡是指将粉芡下入锅后，采用一定的手法使经过糊化的芡汁均匀裹在菜肴原料上或使芡汁、汤菜很好融合的过程。常用的手法有以下四种。

（1）翻拌法　即通过翻锅或拌炒，使芡汁均匀地粘裹在菜肴原料上的方法，一般适用于爆、炒、熘等芡汁较少的菜肴。

（2）晃勺法　即通过晃勺，使锅内芡汁均匀糊化，并裹在原料表面的方法，多用于扒菜。

（3）推搅法　即用手勺推动或搅动，使锅内芡汁和原料融合的方法，多用于烩、烧等烹调方法。值得注意的是，上芡时要待淀粉完全糊化后，方可用炒勺推动菜肴，然后迅速起锅装盘。如果芡汁一下锅就推动，淀粉尚未完全糊化，易出现脱芡现象，影响菜肴口感。另外，勾芡后不宜用手勺在锅中无规则的乱搅动。

（4）浇（泼）芡法　这是一种特殊的上芡法，即先把烹制好的菜肴原料出锅装盘，然后将另起底油锅，将爆好的芡汁泼浇于原料上的方法，适用于需要均匀裹芡又不能入锅翻拌的菜肴原料上芡。

### 3. 包尾油

在烹调工艺中，通常在勾芡之后还要紧接着往芡汁里加些油，使成菜达到色泽艳丽、润滑光亮的效果，这种技法一般称为包尾油。包尾油与勾芡的程序紧密相连，也可以说它是勾芡的补助方法，对菜肴的质量也有重要影响。

包尾油所用的油脂也称明油，明油既有动物油也有植物油。动物油如猪油、鸡油等；植物油如花生油、芝麻油等。此外，还有一些风味油，如辣椒油、花椒油、葱油、蒜油等。根据烹调方法和菜肴的不同要求，尾油按温度还有热油、温油和凉油之分，但这些油都必须是经过熟炼且没有特殊异味的油。

包尾油的方法一般有两种：一是底油包尾；二是浇（或淋）油包尾。底油包尾也称底油发芡，就是在净锅内加适量底油烧热，再将在另外一个锅中爆好的芡汁倒入，使芡汁发起且更加明亮的方法；浇（淋）油包尾是指在菜肴汤汁勾芡后，再根据需要浇（淋）入适量一定油温的油脂，使芡汁达到标准要求的方法。在实际中，底油包尾和浇（或淋）油包尾往往结合在一起使用。

### （四）勾芡的技术关键

#### 1. 掌握好勾芡粉汁的浓度和用量

一般来说，勾芡所用粉汁的浓度和用量要视锅中原料的多少与种类而定。原料少，芡汁的浓度小且量要少；原料多，芡汁的浓度大而且量要多。在同一菜肴中，用不同的淀粉勾芡，用量也是不同的。一般的规律是勾芡时淀粉用量与原料数量、含水量呈正比，与火候的大小及淀粉的黏度、吸水性呈反比。

#### 2. 准确地把握勾芡的时机

勾芡必须要在菜肴原料即将达到火候要求时进行，勾芡过早或过迟都会影响菜肴的质量。勾芡过早，菜肴原料还未成熟，继续加热，原料在锅中停留过久，粉汁就容易焦苦变味，失去光泽；勾芡过迟，菜肴原料已完全成熟，勾芡后还要因等待粉汁糊化而继续加热，势必造成菜肴原料受热时间过长变得老硬，失去脆嫩质感。

#### 3. 恰当控制勾芡的火候

在勾芡过程中，由于粉汁的加入，使锅内菜肴汤汁的温度下降，要使淀粉颗粒达到糊化完全，就必须提高锅内的温度。因此，粉汁入锅后，一定要及时升温，并辅以搅拌或摇推等手段，使淀粉颗粒在菜肴汤汁中分散均匀，受热平衡，并使芡汁达到糊化后均匀包裹在菜肴原料上，或使汤菜交融。

#### 4. 要把握好锅中的油量

在菜肴勾芡时，锅内菜肴的油量不宜过多，否则勾芡后菜肴的卤汁不易包裹住原料，菜肴的汤汁也不易完全融合。对于某些菜肴因制作上的需要而加入亮油（或称明油）的，可以等锅内淀粉完全糊化以后，再沿着锅边加入适量的油脂即可。

#### 5. 要根据烹调方法和菜肴的质量要求，灵活运用勾芡技术

勾芡有不同的手法，如下芡有泼入法、淋入法，上芡有翻拌法、晃勺法、推搅法、浇汁法等，这些方法都分别适用于不同的烹调方法。一般情况下，泼入、翻拌法用于炒、爆菜，而淋入法、翻拌法用于烧、焖菜，淋入晃勺法适于扒制菜，淋入推搅法适于烩制菜。

勾芡虽然是改善菜肴口味、色泽、形态的重要手段，但并不是每种烹调方法或每个菜肴都必须勾芡。有些烹调方法根本就不勾芡，如清炒、芫爆、烹、干煸、干烧、油焖等；而有些菜肴也不需要勾芡，如果勾了芡，反而降低了菜肴的质量，如炒豌豆苗、炒

绿豆芽等要求口味清淡脆嫩的菜肴，勾了芡便失去其清新爽口的特点；菜肴原料所含的胶质多、汤汁能自然稠浓的菜肴也不需要勾芡，如红烧鲫鱼、红烧蹄髈等；菜肴中已加入黏性调味品的（如豆瓣酱、甜面酱、蜂蜜等），也不需要勾芡，如回锅肉、酱爆鸡丁等；各种冷菜要求清爽脆嫩、干香不腻，如果勾芡反而会影响菜肴的质量，因此也不需要勾芡。

### 6. 勾芡的质量标准

菜肴的芡汁，是指在烹调过程中形成的具有一定浓稠度的菜肴汤汁。其种类很多，且不同的芡汁有不同的特点和用途，但也有共同的质量标准。

（1）均匀一致　菜肴各部分的芡汁要稠稀均匀、浓度一致，不能有的地方稠，有的地方稀，更不能出现粉疙瘩现象。

（2）稀稠适度　芡汁的浓度要根据不同的烹调方法和具体的菜肴来确定。如有些菜肴的芡汁属于厚芡，而有些菜肴的芡汁则属薄芡，但不论哪种芡，都要达到稠稀适度的标准。如果芡汁太稠，口感发腻，影响菜肴形态；如果芡汁太稀，裹不住原料也起不到芡汁应有的作用。

（3）数量适宜　芡汁的数量多少对菜肴的质量影响也很大。通常情况下，爆菜、炒菜的芡汁要少些，要求芡汁紧紧包裹在原料上；烧菜、扒菜的芡汁要多些，吃完菜后盘底尚要留有余汁；烩菜的芡汁则更多，为半汤半菜，或芡汁多于菜料。

（4）色、味准确　芡汁的色泽、口味是否准确也是衡量菜肴芡汁质量的重要指标之一。由于菜肴品种的丰富性，菜肴芡汁的色泽和口味也是多种多样的。如有的是咸鲜味型、有的是酸甜味型、有的是鱼香味型等；有的是白芡、有的是红芡、有的是黄芡等。所以芡汁的色泽、口味也要符合菜肴的整体要求，做到准确、恰当。

（5）明亮光洁　菜肴的芡汁要与明油融合，相映生辉，达到“明油亮芡”的效果。

## 问题与讨论

1. 如何理解“味”这一概念？为什么说“味”是中国菜的灵魂？

2. 如何理解中国烹调工艺中的“和”文化？

3. 如何理解“口之于味，有同嗜焉”和“物无定味，适口者珍”这两句话？

4. “制作一般清汤和高级清汤的基本工艺相同，只是高级清汤的加热时间更长。”你认为这种观点对吗？为什么？

5. 在烹调时，为什么会出现“脱糊”或“脱浆”的现象？

6. 清汤鱼圆的成品要求是：鱼圆色白细嫩、光滑而有弹性，汤汁纯厚，汤色清澈见底。在烹调时有时会出现以下现象：鱼圆色泽发暗、口感粗老；鱼圆下沉、弹性不足；汤汁浑浊、口味不纯。请分析其原因。

7. 讨论肉蓉胶成形的原理。

## 实训项目参考

1. 糖醋汁、鱼香汁、怪味汁、西汁的调制实训
2. 一般清汤、高级清汤、一般白汤、高级奶汤的调制实训
3. 猪肉蓉胶、鸡肉蓉胶、鱼肉蓉胶、土豆泥的调制实训
4. 蛋泡糊、发粉糊的调制实训
5. 挂糊、上浆、勾芡技法实训

# 第八章

# 热菜烹调工艺

**教学目标**

**知识目标**

（1）了解热菜烹调工艺的分类

（2）掌握每种烹调工艺的概念、流程、成菜特点及代表菜

（3）明确各种热菜烹调方法的异同

**能力目标**

（1）掌握各种热菜烹调工艺的操作技巧和技术关键

（2）能熟练运用各种热菜烹调方法制作符合质量标准的菜肴

（3）能够举一反三，掌握各类烹调工艺的基本规律

**思政目标**

（1）树立自信心，养成刻苦学习、钻研专业知识和技能的习惯

（2）培养高度安全意识和良好服务意识，养成规范严谨的操作习惯

（3）体会学习热菜制作的乐趣，培养热爱烹饪的情感

## 内容提要

（1）炒爆工艺

（2）炸煎工艺

（3）熘烹工艺

（4）烧扒工艺

（5）氽炖工艺

## 新课导入

前面学习的几章都是烹调工艺流程中的一些主要工序，如初加工、分割及刀工成形、组配、烹制、调制等，这些工序只有通过有机的组合，才能制作出符合标准的菜肴。在烹调工艺中，通常把经过初加工和切配成形的原料，通过加热、调味等手段的分别或综合运用，制成不同风味菜肴的操作方法，称为烹调方法，它处在整个烹调工艺流程的最后阶段。

烹调方法是我国烹调工艺的核心和灵魂，是劳动人民几千年来烹调实践经验的

科学总结。正确掌握、熟练地运用各种烹调方法，不仅可以对成千上万的菜肴分门别类、执简驭繁，还可以举一反三、触类旁通，在继承传统的基础上不断创新，创造出更多的菜肴。

我国烹调方法的种类众多，地方性强，具有灵活性，分类的方法也众说纷纭。本教材将其分为热菜烹调方法和冷菜烹调方法，本章学习热菜烹调方法，即热菜烹调工艺。

热菜是指食用温度要求明显高于人体温，制好后必须及时趁热食用，才能表现其品质的一类菜肴。热菜的烹调方法按照直接传热介质的不同，主要可分为以油为主要传热介质的烹调方法、以水为主要传热介质的烹调方法、以汽为主要传热介质或辐射导热为主的烹调方法、以固态物质为主要传热介质的烹调方法等。这几类烹调方法中的每一种具体烹调方法都有与之相对应的相对固定的传热方式（或传热介质），称之为基本烹调方法。此外，还有一些烹调方法没有固定的传热介质，本书把它们归入特殊烹调方法或特殊烹调形式（图8-1）。

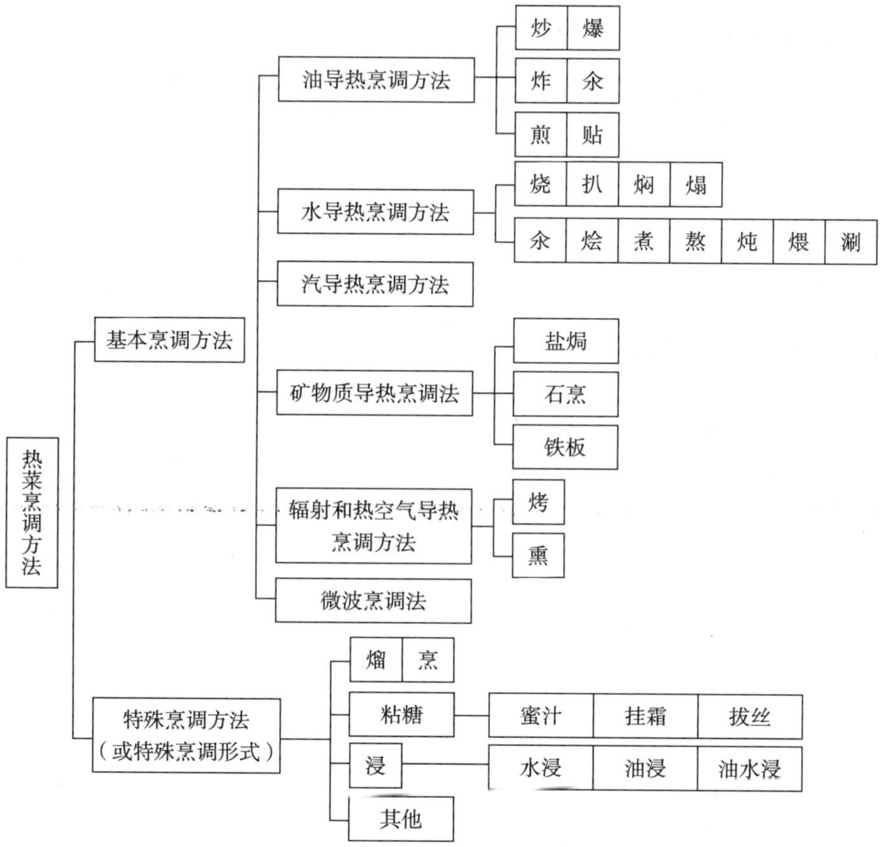

图8-1 热菜烹调法分类

# 第一节 炒、爆

## 一、炒

炒是中国烹调工艺的特征技法，是地道的国粹，其出现和铁锅的广泛使用有直接关系。从文献记载看，“炒”法首见于《齐民要术》；从文物考古看，目前发现最早的铁锅是汉代遗物。在现实生活中，人们往往把厨师称为“炒菜的”，“炒菜”似乎成了中国烹调工艺和中国菜的代用词。

### （一）定义

炒是将经过加工的鲜嫩小型的原料，以油（小油量）与金属（炒锅）为主要导热体，用旺火在短时间内加热、调味成菜的一种烹调方法。炒的主要标志：一是油量少；二是油温较高；三是被加热的原料形状小，如丝、丁、片等；四是加热时间短，原料在锅中不停运动，多角度受热，成菜快。

### （二）工艺流程

炒制工艺一般要经过选料、刀工、上浆（或不上浆）、滑油（或不滑油）、底油翻拌等工序，一般工艺流程见图8-2。

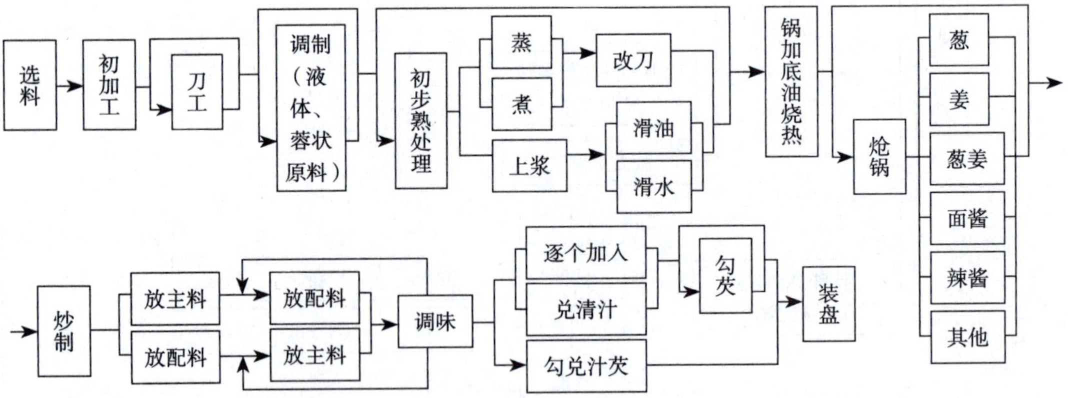


图8-2 炒制工艺流程图

## （三）技术关键

（1）刀工要精细　炒制菜肴的操作时间短，所以原料要加工成小的形状，要求粗细相等、大小薄厚一致。

（2）操作时，要先将锅烧热，再放油。锅要滑，以防原料粘锅。

（3）要旺火急速烹制，但火力的大小和油温的高低要根据具体原料和菜肴而定。

## （四）成菜特点

（1）汤汁少　炒制菜肴一般都是紧汁，食完后，盘底只留有薄薄的油汁。

（2）质地滑、嫩、脆。

（3）口味鲜美，以咸鲜为主。

（4）主配料互相配合。

## （五）分类

炒制法有多种类型，按照不同的分类标准，可分为不同的种类（图8-3）。

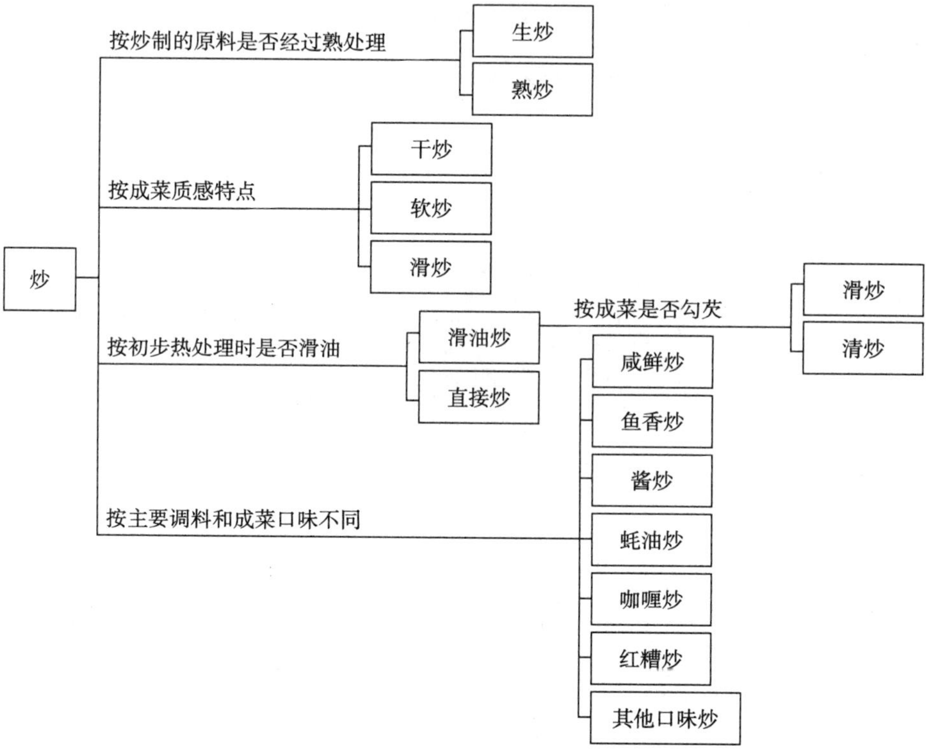


图8-3　炒制工艺分类

### 1. 生炒

（1）概念　生炒是将加工成薄片或丝、丁状的生料，直接用旺火热锅热油快速翻拌成熟并调味而制成菜肴的烹调方法。其所用的主料（无论是动物性原料还是植物性原料）是生的，不经过熟处理，也不腌渍、不挂糊、不上浆、不拍粉，起锅时不勾芡。

（2）工艺流程　选料→初加工→切配→锅烧热用油滑锅→放油烧至五六成热（160℃左右）→投入原料炒散→加放调味品→炒至断生起锅装盘。

（3）原料要求　生炒的选料范围较窄，只限于禽畜鱼肉的细嫩部位和鲜嫩蔬菜的茎、根、叶，还要加工成丁、片、丝等细小形状。

（4）操作要领

①要注意三个“不”：原料事先不经过调味拌渍，不挂糊（上浆、拍粉），起锅时不勾芡。

②刀工是生炒的一大关键，不但要求刀口整齐，规格划一，而且还要根据不同原料部位和不同菜肴的要求，采用不同的刀法，否则就无法保证生炒质量。

③锅（勺）应先烧热，而后用油滑一下，再将油倒出，使锅滑润，锅（勺）油光明亮。

④掌握好投料的顺序。单一品种菜肴的烹饪原料可一次入锅，两种或两种以上的原料，要根据原料的质地、口味等先后下锅烹制。一般有以下四种情况：一是先放主料法。油热后先放主料，不停地快速翻炒，而后再放入配料以及葱、姜、蒜等小料。二是先煸小料法。火力不大时，放主料之前先用油煸蒜、姜、葱等。三是将主料炒至半熟时，放入小料法。四是同时煸主料、配料、小料法。将主料、配料和小料同时下锅煸数下后再放入调味品炒几下即可。

⑤生炒的最大关键在于火候，即在生炒的整个过程中，锅内都要保持高温，包括生料下锅后，温度也不能下降，否则，就难以保证生炒菜肴的脆嫩。在实际操作中，生炒的技巧可概括为“活”“快”“准”“轻”四个字。“活”指手法灵活、配合默契，“快”指出手快，“准”指下调料准，“轻”指出手要轻、用力要匀。

⑥出锅盛装要及时，菜肴的汤汁要少。

（5）成菜特点

①汁与主料交融在一起，吃完菜，盘中只有淡淡的一层薄汁。

②口味咸中有鲜。如主料是植物性的，含有蔬菜的清鲜香味；如主料是荤素相配的，它又有肉类的醇香，清爽利口。

③质地脆、嫩。

（6）代表菜品　如粤菜“蒜蓉炒通菜”、川菜“生炒盐煎肉”、上海菜“生煸草头”、淮扬菜“炒鳝背”、北京宫廷菜“炒黄瓜酱”“炒肉末”、清真菜“炒甘肃鸡”“酱炒笋鸡”等。

2. 熟炒

（1）概念　广义的熟炒是指以前期热处理的全熟或半熟的烹饪原料做主料，经过刀工处理成为丁、片、条块等刀口状态，再用旺火或中火进行炒制成菜的烹调方法；狭义的熟炒只是指主料经水焯、水煮（也可酱或蒸）前期热处理后再炒制的方法，一般不包括经上浆滑油、挂糊油炸等其他前期热处理后再炒制的方法。下面所指的主要是狭义的熟炒。

（2）工艺流程　选料→初步处理→切配→滑锅下料→熟炒烹制→装盘。

（3）操作要领

①选料　熟炒菜肴主要适用于已加工成熟或半熟的动物性原料，原料成形要比生炒菜大。调料多用酱类，如甜面酱、黄酱、豆瓣酱、酱豆腐等；配料多用含有芳香气味的蔬菜，如芹菜、蒜薹、青蒜、大葱、青椒等。

②主料原料在进行初步熟处理时，要根据菜肴质量标准，恰当掌握原料的成熟度，以保证菜肴的口感。不易迅速成熟的辅料（如笋和茭白等），也可进行熟处理。

③原料在熟处理前，需根据成形要求，修整成利于切片的形状。熟处理后原料的改刀要注意，猪肉的片略厚一些，牛羊肉的片相对薄一些。所切的片、丝、条，不但长短、厚薄要一致，而且片不宜薄、丝不宜细、条不宜粗。

④熟炒时以中火为主，如数量多，也可用旺火。油温一般掌握在五六成热（150～180℃）为宜。原料下锅，要反复翻炒至出香味，及时出锅。若使用甜面酱、豆豉、郫县豆瓣酱等一类调味品，必须炒出香味，以保证菜肴质量。

⑤一般不勾芡，也有勾薄芡的，使菜肴略带卤汁。

（4）成菜特点

①口味咸鲜爽口，醇香浓厚，有特殊芳香气味。

②质地柔韧，嫩烂。

③见油不见汁。

（5）代表菜品　如四川菜“回锅肉”、湖南菜“东安子鸡”、江苏菜“炒鳝糊”、北京菜“炒肚片”等。

3. 干炒

（1）概念　干炒，又称干煸，是用少量热油把原料内部的水分煸干，再加入调味品（大多数为辛辣味料，如豆瓣酱、花椒、胡椒等）煸炒，使调味品充分渗入原料内部的一种烹调方法。在干炒过程中，原料的由生变熟，更多的是依靠铁锅（金属）传热，油只起润滑、调味和减少维生素C损失的作用。

（2）工艺流程　一般有三种。

①主料经刀技加工后，不挂糊，用部分调味品先拌渍，入油锅旺火迅速煸炒，加配料，再加调味品炒尽汤汁即可。

②主料经刀技加工后，用少许淀粉上浆，然后入旺火热底油锅煸炒，加配料、调味品，收尽汤汁即可（此种方法炒出的菜肴比第一种要嫩一点儿）。

③主料经刀技加工后，用调味品拌渍，然后上浆，滚面粉，入四五成热的油锅稍炸一下。原勺加底油，炝锅，加配料和调味品，收尽汤汁即成。

（3）操作要领

①干炒菜的主料，一般在炒前先用调味品略腌一下。

②应该注意火候。干炒菜所用的火力，应先大后小。火力旺，原料内部水分来不及蒸发，会形成外焦里还不透的现象；火力过小，原料水分不能大量蒸发，会韧而不酥。

（4）成菜特点

①其色多为深红色。

②口味以咸鲜为主，略带麻辣。

③干香酥脆，不带汤汁。

（5）代表菜品　如四川菜干煸牛肉丝、干煸鳝鱼丝、干煸鱿鱼、干煸冬笋等。

4．软炒

（1）概念　软炒是指将经加工成流体、泥状、颗粒的半成品原料，先与调味品、鸡蛋、淀粉等调成泥状或半流体，再用中小火热油迅速翻炒或滑油后再炒制成菜的烹调方法。

软炒与其他炒法有很大的区别：

①其他炒法处理的原料一般为固体，如各种肉类、蔬菜等，而软炒则以蛋液、牛奶等液体或半固体为原料，因而它能处理其他炒法所不能处理的原料，从而使更多的原料适用于炒制，扩大了原料的使用范围。

②炒的结果不同：一般的固体原料，炒时只需炒熟即可，可挂糊或不挂糊，可是对于液体原料的软炒，则要通过炒，把液体变成固体，方才达到目的。

③成菜的特点不同：软炒菜肴与一般炒法成菜相比，具有质嫩味香的质感以及色白、似棉絮状的外观。

（2）工艺流程　选料→原料加工→组合调制→滑锅过油或直接推炒均匀→炒制成菜→装盘。

（3）操作要领

①软炒所用的主料，一般是液体或糜状原料，通常以牛奶、鸡蛋和剁成细泥的鸡脯肉、净鱼肉、里脊肉等为主，也可以是一些小型无骨肉料（如鲜虾肉、牛肉、鸡肝、火腿等）。

②部分软炒的主料，如鸡肉和鱼虾等，都需剔净筋络，刮肉捶砸成细泥状，或经熟软后（如豆和薯类），压制成细肉糜才能使用。辅料均切成小片、菱形片或颗粒状。

③软炒的原料入锅前，需预先组合调制，根据主料的凝固性能，掌握好鸡蛋、淀粉、水分的比例，使成菜后达到半凝固状态或软固体的标准。部分不需组合的菜肴（如豌豆泥、蚕豆泥、土豆泥等），也要同时配好辅料（荸荠、蜜饯等）。

④在火候上要注意先用旺火烧锅，下油滑锅后，要转入中小火。主料下锅后，要立即用手勺急速推炒，使其全部均匀地受热凝结，以免挂锅边。发生挂锅边的现象时，可顺锅边点少许油，再进行推炒至主料凝结为止；但也不可过分推炒，以免原料脱水变老。

⑤掌握好成菜的色泽和口味，油脂和淀粉应选择白色、无异味的。此外，还要考虑到辅料、调味品和蜜饯等对菜肴色泽、口味的影响。甜香味软炒菜肴，一定要待原料酥香软烂后，再按菜肴要求加入白糖和油脂，待糖与油脂完全融化后，及时出锅，成菜才会有甜香、酥糯、油润的效果。不能使白糖炒焦变色，还要防止糖受热后溶为液态而影响菜肴的稀稠度。咸鲜味软炒菜肴，口味宜清淡、鲜嫩、不腻，要控制好油脂的用量。

（4）成菜特点

①软炒菜无汁，形似半凝固状或软固状。

②口味主要有咸鲜、甜香两种，清爽利口。

③质地细嫩滑软或酥香油润。

（5）代表菜品　如北京菜“三不沾”、广东菜“炒鲜奶”、山东菜“炒芙蓉鸡片”、河北菜“白玉鸡脯”等。

### 5. 滑炒

（1）概念　滑炒，是将加工成小型的原料，先上浆滑油，再用少量油在旺火上急速翻炒，最后用对汁芡或单纯粉汁勾芡的一种烹调方法。

滑炒和熟炒相似，都要经过两次加热，都是生炒的发展和创新，但经过演变，在做法和风味上又有很大差异。例如滑炒所用原料，都是加工成片、丝、丁、条等细碎小料，而熟炒在开始时则要用大块料和整条料；滑炒原料要用蛋清、淀粉等上浆，熟炒原料则既不上浆，又不挂糊；滑炒第一次加热，要用温油拉滑方法，而熟炒第一次加热，主要是用旺火、沸水、白煮（有些品种也用蒸、烧、炸的方法）；滑炒第二次加热是直接下锅，而熟炒第二次加热前，原料要凉透，灵敏度刀切成薄形片、条状，其规格比滑炒的要大要薄；滑炒第三次加热，原料和调味品一起下锅，颠翻几下，即应出锅，锅内时间停留很短，时间长了变老，而熟炒则是原料先下锅，反复煸炒，炒透之后，才下调味品入味；滑炒菜肴卤汁紧包，质感以柔嫩爽滑为主，熟炒则略带卤汁，风味以醇香浓厚为主。所以，滑炒和熟炒虽然皆源出生炒，但已形成做法、风味不同的两大流派。

（2）工艺流程　选料→初加工→切配→码味、上浆→兑好芡汁→锅烧热用油滑锅→放入主料滑油→锅加底油烧热→炝锅→煸炒辅料→放入主料→倒入兑好的芡汁→待淀粉糊化淋明油→出锅装盘。

（3）操作要领

①选料与加工：滑炒的原料要求鲜活、细嫩、无异味，多选用猪、牛、羊肉和鸡、鱼、虾等的净料，如肉类选用里脊和细嫩的瘦肉，鸡类选用鸡脯肉，鱼虾以鲜活的为佳。刀工成形以细、薄、小为主，如薄片、细丝、细条、小丁、粒、米等，自然形态小的原料如虾仁，才用原形，较大较厚的要剞上花刀。

②码味、上浆：应先码味后上浆，码味的调味品主要是盐、料酒等，浆料主要是淀粉或蛋清、淀粉。浆的厚薄及吸浆时间，要根据原料的质地、性能而定。

③滑炒时要求火力旺，操作速度快，成菜时间短，因此需事先或操作时在碗内兑好芡汁，以确定菜肴最后的复合味。

④滑油要得当：将锅烧热，用油滑锅后下油，一般油温应控制在五成热（约150℃）以下，迅速滑散，待原料转色断生捞起，倒净油。

⑤回锅调味要迅速：回锅调味是滑炒的最后一道工序，其作用有两个：一是再加一次热，使原料完全成熟；二是调味，确定最后口味。滑后回锅调味，与一般生炒方法大体相同，但速度要快，不能在锅内停留过长，否则也会变老。为争取时间，调味汁必须事先兑好。当原料滑好回锅时，要立即倒入，迅速颠翻几下，使调味汁稠浓，均匀裹在原料上，即可出锅。

（4）成菜特点

①汁紧油亮。

②色泽以白色为主，也有其他色泽，如深红、鲜红、金黄、浅黄等。

③口味多样，如鲜咸、鱼香、茄汁、酱香、宫保、蚝油等。

④质地柔软滑嫩，清爽利口。

（5）代表菜品　如传统大众菜“滑炒肉丝”“滑炒鸡丝”“滑炒鱼丝”，以及浙江菜“莼菜炒肉丝”、广东菜“碧绿鲜带子”“七彩牛肉丝”等。

**6. 清炒**

（1）概念　清炒，是将加工成小型的原料，经上浆滑油后，以清汁（即不勾芡）

翻炒的一种烹调方法。清炒与滑炒极为相似，只是无配料（个别亦加配料）、不用芡汁而已。

（2）工艺流程 选料→初加工→切配→码味、上浆→兑好清汁→锅烧热用油滑锅→放入主料滑油倒出→原锅加底油烧热→炝锅→放入主料→倒入兑好的清汁颠翻→出锅装盘。

（3）操作要领

①清炒菜因大多数无配料相衬，所用主料必须新鲜细嫩。

②刀工要求整齐划一，不可粗细不等、薄厚不匀。

③清炒菜原料多上浆（也有不上浆的），经滑油之后，要清爽利落，故火候要运用得当。

（4）成菜特点

①清炒菜多为白色（也有红色的）。

②口味咸鲜，清爽利落而不黏糊。

③质地鲜嫩。

④食后，盘底无汁，只有一层薄油。

（5）代表菜品 如山东菜“清炒里脊丝”、广东菜“清炒荷兰豆”、淮扬菜“清炒蝴蝶鳝片”“清炒虾仁”等。

## 二、爆

爆与炒比较相似。在清代，“爆”还属于炒法的范围，称之为“爆炒”。据考证，“爆”作为一种烹调方法出现在菜名中，始于黄河流域的北方。而在南方，“爆”只是个外来词，这就像南方完整的“炒”的概念对于北方来说也只是外来词一样。在较早出版的菜谱中，北方菜谱“炒”字极少出现，南方菜谱则几乎没有“爆”字。当然，这并不说明南方就没有爆菜，只是没有以“爆”字命名的而已。后来随着南北交流，南方归纳了北方爆菜的特点，引进了“爆”这一概念，把一些以前勉强归在炒或其他烹调方法中的菜归进爆，这样爆便有了区别于其他烹调方法而独立存在的意义。所以说，爆是在炒的技法上发展而来的，炒是爆法之源，爆是炒法之流。

### （一）定义

“爆”最初的意思是烧和热，后逐渐扩展成火烧、火烫、炸裂，在烹调中用来比喻一些原料在很短的时间被烫爆成菜。烫爆的导热体温度必高，温度高，时间短，原料必小。

中国传统烹调工艺中，“爆”有汤爆、水爆和油爆之别。本教材中将“爆”定义为：某些特定的动物性原料以油作为主要导热体，在旺火热油（中等油量）中快速烹调成菜的一种烹调方法。特定原料主要指鱿鱼、墨鱼、海螺、肚尖、肫、猪腰等成熟后呈脆性的原料，鸡肉、鸭肉、瘦猪肉、牛肉等鲜嫩原料不在本范围。

## （二）工艺流程

爆的一般工艺流程见图8-4。为了缩短烹调时间、保证菜肴的脆嫩和掌握合适的口味，爆菜的调味品可预先调制成味汁。

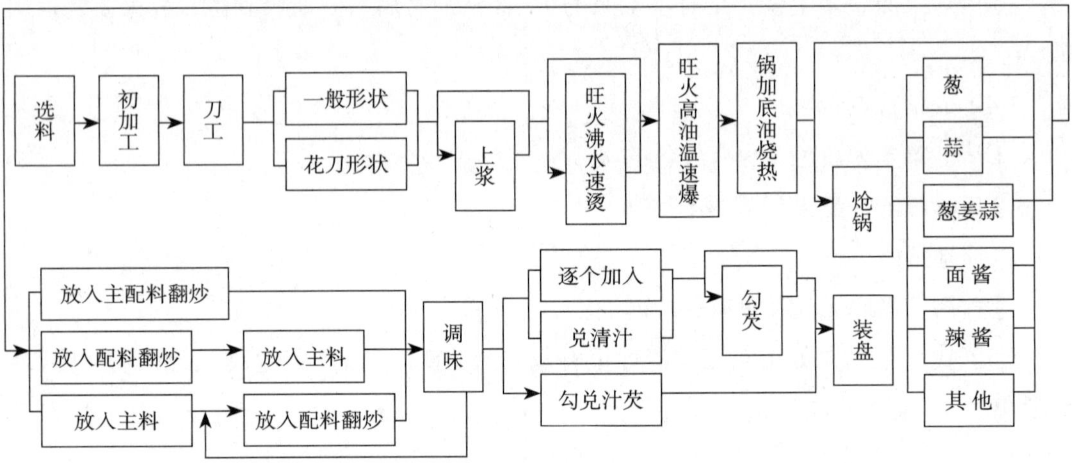


图8-4 爆制工艺流程

## （三）技术关键

### 1. 刀工是做好爆菜的前提条件

爆菜的刀工要求十分严格，这是由旺火、加热时间短而决定的。爆菜原料成形除少数薄片外，一般都必须剞花刀。改刀时，刀距要均匀，刀纹要深而不透。

### 2. 火候决定爆菜的质感

爆的全部烹调过程要分为“焯”（有的称烫、飞水）、“炸”（有的称爆、过油）、“炒”三个步骤。三个步骤要连续操作，一气呵成。有人把厨师做爆菜比作摄影师拍照抢镜头，其实厨师做爆菜的技术难度更大，因为在一瞬间，要连抢“水焯”“油炸”和“颠炒”三个火候，使菜肴达到脆嫩程度。

## （四）成菜特点

卤汁紧包原料（紧汁芡，食后盘底只有薄油一层，而无汁）；味清淡爽口，以咸鲜为主。

## （五）分类

根据主要调配料和成菜口味的不同，爆一般可分为油爆、芫爆、酱爆、葱爆、蒜爆、火爆等。

### 1. 油爆

（1）概念 油爆就是将加工好的小型原料用沸水稍烫（至四成熟，但也有不烫的），捞出沥干水分，随即再在沸油锅内爆至七成熟，捞出沥油，加入配料，倒入兑好的调味芡汁（葱、姜、蒜末、麻油、盐、味精、料酒、湿淀粉、鲜汤等），迅速颠翻几下即成菜肴的一种烹调方法。

（2）操作要领

①油爆的全部烹调过程要连续操作，一气呵成。特别是水焯和油炸，时间更短，都不超三五分钟。所以观看厨师制作爆菜时，锅勺飞舞眼花缭乱，转眼之间，菜肴已成。如果工夫不到家，动作稍慢，出锅稍迟，菜肴就会发“皮”（即发艮、发韧）、变老，咬嚼不动，失掉爆法“脆嫩爽口”的独特风味。

②要掌握好火候：油爆的火力，要冲要旺，火力一小，无法爆制，而且每道工序都是如此。如：焯要旺火开水，炸要旺火沸油，“三旺三热”是油爆的根本条件。油炸的油量要相当原料2～3倍，即属于中等油量，油量不足，也会影响爆菜的风味。

（3）成菜特点 口味以鲜咸为主（糖和醋的用量极少，不能盖没主味，具有加糖不甜、用醋不酸的特点。放醋可以增其脆性。）；卤汁紧包，色泽均匀，油分极少，食后盘内无汁；油爆菜料主料多为本色，并有葱姜蒜的香味，食之脆嫩，清爽不腻。

（4）代表菜品 如油爆鱿鱼卷、油爆双脆、油爆肚仁、油爆墨鱼花、油爆海螺片、油爆鲜带子、油爆爽肚、黑木耳爆螺肉、青椒爆鹅肠等。

### 2. 芫爆

（1）概念 芫爆是以芫菜为主要配料的一种油爆法，其制作方法与油爆基本相同。

（2）操作要领 芫爆的操作要领与油爆基本相同，不同的是：

①芫爆必须用芫荽（香菜）梗做配料，芫荽、蒜末要待到菜肴成熟时再放，以使其口味浓郁；胡椒粉要放到汁中。

②由于是清汁，调味要重一些，汁要少一些。

（3）成菜特点 芫爆菜多用主料的本色，不外加色，又以芫荽为配料，白绿相间，色调雅致，主料味鲜而清爽，有浓郁的芫菜味，食之别有风味。

（4）代表菜品 如芫爆二条、芫爆鱿鱼丝、芫爆鱿鱼卷、芫爆散丹、芫爆乌鱼条、芫爆牛肚、芫爆腰条等。

### 3. 酱爆

（1）概念　酱爆，就是以炒熟的甜面酱或黄酱爆炒主料、配料的一种烹调方法。其操作方法与油爆基本相似，不同的是：一是将过油后的原料放入炒好的面酱中颠翻裹匀；二是调味品除用酱外，还需加少许糖，而不再放醋。

（2）操作要领　烹制酱爆菜的关键是把酱炒好，酱的数量一般以相当于主料的1/5为宜，炒酱用油的数量以相当于酱的1/2为好，油多酱少，则包不住主料，油少酱多则易巴锅。油和酱的比例不是绝对的，可视酱的稀稠而增减油的用量，一般是酱稀用油多些，酱稠用油少些。要把酱炒熟炒透，炒出香味来，不可有生酱味。

烹制酱菜放糖不可过早，一般是在菜即将熟时放糖，这样既能增加菜的甜美味，又能增加菜的光泽。

（3）成菜特点　酱爆菜多为深红色，油光闪亮；味咸而有浓郁的酱香味；质地脆嫩爽口。

（4）代表菜品　如酱爆墨鱼、酱爆鱿鱼、酱爆鸭舌、酱爆螺花、酱爆蛏肉等。

# 第二节
# 炸、煎、贴

## 一、炸

炸需要大量的热油，因此在植物油大量投入使用之前，此法并不被普遍采用。中国植物油榨制的历史在明代才有确凿的工艺记载，虽然在《齐民要术》中已有食用植物油（如苏子油）的记述，但用于像“炸”法这样需要大量油的场合还不可能，特别是早期使用的植物油如苏子油、麻油等，勉强用于低温油炸还可以，若用于高温油炸则会因其烟点太低导致成品效果并不理想。清代《随园食单》中明确称“炸”的菜肴只有“炸鳗”一款，在类似的技法语言中多以“灼”表示，如“油灼肉”。直到清朝同治光绪年间，夏曾传作《随园食单补证》时，炸法才普遍使用。

## （一）定义

炸是将经过加工整理的烹饪原料基本入味后，放入装有大量油的热油锅中，使成品达到焦脆或软嫩或酥香等质感的烹调方法。油在炸制的过程中，既是传热介质，又起着去异味、增香调味的作用。炸菜无汤汁、无芡汁，成品一般需要附带辅助性配料配食，即佐餐调料（料碗或味碟）。

## （二）工艺流程

炸制法的一般流程是：将主料经过刀工加工后，用调味品拌渍入味，再挂糊（有的挂硬糊，有的挂软糊，也有的不挂糊），放入旺火热油中炸制熟，捞出沥尽油分，装盘（如果是大块整形原料，还要改刀），随带辅助调味品上席即可（图8-5）。

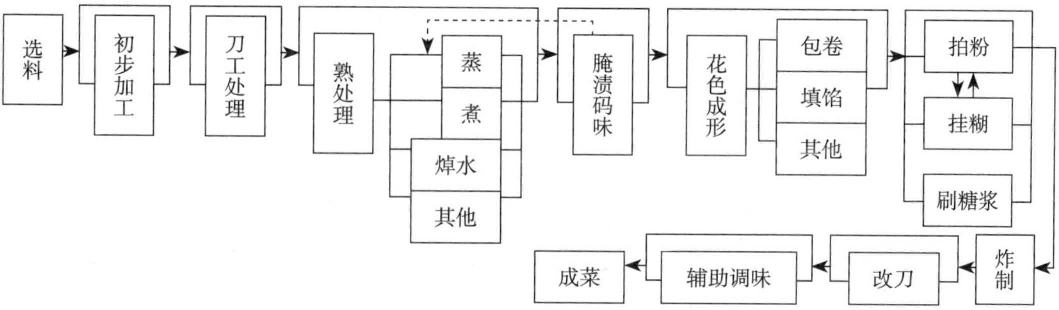


图8-5　油炸工艺基本流程

## （三）技术关键

（1）在一般情况下，炸制菜肴所用的油量应是原料的三至四倍为最好，过多过少都会影响菜肴的质量。

（2）油温掌握　油温过高，原料炭化变黑发苦；油温不足，就不能形成炸制品的各种特色。各种类型的油温要根据不同的技法和原料的不同性质来掌握。

（3）原料下锅后，要根据不同的情况掌握好“复炸”“隔炸”“浸炸”等。“复炸”就是原料下锅后，先炸到一定成熟度（有的五六成熟，有的七八成熟），捞出来，重新调节油温，再放回复炸一下，以达到炸的应有效果；“隔炸”一般指的是油温高了即将油锅离火，油温低了再上火，这也是调整油温保证炸制品质量的重要方法；“浸炸”即要在适当火候（一般是烈油）下锅，立即端离火口，密切注视锅内原料炸的情况，适可取出。在炸的过程中，除了善于鉴别火力大小外，还要目光敏锐，能观察出原料的色泽变化，手头利落，动作快而及时才能适应火候的不同情况。

## （四）成菜特点

（1）质感焦脆或软嫩或酥香。

（2）色泽金黄或黄红。

（3）口味咸鲜，带有特殊的油香和清香味。

## （五）分类

炸制法按成菜质感不同，可分为干炸、软炸、酥炸、脆炸等；按原料表层处理方法的不同，可分为清炸、挂糊炸、挂浆炸等；按加热方式不同，可分为油泼、油淋、油浸等；按油温不同，可分为高温油炸（热油炸）、中温油炸（温油炸）、低温油炸（冷油炸）等（图8-6）。

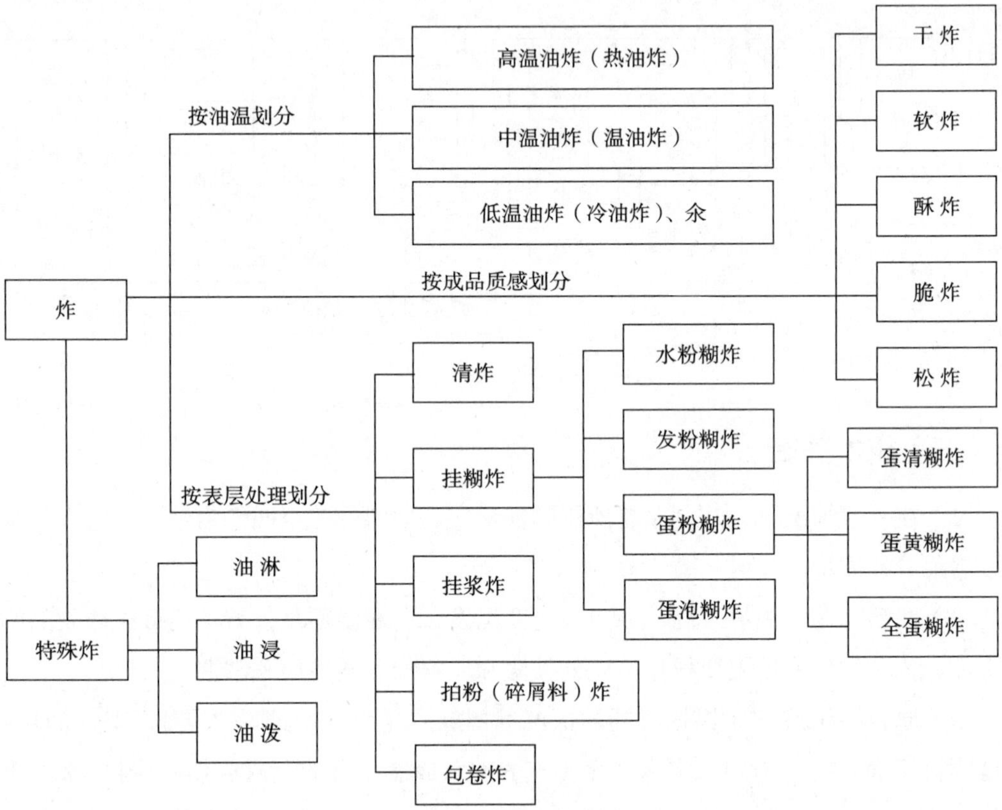


图 8-6　炸法分类

### 1. 清炸

清炸是将原料经过刀工处理后，不挂糊不上浆，只用调味品码味浸渍，直接用旺火热油炸制成菜的一种烹调方法。

一般工艺流程为：选择原料→初加工→刀工处理→码味浸渍→油锅炸制→辅助调味（一般要用花椒盐、辣酱油、甜面酱等佐食，有时还配有各种爽口的蔬菜）。

成菜外酥里嫩，口味清香。代表菜品有京菜“清炸鸭胗肝”“清炸小黄鱼”“清炸仔鸡”、鲁菜“清炸里脊”“清炸大肠”“清炸菊花肫”等。

### 2. 干炸

干炸又称焦炸，是主料经刀工处理后用调味品拌渍，然后拍粉或挂水粉糊，下油锅炸成内外干香而酥脆的一种烹调方法。干炸与清炸基本相似，只是原料在干炸前通常经过拍粉或挂糊、蒸等处理方法。

成菜颜色较深；质地外香脆、里鲜嫩；口味咸鲜，干香可口。代表菜品如鲁菜“干炸丸子”“干炸小黄鱼”、京菜“干炸墨鱼卷”“干炸里脊”、淮扬菜“干炸刀鱼”、粤菜“干炸虾筒”、浙菜“干炸黄雀”等。

### 3. 软炸

软炸是将加工好的主料挂软糊（通常将鸡蛋和淀粉或面粉调成的糊称软糊，包括蛋黄糊、全蛋糊、蛋清糊或拍粉拖蛋糊等；将水和淀粉或面粉调成的糊称硬糊），再用油将其炸制成软嫩或软酥质感菜肴的烹调方法。

一般工艺流程为：选择原料→初加工→刀工处理→码味浸渍→挂软糊→过油炸制→盛装→辅助调味。

代表菜品如京菜“炸香椿鱼”“软炸大虾”“炸冰淇淋”、粤菜“软炸时蔬”、浙菜“软炸鲈鱼柳”、川菜“软炸扳指”、清真菜“炸卧虎饼”“炸羊尾”等。

### 4. 酥炸

酥炸是将加工好的主料挂酥炸糊炸制或煮酥、蒸酥之后，直接或挂糊炸制使成品具有酥香质感的烹调方法。

一般方法有两种：①生料挂酥炸糊的炸制。酥炸糊有两种：一种是发粉糊，挂发粉糊炸的也称胖炸、面托炸，发粉糊有涨发作用，能使菜肴形成特殊的风格；另一种是香酥糊，用鸡蛋、面粉（也可加入淀粉）、油、水和其他调味品（盐、胡椒面等）调制而成，其中油、鸡蛋有起酥的作用。②原料煮酥或蒸酥后炸制。主料经汽蒸（先用调味品腌渍）或卤制等进行前期热处理将其制熟后，再用油直接炸制，或挂糊炸制。挂糊的大都是出骨原料，不挂糊的大都是不出骨的原料。所挂的糊一般有全蛋糊、水粉糊和蛋清糊等。

酥炸成菜色泽淡黄或金黄、深黄；味美可口，香气扑鼻。生料挂酥炸糊的菜表层涨发饱满，松酥香绵；煮酥或蒸酥后炸制的菜质地肥嫩，酥烂脱骨。代表菜品有京菜“酥炸鸭筒”“酥炸黄鱼”“香酥羊肉”、苏菜“香酥鸡”、粤菜“脆皮炸鲜奶”“酥炸墨鱼柳”“炸凤尾虾”、鲁菜“炸脂盖”、川菜“炸糟米鸡”等。

### 5. 脆炸

脆炸是指主料与配料加工后一起调味，用皮状的菜肴原料如豆皮、油皮（腐皮）、网油等包卷裹制后，直接入油锅中炸制或外面挂一层水淀粉糊（或蘸一层干淀粉）再炸制，或者在带皮的整形主料，如鸡、鸭等（这些原料不宜过老，以当年的为好）表层涂饴糖或蜂蜜后进行炸制的烹调方法。

具体方法一般有两种：①主配料用皮状原料包裹后炸制。将鲜嫩无骨的原料加工成片、条、丝状或剁成糜状，加调味品拌和，腌渍入味后，再用不同的外皮包裹成或卷成不同的形态（有的成形后还要挂糊或上浆，然后再炸，这类情况另当别论），投入油锅炸制成熟即可。根据成形方法的不同也可分为包炸和卷炸两种。②带皮的主料表层涂饴糖或蜂蜜后炸制。将经过刀技加工的原料先用卤汤（白卤）浸煮（促使外皮收缩绷紧）之后，刷上一层饴糖或蜂蜜，待其表皮干后放入油锅，不停翻动，并向腹内浇油，使之外皮香脆、内里鲜嫩即可。

成菜色泽金黄或枣红；口味鲜咸、干香；质地外脆而内鲜嫩。代表菜品有鲁菜“荠菜鱼卷”、京菜“炸鹅脖”“炸卷肝”、粤菜“脆皮鸡”“脆炸糟米鸡”“脆炸鸡翅”、淮扬菜“炸网油鸭卷”、川菜“腐皮虾卷”等。

### 6. 拍粉（碎屑料）炸

拍粉（碎屑料）炸是将刀工处理过的主料经腌渍、拍粉、蘸蛋液，再粘挂上碎屑料品或粉状物品（如面包屑、面包粉），而后入油锅炸制的烹调方法。常用的碎屑料品有面包、馒头、窝头、核桃、花生、腰果、夏威夷果、芝麻、栗子等。这些原料的特点是含水量少、呈固体状、可粘性强、炸后可呈香脆质感。粘挂面包粉的一般称面包粉炸，也称板炸、吉利炸；粘挂芝麻、核桃仁、果仁、松仁、榛子仁等的一般称香炸，也可以所粘挂的碎料命名，如芝麻仁炸、核桃仁炸等。

一般工艺流程为：刀工处理→腌渍→拍粉→拖挂蛋液→粘挂碎屑料品→炸制。

成菜色泽金黄；外表松酥，主料鲜嫩；味咸而鲜美。代表菜品如珍珠炸鸡排、珍珠虾排、吉利鸭排、吉利鲜虾丸、核桃羊排、芝麻鱼排等。

## 二、煎

在历史上，“煎”是金属炊具发明之后就有的烹调方法，在火候概念产生之前，“煎熬”就是中餐制熟或加热的专业术语。煎的方法近似于炸。炸是大油量的加热方法，而煎是小油量加热的方法。一般煎的制品，原料紧贴锅面，利用锅底的热度和油温直接加热原料。另外，煎的方法受到原料的限制。

## （一）定义

煎是将原料经刀工处理后（多为扁平状），用部分调味品拌渍入味，再进行挂糊（拍粉、拍粉拖蛋糊）或者不挂糊，然后放入烧热的底油锅中，用中小火加热，使原料两面金黄色并成熟，再根据烹调的要求，倒入调味品或食用时再蘸调味品，或直接成菜的一种烹调方法。适用于鲜嫩无骨的动物性原料（如鸡、虾、鱼、肉、蛋等）及部分植物性原料（如豆腐、番茄等）。煎以浅层油或薄层油作为传热介质，实际传热方法主要是金属锅底的热传导作用。

## （二）工艺流程

煎的一般工艺流程见图8-7。

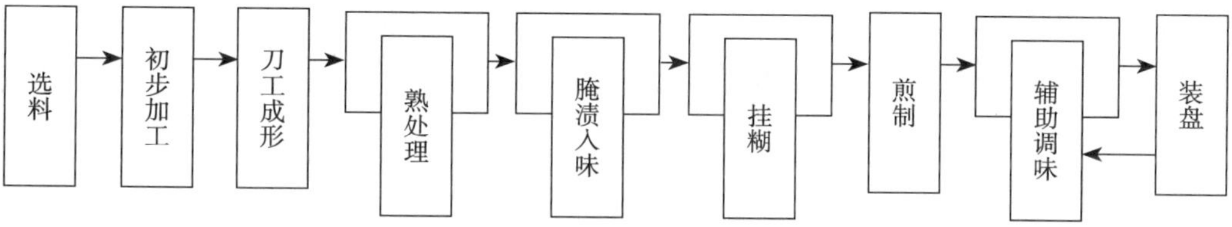


图 8-7 煎的一般工艺流程

## （三）技术关键

### 1. 原料加工

要根据原料的不同性质，采用不同的刀法。一些肉类原料如煎猪排、煎牛排等，下锅煎制后，因原料结缔组织的收缩，使肉质坚韧，不容易嚼碎且又妨碍消化，因此原料在刀工处理时，应该用刀背将肉捣打拍敲或剞刀，使结缔组织离散，即将肉内的那些小筋斩断后进行制作；煎制鱼类制品时，因鱼肉的结缔组织较少，而且肉质松散，加工时不需要捣打拍敲，一些较大的原料需去骨去皮，一些原料如小鱼或带鱼不需去皮；一些蔬菜类制品的煎制，大都将原料切成夹形，两片薄料不切断，在中间瓤入拌好的馅心。

### 2. 腌制和挂糊

煎制菜肴原料大多数须先经调味腌制和挂糊。腌制调味要根据菜肴的特点和原料的不同进行。挂糊一般应挂蛋粉糊，也可沾面粉、拖鸡蛋或蛋清糊。不论挂何种糊，都要均匀，保证菜肴成熟一致，色泽均匀。

### 3. 掌握好火候

原料下锅时，锅面要光滑，因煎类菜肴原料多数质地软嫩、易散碎，所以应先用中火将勺烧热加油晃均匀后，再将原料两面煎至金黄色。由于金属的传热性能好，用煎法易出现局部过热现象，实际操作时要翻锅。但最忌还没煎好时就翻动，这样很容易把煎的原料翻坏，要等一面煎好时，再翻过来煎另一面。煎制时，要注意火候的控制，可随时加油。煎菜的用油量，不可淹没主料，油少时还可随时点入，并随时晃动锅，使所煎主料不断转动，一防巴锅；二防上色不匀。

4. 调味装盘

调味的方法有三种：一是原料煎好后，沥去油脂，淋芝麻油装盘，配椒盐、生菜等上桌；二是原料煎好装盘，浇上烹调好的复合味汁；三是原料煎好，锅内留油少许，倒入事先兑好的调味汁，颠锅装盘。

### （四）成菜特点

（1）主料单一　煎的原料，只有单一主料，一般没有配料。

（2）质感外酥香，里软嫩，甘香不腻；色泽金黄、黄红。

（3）无汤汁，制品出锅后直接就可食用，有的在制品上撒椒盐或其他调味品。

### （五）分类

根据煎制菜肴原料所挂糊的不同，可分为干煎和软煎等。

1. 干煎

干煎，是把加工成形的原料用调味品腌渍后，直接用油煎或蘸一层面粉再用油煎制成菜的方法。清煎菜肴适宜质地鲜嫩的原料，如里脊、外脊、上脑、鸡脯、鱼、虾等。煎时油温不要过高，煎的时间不要过长，以免成品干焦，但一定要煎熟煎透。

2. 软煎

软煎也称蛋煎，是原料经过刀工处理后，用调味品腌渍入味，蘸上面粉，再裹一层鸡蛋（或鸡蛋糊）入油锅煎至成菜的方法。软煎适宜于质地鲜嫩的原料，如鱼、虾、鸡脯、里脊等，也可以加工一些熟料和一些蔬菜。由于软煎菜肴表层裹着鸡蛋，这样可使主料保持较多的水分。另外，表层的鸡蛋虽经加热，但也不会结成硬壳，仍然比较软，所以软煎菜肴具有鲜香软嫩的特点。操作时应注意面粉和鸡蛋不要粘得过多，但要均匀；煎制时油温要适宜，油温过高，鸡蛋易煳；油温过低，鸡蛋易脱落。

## 三、贴

“贴”源于面点的制作，把生料贴在锅上煎一面称为贴。北方锅贴是指把湿面粉团

（发酵或不发酵的）按扁贴在烧菜锅的一边，菜熟了，锅贴也熟了，这种锅贴锅底是不抹油的。南方的锅贴是包馅的饺子贴在平锅底用油煎的，一称煎饺，一称锅贴饺。用此法烹调菜肴，往往是用几种原料层层叠加的，所以加热时不便于翻动，只能单面加热。

### （一）定义

贴是一种特殊的煎制法，是把几种经刀工成形的原料加调味品码味后黏合在一起，成饼状或厚片状，再放入有少量油的锅中煎一面，另一面不煎或稍煎（由于此法往往是用几种原料层层叠加的，加热时不便于翻动，常单面加热），使成菜一面酥脆、另一面软嫩的烹调方法。主料一般用新鲜细嫩的猪里脊肉、鸡脯肉、牛肉、羊肉、鱼肉、虾肉等。刀工成形一般是长方片或肉糜状。传统底层原料用熟猪肥膘肉，现在也可用面包片。

贴与煎不同：①贴必须使用两种以上的原料同时制作，其中主料随需要而异，而辅料一般采用熟猪肥膘肉，也可用面包片；②贴只煎一面，一般不翻动；③贴制品一面焦黄香脆，一面本色软嫩，也是区别于两面金黄、外脆内嫩的煎制品的一个明显标志。

### （二）工艺流程

贴制工艺一般要经过选料、切配加工、码味、粘合成形、装饰图案、贴制煎熟、装盘成菜等工序，其基本流程见图8-8。

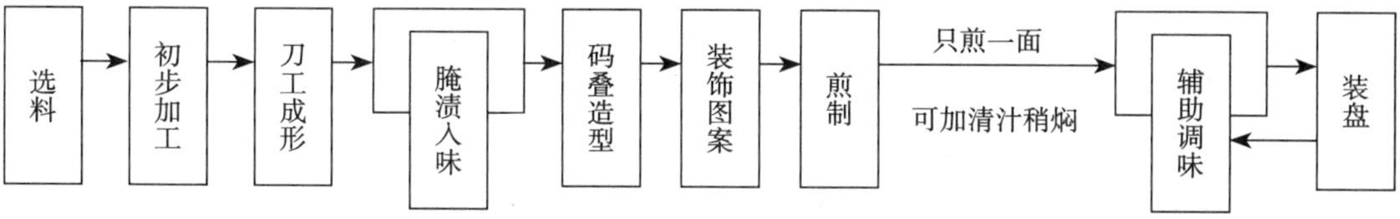


图 8-8 贴制一般工艺流程

### （三）技术关键

烹制贴菜时，往往需加些油，但加油量只能淹没主料厚度的一半，不能全部淹没。待主料成熟后，滗去油，可加调味清汁稍焖（一方面借助于调料汁中水的汽化传热，另一方面又防止加热过程中升温太快，使食物焦煳，这种发汗式的降温方法从原理上讲是非常科学的）。

### （四）成菜特点

（1）色泽一面呈金黄色，另一面多为白色，黄白相间，非常明显（但也有的主料经过淋浇和翻煎呈浅黄色，也有的保持原料的本色）。

（2）质感上，一面酥脆，一面软嫩，清鲜可口，肥而不腻。

（3）成品无汤汁，味咸鲜，并有浓厚甘香风味，成熟以后直接食用，不再回锅调味。

### （五）分类

根据菜肴坯形加工方法的不同，贴可分为夹贴、包贴、卷贴等。

### （六）代表菜品

京菜“锅贴肉”、鲁菜“锅贴鸡签”“锅贴鱼盒”、川菜“锅贴鸡塔”“锅贴鹑蛋”、粤菜“果汁锅贴虾”“锅贴海鲜盒”、苏菜“锅贴金钱鸡”“锅贴鳝鱼”，还有“锅贴鱼”“锅贴鸡”“双色锅贴豆腐”“锅贴鸽蛋”等。

# 第三节 熘、烹

在我国众多的烹调方法中，还有一类方法没有相对固定的传热介质，如熘制法，可炸、煎、炒、煮、蒸；烹制法，可炸、煎、炒。但这类方法的调味方式却基本相同，我们称之为特殊烹调法或综合烹调法。

## 一、熘

熘是我国烹调技法中一种具有特色的技法。人们运用这种烹调技法，创造出了许许多多享有盛誉的名菜，如杭州的“西湖醋鱼”、苏州的“松鼠鳜鱼”、河北的“金毛狮子鱼”、安徽的“葡萄鱼”、广东的“咕噜肉”、北京的“焦熘里脊”等。

### （一）定义

熘是原料用某一种基本烹调方法加热成熟后再包裹上或浇淋上即时调制的芡汁而成

菜的一种综合性烹调方法。所用基本烹调方法和加热成熟措施有炸、蒸、煮、滑油，成菜口味特殊，往往是三四种以上的复合味。

## （二）工艺流程

一般来说，熘的技法，要经过两个步骤和三种熘法（图8-9）。第一步是原料经刀工处理后，用油炸、煎或者蒸、氽、煮等方法进行初步熟处理，成为半熟或全熟状态，为熘做准备；第二步为熘的阶段，一般是另起油锅，调制各种相应的卤汁，运用不同的方法，挂在处理好的原料上。其通常有三种方法：①浇汁熘法，即把熟处理后的原料盛在盘中，以卤汁浇于表面，适用于整块、整料、大条等不易在卤汁中翻拌的原料；②淋汁熘法，即将经过熟处理但尚未熟透的原料，再投入锅内加热，淋上芡汁，颠翻拌匀，适用于块形原料；③拌汁熘法，即将经过熟处理的原料，迅速投入到卤汁中翻拌，适用于块、片、丁、丝等碎料。

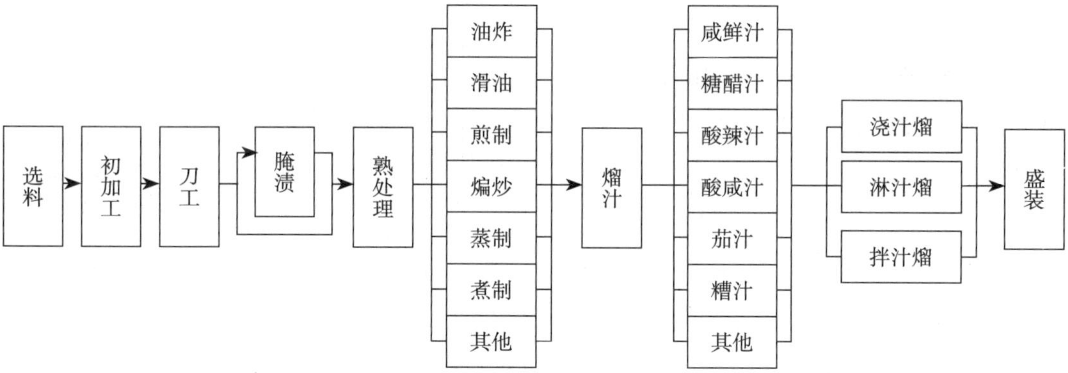


图8-9　熘制工艺流程

## （三）技术关键

### 1. 选料

应选用质地鲜嫩的原料制作。这些原料结构均匀、含水多且吸水力强，如猪里脊肉、鸡脯肉、兔肉、鱼肉等。用之制作熘菜，才能体现出滑嫩的特色。

### 2. 刀工

应根据初步熟处理和菜肴的具体要求而定。用于炸制或滑油的大都是块、丁、片、丝等小料，如果是较大形状的原料，则必须剞上花刀，用于煮或蒸制的则可用整料。

### 3. 调味

在初步熟处理前一般要先码味，即刀工处理后的原料，加入水与盐之后，在渗透作用下，使原料吸收水分，又有了基础味。通常，猪、兔、鸡等原料码味先放盐后加水，而鱼肉要先加水后放盐，这是由于内部结构密度有差别。在用调味品腌渍时，只能入味二三成，因为初步熟处理之后还要熘汁，才能完全够味。所以主料的口味要和芡汁的口味配合好，汁的浓度必须适宜。汁过稀，主料挂不上而不够味；汁过稠，又会腻口。

4. 初步熟处理

熘法初步熟处理的方法有油炸、煎、蒸、汆、煮等，一定要掌握好色泽和成熟度。需要挂糊的原料，糊的稠稀要适度。

5. 火候掌握

熘菜一般都是旺火速成，火候极为重要，所以两个步骤、三种熘法都要密切配合，协调操作。基本上两个步骤同时进行，即一边炸、蒸、汆、煮等处理原料，一边调制卤汁，原料处理好，卤汁调制成，就进行熘制。

## （四）成菜特点

熘菜表面的芡汁一般都比炒、爆菜多，使主料与配料在明亮的芡汁中交融在一起。成菜色泽丰富，有银白、金黄、黄红等；口味多样，而以糖醋、香糟、麻辣、香酸等较多；质地各不相同，有的外焦里嫩、有的滑软、有的鲜嫩。

## （五）分类

熘制法的分类见图8-10。

1. 炸熘

炸熘也称焦熘、脆熘，是将切配成形的原料，经码味、挂糊或拍

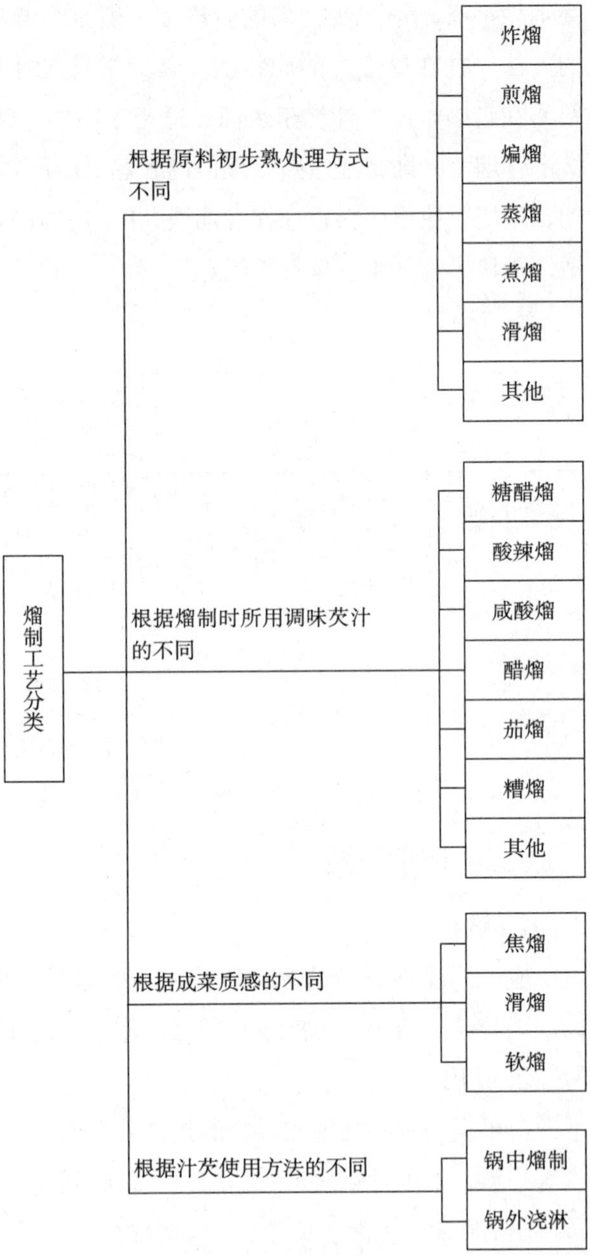


图8-10 熘制法分类

粉后放入热油锅中炸至外香脆、里鲜嫩，然后浇淋或粘裹芡汁成菜的一种烹调方法。成菜色泽金黄、黄红，油亮艳丽；口味以咸鲜微酸、酸甜咸鲜为多；质感外焦香酥脆，里鲜嫩可口。代表菜品如京菜“焦熘鱼片”“菊花松子鱼”“菠萝咕噜肉”、冀菜“金毛狮子鱼”、津菜“罾蹦鱼”、豫菜“糖醋鲤鱼焙面”、徽菜“葡萄鱼”、苏菜“松鼠鳜鱼”、香港菜“柠汁脆皮鱼”等。

一般工艺流程是：选料→原料初加工→切配→码味→挂糊→定形炸制→复炸→兑汁熘制→成菜装盘。

2. 滑熘

滑熘是将加工成片、丁等鲜嫩无骨原料，先经过调味腌浸，挂上蛋清糊，投入温油锅中滑散滑透，捞出后再粘裹芡汁成菜的一种烹调法。成菜明汁亮芡（包汁芡）、滑嫩鲜香、清淡醇厚。代表菜品如津菜“滑熘鸭肝”、粤菜“蚝油牛仔柳”、山西菜“过油肉”、京菜“滑熘鱼片”等。

一般工艺流程是：选择原料→洗涤切配→码味上浆→锅烧热滑锅→下油烧至三四成热（100～120℃）→放料滑散烧至断生→倒出油，将兑好的调味品入锅熘制→下料推匀→装盘。

3. 软熘

软熘是采用质地软嫩或加工的浆状原料，先经蒸熟、煮熟、汆熟，再粘裹芡汁成菜的一种烹调方法。成菜口味以清淡为主，没有大甜、大辣或怪味，卤汁稍多；质感突出软嫩。代表菜品如浙菜“西湖醋鱼”、闽菜“软熘鲤鱼”、津菜“软熘鱼扇”、淮扬菜“软熘鸭心”、浙菜“软熘鲈鱼”等。

一般工艺流程是：选择原料→初加工→刀工处理→水中汆熟或蒸、煮熟→捞出装盘→调制芡汁熘制→淋浇在原料上。

4. 煎熘

煎熘是将主料先经挂糊或拍粉拖蛋，下锅煎制（也可以直接下锅），然后再浇淋或粘裹芡汁成菜的一种烹调方法。煎熘可适用于动物性原料，如肉类、鸡脯、鱼虾等，也可适用于植物性原料，如豆腐等，其形状一般为片状。在煎制时要注意用油量不可淹没主料，油少时可随时点入，并随时晃动锅，使所煎主料不断转动，一防巴锅，二防上色不匀。另外，主料必须要煎熟、煎透。代表菜品如“煎熘豆腐”“糟煎鳜鱼”“鱼香虾饼”等。

5. 炒熘

炒熘就是将经过刀技加工的原料，先煸炒，然后再粘裹芡汁成菜的一种烹调方法。煸熘菜肴一般以脆嫩的植物性原料为主，如嫩白菜帮、菜薹等。成菜特点是质地脆嫩，口味多样。代表菜品如“醋熘白菜”“鱼香菜薹”等。

## 二、烹

烹之本意指水烹，在后代有广义、狭义和转化义之分。广义的烹，即指的烹饪；狭义的烹，指煮制，这是烹的本意的演化。近代烹法，则比古代多了些操作程序，指先将原料在器中油炸（多为荤料）或焯水（多为蔬素）一遍，再将容器中原料之液体沥去，加调味汁（烹制之菜肴，调味汁不用淀粉勾芡），旺火急炒。

### （一）定义

烹是指将切配后的成形原料用调味品腌制入味，挂糊或拍干淀粉，用旺火热油炸（或煎、炒）制成熟再加入调味清汁的一种特殊烹调方法。

### （二）工艺流程

烹制法一般工艺流程见图8-11。

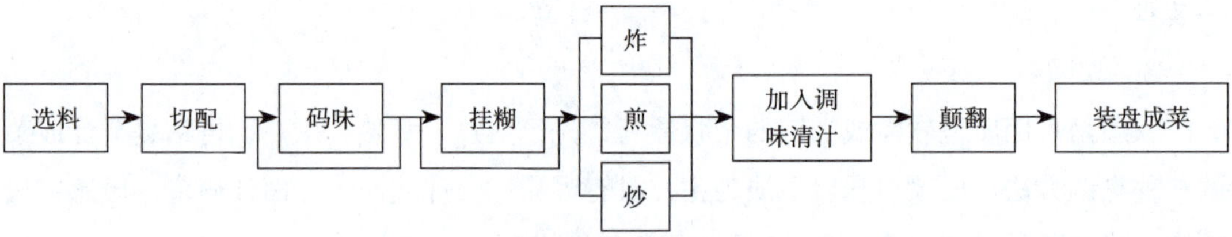


图8-11 烹制法一般工艺流程

### （三）技术关键

#### 1. 选料与加工

烹制法的原料大都是单一净料，一般不配辅料。通常不上浆不挂糊，也有的拍些干粉或上少许水粉浆。不挂糊的原料要选择好形态，如大虾要大小相等。挂糊油炸的原料要掌握好糊的厚薄程度，拍粉要均匀。

#### 2. 掌握好火候

烹菜是旺火速成的菜肴，熟处理时要掌握好火候。油炸时油量要多，最好用清油（即没有炸过东西的油），油要热，一般在八成热左右。

#### 3. 清汁的调制与使用

“清汁”是指调制碗汁时只用调味品，不加淀粉的调味汁。其调味品的组成一般以料酒、酱油、白糖、醋、味精、盐及葱姜蒜为基本。清汁的数量和味感的浓淡要掌握恰当，以主料能将汁吸尽、汤汁将主料全部包住为好。

### （四）成菜特点

口味清香爽口，以鲜咸为主，微有汤汁。

### （五）分类

根据原料初步加热方式的不同，可将烹分为炸烹、煎烹、炒烹等。

1. 炸烹

炸烹是将原料经炸制后，再加入调味清汁，迅速颠翻成菜的一种烹制法。即主料经改刀成片、段、块等形状，腌渍入味后，用旺火热油炸熟，再经葱姜炝锅后，放入主料，倒入清汁，出勺即可。炸烹的原料有上一层薄浆或糊的，如北京的“炸烹大虾”、浙江的“烹鹌鹑”等；也有的不上浆、糊，直接炸制烹汁，如河南的“干烹仔鸡”“烹汁八块”等。成菜外焦里嫩，清香适口。

2. 煎烹

煎烹是先将原料煎熟后，再加入调味清汁，迅速搅拌成菜的一种烹制法。其一般制法是：主料先经细加工腌渍入味后，挂糊、拍粉或拖蛋液煎熟（有的只腌渍入味即可，煎烹菜肴切忌拖汁带芡，黏糊一团），再入旺火热锅中用调味清汁裹之。如河南的“煎烹段虾”、北京的“煎烹鱼片”等。

3. 炒烹

炒烹是将改好刀后的主料入少量底油锅煸炒后，倒入清汁成菜的一种方法。这种方法一般适用于脆嫩的蔬菜原料，如烹掐菜、烹马铃薯丝、烹青椒等。

## 第四节
## 烧、扒、焖、㸆、焗

## 一、烧

我国先秦典籍中提到的烧，意为火焚，或通于燔。用于烹饪，今则有广、狭两义，广义之烧，即是烹制之代称，用任何加热烹饪之法均可曰烧，如“这位厨师烧得一手好菜”；狭义之烧，则是指某一种干加热或湿加热的烹饪技法。

烧，作为一种烹饪法的概念古义今义不同，本义与引申义也有别。烧，本是一种最古老、最原始的烹饪法，是一种直接上火的干加热法，利用火的辐射热烹制食物。

我国古代，与烧法相近或相通但又有所发展的干加热法有多种，如炮、炙、烤、烘等。后来，这种干加热的烧法已发展为多种新法，以烹制工具来划分有锅烧、炉烧、叉烧、铁板烧法等；因调味品不同，有酒烧、盐酒烧、油烧、酱烧、葱烧、蒜烧等；因原料有别，有生烧、半熟烧、熟烧、假烧、熏烧等。除此之外，后世有称烹煮之法为烧者，主要为湿加热法，即以水为主要传热介质的一种烹调方法。在此，我们指的是后者。

### （一）定义

烧是将经过初步熟处理（炸、煎、煸、煮或焯水）的原料加适量汤（或水）和调料，先用旺火加热至沸腾，改中、小火加热至熟透入味，然后再用旺火收汁成菜的一种烹调方法。在广东、福建一带也称为焗。

### （二）工艺流程

烧的一般工艺流程见图8-12。

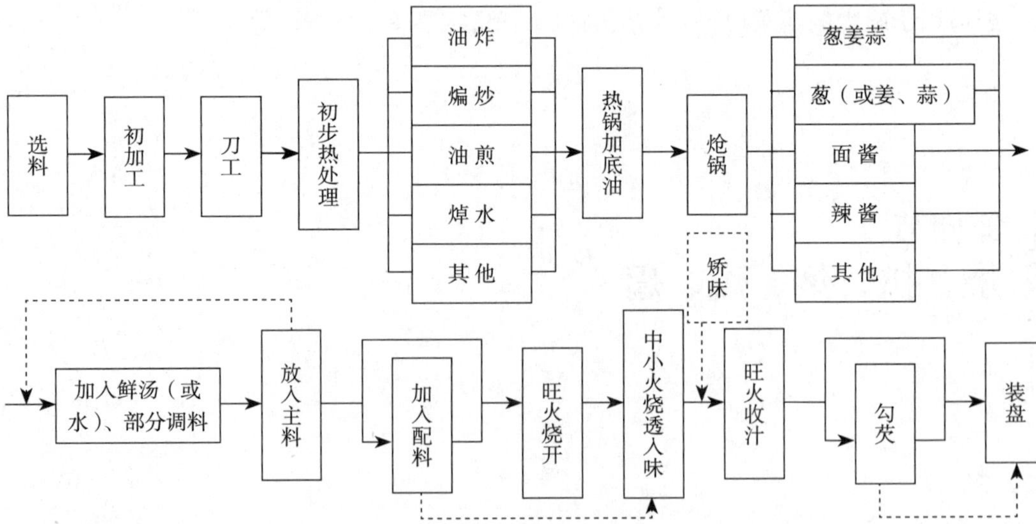


图8-12　烧制工艺流程

### （三）技术关键

#### 1. 初步熟处理

所有原料都要经过煸炒或煎、炸、蒸、煮、酱、卤等预制过程，再进入烧的环节，完成菜肴的烹制。初步熟处理时要掌握好色泽和成熟度。

#### 2. 掌握好汤水的量

烧制时加汤水要适量，一次加足。汤多味淡，汤少原料不宜烧透，也易巴锅。切忌烧制过程中添加汤水或舀出原汤，一般汤汁以平原料为度，用火力来控制汤汁的损耗量。

#### 3. 掌握好火候

火力一般先旺火，后中、小火，再旺火或中火收稠卤汁。通常要求烧至断生脱骨，恰到好处，软嫩味鲜，因此用中小火烧的时间不能太长。

#### 4. 调色和收汁勾芡

运用酱油、糖色等有色调料时，宁可色淡，不可色深。即将成菜时注意汤汁的多少与浓度，并适时勾芡，起锅前淋明油以保证菜肴光泽。但如果干烧，一般应将汤汁全部收干。

### （四）成菜特点

（1）烧菜的质感，一般以断生脱骨为恰到好处。但因原料不同，质感差异也很大，如肉类以酥烂为主，菜类以脆嫩为主，鱼类则又以软嫩为主。

（2）口味多样，鲜、咸、甜、麻、辣、酸、香，应有尽有。如红烧咸鲜，干烧香辣。

（3）一般都带有汤汁，但有多有少，红烧的汁较多，干烧只见油不见汁。在芡汁上，有的勾芡，有的“自来芡”，有的不勾芡，以勾芡的居多。

（4）色泽丰富，红、黄、绿、紫、白、黑俱全，红烧的酱红，干烧的红亮，煸烧的金黄。乌参烧得黑里透亮，菜心烧得翡翠欲滴，虾仁、白菜烧得色泽白净，诱人食欲。

### （五）分类

烧的种类繁多，分类方法见图8-13。

#### 1. 红烧

红烧是指成菜芡汁为红色的烧制法。有些地方将经过汽蒸、焯水的原料先用有色的调味品煮上色，然后添汤烧制成菜的方法称为软烧，如河南“软烧肚片”、北京“软烧羊肉”、山东“软烧豆腐”等。

一般工艺流程是：选料→切配→初步熟处理（炸、煎、煸、煮等）→炝锅→加入汤和调味品（有色调味品如酱油、糖色等），放入主料烧制→收汁勾芡→装盘成菜。

红烧时，要恰当选用糖色、酱油、豆瓣辣酱、料酒、葡萄酒、面酱、番茄酱、糖等提色原料，要将菜肴的色泽层次与味感浓淡结合起来。下调味品（如酱油、糖色等）调色时，宜浅不宜深，调色过深，会使成品颜色发黑、发暗而味发苦。

红烧菜肴具有汁宽芡浓、色泽红润、酥软柔嫩、鲜味醇厚、明油亮芡的特点。代表菜品有湘菜“红烧肉”、鲁菜“红烧鱼”、京菜“红烧牛尾”“红烧鲍鱼”、浙菜“梅干菜烧肉”、淮扬菜“红烧水鱼”等。

2. 白烧

白烧是指成菜汤汁为白色的烧制法。白烧的做法与红烧基本相同，不同的是白烧不加糖色、酱油等有色调味品，以保持原料自身的颜色，用芡宜薄，以既能使原料入味、又不掩盖其本色为好。

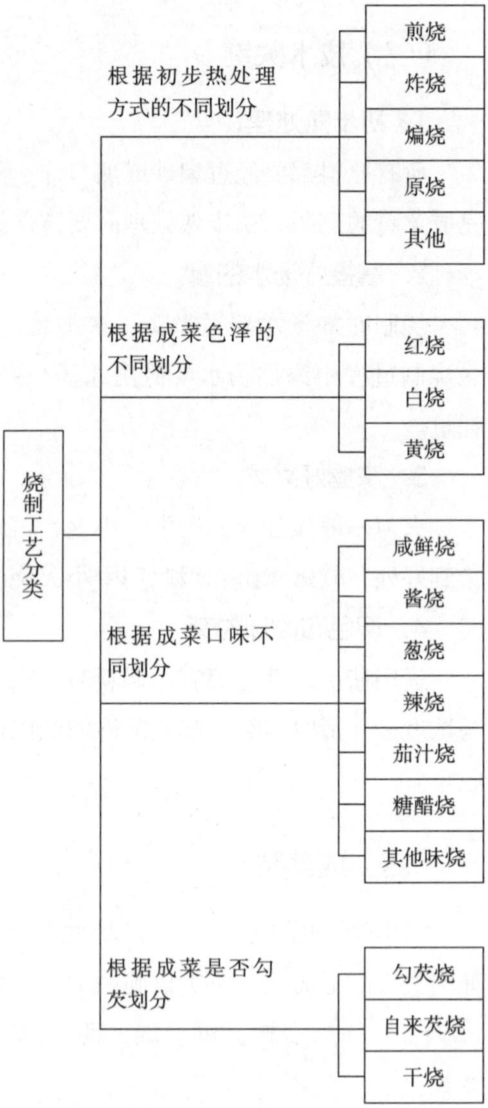


图8-13 烧制工艺分类

一般工艺流程是：选择原料→切配→初步熟处理（煮、焯水等）→炝锅→加入汤和无色调味品，放入主料烧制→收汁勾芡→装盘成菜。

白烧宜选用新鲜无异味、色泽鲜艳、质地细嫩、滋味鲜美的原料，如鱼肚、菜心、菜花等。原料熟处理的方法以煮、氽、滑油等为主。成菜芡汁色白素雅，味道咸鲜清爽，质感滑嫩。代表菜品有江苏“白烧白脊鱼”、河南“烧二冬”、北京“烧素四宝”，还有“浓汁烧鱼肚”“鸡汁烧鱿鱼”“雪花海参”“白汁酿鱼”“蟹肉烧白菜”“云片烧猴头”等。

3. 干烧

干烧是将原料经较长时间的小火烧制，使汤汁渗入主料之内，不勾芡，成菜后见油不见汁的一种烹调方法。

一般工艺流程是：选择原料→初加工→刀工处理→初步熟处理→调味烧制→收汁→装盘成菜。

干烧的烹制方法与红烧大体相近，不同的是干烧原料在初步熟处理时多用油炸法；调味多用辣椒（四川泡辣椒），豆瓣酱等；油大味厚，色泽红亮；干烧汁紧，不勾芡，淋明油见油不见汁。代表菜品有川菜“干烧岩鲤”、京菜“干烧冬笋”、鲁菜“干烧鲳鱼”、粤菜“干烧牛腩”、淮扬菜“干烧紫鲍”、豫菜“干烧冬笋”等。

4. 酱烧

酱烧是调味品以酱（甜面酱、黄酱、酱豆腐）为主的烧制法，即用热锅温油把酱炒出香味，再加调味品和适量的鲜汤炒匀，然后放入经过初步熟处理的原料，烧至成菜的一种烹调方法。

一般工艺流程是：选择原料→初加工→刀工处理→初步熟处理→炝锅（甜面酱、黄酱、酱豆腐）→加入汤和其他调料，放入主料烧制→收汁→装盘成菜。

炒酱必须炒透，炒出香味，大火烧开定色定味，小火缓缓烧至汤汁浓稠，成熟入味。有些菜品直接收汁不勾芡，有些收汁后勾芡。成菜色泽酱红，酱香味浓，咸中带甜，酥软柔嫩。代表菜品有京菜“酱汁鱼”、粤菜“柱侯烧鸭子”、淮扬菜“腐乳烧肉”、闽菜“南乳烧肉”、鲁菜“酱汁中段”、冀菜“酱汁瓦块鱼”等。

5. 葱烧

葱烧是原料经焯水等初步熟处理后加入炸或炒黄的葱段及其他调味品烧制成菜的方法。葱烧与红烧工艺基本相同，不同的是葱烧菜的调味品中葱的用量较大，约占主料的1/4或者1/3。炒好葱，是做好葱烧菜的关键。炒葱应用小火，如火太旺，易出现焦煳现象。葱烧菜的葱，以老葱为好。成菜色泽红润，葱味浓郁，质地软嫩，咸鲜醇厚，明油亮芡。

代表菜品有京菜“葱烧海参”、鲁菜“葱烧蹄筋”、川菜“葱烧煳辣鸡”、淮扬菜“葱烧肥肠”、东北菜“葱烧肘子”等。

6. 辣烧

辣烧是先用热油将辣椒酱或干辣椒炒出香味和红油，然后加入汤水、调味品、原料旺火烧开后，改中小火烧至成熟入味，勾芡成菜的一种烹调方法。辣烧和红烧基本相同，不同的是辣烧菜调料中辣椒酱占的比重较大。成菜醇浓鲜烫，色泽红亮，以辣味为主。

炒好辣椒酱，是做好辣烧菜的关键。辣酱中多含有蚕豆瓣，炒时易巴锅，故炒时，要多放些油，要勤用手勺推动。辣烧菜的色泽，以红艳油亮者为好，所以下调味品（酱油、熏醋等）一定要适当，以防色过重而发暗。代表菜品有川菜“家常豆腐”、淮扬菜“辣味烧羊肉”、京菜“辣味烧牛头”等。

## 二、扒

“扒”为“趴”之同音借代，今则只见“扒”而不见“趴”。趴为动物俯伏之状，故多用整畜整禽或整块之大料，如扒鸭、扒烧猪头、红烧扒蹄等。扒菜的特点除多用整料外，烹制程序也有其异——用已烹制成熟之整料（不用生料），用原汤汁勾芡，用大翻锅之法，整料装盘上桌。扒菜由于菜形美、选料精，制成菜肴多为宴席上的上乘名馔，在国内外享有很高的声誉，如清白如玉的“白扒猴头”、清香素雅的“奶油扒凤尾笋”、构思新颖的“白扒鸳鸯”等，都是扒菜中的精品。

### （一）定义

扒是将加工整理的原料整齐地放入锅中，加入适量汤水和调料，用中小火加热，待原料熟透入味后，通过晃勺、勾芡和大翻勺而成菜的一种烹调方法。

### （二）工艺流程

一般工艺流程见图8-14。

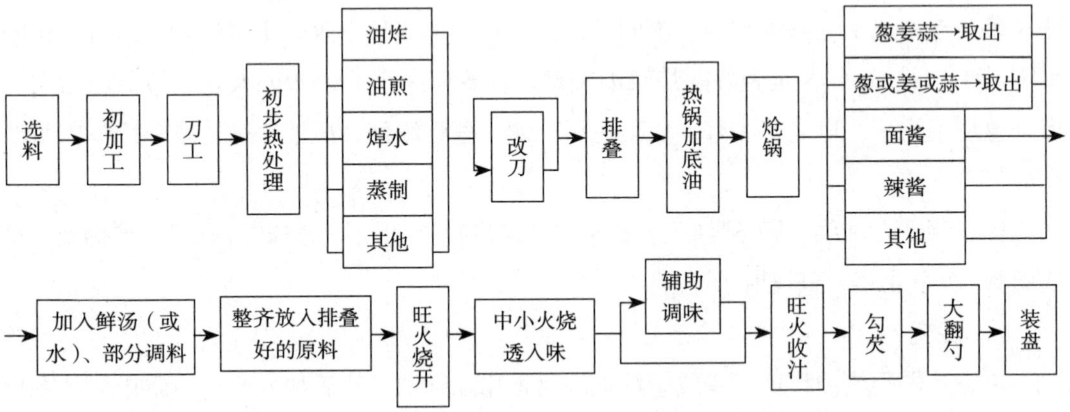


图 8-14　扒制工艺流程

### （三）技术关键

#### 1. 造型

扒菜注重外形整齐美观。它的造型不像花拼及一些花色菜的操作那么复杂，但也需要一定的刀工技术和拼配技术。扒菜原料一般改成长条或大刀，某些原料改刀后仍保持原形，如扒白菜。两种以上原料，如鸡腿扒海参、海参扣肉等，要讲究拼摆艺术。

2. 勾芡

扒菜的芡汁有很严格的要求。芡汁过浓，对大翻勺造成一定的困难；芡汁过稀，对菜肴的调味、色泽有一定的影响，味不足，色泽不光亮。通常扒菜的勾芡手法有两种：一种是菜肴出锅前淋芡，边旋转勺边淋入勺中，使芡汁均匀受热；另一种是将做菜的原汤勾上芡或单独调汤后再勾芡，浇淋在菜肴上。关键要掌握好芡的多少、颜色和厚薄等。

3. 大翻勺

大翻勺是扒菜成败的关键因素之一，要求动作干净利索、协调一致。在进行扒菜大翻时要晃勺，使炒勺光滑好用，防止菜肴粘勺而翻不起来。大翻勺时需要旺火，左手腕要有力，动作要快，勺内原料要转动几次，淋入明油，即可大翻勺。

4. 出勺

扒菜出勺的技法有很多种，常用的有拖倒。在出勺之前将勺转动几下，顺着盘子自右而左地拖倒，这样做的目的是保持原料的整齐和美观，如蟹黄扒素翅。另外，还有的将勺内原料摆在盘中呈一定的形状和图案，最后淋上芡汁的方法。

## （四）成菜特点

形态美观，排列整齐；口味醇厚，芡汁明亮。

## （五）分类

扒有多种分类方法（图8-15），通常根据成菜芡汁色泽不同分为白扒、红扒等。

1. 白扒

白扒是菜肴经烹制后，成菜色泽白亮清爽的一种扒制法。在原料的选择上多以色淡清爽的鱼肚、猴头蘑、鱿鱼以及各种时鲜蔬菜为主，不用糖色、

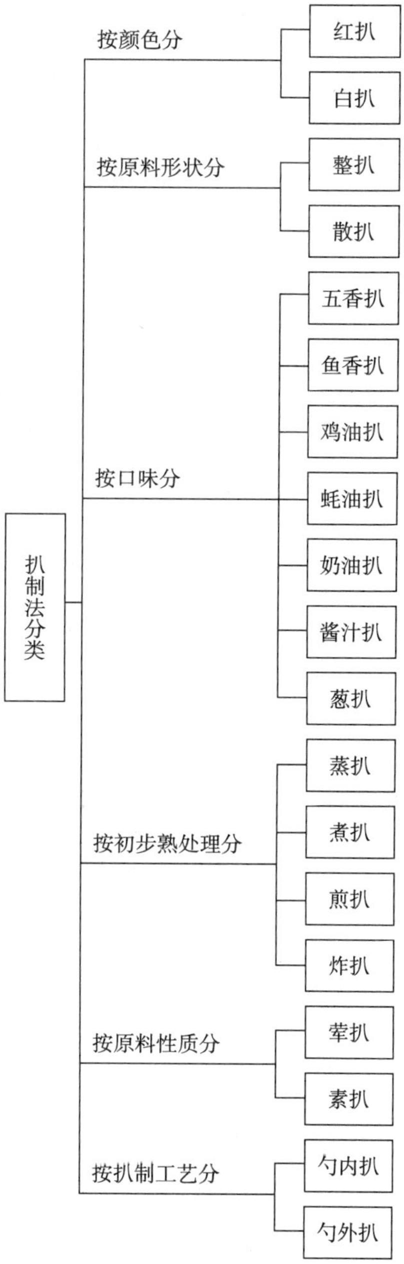


图8-15　扒制法分类

酱油等有色调味品，以保持原料的本色。成菜乳白油亮，味道醇厚，美观大方。代表菜品有香菇扒菜心、扒三白、扒全菜、白扒猴头、扒鲍鱼芦笋、白扒鸡条、白扒目鱼条、白扒蟹黄鱼肚、白扒鹿筋等。

### 2. 红扒

红扒是菜肴在烹制时使用酱油等有色调味品，使成菜呈红色的一种扒制法。有的先用卤水将原料煮至上色，然后再以卤水或者老抽（以卤水为主，老抽只起到适当调色的辅助作用）加盐等调味品扒制，菜品色泽红亮、浓香可口，属浓香型菜品。也有的红扒加入番茄汁、红曲米、糖色等红色调味品，颜色更加鲜艳诱人。代表菜品有葱扒海参、扒金针素翅、海参扒鸡脯、虾子扒海参等。

## 三、焖

焖法由烧、煮、炖、煨演变而来。古辞书中无焖字。焖法始见于宋代，明代《遵生八笺·饮馔服食笺》上开始出现“闷”字，清代“闷”字应用已多，并出现了“焖”字，如《随园食单》“鸭脯”中“用肥鸭斩大方块，用酒半斤、秋油一杯，笋、香蕈、葱花闷之，败卤起锅”；“挂卤鸭”中“塞葱鸭腹，盖闷而烧”等。

### （一）定义

焖是将经初步热处理的原料加汤水及调味品后盖严锅盖，用中、小火较长时间加热至酥烂入味而成菜的一种烹调方法，有“千滚不抵一焖”之说。

### （二）工艺流程

一般工艺流程见图8-16。

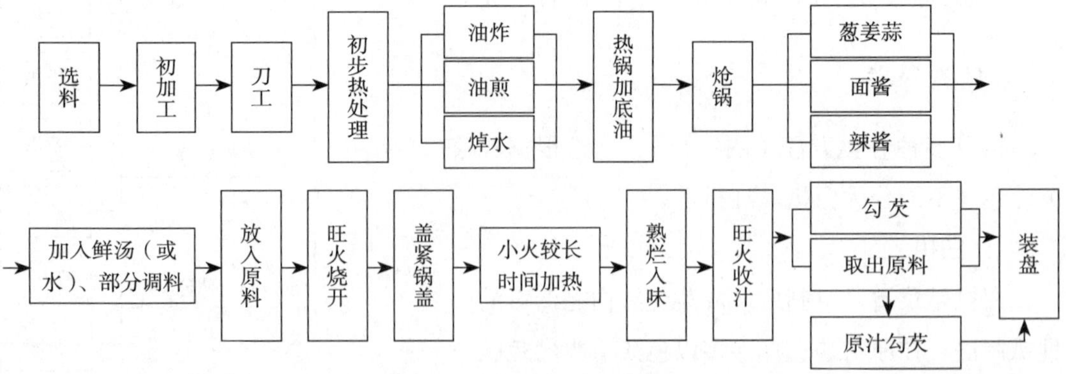


图 8-16　焖制一般工艺流程

## （三）技术关键

### 1. 初步热处理

焖制菜肴的原料一般要采用炸、煎、炒等方法进行初步熟处理。熟处理时，要掌握原料上色的深浅或保色的效果。

### 2. 控制好焖制的时间和添汤量

火力的大小要根据原料成品的质感来掌握。对于易熟的原料，可用中火焖制；反之，应小火焖制。要正确估计焖制的成熟时间，盖严锅盖（不使走汽，以便原料尽快酥烂，并能保持原汁原味），尽量减少揭锅盖的次数，以保证焖制菜肴的色、香、味。汤水要一次加足并调好色和口味，添汤量以淹没原料为宜。如焖制时间较长，可适当增加汤量；反之，则相反。切勿在中途加汤。

焖菜的原料一般形状较大，在加热过程中一般不宜颠翻搅动。但要注意晃锅，防止煳锅，也可于焖前在锅底码放一层葱姜，或者垫竹箅子。

### 3. 掌握好成菜的色泽与口味

焖菜色泽主要以深红（红焖菜）、浅黄（黄焖）为主，还有黄中透红、金黄色（干焖）等。在用色上，一般用酱油，有的菜肴需加少量红曲米水增色，还可根据不同的季节略加变化，秋季较淡，如“黄焖栗子鸡”色棕黄光亮，冬季较深，又如“酒焖肉”则呈棕红色。在口味上，一般黄焖以醇厚香鲜的咸鲜味为主，红焖以浓厚微辣的家常味为主，油焖以色泽油亮、清香、鲜美的咸鲜味为主。

### 4. 收汁装盘

焖菜的汤汁不可多。虽然有些菜肴在装盘前可以勾芡，但勾芡粉汁的数量不宜过多，汁浓主要应依靠小火长时间加热形成，否则会影响菜肴的口味。以家禽、家畜为原料的焖菜，在装盘时可清炒一些绿叶蔬菜垫底，这样既可增加菜肴的清香味，又可减少菜肴的油腻感。

## （四）成菜特点

成菜形态完整，不碎不烂；明油亮芡，汁浓味醇，软嫩鲜香。

## （五）分类

焖制法的分类见图8-17。

### 1. 红焖

红焖是主料经过加工处理，用热油煸炒或炸后，炝锅加鲜汤和酱油等调味品，用小火焖制成菜的一种焖制法。成菜色泽金红，汁浓味醇，质地酥烂。代表菜品有红焖肘子、红焖牛肉、干菜焖肉等。

2. 黄焖

黄焖是以酱油（或糖色）为主要调味品，菜肴焖制后呈黄色的一种焖制法。黄焖与红焖基本相同，只是调味品的用量多寡不一，红焖所用的糖色或酱油比黄焖的多，故红焖菜为深红色，而黄焖菜为浅黄色。黄焖的原料有两类：一类是高档原料，如大肉翅等，不挂糊；另一类是鸡、鸭和畜类的肌肉，一般要求挂全蛋糊。成菜色泽金黄透亮，质地酥烂。代表菜品有黄焖鸡块、黄焖栗子鸡、黄焖兔、黄焖甲鱼、黄焖鳝鱼、黄焖鱼头等。

3. 酒焖

酒焖是在菜肴烹制时，用酒量较大的一种焖制方法。酒焖的一般制法与红焖相似。成菜一般为红色或金黄色，酒香浓郁，酥烂入味。代表菜品有百花酒焖肉、陈皮酒焖鸡、酒焖全鱼、贵妃鸡翅等。

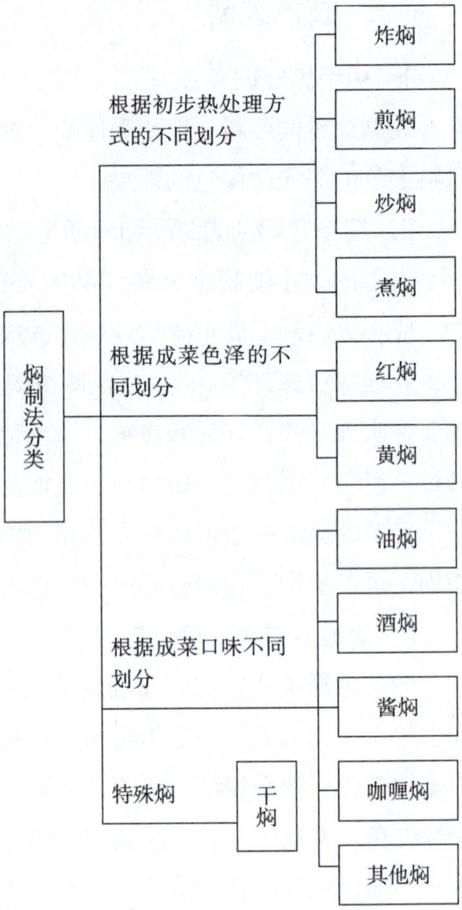

图 8-17　焖制法分类

4. 干焖

干焖是一种比较特殊的焖制法，即菜肴无汤汁，不勾芡。其一般做法是：将比较精细的主料切成小丁或末或泥子等形状，放入调味品（盐、味精、料酒）搅拌均匀。底油锅放入油，将拌好的原料倒入，呈扁平形状，厚度在0.5 ~ 1cm，盖上盖，改慢火焖至两面成金黄色时出锅改刀（一般成象眼块），按原样装盘。代表菜品有焖黄菜、干焖虾脯等。

## 四、㸆

《现代汉语词典》：“焅，同㸆。”南宋吴自牧所著《梦粱录·卷十六·分茶酒店》中记载了“荔枝焅腰子”“五味焅鸡”等菜式。

## （一）定义

㸆是将经过初步熟处理的原料放入锅内，加适量汤水和调料，烧开后改用中小火加热至汁水变浓或收干的烹调方法。

从表面上看，㸆法的技术内容与烧法大致相同，有人认为它是用“红烧”起锅，再用火把汤汁浓；有人认为它基本上与干烧一样。有些地区不承认它是一种独立的技法，而把它纳入“烧”法之中。而另一些地区特别是北方地区，不但认为㸆是一种独立的技法，而且还是一种独具特色的技法，其选料精细，操作复杂，加工讲究，注重火候，更是高档原料烹调的最佳技法。很多高级宴席都离不开色、香、味、形俱佳的㸆菜。㸆与红烧、干烧虽有许多相似之处，但有着本质的区别。

## （二）工艺流程

㸆制法一般工艺流程见图8-18。

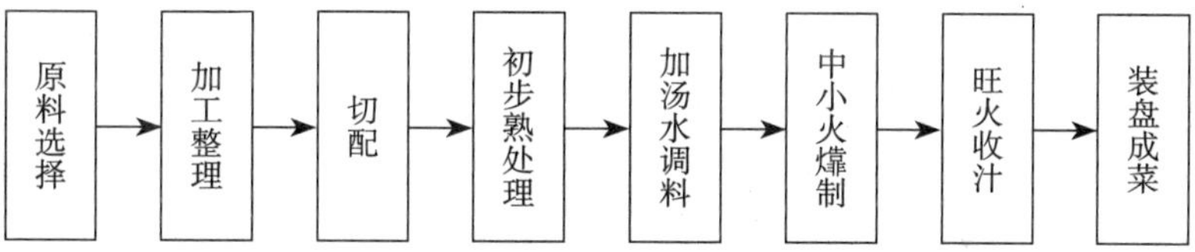


图8-18　㸆制法一般工艺流程

## （三）技术关键

### 1. 选料

一般来说，用于㸆的原料要以荤料为主，要求形体完整无损，表皮光鲜，肌肉组织坚实富有弹性。

### 2. 刀工

通常加工切配成大块、厚片、条及自然形态，要求大小均匀，以使原料成熟一致。不能切得太小和零碎，否则会使烹调出来的菜肴显得不整齐。

### 3. 上色

不同的性质原料，要用不同的手段来增色。如鸡有老嫩之别，肥瘦之分，制作“㸆鸡块”时，若当年小鸡，因其皮薄质地鲜嫩，在色泽的处理上可使用急火热油，油温要达到九成热冲炸一下，皮色就会上去了。而隔年老鸡质地较老，脂肪较多，则必须先经过开水焯烫一下，让表皮毛孔张开，去除表皮部分脂肪，再抹少许酱油，然后油炸，才能取得预期的理想色泽。

4. 火候

㸆制法一般是原料下锅后，加好调味品和鲜汤，用旺火烧开后改用中火，待汤水减少到一定程度时，才用小火㸆汁。㸆的火力和的时间，一方面要根据原料老嫩性质而定，另一方面要看汤汁中水分干的程度。

### （四）成菜特点

汤汁少而浓或无汁，色泽深黄或酱红，滋味香浓醇厚。菜的质感因原料不同而有很大区别：易熟的嫩料，大都鲜嫩或软嫩；坚韧难熟的原料，大都肥糯或软烂；介于二者之间的原料则是酥软适中。㸆菜的味型多样，形成南北两大风味特色：南方菜以甜为主，口味较轻，汁鲜清醇；北方以咸口为主，略带甜头，口味较重，油量偏多，汁浓味厚。但无论南北口味都讲究甜咸适中。

### （五）分类

㸆制法的分类见图8-19。

### （六）代表菜品

如川菜“蟹黄鲍鱼”、京菜“干㸆鸭子”、鲁菜“㸆酱鱼”、粤菜“南乳㸆肉”、淮扬菜“奶油㸆菜心”，此外还有㸆海参、㸆大虾、㸆元鱼、㸆鹿筋、酥㸆鲫鱼、㸆鹿尾等。

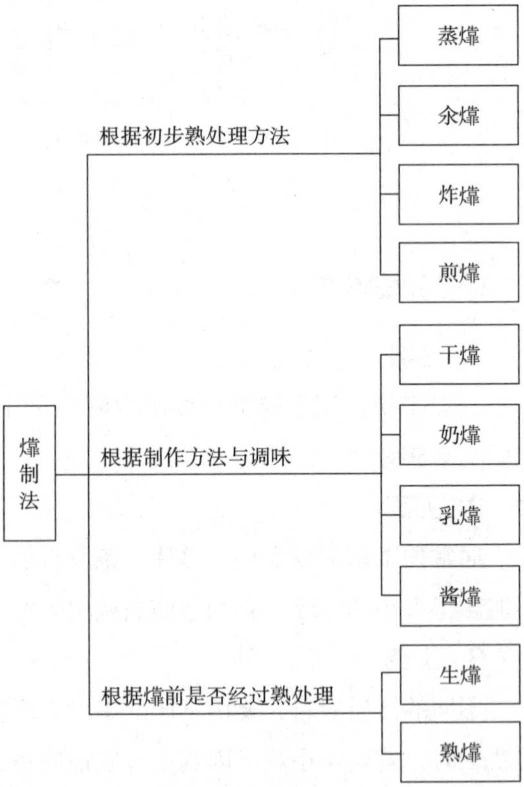


图8-19 㸆制法分类

## 五、熘

上古无熘字，近古亦无熘字，近古辞书字书亦无熘字，是为榴字之讹写。因凡是熘菜，主料皆成长片，象榴之形，借榴为熘，约定俗成乃为新字。锅熘为鲁菜中独具特色的一种烹调技法。用此法烹调成的“锅熘豆腐”“拖煽黄鱼”等山东传统名菜，至今享有盛誉。

## （一）定义

煽是将已挂糊的原料，先经煎（或滑油、炸）后，加入调味品和少许汤汁，再用小火入味，收干汤汁的一种烹调方法。从煽的概念来看，煽是一种特殊的烧法，只不过加热时间略短，成菜不勾芡并将汤汁收干而已。

## （二）工艺流程

煽制法的一般工艺流程见图8-20。

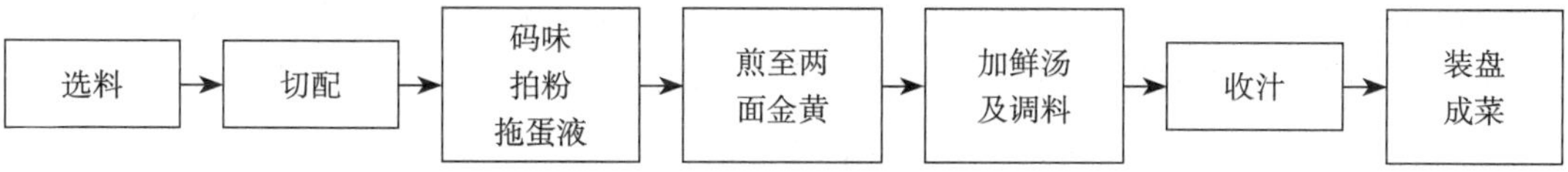


图 8-20　煽制法的一般工艺流程

## （三）技术关键

（1）煽制方法适合于细嫩易熟无骨的各种动、植物原料。主料一般要加工成片、块、条或其他扁平状；有的原料可拍松后再片成片状，以利于挂糊煽制。

（2）煽菜油量要少一些，最后加入的调味品和少量汤汁最好事先兑成清汤，但数量不宜太多，以免原料外层的糊因吸水过多而脱落。煽菜一般不勾芡。

## （四）成菜特点

成菜无汤汁，色泽金黄或银白，质酥嫩而味醇厚，保持原味。

## （五）分类

煽制法的分类见图8-21。

### 1. 煎煽

煎煽也称锅煽，是将原料加工成扁平状，经初步调味，拍粉或挂鸡蛋液，放入有少量底油的温油锅中煎至料两面金黄色；另起油锅加调味品和鲜汤，放入煎好的主料，

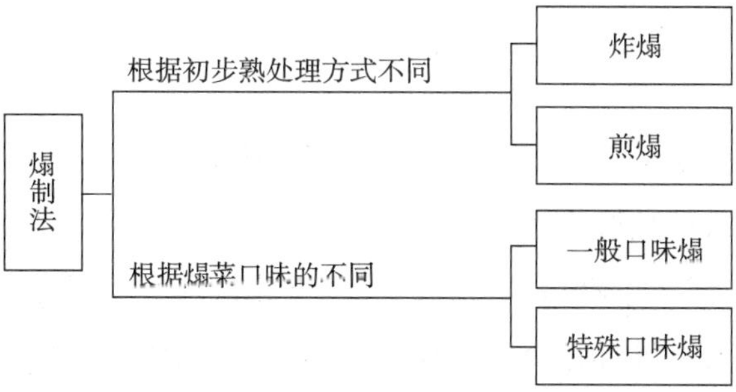


图 8-21　煽制法分类

用慢火烧透，旺火收汁成菜的方法。成菜色泽金黄，形状整齐；质地酥烂柔嫩；口味鲜、醇、厚。

2. 炸㸆

炸㸆是原料经加工改刀后喂口，再挂糊入温油中炸至金黄色，然后加少许清汤和调味品㸆制成菜的一种方法。炸㸆是在煎基础上形成的，弥补了煎㸆只能少量制作的不足。

3. 滑㸆

滑㸆是原料经滑油后再制的一种烹调方法。成菜色泽洁白或浅黄；口味清淡、鲜香；质地鲜嫩、滑软。

另外，由锅㸆派生出的技法，还有糟㸆、南㸆、松㸆和香㸆等。糟㸆在调味时要加入香糟卤；南㸆属于南菜，在调味品的使用上必须放糖，使其成品微甜；松㸆是原料外加松子仁，成品鲜香酥嫩，有松子香味；香㸆是原料表层撒上一层芝麻仁或炒花生瓣、核桃仁等，成品除松软鲜嫩外，更有浓郁醇香味。

### （六）代表菜品

如锅㸆豆腐、锅㸆鱼香肉片、锅㸆金钱里脊、锅㸆海鲜盒、锅㸆糖酸鱼、锅㸆银鱼等。

## 第五节 汆、灼、烩、煮、炖、煨、煲

## 一、汆

汆是以水（或鲜汤）为传热媒介的一种烹调技法，在汤菜烹调中占有重要地位。运用这种烹调技法，可以制成风味迥异、多姿多彩的佳肴，如“汆丸子”“汆里脊片”“汆鱼片”“汆鲫鱼”“汆散丹”“雪球银耳”“鸡蓉鲜蘑汤”“鸡蓉豆花汤”以及“爆肚”“连锅汤”等都是很受群众喜爱、有口皆碑的名菜。

## （一）定义

汆是一种旺火速成的烹制汤菜的方法，即将质地脆嫩、极薄易熟的原料，下入汤水锅内加热至断生，一滚即成菜的一种烹调方法。

## （二）工艺流程

汆制一般要经过原料选择、加工切配、上浆或制泥、汆制、装碗盛菜等工序，其工艺流程见图8-22。

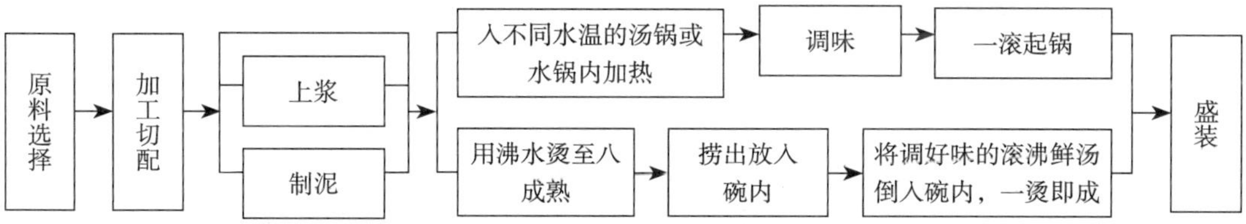


图8-22　汆制工艺流程

## （三）技术关键

### 1. 原料加工

汆的加热时间极短，宜选用质地脆嫩的动、植物性原料或将原料加工成极薄的片、丝或剞花刀，还可将原料制成肉糜和搅拌上劲，挤成圆球状来制。

汆制的原料有的上浆、有的不上浆。上浆主要是动物性原料，也用于植物料，如冬瓜丝（冬瓜燕）。上浆的目的主要是为了使原料更加细嫩，形状不变，色泽更白。

### 2. 要根据原料的不同种类性质，掌握好原料下锅时的水温

汆是复杂的加热法，可分为沸水汆、热水汆（水温在80～90℃）、温水汆（水温在50～60℃）、冷水汆等多种。从大多数情况来看，以沸水汆为主。

（1）沸水汆　即将汤烧开，然后投入原料，加入调味品一滚即成。这种汆法，加热时间最短，能保持原料的脆嫩质感。原料可以用鲜汤直接汆，如汆里脊片；也可以制汤、汆料分别进行，即一锅调制鲜汤，另一锅开水汆料，鲜汤制好，原料汆熟，把料盛入汤碗，浇上制好的鲜汤，如汆双脆。

（2）热水汆　即原料下锅时，水温只有七八成热。这种汆法的要领，一是在下料时水不能开，二是在原料下锅后水也不能大开（滚动），否则会冲散菜形，不能形成完美的形状。

（3）温水（或冷水）氽　即原料下锅时，水温要低，继续加热一开即好。如氽鱼丸时，因质地更嫩，丸形更易散碎，所以一定要在冷水（或冷鲜汤）时下料，并用手勺翻动鱼丸，使之均匀受热，当水又开，点些冷水，始终保持水面沸而不腾，至鱼丸表面凝结发挺，即已氽熟，盛出放入汤碗中。

3．出锅盛装

冬季氽制菜肴时，要把容器先用开水烫一下，再放入氽过的主料，冲开汤，既保温又能保证主料的质量。

### （四）成菜特点

汤多而菜少，主要喝汤；质感脆嫩或鲜嫩；口味清鲜爽口，以咸鲜为主，也有酸辣、咸酸的。

### （五）代表菜品

如京菜“氽鸡脯”“奶汤氽鲫鱼”、川菜“豆花鱼片汤”、粤菜“竹荪氽鸡片”、鲁菜“清氽丸子”、淮扬菜“茉莉花氽鸡片”等。

## 二、灼

灼原是广东特有的烹调方法，近年来流行于我国大江南北各大小饭店、餐馆，成为比较常用的，也是为广大顾客所熟知的烹调方法。

### （一）定义

灼是将原料投入沸水或沸汤中加热成熟后装盘，随调好的味碟一起上席；也可水烫之后再回锅快速翻炒后装盘的烹调方法。“灼”字能形象地概括出这类菜肴的特点：灼的时间一定要短，火候一定要猛，而且原料一定要新鲜。

灼制法根据其操作程序的不同，大致分为两类：一类是原质灼法，另一类是“变质”灼法。原质的灼，物料能保持原有鲜味，广州人常用此法烹制基围虾和菜远。“变质”灼法，务求爽口，灼前要对原料加工处理，如用流动清水浸漂、腌制等，使其变爽，然后才灼。鹅肠、猪腰等常用此法烹制。

### （二）工艺流程

灼制法的一般工艺流程见图8-23。

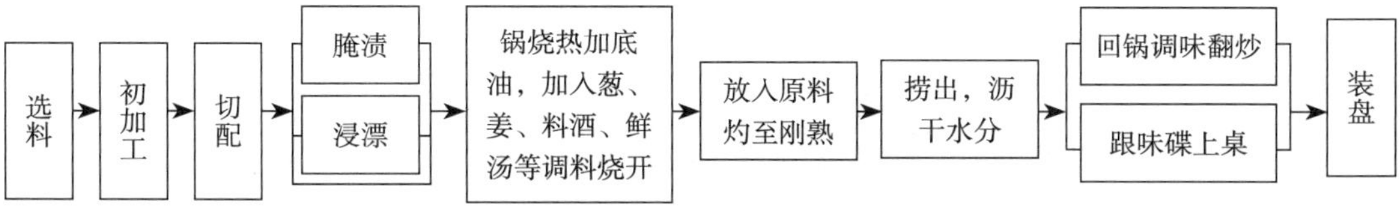


图8-23 灼制法一般工艺流程

## （三）技术关键

### 1. 选用鲜嫩原料

必须选质地鲜嫩、鲜味较浓的原料。一是各种海鲜原料，如贝壳类、章鱼、虾、蟹、海肠、海蜇、海鱼等；二是质地脆嫩的蔬菜，如生菜、芦笋、莴苣叶、菜心、金针菇、豌豆尖、秋葵、芹菜、各种芽苗菜、藕等；三是禽畜类肉，如牛肉、羊肉、鸡肉等；四是禽畜类的内脏，如鹅肠、鸭肠、猪腰、猪肝、牛百叶等。

### 2. 掌握好火候

一是原料下锅时的水或汤的温度，要根据食材的不同进行调整。一般而言，带有贝壳的海鲜原料，要冷水或冷汤下锅；蔬菜或者容易熟的肉类、海鲜，要采用沸水或沸汤下锅；猪肚、猪腰等禽畜类原料，一般要热水下锅，水温多控制在70～80℃。

二是水或者汤的量一定要多，这样才能确保原料下入后，锅内水温不会急速下降。正常情况下，入锅原料的用量是500g时，水或汤的用量控制在1500g为宜。

三是加热一般都用大火，但是有一些异味比较重的原料，或者叶子非常细嫩的蔬菜在加热时，就一定要用中高火加热，比如猪肝、生菜等。

### 3. 用好调辅料

白灼菜要搭配调味汁一起食用。可以使用购买的白灼汁，也可自己调制咸鲜姜末汁、豆豉汁、香辣蒜蓉酱、蜂蜜果香汁等。至于酱汁跟菜肴的结合，有三种方法：一种是浇汁法，即将料汁浇在菜肴上；一种是拌汁法，即将料汁与原料拌匀后上桌；最后一种是蘸汁法。一般制作白灼蔬菜、白灼大虾，食材单独成菜即可。但是如果白灼的是禽畜类原料，那么就必须搭配清炒素菜一起上桌。至于素菜的选择，一般有三种，分别是绿豆芽、芹菜、韭黄。但不论选择何种配料，都需要清炒制熟。

## （四）成菜特点

原汁原味，口味清淡，质地脆嫩，操作简单，出菜速度快。

### （五）代表菜品

如白灼生菜、白灼菜心、白灼基围虾、白灼鲜鱿、白灼花螺、白灼墨鱼仔片等。

## 三、烩

烩制法由汤羹演变而来。羹菜的起源很早，先秦时期羹菜的品种就很多了，那时的羹菜，主要是指熟的肉块、带汁肉或肉汁，也有荤素原料混合烩成羹菜的，主要采用煮的烹调方法制成。到了宋代，羹菜出现了汤料合流的制法，具有了烩的特点。清代，羹菜的制法已正式演变为烩法。

### （一）定义

烩是将经刀工处理的鲜嫩小型原料，经初步熟处理后入锅，加入多量汤水及调味品烧沸，勾芡成羹的一种烹调技法。

### （二）工艺流程

烩菜的一般工艺流程见图8-24。在具体操作上可分为三种。

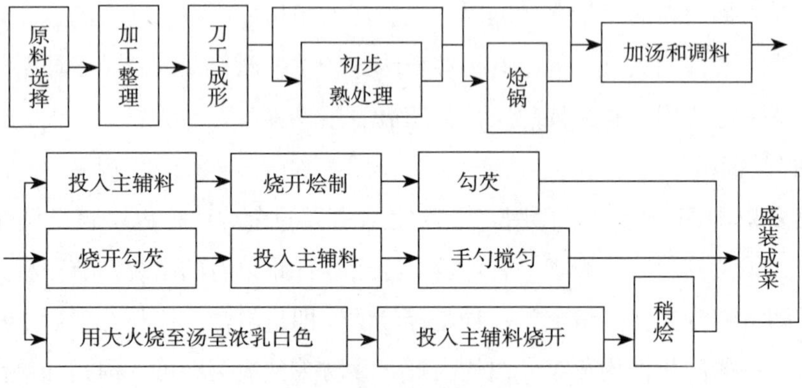


图8-24　烩的工艺流程

#### 1. 先烩制，后勾芡

大多数烩菜都用这种方法。即起底油锅后（分炝锅和不炝锅两种）烧热，下入预制好的鲜汤（或清水）和调味品，待汤开后，撇掉浮沫，调好色味，再依次投入主辅料（大都为预制好的），烧开烩制，稍烩一会，勾芡，待汤菜交融，即可出锅。这种做法，汤色清爽明亮。如山东风味的“烩乌鱼蛋”。

2. 先勾芡，后烩制

即起底油锅后，放汤和调味品，开锅时勾芡，待汤汁变黏时，再投入主辅料，用手勺搅匀，即可出锅。如北京名菜“烩鸭四宝”。

3. 仅烩制，不勾芡

即锅架火上，放油烧热，葱姜炝锅，下鲜汤和调味品，自始至终，都用大火烧，促使油随热汤滚沸，逐渐水、油融合，混为一体，呈浓乳白色后，再放入主辅料，烧开，稍烩一下出锅。这种做法，汤汁似乳，上有一层白色乳油，口味醇香。

### （三）技术关键

1. 烩菜对原料的要求比较高

烩菜多以质地细嫩柔软的动物性原料为主，以脆鲜嫩爽的植物性原料为辅，强调原料或鲜嫩或酥软，不能带骨屑，不能带腥异味，以熟料、半熟料或易熟料为主。要求加工得细小、薄、整齐、均匀、美观。

2. 烩菜原料均不宜在汤内久煮

对有些本身无鲜味和有异味的原料，如水发海参和鱿鱼等，可先用鲜汤煨制一下；有些不宜过分加热的原料，如番茄、蚕豆、菜心等，可在烩制即将成熟时或起锅前加入。原料焯水或滑油，要控制在刚熟的程度。原料入锅后，一般以汤沸即勾芡为宜，以保证成菜的鲜嫩。

3. 烩菜的美味大半在汤

烩菜由于是汤汁较宽的烹调方法，汤占了菜肴的一半，所以关键在于要用好汤，尤其是高档原料更要用高汤。所用的汤有两种，即高级清汤和浓白汤。高级清汤用于求清咸口味，汤汁清白的烩菜；浓白汤用于求口感厚实，汤汁浓白或红色的菜。不要用清水代替。

4. 勾芡是重要的技术环节

芡要稠稀适度（略浓于“米汤”）：芡过稀，原料浮不起来；芡过浓，黏稠糊嘴。勾芡时火力要旺，汤要沸，下芡后要迅速搅和，使汤菜通过芡的作用而融合。勾芡时还需注意水和淀粉溶解搅匀，以防勾芡时汤内出现疙瘩粉块。

### （四）成菜特点

（1）用料多样，色泽鲜艳。

（2）汤料各半，汤汁微稠，菜汁合一。

（3）清淡鲜香，滑嫩爽口。

### （五）分类

根据不同的分类标准可分为不同的类型（图8-25）。

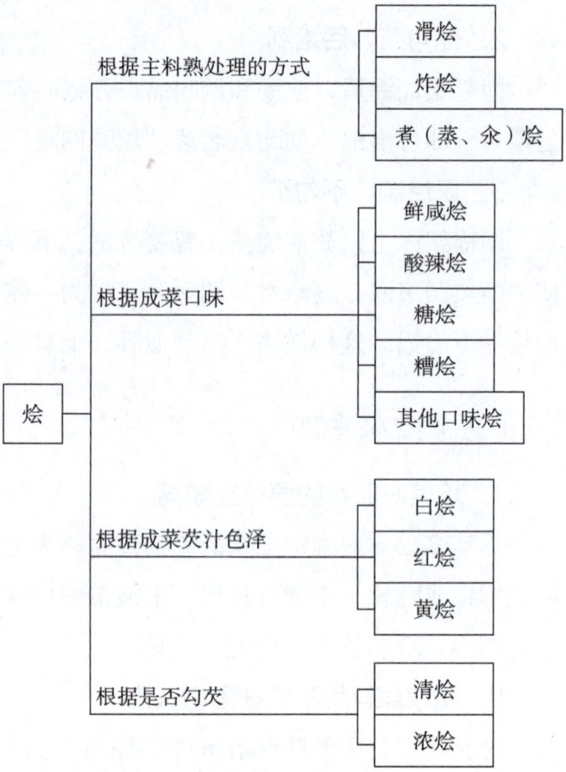


图8-25 烩制法的分类

#### 1. 滑烩

滑烩是将主料经过改刀后，上浆（蛋清浆或水粉浆），入热勺凉油锅滑开然后炝锅，投入主辅料，加调味品和鲜汤，出勺前勾芡的一种方法。一般适用于里脊、虾鱼、鸡脯等鲜嫩的原料。成菜具有色泽银白、质嫩、口味咸鲜的特点。

#### 2. 炸烩

炸烩又称烧烩，与滑烩大体一样，只是原料在烩前先经油炸。成菜汤汁浓厚，色稍重。

#### 3. 煮（蒸、氽）烩

煮烩又称普通烩、家常烩，是原料先经煮（肉类、下水类）、蒸（一般蛋糕）、氽（海味干货）后改刀，再用热勺底油炝锅，加调味品、汤，入主料，开锅入味勾芡点香油的一种成菜方法。

### （六）代表菜品

如京菜“烩乌鱼蛋”、鲁菜“烩什锦丁”、川菜“鸡丝烩鱼肚”“口袋豆腐”、淮扬菜“芹菜烩鸡腰”、津菜“玉米全烩”“鸡丝烩豌豆”“奶汤烩银丝”等。

## 四、煮

古代煮即烹，包括水煮和油炸，现代煮法专指水煮，有时也称烧，如“煮饭，煮粥、煮鱼”与“烧饭、烧粥、烧鱼”是同一概念。在我国烹调工艺中，煮的用途最广泛：制汤要用它，初步熟处理要用它，冷菜的“酱”“卤”实际上也是煮的方法。在热菜烹调方法中，虽然它所占的地位不高，但也创造了一些名菜，如江苏风味的“大煮干丝”、四川风味的“水煮牛肉”、云南风味的“河水煮金钱鱼”、南京的“鸡汤馄饨”、北京的“砂锅羊肉”等。

## （一）定义

煮是将初步熟处理的半成品或腌渍上浆的生料放入锅中，加入多量的汤汁或清水，先用旺火烧开，再改用中等火力加热、调味成菜的方法。

## （二）工艺流程

煮制一般工艺流程见图8-26。

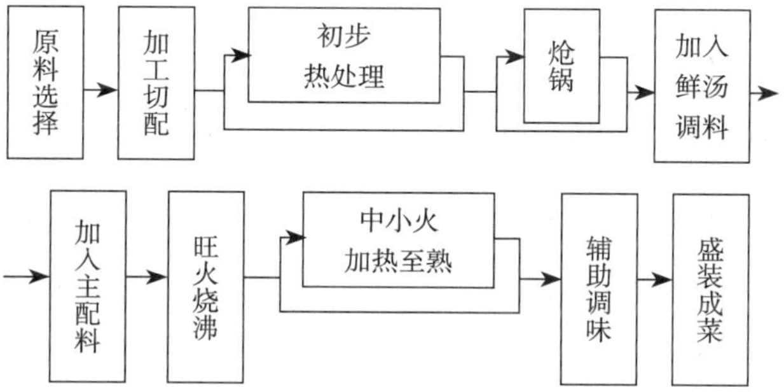


图 8-26　煮的工艺流程

## （三）技术关键

### 1. 原料的加工整理

如扬州名菜“大煮干丝”，豆腐干切丝后，不能马上烹调，还要经过清洗浸烫、清除异味（豆腥味）的过程。首先把切好的细丝放入清水中浸泡，使丝分开，不粘不连，丝分开后，捞出沥去水分，再放入开水中浸烫除味。一般要经过三次浸烫，第一次用开水烫约半小时，再换新开水，连续浸烫三次，每次均为半小时。经过三次浸烫，干丝清爽利落，异味除净，挤干水分，才能烹调。四川的“水煮牛肉”，牛肉在煮制前要经过码味上浆。上浆是否适度，一则关系到原料的成菜质感，二则影响成菜芡汁的稠度和口感。因此，给牛肉上浆时一定要稠稀适度，薄厚均匀。

### 2. 正确添加汤水

在通常情况下，添加汤水的量要明显地多于原料，使原料一入锅就能处在汤水的包围之中，均匀受热，成熟一致。汤水还要注意一次加准，不要中途添加，以免影响成菜风味。至于加汤还是加水要根据具体的原料而定。若要增强原料和汤汁的鲜醇度，就要以鲜汤辅佐；若要突出原料本味，则不要添加鲜汤，强调单纯用水，如煮鱼。

3. 正确掌握火候

煮法的火候直接关系到菜肴的质量。首先，原料应在汤水烧开后入锅，这样可尽量减少原料在汤水中的煮制时间；其次，原料下锅后应用旺火烧开，再改温火加热，使汤汁保持微开状态，以便于菜肴质“嫩”的实现；第三，煮制的时间应视具体原料而定，一般要以原料刚断生为度，防止出现原料老化和夹生现象。

4. 调味要准确

煮制菜肴对口味的调制也十分讲究。口味清淡的菜要遵循“宁淡勿咸”的原则，即食用时不能汤一入口就尝出咸味来，而只是在回味中稍有咸味而已，调味品以精盐、味精、酱油为主。“水煮”系列的菜，以麻辣为主体口味，咸香为基础口味。在调制时，重点在“味厚”这个特点上，调味品以豆瓣酱、干辣椒、花椒为主。

### （四）成菜特点

煮菜为汤菜，成菜汤汁的量较多。成菜的口味以清淡咸鲜为多，但水煮系列的菜，以味重麻辣为特点。成菜汤汁的颜色有白、红两种，口味清淡咸鲜的，一般为清白色（如大煮干丝）或乳白色（如奶汤素烩）；口味麻辣咸烫的，一般为红色（如水煮牛肉）。

### （五）代表菜品

大煮干丝、水煮肉片、水煮牛肉、水煮鱼片、水煮虾等。

## 五、炖

炖由煮法演变而来，至清代始见于文字记载。在东北地区被人们广泛使用，苏菜系的炖菜更是风靡全国，其受群众欢迎的程度可与山东菜系的爆炒技法并驾齐驱。

### （一）定义

炖是将经过适当加工整理的较大形状的原料，放入特定的盛器中，加入适量的水（或鲜汤）和调味品，采取不同的加热方式使原料酥烂入味，成菜汤料各半的一种烹调方法。在这里，原料“经过适当加工整理”，一指原料（一般要选用肌体组织比较粗老、耐得起长时间加热的大块或整形的鲜料，如鸡、鸭、猪肉等）经初步加工和细加工处理成一定形状；二指原料多经过适当的初步热处理，如焯水、煸炒、炸制等。“特定的盛器”，炖法使用的炊具（包括感器）是多种多样的，铁器、压力锅、砂锅、海碗、瓷盅、陶罐、竹盅、瓜盅（西瓜盅、冬瓜盅、南瓜盅、椰子盅）等皆可。要根据不同的烹调要求和风味特点分别运用。“不同的加热方式”，炖制时的加热方式不只是一种，根据实际需要，可采取盛器直接上火加热，也可采取将盛器放入水锅中隔水加热或盛器入笼屉以蒸汽加热等，有时在烹制同一炖菜时，还可让其中两种加热方法交替使用。成菜酥烂鲜香，决定了加热的时间较长；至于火力的大小，要依据加热的具体方式和不同菜肴而定。

## （二）工艺流程

炖的一般工艺流程见图8-27。

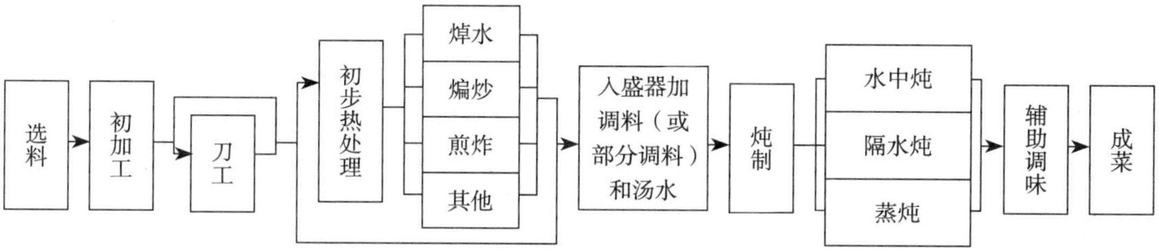


图8-27　炖制一般工艺流程

## （三）技术关键

### 1. 初步熟处理

原料放入容器前，都要经过焯烫。动物性原料都带有一些腥味或膻味，如禽畜肉类；一些植物性原料带有苦涩味，如萝卜、慈姑、笋等。这些原料经过焯烫可除去腥膻异味。

### 2. 调味

原料放入容器后，只加清除异味的葱、姜、黄酒等，不加咸味调味品，以免影响原料的酥烂。原料炖酥出锅时，才进行简单的调味，要求突出原料本味。此外，清炖不宜多放酒，甚至不放为好，也不宜放大料、桂皮等香料，避免影响菜肴的原味。糖、酱油之类的调味品，要根据成菜特点，酌情投放。炖制菜肴都不需要勾芡。

### 3. 火候

炖制时，要用旺火烧开后，改为小火或微火长时间加热，以保证汤质的澄清；否则，汤汁会变成浓白、浑浊，就失掉了炖菜“清鲜”的特点。炖和烧一样，要原汁原味，因此加料要一次加好，不可在烹制过程中零添。炖制时要求盖严锅盖，有的还需要封严锅沿空隙，以防香味散失。

## （四）成菜特点

炖菜汤清汁醇，酥烂形整，原汁原味。

## （五）分类

炖法有许多种，根据不同的标准有不同的分类体系见图8-28。

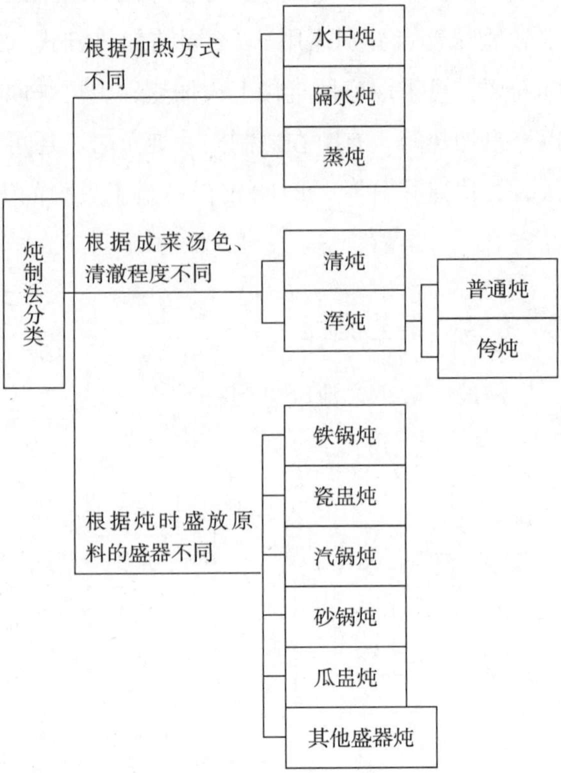

图8-28　炖制法分类

### 1. 隔水炖

隔水加热使原料炖制成菜的方法，称为隔水炖。即原料经沸水烫后去血污杂味，再放入陶、瓷之类容器内，加葱、姜、酒等调味品与汤汁（一般不用有色调味品），封口，置于水锅中，隔水烧沸，将原料炖至酥烂的方法。这种方法的最大优点是在整个加热过程中温度比较稳定，原料间接受热，食材营养素大分子缓缓分解，原料的鲜香味不易走失，富有原料原有的风味，而且汤汁澄清。因此，高级炖菜大都采用这种炖法。

### 2. 水中炖

水中炖就是原料经焯水后，放入铁锅或砂锅内，加入调味品及略多于原料的水，加盖后大火烧开，撇去浮沫再改小火炖至酥烂的一种方法。这种炖法的优点是，不仅能保持汤汁清鲜，而且还能烹调散碎原料。由于这种炖法直接放火上加热，火候至关重要，烧沸后一是要用微火或小火长时间炖，否则火力一大，汤水沸腾，汤汁发浑，呈乳白色，就失掉炖菜清鲜的特色。同时加热时间比隔水炖短，一般以2h左右为宜。

### 3. 清炖

清炖即原料经沸水烫或焯水后，去掉血污杂味，洗净后，再放入澄清的汤汁（或清水）中，加调味品，慢慢炖至酥烂的方法。这类炖法有汤汁清澈、原汁原味的特点。如清炖鸡、清炖鸭、清炖牛肉、清炖甲鱼、清炖蛇等。

### 4. 普通炖

普通炖就是生料经过洗涤或改刀后，先下锅煸炒，除净水气，再添汤并加调味品，炖至酥烂的方法。这类炖法有汤汁浑厚、原料酥烂的特色。

5. 侉炖

侉炖是山东乡村常用的一种炖法，即将鱼肉之类的原料改刀，经挂糊后，下热油中炸制，然后加汤和调味品，慢火炖至酥烂的方法。这类炖法有汁液浑浓、味美香醇的特点。

“侉”字有贬义，原来的意思是指口音不正，特指与本地口音不同。比如说，以北京的语音为标准的话，周边地区的口音就会被认为“侉”。这里用的是引申义，有“怯”“土气”“俗气”的意思。

### （六）代表菜品

京菜“清炖鸡”、东北菜“小鸡炖蘑菇”、鲁菜“侉炖鱼”、苏菜“炖咸鲜”、淮扬菜“清蟹粉狮子头”、云南菜“双冬汽锅鸡”、台湾菜“汉宫姜母鸭”、粤菜“北菇凤爪炖鱼胶”、北京宫廷菜“人参炖乌鸡”等。

## 六、煨

煨的古今概念也不同。古代盆中火曰煨，如煨芋是指将芋头埋在火盆的热灰烬中加热成熟的。由于灰烬中余热一般低于火焰，故此法煨出的食品外皮焦干，内部成熟，保持原味。但后来的煨有了新的含义，就是将食物放在器中加水再靠置火烬或微火上，通过器壁向内传热，缓慢地将食品煨熟。煨制菜肴粥羹多用陶缶瓦钵之类，北方用煨罐，南方用焖钵。烹制猪蹄、烹制莲子等耐火工的菜肴，多用煨制者。现在也有上炉火用铁锅或铝锅煨制的，但风味不及用陶钵瓦罐好。煨制菜肴工序繁杂，时间较长，而且选料精细，火种特殊，煨器考究，在各大菜系中以福建、江苏、上海的煨菜较为有特色。

### （一）定义

煨是将经过炸、煎、煸炒或水煮的原料放入锅中，加葱、姜、酒等调味品和多量汤水，用旺火烧沸，再用小火或微火长时间加热至酥烂成菜的一种烹调方法。煨法是加热时间最长的烹调法之一，适用于质地粗老的动物性原料，所制菜品属火工菜。

### （二）工艺流程

煨制一般工艺流程见图8-29。

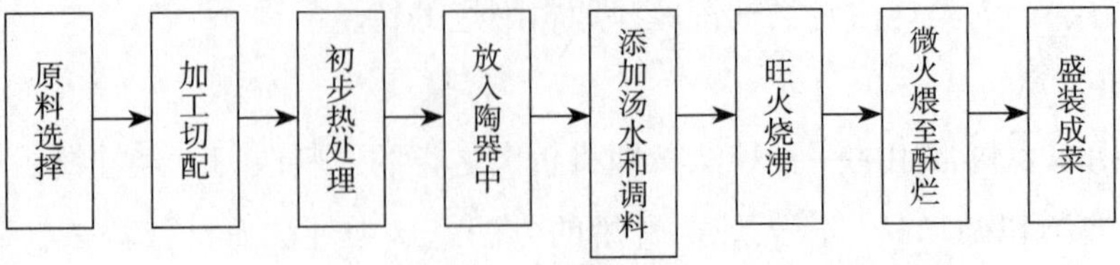


图 8-29　煨制工艺流程

## （三）技术关键

### 1. 初步熟处理

所用主料一般都是大块料或整料。在煨制前，不用经过腌渍、挂糊，初步熟处理也比较简单，只要经过开水焯烫一下即可。焯烫中的泡沫一定要撇净，并要清除掉附着在原料上的残渣。由于煨制的加热时间太长，目前有的餐馆把原料焯烫改为预制半成品或准熟品，以缩短煨制时间。也有的将原料先用油煎或煸炒，改为较长时间的预煮，并且还按不同品类采取分别预制的方法，如甲鱼、乌鱼等以切块煎炒预制，老鸡、老鸭、鹅等以油炸预制，猪、牛大块肉则用较长时间的预煮来预制等。预制原料的成熟程度，要根据原料性质，控制在断生、刚熟和全熟等几个层次。这些加工处理上的变化，大都是为缩短煨制时间而采取的措施。

### 2. 根据原料的具体情况确定下料的次序和时间

在入锅煨制时，凡使用多种原料的，下料时均应做不同处理。性质坚实、能耐长时间加热的原料，可以先下入；而耐热性较差的（大都是辅料），则在主料煨制半熟时下入；有咸味的腌腊制品如火腿等，不宜同主料一起下锅，否则汤汁的浓度和主料的酥烂程度都将受影响。特别是含水分多、不耐久煨的蔬菜等配料，只能在主料接近软烂或已软烂时下入。

### 3. 严格控制火力

在小火加热时，要严格控制火力，限制在小火、微火范围内，锅内水温控制在85～90℃，水面保持微沸而不腾。加盖要严，防止香味逸出，最好中途不揭盖。为检查成熟情况而必须揭盖时，也要尽量少揭，以尽可能地保持香气。这种情况与隔水炖相似。总的来看，煨菜的特色、质感以酥软为主，一般都不勾芡。

## （四）成菜特点

主料软糯酥烂，汤汁宽而浓，口味鲜醇肥厚。

### （五）分类

根据菜肴色泽的不同，煨可分为白煨和红煨两种。

1. 白煨

菜肴烹制后汤汁为白色的一种煨制方法。一般的制法是：原料经刀工处理后，放入沸水锅中煮一定时间，以清除异味，待汤色较白时，盖好盖，移微火煨制，加葱、姜、料酒、少许精盐调味即可。白煨原料必须用富含胶质的原料，如畜类、禽类、肉类制品（火腿、腊肉）、干制水产品等，并以纤维和结缔组织较为粗老、能耐长时间加热的为佳。一般来说，煨可以用单一主料，也可以用几种以上的大块料；可以加辅料（很多用半成品的植物性原料做辅料），也可不加辅料。成菜汤色浓白、香醇味厚。菜品如煨白汁鸡等。

2. 红煨

菜肴烹制后呈现红色的一种煨制法。红煨与白煨的制法相同，不同的是原料初步热处理时一般要炸、煎或炒，调味品一般要用酱油和糖色等。成菜汤色红润、质烂味醇。

### （六）代表菜品

闽菜“佛跳墙”、赣菜“瓦罐煨汤”、淮扬菜“白煨脐门”、粤菜“家乡煨大鸭”等。

## 七、煲

我国历代共同语字书里并无“煲”字，此字乃粤地人所创。粤语中“煲”字有多种用法：煲电话粥、煲脸佢、煲冇米粥、煲冬瓜等。关于“煲”字来历，也有多种观点。比如，有人认为“煲”源于唐段公路《北户录》的“褒牛头”，有人认为“煲”源于18～19世纪“广州英语”boil一词。西方和清政府通商之前，英语用“boil”，粤方言用“煮”。

### （一）定义

作为烹调方法，煲是指使用有盖的器皿（以前多数用瓦煲，现在质地多样），放入清水和原料（即汤码，包括主料和配料），加盖用慢火长时间煮制，并调以味料，使原料质地酥烂、汤水浓香的一种烹调方法。

### （二）工艺流程

把原料洗净，经焯水或炒、爆、煎等处理后，按所需汤量加1倍的清水一起放入煲内，先用大火，后改用小火煲2h以上（至适度），使部分水蒸发，浓缩成汤水鲜美、香浓的菜肴。

## （三）技术关键

### 1. 注意选料

在原料选择上，应考虑清鲜、时令及风味特产等因素，动物性原料肥瘦要适当，不要选用太过肥腻的原料。很多煲菜是由两种以上原料搭配烹制的，在制作时应考虑原料的合理搭配。如用鸡、鸭、鸽子做煲菜，可适当配一些笋类、菌类，以突出其本身的清鲜味；而用猪肉、羊肉等制作煲菜的，因这些原料较肥腻、汤汁浓稠，可考虑配适量的洋葱、蒜、萝卜等，以增香解腻。

### 2. 巧妙调味

煲菜非常讲究调味，不同的煲菜经过厨师的巧妙调味，可以形成变化多端的口味，其调味方法因原料、季节时令的变化而变异，可适合各方人士的口味需求。总的来看，煲菜的调味，春夏力求清鲜，秋末寒冬偏重浓郁。

### 3. 注意火力

不同的煲菜，对火力的要求有较大的区别，并不是一成不变的。如将已烹制好的菜肴盛入煲中加热后上席，其火力运用以大火或中火为主，烧热即可；如直接将生料入煲烹制（如煲鸡汤），则以中、小火为宜，以保证原料的成熟和原汁原味，否则用大火急烧会使原料内部水分很快蒸发，往往是汤汁收干了，原料的精华还没出来，甚至粘底烟焦，出现外焦里不熟的现象，坏了整锅的好菜。

### 4. 掌握好成熟度

煲具有较长时间的耐热保温作用，煲菜在离火上桌时，还有相当一段时间的保热，使原料进一步焐熟。在制作煲菜时，应充分考虑这一因素，根据不同的原料掌握好成熟度。如新鲜鱼类及禽类的嫩组织，切忌过熟，以免影响到原料本身的清鲜味；而畜类、禽类原料做煲菜，就不可过生，以防不易咬嚼，也影响人体消化吸收；多种原料同时入煲加热，焐熟时间大致要相当；而分阶段煲制的，先要下不易焐熟、耐煮的原料，如猪蹄、牛腱子、笋、芋艿等，后下易熟的原料，如鱼片、虾仁、菜心等，以保证煲菜的质量。

## （四）成菜特点

煲制菜肴，多是以汤为主、汤码为辅的汤菜，尤以使用瓦煲来煲汤的为佳。通过长时间的加温过程，使主料和配料的滋味溶集在汤水之中，使汤芳香、滋润而味鲜。广东人煲汤，根据季节安排，一般可分为清煲和浓煲两种。清煲适用于夏秋两季，汤清润，味鲜而不腻；浓煲适用于冬春两季，汤芳香而味浓郁。

### （五）代表菜品

冬瓜鲜荷煲水鸭、虫草花川贝煲象拔蚌、吉祥老鸭煲、毛蟹豆腐煲、虾子什锦煲、鱼香茄子煲、蒜豉河鳗煲、小煲双足跳等。

# 第六节 蒸、烤、熏

## 一、蒸

蒸法，起源于炎黄时期。随着陶器兴起，祖先就发明了衍和甑，说明在4000～5000年前，人们就已懂得用蒸汽作为导热媒介蒸制食物的科学道理，所以就有黄帝“蒸谷为饭”之说。《齐民要术》里，记载蒸鸡、蒸羊、蒸鱼等方法，宋朝以后相继出现了裹蒸法、酒蒸法、蒸瓤法，明清以后有粉蒸法。

### （一）定义

蒸是将加工好的原料（一般事先调味）放在器皿中，再置入蒸笼利用一定压力的蒸汽使其成熟的烹调方法。

### （二）工艺流程

一般工艺流程见图8-30。

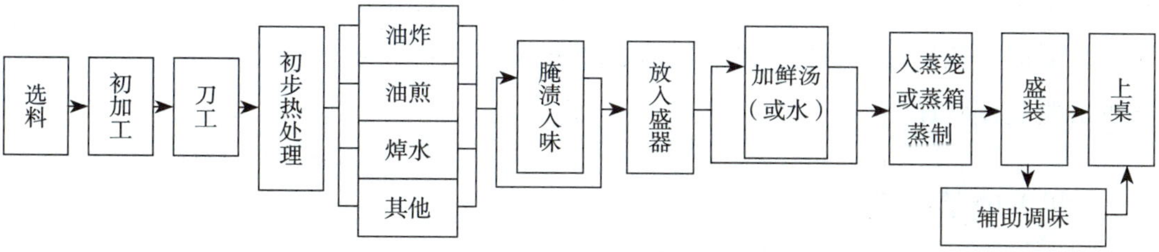


图 8-30　蒸制工艺流程

### （三）技术关键

**1. 蒸制的原料必须特别新鲜**

蒸菜对原料要求极为苛刻，任何不鲜不洁的原料，蒸制出来都将暴露无遗。因此蒸菜对原料的形态和质地要求严格，原料必须新鲜、气味纯正。

**2. 掌握好火候**

通常对于蒸，火候的掌握非常重要，蒸得过老、过生都不行。经过调味后的食品原料放在器皿中，再置入蒸笼利用蒸汽使其成熟。根据食品原料的不同，可分为猛火蒸、中火蒸和慢火蒸三种。一般来讲，蒸时要用强火，但精细材料要使用中火或小火。

（1）旺火沸水速蒸　这种方法适用于质地较嫩只要蒸熟、不要蒸酥的菜肴。一般应采用旺火沸水，满汽速蒸，加热时间根据原料性质而定，短的4～5min，长的10～15min，最长不超过20min，以断生为度，如清蒸鱼、粉蒸牛肉片等。

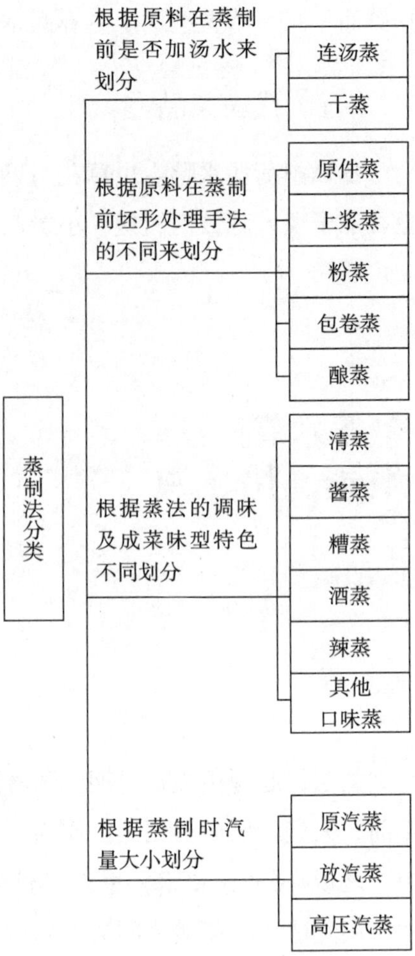


图8-31　蒸制工艺分类

（2）旺火沸水长时间蒸　凡原料质老、体形大，而又需要蒸制得酥烂的，应采用这种方法。蒸的时间应视原料老嫩而定，短的1～2h，长的3～4h。总之要蒸到原料酥烂为止，保持肉质酥烂肥香，如香酥鸡、粉蒸肉等。

（3）中等小火，沸水徐徐蒸　某花色菜肴经过细致的加工，不宜用旺火急蒸冲散外形，只能用小火徐徐蒸制，保持其形和色的美观，如白雪鸡等。

此外，要根据原料的性质、类别、形态和菜肴的不同要求，可分为低压汽蒸（放汽蒸）、常压汽蒸（原汽蒸）或高压汽蒸。现代蒸柜、蒸箱的蒸汽压可以调控。同时蒸制多种菜肴时，应根据原料的质地、气味、颜色以及汤汁的多少安排好上下次序。蒸制工艺的分类见图8-31。

### （四）成菜特点

形状整齐，美观大方；质地细嫩，口感软滑；原汁原味，香气浓郁。

### （五）分类

#### 1. 清蒸

清蒸是指单一原料、单一口味（咸鲜味），原料直接调味蒸制，成品汤清味鲜质地嫩的蒸法。不同的地区对“清蒸”有不同的释义：①蒸制中不用酱油等有色调味品，使成品色泽清淡的方法；②指主料不经挂糊、拍粉或煎、炸等处理而直接蒸制的方法；③指不加配料的蒸制方法。

清蒸的方法归纳起来有以下四种：一是蒸后浇芡法，即原料经加工并调味后蒸熟，再浇淋清芡而成菜的方法；二是蒸后浇汁法，即原料一般不调味，只配葱叶、姜片等，蒸熟后再浇淋无粉芡的红汁而成菜的方法；三是调味干蒸法，即加工的原料加精盐等无色调味品腌制后蒸制成菜的方法；四是清汤蒸制法（上汤蒸），即原料经水氽透后，再加清汤和精盐等无色调味品蒸制成菜的方法。

清蒸菜基本为原料本色，汤汁颜色也较浅；口味鲜咸醇厚，清淡爽口；质地松软、细嫩。代表菜品有鄂菜“清蒸鱼”、苏菜“清蒸鲥鱼”、川菜“虫草鸭子”、鲁菜“清蒸全鸡”、京菜“清蒸鳜鱼”、清真菜“生蒸羊肉”、粤菜“清蒸鲩鱼”等。

#### 2. 粉蒸

粉蒸是原料调味拌渍后粘裹上一层炒米粉后再蒸的方法。制米粉时，一般将大米用小火炒至微黄（切忌用旺火炒），凉凉再磨成粗粉（有的加五香原料或其他原粉同时搭制）。粉蒸的调味品一般有酱油、芝麻油、豆瓣酱、料酒（白酒）、白糖、葱姜，南方地区还加入红方腐乳汁。原料均匀地拌上调味品后，再粘附上炒香的米粉入笼蒸制。拌米粉时，要根据原料的质地老嫩、肥瘦比例来确定米粉的用量，一般掌握在1：（0.06~0.10）。拌制的干稀程度要适当，以原料湿润而不见汤汁为准。

粉蒸原料有的用荷叶包起，有的直接蒸制。盛装蒸制时原料必须疏松，不能压紧压实，以免影响疏松度和成熟的一致性。质感细嫩柔软的菜品，以旺火沸水速蒸；质感软烂不散的菜品，以旺火沸水长时间蒸。

粉蒸的代表菜品有鄂菜“粉蒸鲭鱼”“沔阳三蒸”、浙菜“荷叶粉蒸肉”、川菜“粉蒸牛肉”、清真菜“粉蒸羊肉”等。

## 二、烤

烤，古称燔炙，可称为人类永恒的烹调法，不论在野蛮时代，还是在文明时代，人们在掌握了相当多的烹饪手段以后，都不曾舍弃过它。这种技法演变到现在，除烤具、操作方法发生了变化以外，更重要的是调味品的丰富。目前烤法的名称各地有很大差异，大体有烤、烧、烘、焗、烧烤等。北方地区流行叫“烤”，南方地区通常叫“烧”，即所谓“南烧北烤”。广东地区有的叫“焗”。有的地区把用低温（100℃以下）烤制食物称之为“烘”，而另有一些地区只把高温（200℃以上）烤制食物称之为“烘烤”；还有的“烘”“烤”不分，通称为“烘烤”。

### （一）定义

烤是将加工处理好的原料（一般要腌渍入味），置于明火上或各式烤炉中，利用热辐射直接或间接将原料加热成菜的一种烹调方法。

### （二）工艺流程

一般工艺流程见图8-32。

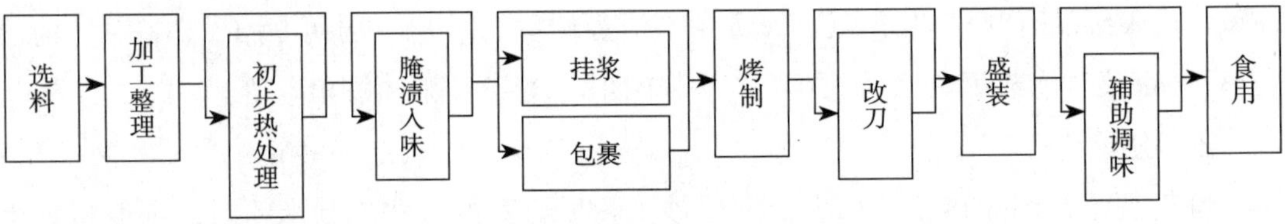


图8-32　烤制工艺流程

### （三）技术关键

#### 1. 选料

烤适用于形状较大的动物性原料（如鸡、鸭、鹅、鱼、肉等）及一些植物性原料（如马铃薯、红薯等）。这些原料可以生料直接烤制，也可以加工成半熟的坯料进行烤制，还可以完全用熟料烤制。

#### 2. 调味

烤制过程中一般不进行调味，其调味方式有以下几种情况：一是原料在烤前进行码味处理，如叉烤鱼；二是原料在烤制成熟后佐调味品食用，如烤鸭；三是现烤现吃，如烤羊肉串。需要预先腌渍的原料，要掌握好调味品的比例和腌渍的时间。原料表皮需要涂抹饴糖或其他调味品的，必须要涂抹均匀周到，挂置通风处吹干表皮。

#### 3. 火候

烤制时的火力大小和时间长短，必须根据原料的大小、肥瘦、老嫩灵活运用。在开始烤时，一般要使用大火，待原料紧缩，表面呈淡黄色时，改用小火烤；同时将原料不断翻动和浇油，防止烤焦煳。

烤制大块的肉类原料要保证其质鲜嫩，准确判断其成熟度。在烤时可用一根铁扦在原料肉层较厚的部位戳一下，来检验是否成熟。如流出汁水呈鲜红色，说明原料尚未成熟；如果流出的是清汁，说明是恰到好处；如果没有汁水流出来，则说明烤过头了。

炉温要适中。在烤制制品时，绝大多数品种外表受热以150～200℃为宜，即炉温应保持在180～250℃。温度过高原料外壳易焦煳；过低既不能形成金黄色的表面光泽，也不能促使制品内部成熟。

烤制时间要根据品种的体积大小而定。制品体积较薄小，时间要短，厚大的时间要长；要求质地松软的烤制时间要短，质地坚硬的则稍长些。此外，制品特色不同，在烤制中时间、温度上也有差别。烤菜最好现烤现吃，不可久存。

## （四）成菜特点

原料经烘烤后，表层水分散发，使原料产生松脆的表层和焦香的滋味。成菜色泽美观，形态大方；香味醇浓；皮酥脆肉嫩。

## （五）分类

烤制法的分类见图8-33。

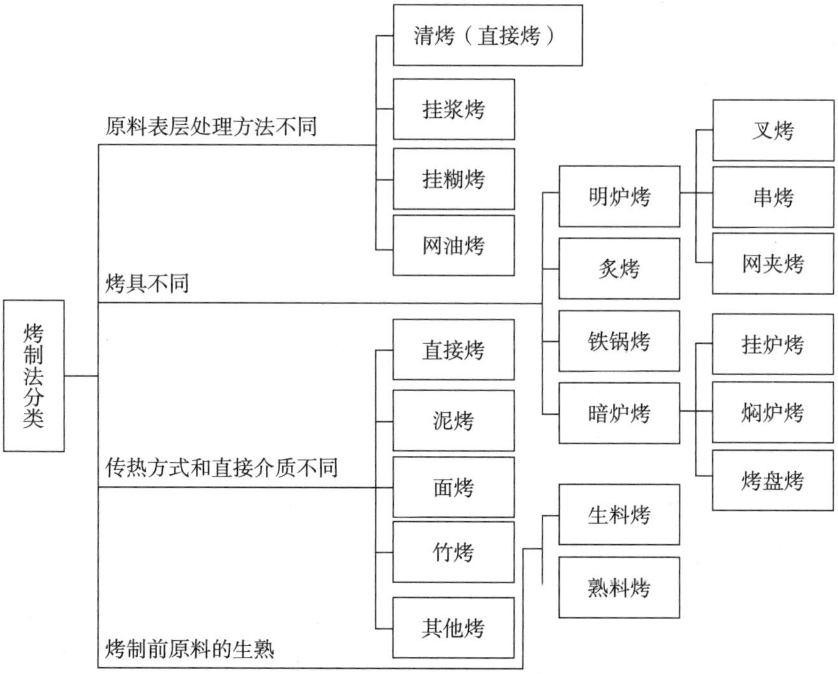


图8-33　烤制法分类

1. 挂炉烤

挂炉烤是将加工处理好的原料（一般抹糖浆）吊挂在大型烤炉内，利用燃烧明火产生的辐射热把原料加热成菜的技法。成菜色泽枣红，外皮松脆，肉质鲜嫩，香气浓郁。

2. 焖炉烤

焖炉烤是将加工处理好的原料置于焖烤炉内，用炉壁产生的辐射热将原料烤制成菜的技法。这是暗炉烤代表性的技法，由于焖烤的菜肴品种不同，焖烤的烤炉也有多种多样。

3. 烤盘烤

烤盘烤将加工好的原料装入烤盘内，用高温气体进行密封加热成菜的技法。这种技法是从西方引进，又称为“西法烤”，在西餐馆中使用非常广泛，制成品大都是特色风味菜。现在中餐馆用此技法的也在逐渐增多，但没有网夹烤那样普遍。

4. 叉烤

叉烤是将腌渍入味的原料或抹了糖浆的原料用叉子叉住，或用其他方法固定在叉上，在明火炉具上不断翻动叉子，调整原料与火的远近距离进行加热成菜的技法。这是明火烤中最有代表性的烤法。

5. 串烤

所谓串烤，是将原料切成片或取片、块等小型料，经过腌渍（也可不腌），用银、铁、不锈钢或竹制的扦穿成串，放在炉子上或锅内加热至熟的烹调方法。

6. 网夹烤

网夹烤是将加工处理好的原料用外皮包好，放在铁丝网夹内夹住，手持夹柄在明火上翻烤，或放入烤炉内用暗火烤成熟的技法。

## 三、熏

据史料记载，至迟在宋代，烹调中已经有意识地运用熏法。不过熏最初是一种贮藏食品的方法，熏过的食品外部失掉部分水分而干燥，特别是熏烟中所含的酚、醋酸、甲醛等物质渗入食品内部，抑制了微生物的繁殖，所以在保藏鱼、肉等原料时常用烟熏法。但是，烟熏的食品除了上述作用外，还产生了一种烟熏味，人们从中受到启发，运用到烹调技术领域中来，并不断加以改进，如熏前调味、熏后抹油（香油）、使用不同熏料（如茶叶、香樟树叶、白糖等）、辅以其他技法，创造了这种独特的技法，调制出具有色泽光亮、烟香鲜嫩的特色名菜。如淮扬“生熏白鱼”、四川“樟茶鸭子”、广东“茶香熏鸡”、山东“五香熏鱼”等。

## （一）定义

熏是将原料置于密封的容器（熏锅）中，利用熏料的不完全燃烧所生成的热烟气使原料成熟入味的一种烹调方法。熏法常使用的熏料有白糖、茶叶、香料、花生壳、柏枝、稻米、锯末、松针等，从营养与卫生角度考虑，一般认为以茶叶、白糖为佳。熏时原料置于熏架上，其下置火引燃熏料，使其不完全燃烧而生烟，烘熏原料至熟。近年来有资料报道，熏制食物或含苯并芘、硫化物、砷等有害物质，久食对健康有害。

## （二）工艺流程

熏制法的一般工艺流程见图8-34。

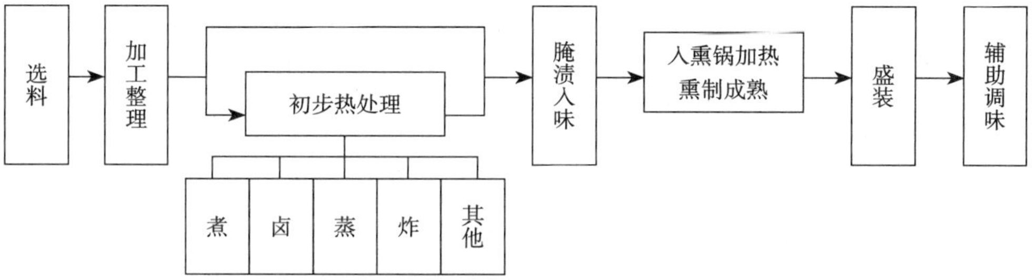


图 8-34　熏制工艺流程

## （三）技术关键

### 1. 选料

烟熏原料较广泛，既可以果蔬为主料，也可以畜禽水产品等为主料。一般来说，生熏应选择鲜嫩易熟、体扁薄的原料，熟熏则以整鸡鸭、大块肉品及原来形态的蛋品为多。

### 2. 腌渍和初步熟处理

主料在腌渍入味或初步熟处理时，着色切不可过重；否则，经烟一熏会变成黑色。

### 3. 严格控制火候

熏料可以单用一种，也可以几种同时使用，但必须浸湿（无论是茶叶或锯末），不能干熏，这样才能产生蒸汽和浓烟，使原料受到蒸和熏两道加热，原料才能成熟，并且具有肉质嫩、烟味香的特色。熏制菜肴时，应先将燃料在锅中点燃并使之冒烟后，再将熏菜主料放在铁箅子上（原料底部应用葱叶或菜叶垫底，防止原料粘在箅子上），盖严盖以防跑烟。在熏料冒浓烟后，要及时转入小火，避免火力过旺倒使熏料水分耗干着火烧掉，产生煳味。熏制的时间，一般从冒汽后开始，烟熏10min左右即可，生熏时间应略长些。

### （四）成菜特点

有特殊的烟熏香味，色泽黄亮，外香酥内软嫩。

### （五）分类

熏制方法，因原料生熟不同，有生熏、熟熏；因熏制设备不同，有缸熏（敞炉熏）、锅熏（封闭熏）、室熏（房熏）；因熏料不同，有锯末熏、茶叶熏、糖熏、米熏、甘蔗渣熏、樟叶熏、混合料熏等。在烹调中，熏法主要以生熏、熟熏来划分。

#### 1. 生熏

生熏就是将加工处理好的生料，用调味品浸渍入味一定时间后，放入熏锅里，利用熏料（如木屑、茶叶、甘蔗皮、砂糖等）起烟熏制成熟的一种方法。生熏法大多选用肉质鲜嫩、体扁薄的鱼类作为原料。

#### 2. 熟熏

熟熏就是将经过蒸、煮、炸过的原料再熏制成菜的一种方法。熟熏法大多选用整鸡、整鸭大块肉品及蛋品等原料。

### （六）代表菜品

福建“武夷熏鹅”、淮扬“生熏白鱼”、广东“茶香熏鸡”、山东“五香熏鱼”等。

# 第七节 蜜汁、拔丝

## 一、蜜汁

蜜汁的命名，大体有两种说法：一说在调制甜汁中，使用蜂蜜因而得名；另一种说法因所用上等绵白糖、冰糖调制的甜汁，味甜如蜜，故而称为蜜汁。目前多用白糖、冰糖作为甜汁的原料，一般不用或极少用蜂蜜。但冰糖比白糖质好味甜，用冰糖调制甜汁的，大都用在高级主料上，但不称蜜汁，直接冠以冰糖，如“冰糖银耳”“冰糖燕窝”等，从技法上讲，仍属于蜜汁的范围。

## （一）定义

蜜汁是将加工的原料或预制的半成品或熟料放入调制好的甜汁锅或容器中，采用烧、蒸、炒、焖等不同方法加热成菜的技法。

## （二）工艺流程

蜜汁的一般工艺流程见图8-35。

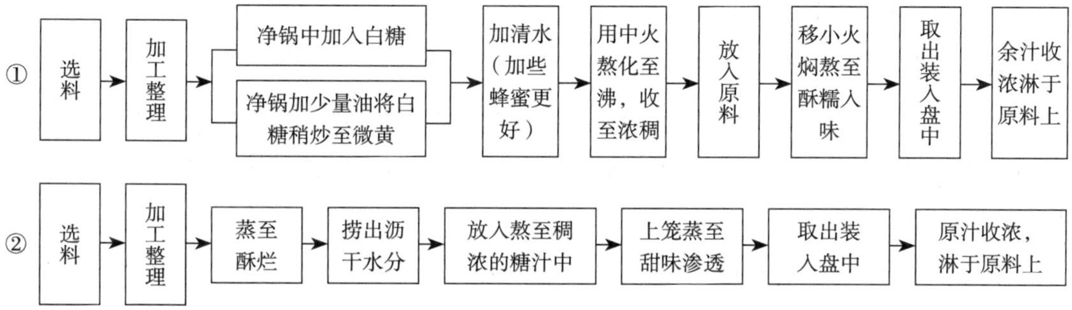


图8-35　蜜汁工艺流程

## （三）技术关键

### 1. 选料

蜜汁菜用料广泛，水果（如桃、橘子等）、干果（莲子等）、菜类（莲藕、山药等）、甘薯类（红薯等）、腌腊制品（火腿等）、家畜肉，以及燕窝、银耳、哈士蟆等山珍海味，特别是后一类原料，为高级宴席上的高级甜菜。

### 2. 加工整理

一般来说，所有原料都要根据蜜汁技法的需要进行不同的加工处理，同时注重美化菜形。有的切配成块、片、条、丁等料形；有的选用自然形态；有的使用整料（但这是经过切成块、片拼摆成原样的整料）；也有的在加工成小型料后，组装成各种各样的花式形态。

### 3. 蜜制成菜

蜜汁的调制是先用糖和水熬成入口肥糯的稠甜汁，再和主料一同加热。由于原料的性质和成品的要求不同，所以具体加热方法分为三种。

（1）烧法、焖法　将锅上火，放少许油烧热，放糖炒化，当糖溶液呈浅黄色时，按规定比例加入清水，烧开，放入经加工的原料，再沸后改用中小火烧焖，直到糖汁起泡、黏性增大、呈浓稠状时，主料也已入味成熟时即可出锅。如果主料已经成熟，而糖汁浓度仍然不够时，也可将主料先盛盘内，用旺火将锅内糖汁收浓再浇在主料上。应用烧和焖两种方法也有一定区别：烧法主要是选用易于熟烂的原料，用中小火力，加热时间不宜过长，只要糖汁变浓、主料已熟即可，不一定追求特别烂的程度；焖法所用的原料质地老韧一些，不易熟烂，在焖的过程中，使用小火力长时间加热，直至糖汁肥浓香甜、主料熟透入味酥烂才可出锅。焖法采用的炊具以传热保气性好的砂锅为最好，同时加盖封严，便于热量集中，加快主料酥烂的速度。

（2）蒸法　即将加工的原料与糖、水一起放入容器内，入笼屉，用旺火烧至上汽后，改用中火较长时间加热，蒸至主料熟透酥烂下屉，将糖汁滗入锅内，主料翻扣盘中，再用旺火将锅内糖汁收至浓稠，浇在盘内主料上。

（3）炖法　将糖和适量水放入锅内，烧至糖溶化，然后将预制酥烂的主料放入，再沸后改用小火慢炖，炖至糖汁稠浓，甜味渗入主料内部并裹匀主料时，淋少许熟猪油，拌匀出锅。

（4）炸法　即将预制熟料炸至上色、松脆，将糖汁熬浓浇上即成。但此法较少见。

**4. 保证特色**

无论用何种蜜制法，都必须做到以下两点：一是糖汁肥浓香甜，光亮透明；二是主料绵软酥烂，入口化渣。对于一些要求甜度低的蜜汁菜，由于用糖较少不易熬黏变稠，可采取勾稀芡的方法以增加糖汁的浓度。在熬糖汁时，大多适当加些桂花酱、玫瑰酱、椰子酱、山楂酱、蜜饯、牛奶、芝麻等增味增香的原料，用以丰富口味。

### （四）成菜特点

色泽淡雅，光亮透明，形态丰富多彩；甜汁黏稠，风味各异，有的清甜细润，有的浓香肥糯；主料绵软酥烂，入口化渣。

### （五）代表菜品

苏菜“焖钵湘莲”“蜜汁琥珀莲心”、鲁菜“蜜汁山药饼”“蜜饯银杏（又称蜜蜡银杏）”、京菜“八宝瓤苹果”、豫菜“蜜汁葫芦”等。

## 二、拔丝

拔丝，是一种富有情趣、技术性较强的烹调技法，在饮食行业已成为一个专有名词，在糕点行业则称为“亮浆”。在食用上饮食行业主要用于做菜，是热吃，要求边吃边拔出丝来，糕点行业则用于制点心，是凉吃，讲究甜脆香嫩。饮食行业也有品种是凉凉后吃的，称为“琉璃菜”。

### （一）定义

拔丝，又称拉丝，是将经过油炸的小型原料，粘裹上用白糖熬制的糖浆，用筷夹起能拔出丝的一种烹调方法。

### （二）工艺流程

其一般工艺流程见图8-36。

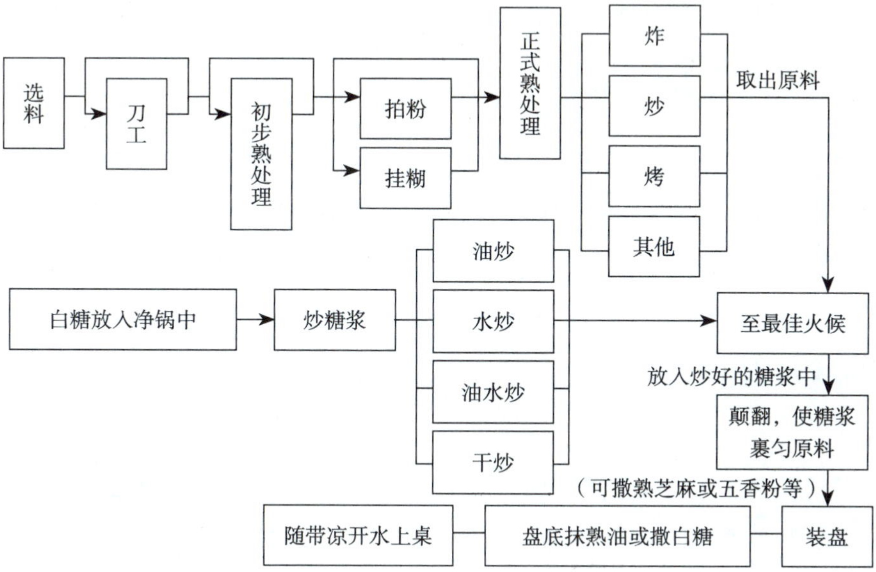


图8-36 拔丝一般工艺流程

### （三）技术关键

#### 1. 选料

拔丝菜所用的原料，一般是水果、根茎类的蔬菜或去骨的肉类和蛋类。这些原料都事先要加工成小块、小片或制成球、丸等，体积过小的原料，如莲子等就用原来的形态。

## 2. 原料的加工处理

不同的原料加工方法不同。苹果、梨应先去皮、核；西瓜取无籽的瓤，切成小块或挖成球；香蕉、山药、甘薯、马铃薯这些类似于圆柱形的原料，要将其削（剥）去皮后切成滚料块；杨梅与剥去皮的葡萄、橘子，可利用本来的形状，不需做加工处理。

## 3. 挂糊与过油

做拔丝菜时，使用的糊主要有蛋清糊、全蛋糊和蛋泡糊三种。但并不是每一种拔丝菜都需要挂糊，而是根据所用原料的不同性质来决定是否挂糊。一般水果和肉类都需要挂糊，含淀粉多的根茎类蔬菜则不需要挂糊，如甘薯、马铃薯、山药等。一种原料挂什么糊，主要取决于原料的特点和档次以及糊本身所能起到的作用。

过油时所需要的油温，如用蛋清糊或全蛋糊，原料下勺时的油温应掌握在四、五成热之间，炸好捞出时的油温要达六成熟。这样不仅保证了菜肴的质感，还可以不使半成品浸油，为挂糖浆打下良好的基础。如果是用蛋泡糊，原料下勺时的油温应在三成热左右，炸好捞出时的油温也要达到六成热，其道理如前述。此外，应该注意，挂蛋泡糊的拔丝菜不宜用植物油。用含水分多的水果原料如橘子、苹果、香蕉等做拔丝菜时，如果挂的是蛋泡糊，则必须用动物油烹制，若挂的是全蛋糊，无论用动物油还是用植物油都可以使糖挂得均匀饱满，拔丝效果好。

## 4. 熬糖浆

熬糖浆是做拔丝菜的关键环节，糖炒不好，就会前功尽弃。炒糖浆的方法常用的有五种，即油炒、水炒、油水炒、干炒和油底挂浆。不论哪种炒法，炒糖的目的都是用加热的方法使糖溶化，使蔗糖由结晶状态转化为液态，最后形成无定形的琉璃体。在加热过程中一方面是溶化糖的结晶，一方面是蒸发糖颗粒中的水分使之出丝均匀（蔗糖在加热过程中的变化见图8-37）。

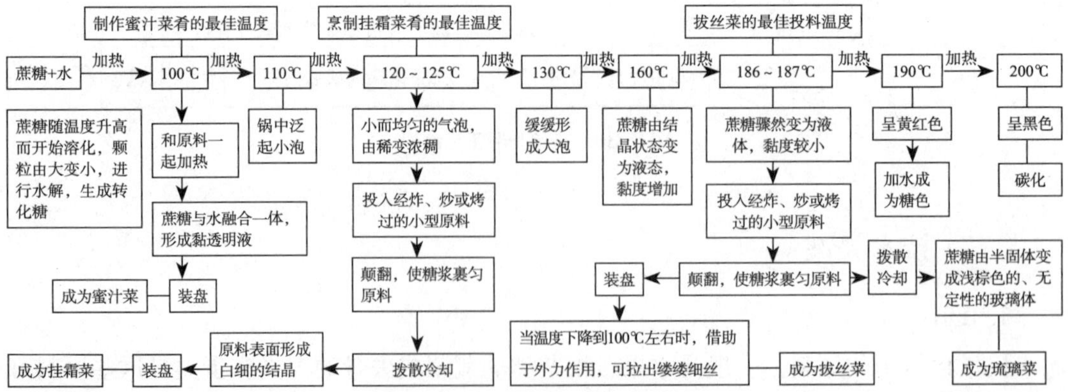


图 8-37　蔗糖在加热过程中的变化

（1）油炒法　就是以油为导热介质溶化糖的方法。一般用中小火加热，锅架火上，先放油，油稍热时（100～130℃），放入白糖（糖、油比例为100g糖用油10～15g），用手勺轻轻地慢慢地搅拌熬炒，使糖逐渐溶化（搅拌时要不停手勺，防止被糖粘住结成糖块），当糖被搅拌呈微黄色化为液体状、泡沫变大又多时，就根据火力情况，端锅离火或半离火（所谓离火，即熬糖浆锅全部离火眼；所谓半离火，即将锅端离火眼的一半），使其继续受热至糖浆没有沙粒响声，色泽金黄变稠和出现小泡，并将由稠变稀时，即到了出丝阶段，此时温度180℃以上（如用手勺舀起糖浆流下能成直线不断），这就到了最关键的一刹那，迅速放入主料滚匀糖浆。

此法用白砂糖为宜，因白砂糖含水分较少，炒化时由稠变软，并很快变成糖浆，而用绵白糖，则因含有少量水分，炒制时间稍长些。但无论用哪种白糖，均应炒至糖浆无响声、用手勺舀糖浆有柔和之感、并能在空中落成一线时，方可投入主料。

油炒法的特点是省时，但不易掌握，糖浆附着力较差，没有水炒糖拉出的丝长白亮。油炒糖的用油量不可过多，否则主料脱落，无法拉丝。

（2）水炒法　先用少量油将炒勺冲涮干净（不要用水冲涮，否则勺不光滑，炒时糖浆易煳），然后放入水和糖（糖水的比例为每100g糖25～30g水），将勺置中火上炒制。炒时要用手勺不停地搅动，目的是使糖浆受热均匀。应该注意的是，搅动的频率不可太快，因为搅动时除了能够使糖浆受热均匀外，还可以起到一定的降温作用。很显然，搅动过快就会延长炒糖浆的时间，使炸好的主料因等候时间过长而失去了易于着浆的温度。糖与水受热后，观其变化时，首先出现的是大泡，搅动时的感觉和搅动清水差不多。待炒一会儿后，由于水分的蒸发和糖的溶化，糖浆开始黏稠，搅时略微有阻力，此时，可少滴一点油，以增加润滑，便于搅动。再搅几下，大泡逐渐减少，变成一些小泡并进一步由稠变稀，这时要密切注视糖浆的变化，用手勺舀起糖浆再倒回勺中糖液似断线小珠连绵不断并有清脆的哗哗响声时，温度160～170℃，糖浆即已炒好，马上放入主料。

水炒糖用白砂糖为宜，其特点是色泽白亮、丝细而长，适用于色白清亮的原料（如蛋清、白肉、橘子等）。其缺点是炒糖的时间长。

（3）油水混合炒法　炒勺内先打底油，烧四五成热时，加糖稍炒片刻，再加水同炒（比例为150g糖，5g油，20g水），熬至水分蒸发、糖浆变成黄色即可投入主料。此法对以上两种炒法能起到扬长避短的作用，效果好，易于操作。

（4）干化法　干化糖不加水和油，是将锅放入火上烧热，放糖干炒，要用手勺不断推动（但手勺上尽量不要粘上糖，以免化糖不匀），至糖熔化为糖浆时，即可投入主料。

干化糖时，精力要集中，火候要掌握好。火大，部分糖会过早变色，火小则拔不出丝来。此法以用绵白糖为好，因绵白糖化得快，效果好。绵白糖中含有2%的转化糖，转化糖能抑制蔗糖在过多饱和状态中形成晶体，从而将蔗糖转变成无定形体。干化法省油省时，但要掌握好火候，动作也要干净利落。

5. 成菜装盘

做拔丝菜时，一般应备两只炒锅，一边炒糖，一边炸主料。炸主料和炒糖必须同时完成。如先将主料炸好再炒糖，主料变凉，下锅后易使糖凝固，菜到桌上不易拔出丝来；如后炸主料，则炒好的糖在锅中受锅的余热影响，一则会加深糖色，二则会使糖过火而拔不出丝来。

有的拔丝菜要添加一些辅料增加香气，如桂花、芝麻等，一般是在糖浆出丝时投入（也有的在落盘后撒上），使之均匀裹在主料上。

盛拔丝菜的菜盘，先要均匀抹上一些芝麻油或熟猪油。以免糖凉后巴盘底。拔丝菜肴上桌时要随上一碗凉开水，以便食者用来降低糖的温度，使糖脆甜而不粘牙。

### （四）成菜特点

拔丝菜肴能抽出绵绵不断的糖丝，外壳脆而甜，主料清香可口。成菜色泽光亮、黄红。

### （五）代表菜品

拔丝山药、拔丝马铃薯、拔丝芋球、拔丝金枣、拔丝苹果、拔丝香蕉、拔丝菠萝、拔丝蜜瓜、拔丝湘莲、拔丝栗子、拔丝西瓜、拔丝蜜橘、拔丝葡萄等。

## 问题与讨论

1. 中国菜常用的烹调方法有哪些？有哪些分类的方法？你认为如何分类更科学？

2. 清代宫廷菜有“四大抓炒”，即“抓炒鱼片”“抓炒腰花”“抓炒大虾”和“抓炒里脊”。“抓炒”是否属于炒制法？

3. 火爆腰花、葱爆羊肉、油爆鸡丁、酱爆肉丁属于爆制法吗？它们与炒有何区别？

4. 有人说“煎有干煎、糟煎、酿煎等煎法。煎与其他烹调方法相结合时，又产生了许多分支，有煎烹、煎蒸、煎焖、煎烧（南煎）、煎熘、煎炸、汤煎等。”这些方法都是煎制法吗？另外，分析一下“南煎丸子”属于哪种烹调方法。

5. 炒与爆、炸与煎、煎与贴、烹与熘有何异同？

6．比较汆与涮、烩有何不同？煮与汆、炖、焖有何不同？煨与汆、焖、炖有何不同？

## 实训项目参考

1．炒、爆工艺实训

2．炸、煎、贴工艺实训

3．熘、烹工艺实训

4．烧、扒、焖工艺实训

5．汆、烩、煮、炖工艺实训

6．蜜汁、拔丝工艺实训

7．蒸、烤工艺实训

# 第九章

# 冷菜烹调工艺

**教学目标**

**知识目标**

（1）了解冷菜烹调工艺的特点和分类方法

（2）弄清各类冷菜烹调工艺的定义、工艺流程、成菜特点和代表菜品

（3）掌握各种冷菜烹调方法的操作技巧和技术关键

**能力目标**

能熟练运用各种烹调方法制作符合质量标准的冷菜，并能举一反三

**思政目标**

（1）培养安全、卫生、效率、节约的责任意识

（2）陶冶情操，享受劳动和求知带来的乐趣

## 内容提要

（1）拌炝工艺

（2）腌泡工艺

（3）卤煮工艺

（4）凝冻工艺

（5）粘糖工艺

## 新课导入

上一章我们讨论了热菜的烹调方法。那么，热菜凉凉了是否就是冷菜了？显然不是。冷菜，又称冷盘、冷盆、冷碟等，是相对“热菜”而言食用时温度较低一类的菜肴。由于风味独特而自成一体，在宴席中冷菜总是上席的第一道菜，素有“脸面”之称，可谓宴席菜肴的“开路先锋”。冷菜的优劣往往影响到人们对整个宴席菜肴的评价。

冷菜烹调方法是指对经过加工整理的烹饪原料，通过加热和调味的综合或分别运用，制成冷菜的操作技法。

冷菜烹调方法的种类也很多，根据在制作过程中是否加热划分，可分为只调不

烹的冷菜烹调法（也称冷制冷吃法）和既烹又调的冷菜烹调法（也称热制冷吃法）两大类。根据加热调味方式是否相对固定划分，可分为基本烹调法和综合烹调法两大类（图9-1）。

基本烹调法是指加热方式相对固定的烹调法，即这些烹调方法是以一种介质为主要传热导体烹调成菜的。此类烹调方法大致可分为四小类，即以水为主要导热体的卤煮类、以蒸汽为主要导热体的汽蒸类、以油或油与金属（锅）共同导热的炸炒类和以热空气及辐射为热导体的熏烤类，这四类中多数是热菜烹调方法的变格和延伸。

综合烹调法是指调味方式相对固定而加热方式不固定（包括不加热）的烹调法。这类烹调法根据调味方式与实践的不同，可分为拌炝类、腌泡类、熘烹类、凝冻类和粘糖类五小类，其中熘烹类和粘糖类是热菜烹调法的变格。

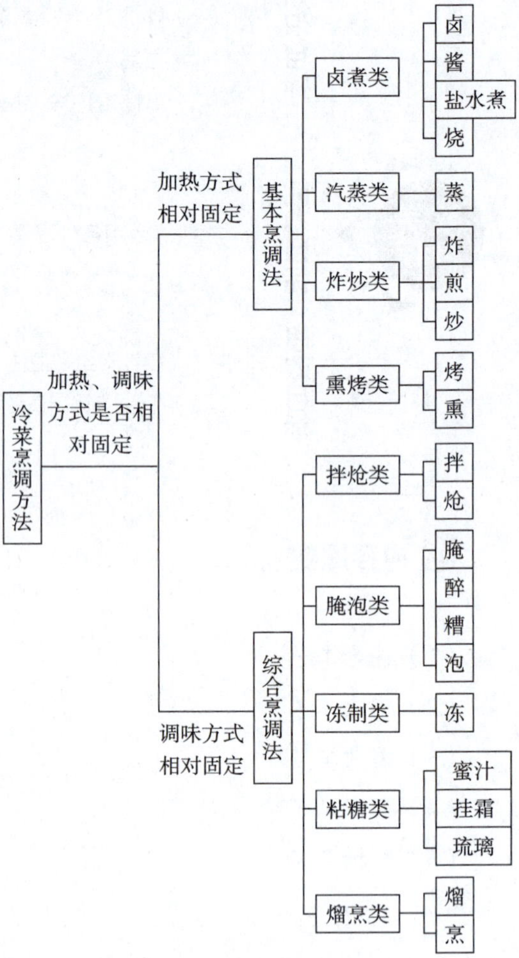


图9-1 冷菜烹调方法的分类

## 第一节 拌、炝

拌炝是最常见的冷菜烹调工艺，既有经加热后调味的，也有不经加热直接调味的，其口味多种多样，千变万化。炝实质上是拌的一种，是指原料经加工成细小形状，焯水或划油，再趁热（也有凉凉的）加入具有较强挥发性物质的调味品（如花椒油、胡椒粉、芥末油等）而成菜的一种烹调方法。大多地方习惯上将炝拌并列，也有的地方则炝拌不分。

## 一、拌

拌是将经过加工整理的烹饪原料（熟料或可食生料）加工成丝、片、丁、条等细小形状后，再加入适当的调味品调制搅和成冷菜的一种烹调方法。拌菜多数现吃现拌，也有的先经用盐或糖码味，拌时挤出汁水，再调拌供食。拌是冷菜烹调中最普遍、使用范围最广泛的一种方法。

### （一）工艺流程

拌制工艺一般经过选料加工、拌制前处理、选择拌制方式、装盘调味等工序（图9-2）。

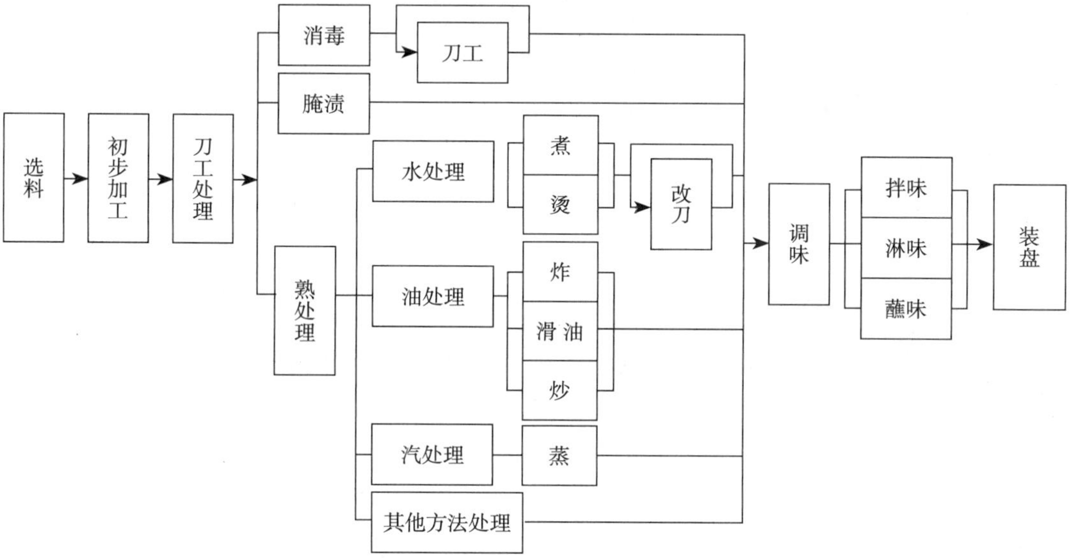


图9-2　拌的工艺流程

### （二）技术关键

#### 1. 原料的加工整理要恰当

（1）可生食的原料，必须先洗净，再用盐水（2%）或高锰酸钾溶液（0.3%）消毒（泡

5min），然后再改刀拌制。

（2）凡需熟处理的原料，熟处理时要根据原料的质地和菜肴的质感要求掌握好火候，例如焯水有沸水锅和冷水锅之分，成熟度可分为断生、刚熟、熟透、软熟等层次。若要保持原料质地脆嫩和色泽鲜艳，焯水后则应随即晾开或放入凉水中散热。过油有走油（即炸）和滑油之分，走油油温宜高，滑油油温宜低；走油要使原料酥脆，滑油要使原料滑嫩。若油分太多，还要用温开水冲洗。

**2. 调味要准确合理，各种拌菜使用的调料和口味要有其特色**

拌制菜肴，不论佐以何种味型，都应先根据复合味的标准正确调味。调制的味汁，要掌握浓厚的程度，使之与原料拌和稀释后能正确体现复合味的风味。拌菜调味的方式因具体菜肴而不同，一般有以下三种。

（1）拌味　指菜肴原料与调味汁拌和均匀再装盘成菜的方式，多用于不需拼摆造型的菜肴，要求现吃现拌，不宜拌得太早，拌早了影响菜肴的色、味、形、质。

（2）淋味　指将菜肴装盘上桌，开餐时再淋上调制好的味汁，由食者自拌而食的方式。这样，一可体现凉菜的装盘技术；二可避免某些不能久浸调味汁的原料，在味汁中浸泡过久；三可保证成菜的色、味、质、形。

（3）蘸味　指一种原料或多种原料多味吃法的方式。这种方式应根据原料的性质，选用多种相宜的复合味，并且要求复合味之间又各有特色，经调制成味汁后，分别盛入配置的味碟中，与菜肴同时上桌，由食者选择蘸食。

**3. 应现吃现拌，不宜久放。**

拌制菜肴的装盘、调味和食用，要相互配合，装盘和调味后要及时食用。

### （三）成菜特点

香气浓郁，鲜醇不腻，清凉爽口，少汤少汁（或无汁），味别繁多，质地脆、嫩、韧。

### （四）分类

拌制工艺的分类，通常按原料在拌时的生熟状况分为生拌、熟拌、生熟拌；按拌时原料的凉热情况分为凉拌、温拌、热拌；按成菜味别的不同分为咸鲜拌、咸香拌、麻辣拌、酸辣拌、糖醋拌等（图9-3）。

### （五）代表菜品

蓑衣黄瓜、拌生鱼、麻辣白菜、热拌虾片、温拌腰片、鸡丝拌黄瓜、香椿拌豆腐、

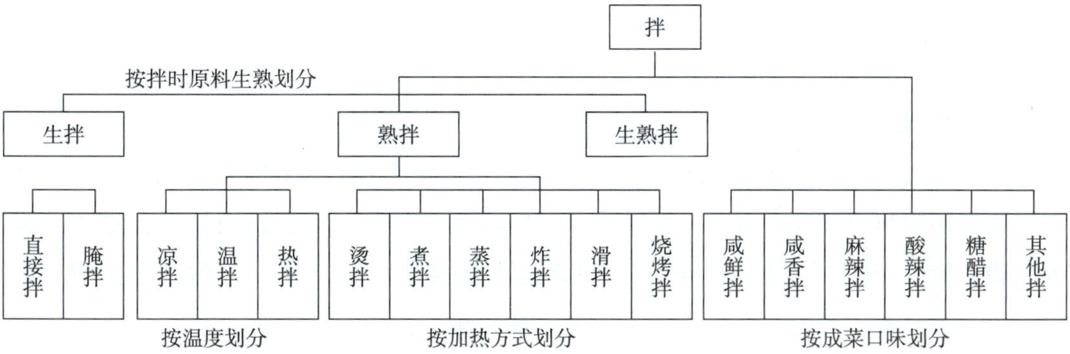


图9-3　拌制工艺分类

生菜拌虾片、姜汁芸豆、麻酱鲜贝、麻酱海螺、怪味鸡丝、棒棒鸡、白斩鸡、红油鱼丝、凉拌茄子等。

## 二、炝

在口味众多的拌制菜肴中，有一些菜肴是用花椒油、花椒面、芥末油、芥末酱、白酒、胡椒粉等具有较强挥发性物质的调味品拌制而成的。白酒有强烈的酒味，沸油炝香料有浓烈的香味与热油味，呛入鼻喉，于是有人就把这类菜肴的烹调方法称为"炝"。从制作过程看，炝还是拌制法，或者说是拌的一种，炝与拌是种属关系。炝的名称始见于清代的《调鼎集》，如炝菱菜、炝冬笋、炝虾、炝松菌等。现在炝法各地都广泛使用。

炝是把具有较强挥发性物质的调味品，趁热（也有凉凉的）直接加入经焯水、过油或鲜活的细嫩原料中，静置片刻使之入味成菜的冷菜烹调方法。在加热方法上，炝以使用上浆滑油的方法为主，植物性原料则一般焯水；在调料使用上，炝以具有挥发性物质的调料为主。

### （一）工艺流程

炝制工艺一般要经过选料、初加工、切配、熟处理、炝制调拌等工序，其一般工艺流程见图9-4。

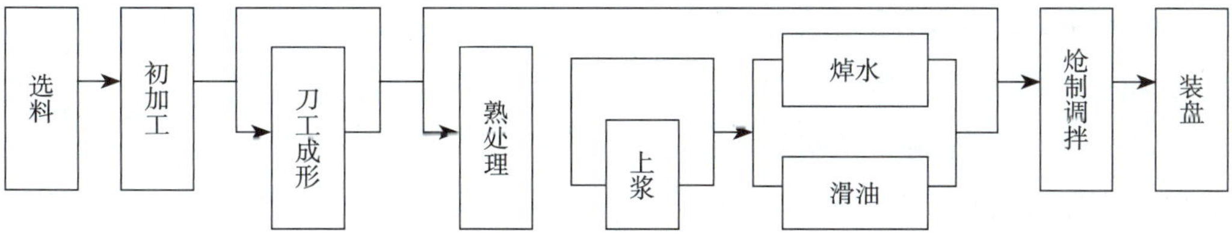


图9-4　炝的工艺流程

### （二）技术关键

1. 熟处理

原料熟处理时的火候要适中，原料断生即可，过老或过软都会影响炝制菜肴的风味。植物性原料在熟处理时，一般要焯水，然后凉凉炝拌。动物性原料一般要上浆，既可滑油，也可氽烫。滑油的原料，蛋清淀粉浆的干稀薄厚要恰当，油温在三四成热时下锅；氽烫的原料，其蛋清淀粉浆应干一点、厚一点，水沸时再下锅。

2. 炝制

原料在熟处理后，既可趁热炝制，也可凉凉炝制，但动物性原料以趁热炝制为好。原料炝制拌味后，应待味汁浸润渗透入内，再装盘上桌。

### （三）成菜特点

色泽鲜艳，润滑油亮；脆嫩（或滑嫩）爽口；鲜香入味，风味独特。

### （四）分类

炝制工艺分类也有不同的标准（图9-5）。

根据熟处理方法的不同可分为滑炝和焯炝。滑炝，就是将经过刀工处理的原料上浆滑油后，再用温开水冲洗去油分（有时可不冲），然后加入炝制调味品拌匀入味的方法；焯炝又称普通炝，是将经过刀工处理的原料用沸水焯透，滤去水分，趁热（也可凉凉后）加入花椒油或胡椒粉、麻油等调味品，使其炝入主料内而成菜的方法。

根据原料在炝前是否经过熟处理可分为熟炝和生炝。熟炝即原料在炝前经过熟处理；生炝即原料在炝前不经过熟处理。生炝一般选用质嫩味鲜的河鲜、海鲜原料，如虾、蟹、螺、蚶等，炝制前可用竹篓将鲜活水产品放入流动的清水内，让其吐尽腹水，排空腹中的杂质，再沥干水分，放入容器中盖严，以白酒、精盐、料酒、花椒、冰糖、丁香、陈皮、葱、姜等调味品制好的卤汁，掺入容器内浸泡，令其吸足酒汁，用干荷叶扎口，黄泥封住以隔绝空气，

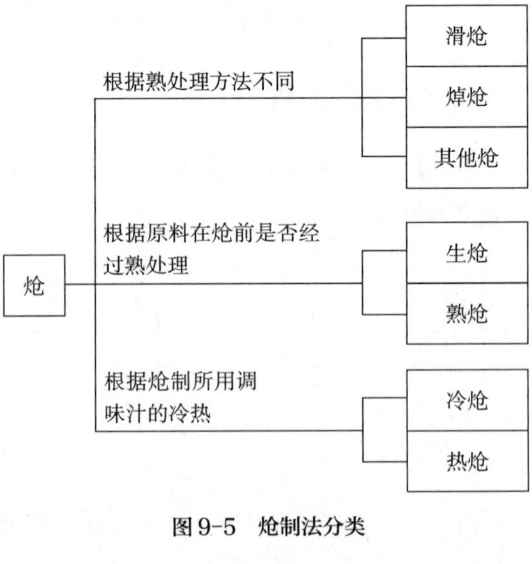


图9-5　炝制法分类

待这些原料醉晕、醉透，已经散发出特有的香气后，直接食用。

制作炝虾等除用白酒调味腌渍外，还可用蒜泥、姜末、胡椒粉等辛香味的杀菌调味品，现制现吃。如“腐乳炝虾”，是将活湖虾用清水清洗干净，迅速剪去虾螯、须、爪后，再将虾放入腐乳汁、绍兴酒和其他调味品中拌食。有趣的是，在食腐乳炝虾时，难以醉死的虾尚活蹦乱跳，此时倘若揭开盛虾的盖碗，可见有部分倔强者跳出碗外，甚至在用箸夹尝时，还见有醉晕的虾突然从筷子上跳走，故又有“满台飞”“蹦虾”之称。此菜在每年的早春二月至清明前后最为盛行。

根据炝制所用调味汁的冷热可分为冷炝和热炝。冷炝即炝制的味汁（油）不加热，以新鲜度高和活料为对象，故又常被称为“活炝”“生炝”，如“生炝活虾”；热炝即将炝制的味汁（油）加热，趁热浇在经加工（焯烫）的原料上，使之迅速入味的方法。除活料外，新鲜细嫩的原料皆可热炝。

### （五）代表菜品

滑炝鱼丝、炝凤尾虾、海米炝芹菜、葱椒炝鱼片、芥末肚花等。

## 第二节 腌、醉、糟、泡

腌泡是以盐为主要调味品，配合其他调味品，将原料经过一定时间（短则数小时，长则数日）腌制成菜的方法。根据口味的不同，可分为腌、醉、糟、泡四类。腌（一般指盐腌）是其他三种的基础，又是一种独立的冷菜烹调方法，成菜咸香；醉是以白酒或黄酒为主要调味品泡渍鲜活的原料，突出酒香味；糟以糟卤或糟油腌泡原料，成菜糟香浓郁，略带甜味；泡主要用于时鲜蔬菜，主要是通过乳酸菌发酵制成菜肴的，成菜质地脆嫩，口味有酸甜、酸咸两种。

### 一、腌

腌是以盐为主要调味品，揉搓擦抹或浸渍原料，并经静置入味成菜的烹调方法。作为独立的烹调方法，腌法不同于预腌，而是以盐为主，辅以其他调味品（如辣椒、五香料、蒜、糖等，使成品呈现多种不同风味）将主料一次性加工成菜的方法。

腌法是利用盐的渗透性使原料析出水分，形成腌制品的独特风味。经盐腌后，脆嫩性的植物原料会更加爽脆，动物性原料也会产生一种特有的香味，质地也变得紧实。原料在腌制时不经过发酵。

### （一）工艺流程

盐腌工艺一般要经过选料、初加工、刀工、熟处理、腌制、装盘等工序，一般工艺流程见图9-6。

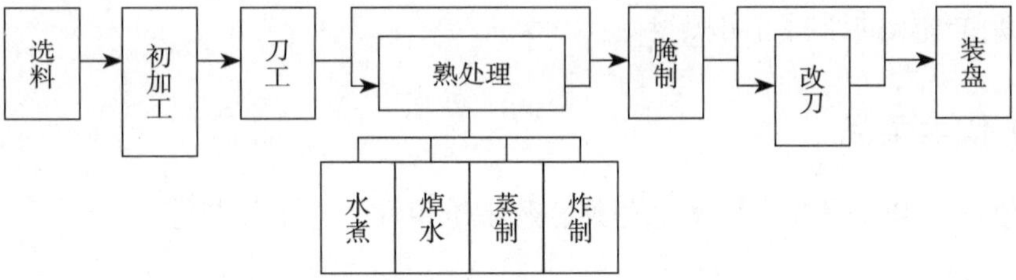


图 9-6　盐腌工艺流程

### （二）技术关键

#### 1. 选料与加工

用于腌制的原料必须是特别新鲜的动、植物性天然原料，如蔬菜、鸡、鸭、兔、蛋等。可整腌，也可加工小件或条、块、丁、丝、片后腌。

#### 2. 调味与腌制

蔬菜类原料一般是生料直接与调味品的味汁腌制成菜，如酸辣白菜、盐腌黄瓜等。动物性原料一般要经过熟处理（如蒸、水煮、焯水、炸等）至刚熟（切不可过于酥烂），再与调制的味汁腌制成菜。

腌制菜肴的味汁分加热调制的味汁、兑制的味汁、加热调制凉凉再加入部分调味品兑成的味汁三类，其味型有咸鲜味、咸甜味、五香味等。

有的菜肴原料须用盐粒干腌，精盐一定要均匀抖散，盐腌的中途要不时翻动，使精盐渗透均匀。有时要先用精盐腌制出坯，滴（或挤）干水分，再将盐及所需调味品调制均匀，然后与出坯后的原料进行腌制，这样既节约调味品，又有良好的质感和调味效果。用盐量要准确。腌制的时间长短，应根据季节、气候、原料的质地、形状大小而定。

应该注意，饭店餐厅的腌与一般腊、腌风制品的腌是不相同的概念，前者具有取料新鲜、调味丰富、应即时之需、不贮存等特点；后者则是部分烹饪原料的加工方法。

### （三）成菜特点

色泽美观；腌制蔬菜清香嫩脆；动物性菜肴则细嫩滋润，醇香味浓。由于腌制品在盐的渗透作用下，可抑制许多微生物的生长，比鲜品更耐贮存，可用于冬季鲜菜稀少时食用。

### （四）代表菜品

糖醋杨花萝卜、酸辣白菜、蛇皮辣黄瓜、盐水西蓝花、盐水菊花鸭胗、卤浸油鸡、卤浸鱼条等。

## 二、醉

“醉”有三义：一指饮酒过量而神志不清；二指专注于某事，如“令人心醉”；三指物醉，专指以酒浸物，用之于厨事，成为极有特色的一种烹调技艺。

醉也称醉腌，就是将烹饪原料经过适当的处理（包括初步加工和熟处理），放入以酒和盐为主要调味品的汁液中腌渍至可食的一种冷菜烹调方法。所用的酒一般是优质白酒或绍兴黄酒。

### （一）工艺流程

醉制工艺一般要经过选料、刀工、热处理、醉腌、盛装等工序，一般工艺流程见图9-7。

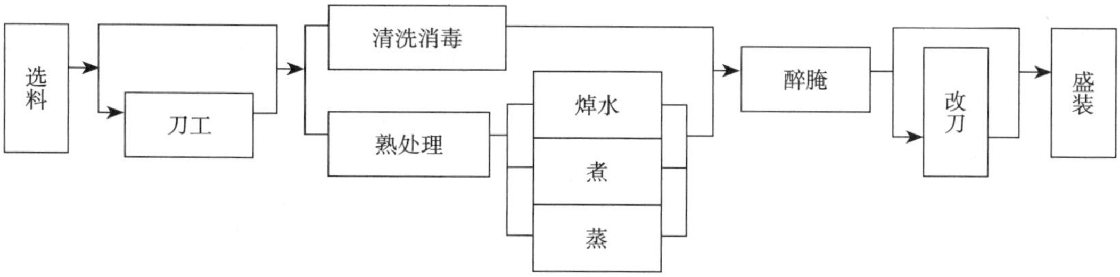


图 9-7 醉腌工艺流程

### （二）技术关键

醉制冷菜一般不宜选用多脂肪食品，适宜用蛋白质较多的原料或明胶成分较多的原料，主要是新鲜的鸡、鸭、鸡鸭肝、猪腰子、鱼、虾、蟹、贝类及蔬菜等原料。原料可整形醉制，也可加工成丝、片、条或花刀块醉制。酒多用米酒或露酒、黄酒、果酒、白酒，其中以黄酒、白酒较为常用。

酒腌的调味卤汁，可根据原料和菜肴的需要用不同的调味配方调制，使醉制菜肴各呈不同的风味特色。

用来生醉的动植物原料必须新鲜、无病、无毒。动物性原料如虾、蟹、螺、蚶必须是鲜活的。为了入味，多把这些活料先洗净，装入竹篓中，放入流动的清水内，让其吐尽腹水，排空腹中污物，停放一些时间，使活料呈饥饿干渴状态，再放入调味汁中，活料可自吸多量调味汁。

酒腌过程中，要封严盖紧不使漏气，要到时才能取用。醉制时间长短应根据原料而定，一般生料久些，熟料短些，长时间腌制的卤汁中咸味调味品不能太浓，短时间腌制的则不能太淡。另外，若以黄酒醉制，时间不能太长，防止口味发苦。醉制菜肴若在夏天制作，应尽可能放入冰箱或保鲜室内。

盛器要严格消毒，注意清洁卫生（因为通过醉制后不再加热处理）。

### （三）成菜特点

酒香浓郁，鲜爽适口，大多数菜肴保持原料的本色本味。

### （四）分类

醉制工艺有不同的种类，一般根据原料加工的方法不同可分为生醉和熟醉；根据所用调味品的不同可分为红醉和白醉。

#### 1. 生醉

生醉，是将生料洗净后装入盛器，加酒料等醉制的方法。主料多用鲜活的虾、蟹和贝类等。山东、四川、上海、江苏、福建等地多用此法，如醉蚶、醉蛎生、醉螺、醉活虾等。

#### 2. 熟醉

熟醉是指将原料加工成丝、片、条、块或用整料，经熟处理后醉制的方法。具体制法可分三种。

（1）先焯水后醉　原料入八成热水中快速焯透，捞出过凉开水后挤干水分，放入碗内醉制，如山东醉腰法。

（2）先蒸后醉　原料洗净装碗，加部分调味品上笼蒸透，取出冷却后醉制，北京、福建等地多用此法。如醉冬笋、青红酒醉鸡等。

（3）先煮后醉　原料煮透再醉制，天津、上海、北京、福建等地多用此法。如醉蛋、醉鸡、醉鸭肝、酒醉黄螺等。

## 三、糟

糟也称糟腌，是将原料（多指加工后的熟料）放入糟卤（由醪糟与绍兴黄酒、白糖等调制而成）和精盐等作为主要调味品的汁液腌浸、渍制成菜的烹调方法。制作糟菜离不开酒糟，酒糟是酒脚经过进一步加工而成的香糟，一般含有10%左右的酒精和20%～25%的可溶性无氮物，并含有一定的脂肪。酒糟与酒的风味不同，如红糟含有5%的天然红曲色素，有的酒糟则由15%～20%的熟麦麸和2%～3%的五香粉混合而成。

### （一）工艺流程

糟制工艺一般要经过选料、加工整理、刀工、制卤、浸腌、盛装等工序，其一般工艺流程见图9-8。

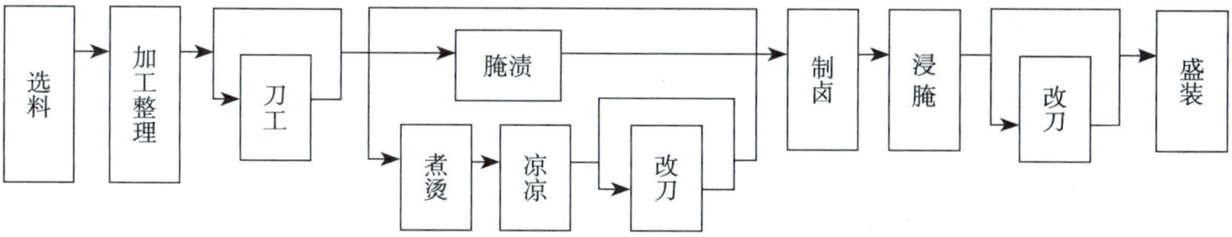


图9-8　糟制工艺流程

### （二）技术关键

#### 1. 选料

糟制冷菜一定要选择鲜活、味感平和而鲜、没有大的特殊味感的原料，最好不用冷藏或经过复制的原料。其原料的种类比较广泛，但并不是所有原料都适宜，如牛、羊肉，由于其本身带有腥膻气味，做糟菜非但不能突出香味，还会使原料与糟结合生成一种异味，使人难以接受。另外，一些有特殊气味的原料，如香菇香味浓郁、蒜薹香气扑鼻、洋葱辛香味重等，都不宜制作糟菜。因此在选择、使用原料时，要注意其自身的特殊性和加热后的变化，采用适宜的原料，才能制出鲜香味美的糟味冷菜。

2. 初加工要得法，要彻底

原料有的煺尽羽毛，有的洗净内脏，有的去除黏液，有的刮净外皮，有的剔除污物，必须一一收拾干净。

3. 熟糟的原料要经过熟处理

一般原料应热水下锅，先用急火烧，再用文火煨。原料要全部浸在水里，并要不时轻轻翻动，不要使原料表面破损。鸡、鸭类断生即可，猪肚则要煮至熟软，蔬菜一烫即可，要根据实际情况掌握火候。

4. 制卤汤

糟制冷菜主要以香为主，关键在于卤汤配制，方法恰当，就能体现成品特色；反之，即使用上等原料制成，也未必能引起人食欲。一般方法是：先将原料原汁或其他鲜汤过滤后倒入锅中，放入葱、姜、盐、白糖、味精及香料调味品，烧开后倒入一半糟卤，烧煮一下离火，自然冷却即成。卤汁糟味是否突出，关键在酒糟、糟卤的质量以及香糟与酒、糟卤与原卤的比例。

5. 浸腌

浸腌时要根据原料的不同特性来掌握冰箱的温度或腌制的时间。将烧煮的原料（要改刀）放入卤内，连同容器一起放进冰箱，卤汁要宽，使之淹没原料。冰箱温度通常控制在10～15℃，温度太低，成品冰冷刺口，吃不出脆感；温度太高，成品有韧性不爽口。浸制时间要恰当，一般在4h左右，否则也会影响菜肴质量。

### （三）成菜特点

1. 糟香突出，清淡可口

糟菜所用的调味品如酒糟、黄酒、茴香、桂皮、花椒、蜜饯、桂花等都具有特殊的香气，不同原料自身或多或少也有一定的香味，两相融合，浸渍析出，自然就形成了特殊的香味，在其众多的成品中，有突出干香的糟鹅、糟肫，有突出鲜香的糟鸡、糟虾，有突出清香的糟香瓜、糟西芹，有突出浓香的糟猪爪、糟内脏。另外，糟制冷菜在制作过程中，除了酒、酒糟及香味调味品外，用来提味的一般是盐、糖、味精之类，实际适用在某一品种时，要根据原料情况，按一定的比例、数量、次序投放，基本构成以淡味为主的口味，既能突出糟味的鲜香，又不使原料味寡单调。

2. 色泽淡雅，诱人食欲

糟制冷菜的色基本以原色为主，因为制作糟菜一般不放有色调味品，故糟卤呈淡黄色（如用糟油制卤，色泽稍深一些）。浸制的原料更为淡雅，大部分成品还是以原料本色出现，这样更能吸引人的食欲。

### 3. 杀菌抗病，夏令佳肴

糟制冷菜一年四季均可制作，但以夏令品尝最佳。酷暑炎夏，人们偏爱清淡可口的菜肴，而糟制冷菜，尤其是那些要在冰箱内浸制成或浸制后入冰箱冷冻的糟菜，既凉爽可口、芳香扑鼻，又引人食欲、增添营养。对荤菜来说，它利用糟卤中的酒性，分解荤性原料中的"脂肪滴"，使一些动物性原料的油腻荡然无存，从而使人不因暑热而拒食鸡鸭鱼肉，确保人体对各营养素的摄取平衡。对素菜而言，夏季上市的时令蔬菜特别多，有很多蔬菜、瓜果、干果、菌类原料等都可以糟制，这样也改变了夏季素菜局限于冷拌、白煮、盐腌等方法的束缚，丰富了夏令的冷菜品种。由于糟卤内含有多种香味药材，其中某些原料对夏季的一些有害细菌有抑制和杀菌作用，因此夏令糟菜能使人增加食欲，增强体质。

## （四）分类

根据原料在糟腌前是否经过熟处理，可将糟法分为熟糟和生糟两种。糟制冷菜以熟糟为多。熟糟，就是将经过加工整理的原料熟处理后再糟制的方法。一般取用整只的鸡、鸭、鸽等，或取鸡爪、猪爪、猪肚、猪舌等，有时也可选用一定植物性原料，如冬笋、茭白等，经过焯水、煮或蒸熟成半制品后（整料分割成较大的块），浸没在糟卤内，使之入味；生糟，就是原料未经熟处理直接糟制的方法，以浙江、四川等地所制糟蛋著名。因糟料不同又有酒糟、酱糟、腐乳糟之分。

## （五）代表菜品

糟油口条、红糟鸡、糟鸭、糟冬笋、糟花生、香糟蛋等。

# 四、泡

泡也可称渍，作为一种冷菜烹调方法，是指经加工处理的原料，装进特制的有沿有盖的陶器坛内，以特制的溶液浸泡一段时间，经过乳酸发酵（也有的不经发酵）而成熟的方法。其溶液通常用盐水、绍兴酒、干酒、干红辣椒、红糖等佐料，草果、花椒、八角、香叶等香料，入冷开水浸渍制成。经泡后的烹饪原料，可直接食用，也可与其他荤素原料配合制作风味菜肴。

## （一）工艺流程

泡制一般要经过选料、初加工、刀工、制卤、泡制等工序，基本工艺流程见图9-9。

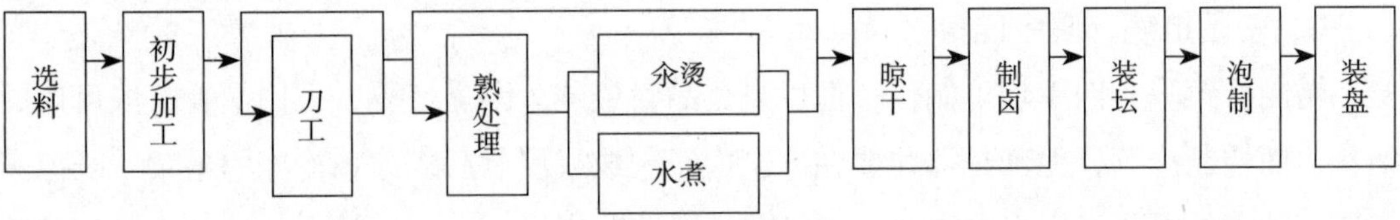


图 9-9　泡制工艺流程

## （二）技术关键

### 1. 原料选择与加工

适于泡制的原料很多，主要有茎、根、叶、花、果类蔬菜和部分水果、菌类。从市场上买来的菜品，往往表皮附着泥沙尘土、微生物、寄生虫及残留农药，因此对用于泡制的原料应特别注意洗涤。特别是嫩姜、青菜头之类的原料，其芽瓣或皮层裂痕、间隙处藏着不少污物，更要认真、耐心地反复多次清洗，才能洗净。

在洗涤时要用符合卫生标准的流动清水。为了除去农药，在条件允许的情况下，还可在洗涤水中加入0.3%高锰酸钾或0.05%～0.10%盐酸或0.04%～0.06%漂白粉，先浸泡10min左右（以淹没原料为宜），再用清水洗净原料。

另外，洗涤时应注意不损伤原料，必要时可用刀削去粗皮、伤痕、老茎和挖掉心瓤后泡制。

### 2. 盛器的选择

泡菜坛又名上水坛子，是我国大部分地区制作泡菜必不可少的容器，其用陶土烧成，口小肚大，在距坛口边缘6～16cm处设有一圈水槽，称之为坛沿。槽沿稍低于坛口，坛口上放一菜碟作为假盖以防止生水侵入。由于泡菜坛子既能抗酸、抗碱、抗盐，又能密封且能自动排气，隔离空气使坛内能造成一种嫌气状态（即无氧环境），有利于乳酸菌的活动，又防止了外界杂菌的侵害，使泡菜得以长期保存。

泡菜坛本身质地好坏对泡菜汁水与泡菜有直接影响，故用于泡菜的坛子应经严格检验（表9-1）。用所述方法，严格选择出符合要求的坛子，按泡菜要求泡出的菜一般质量都较高。泡菜坛子选好后，应盛清水，放置几天，然后将其冲洗干净，用布擦干内壁水分备用。

表 9-1　泡菜坛的质量检验

| 检验项目 | 检验内容 |
|---|---|
| 观形体 | 以火候老、釉子好、无裂纹、无砂眼、形体美观的为佳 |
| 看内壁 | 将坛压在水内，看内壁，以无砂眼、无裂纹，无渗水现象的为佳 |

续表

| 检验项目 | 检验内容 |
|---|---|
| 视吸水 | 坛沿掺入清水一半，将草纸一卷，烧燃后放坛内，盖上坛盖，能把沿内水吸干（从坛沿吸入坛盖内壁）的泡菜坛质好 |
| 听声音 | 用手击坛，耳听声，钢音的质量较好，空响、砂响、音破的质次 |

此外，根据家庭取材条件，搪瓷盆、玻璃罐、不锈钢盛器等也可用来泡菜，但必须加盖，保持洁净。这类盛器，一般只宜泡制短时间立即食用的泡菜，若需长期贮存，还需进行杀菌等处理。

研究人员曾对家制泡菜的含铅量做过调查，发现在旧泡坛中腌制的泡菜，含铅量不高，而新坛中的泡菜，其含铅量大大超过国家卫生标准。原因是在菜坛的制作过程中，为保证其表面光洁，不发生渗漏，要在其表面上一层釉彩，绝大多数的釉彩中都含有铅化合物。由于泡菜水是酸性的（pH在5左右），长期浸泡后，釉彩中的铅会溶出，使泡菜中铅含量大增。如果经常食用这样的泡菜，则会造成铅在体内蓄积影响健康。旧坛已经过多次的浸泡，所以溶出的铅不多。

试验表明，新坛经过稀释的酸浸泡数日后，再腌制泡菜，其铅含量大大降低。因此，为了健康，新买来的泡菜坛宜先用酸浸泡后再使用。

### 3. 原料热处理

原料的热处理方法主要有水煮、汆烫，不同的原料入锅汆制或煮制的时间和质感要求不同，对于胶质重的原料，刮洗干净后，入水锅煮至五六成熟捞出。为了保持原料色泽白净，煮时只能加姜葱和白酒，以压腥脱去异味，不用黄酒。煮好后，要及时投入凉水中冲漂凉透。鸭鹅掌、鸡爪腥臊味重，水漂处理时，可加入少许白醋和明矾粉末，起脱脂增白、清除腥臊味的作用，在入坛前要用清水冲漂净白矾涩味。

鸭鹅肠、肫肝一定要刮洗干净，刀工处理后，在汆烫至断生即可；而鸡冠需要煮至微烂，腰花要先漂去血水再汆制。这些原料吃口脆嫩，故汆制不能过老。虾、蟹等海鲜以肉质细嫩鲜美著称，在选料上还必须保证其鲜活，入锅汆至断生再沥去余水。

### 4. 泡卤的配制及管理

（1）卤汁的配制是保证泡菜质量的关键　一般情况下，泡菜卤汁的成分包括盐水、佐料和香料三部分，但原料的种类及其比例则因不同地区和不同的泡菜种类而异。

（2）管理好泡菜卤水，对保证泡菜的质量作用也很大　如果管理不好，就会使卤水冒泡、涨缩、浑浓、生霉花、长蛆虫等。要使泡菜水多年不坏，香味长久，应注意以下几点：

①忌泡含淀粉的菜，如莴苣等。盐能溶解淀粉使盐水浑浊，稠度增加，使坛内壁生成浆膜层，又因为含盐吸潮就会在坛的内壁生霉长毛，过多的淀粉沉积在坛底，不利于蔬菜对盐的吸收。一年至少将盐水用纱布过滤一次。

②尽量选用体积大的瓦坛，盐水不能少于2/3以下，夏天应存放在阴凉处，勿使盐水受热。

③泡菜同时也要按加菜的比例加盐，盐水生白花时可多加菜入坛使白花溢出，加少量白酒去花。若泡菜水发黏，可全部倒入盆内澄清过滤后再继续泡菜。

④坛沿水要经常更换，并始终保持洁净；揭坛盖时，切勿把生水带入卤水内，以免卤水变质；更不可使坛盖四周封口干涸漏气。

⑤取泡菜时，要先将手或竹筷洗净，去污垢、去油分、消毒，以免卤水污染。

5. 装坛泡制

（1）由于蔬菜品种和泡制、贮存时间不同的需要，泡菜装坛的方法大致分为干装坛、间隔装、盐水装坛三种。

（2）荤料泡菜的原料不同，入坛泡制的时间不同。但泡制的时间都不能过长，原料入坛后泡几个小时甚至几十分钟至刚入味就须即刻捞起，否则泡菜的味道就变咸了，口感也不再脆爽。

（3）泡荤料时可荤素同坛泡制， 因为蔬菜中的西芹、柿椒、芹菜、仔姜、洋葱、黄瓜条等，都能挥发出自身特有的清芳气味，故加入后能增添泡菜的风味，有的加入适量的水果入坛同泡，能丰富泡菜的口感。但要防止分量过多，品种过杂，改变泡菜原有的风味特色。

### （三）成菜特点

质地脆嫩，咸鲜微酸或咸酸辣甜，清淡爽口。

### （四）分类

按照泡制的卤汁可大体分为咸泡和甜酸泡；按所泡原料的性质分为素泡和荤泡。

1. 咸泡

咸泡，是用以盐、白酒、花椒、生姜、干辣椒、蒜等为主要调味品制成的卤汁泡制原料的方法，成品咸酸辣甜，别有风味。

2. 甜酸泡

甜酸泡是用以白糖和白醋（或醋精）为主要调味品制成的卤水来浸泡原料的方法，成品口味以甜酸为主。甜酸泡不必发酵，只要把原料泡至入味即可，保存在5℃左右的冰箱内或阴凉处。若卤汁杂质太多或味不浓，可用锅烧沸，再加入适当的调味品，冷却后继续使用。

### （五）代表菜品

四川泡菜、酸黄瓜、什锦泡菜、咖喱菜花、甜酸辣泡芹、甜酸辣苹果等。

## 第三节
## 卤、酱、煮、冻

卤煮是指用一定的汤水对烹饪原料进行烧煮使其成为冷菜的一种烹调方法。根据汤水制作方法及口味的不同，又分为卤、酱、盐水煮、烧焖四种。卤讲究用老卤制菜，卤汤中香料成分较多；酱与卤制法相似，但卤水一般是现制现用，将卤汁收浓，不留老卤；盐水煮成菜色泽淡雅，口味清爽鲜咸；烧焖是热菜之法的变格，不预先制汤，调味品在加热时添加。

### 一、卤

卤是将加工整理的原料，放入事先制好的卤水中，先用旺火烧开，再改小火浸煮，使卤水中的滋味缓缓地渗入到原料内部，使原料变得香浓酥烂，停火冷却后成菜的一种烹调方法。一般来说，“卤”是一种复合调味制品的总称，许多菜肴在制作过程中需要“对卤”；这里的卤，主要是讲用卤来煮熟原料，是成熟与调味合二为一的冷菜烹调方法。卤制品称卤货或卤菜。

卤菜调味以盐、香料为主，酱油为辅，主要是增加食物的滋味和色泽。烹制好以后，成品要浸在卤水内，让其慢慢冷却，随吃随取，保持香嫩；也可即行捞出，待凉后在原料表面涂上一层香油，防止卤菜表面发硬和干缩变色。

#### （一）工艺流程

卤菜的风味，由于各地原料和口味的不同而有差异，但卤菜的制作过程却是基本相同的。其一般工艺过程见图9-10。

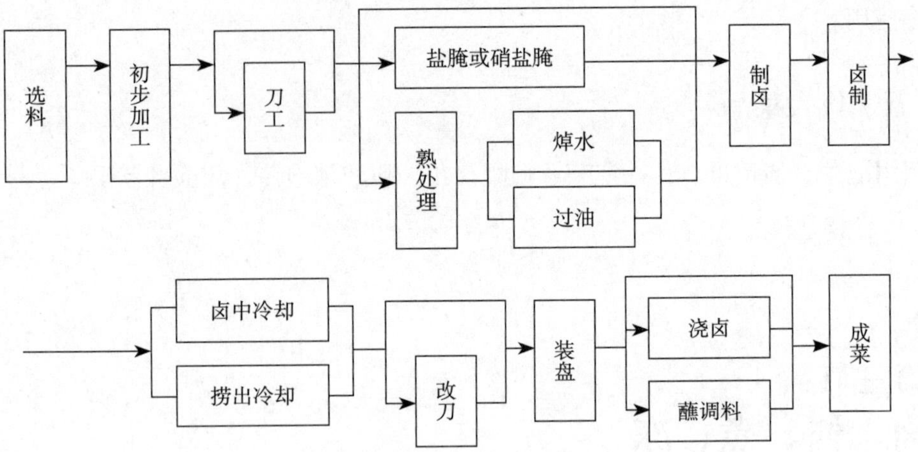


图 9-10　卤的工艺流程

## （二）技术关键

### 1. 原料要求

俗话说“万物皆可卤”。卤菜的原料应新鲜细嫩，滋味鲜美。鸡应选择仔鸡或成年公鸡；鸭应选用秋季的仔鸭；鹅应选用秋后的仔鹅；猪肉应选用皮薄的前后腿肉；牛羊肉应选用肉质紧实、无筋膜的腱子肉，其内脏应选新鲜无异味、无杂质、未污染、有正常气味的内脏。

### 2. 卤制原料的整理加工

卤制原料的整理加工，是做好卤菜的重要一环。原料的整理加工一般包括初加工、分档、刀工等几道工序。这些工序的优劣对卤菜的色、香、味、形有一定影响。

### 3. 原料的卤前预制

卤制的原料大多数需要经过焯水处理，以除异味，再进行卤制，如家畜的肠、肚、舌等。有些动物性原料，为了使其在卤制后色泽红润、香透肌里、味深入骨，卤制前要经过盐腌或硝腌，如卤牛肉等要掌握好硝腌的用量。另有一部分原料在卤制前必须过油，使菜肴增进口味、丰富质感、美化色泽。如琥珀凤爪，先将洗净的鸡爪焯水，再入热油锅炸，然后再卤制。

### 4. 卤汁的制法与调理

（1）卤汁的制法　卤汁又称卤汤，第一次现配，用后保存得当，可以继续使用。反复制作卤制品并保存好的卤汁，称为老卤（又称老汤）。再次使用时，适当添加水、香料和其他调味品，一次次使用下去。凡用老卤卤制，又称套卤，制品滋味更加醇厚，有些老店甚至保存有百年以上的老卤。配制卤汁的关键是掌握好投料的比例。

（2）卤汁的调理　卤汁要专卤专用，卤制前要根据卤制的原料和菜肴的质量要求，经常有针对性地调剂好色、香、味。

5. 卤制

（1）卤制时要掌握好卤汁与原料的比例，一般卤法以淹没原料为好，使原料全部浸没在卤汁中烹煮。卤制中要勤翻动，使原料受热均匀，特别是红卤，锅底可垫竹箅之类以防止粘底煳锅。

（2）卤制品的原料一般块形大，加热时间较长，因此原料下锅后先用旺火烧沸，再改用小火煨煮，以达到内外成熟一致的要求。卤制时，要撇去浮沫，以免污染菜肴。卤制最宜加盖，其火力以保持卤汁沸而不腾为准。

（3）投料的先后次序也要注意　几种不同原料可以在同一锅内卤制，但要根据原料的不同质地及所需要加热时间的长短而先后投料，保证达到成熟一致。如牛肉、口条、鸭子等一起卤制，应先下牛肉，口条次之，鸭子再次之。

6. 出锅装盘

（1）原料卤好后要适时出锅，掌握好这个环节，主要就是在达到色、香、味、形基本要求的基础上，正确判断原料的成熟度。

（2）卤菜的冷却有两种方法：一是将卤制好的成品捞出凉凉后，在其表面涂上一层香油，以防变硬和干缩变色；二是将卤制好的原料离火浸在原卤中，自然冷却，随吃随取，以最大限度地保持卤菜的鲜嫩。

（3）冷却后的卤菜，形状较小的可直接装盘食用，形状较大的要改刀后再装盘食用。也可在切配装盘后，根据食者喜好，食用时酌放原卤调味，或者将原卤盛入碗里，有选择地酌加花椒面、辣椒面、香油、味精、白糖、鲜汤、葱花、熟芝麻等调味品供浇食或蘸食，以增添卤制菜肴的风味特色。

7. 卤水的保存

制成的卤水，保存时间越长，香味越透，这是因为卤汁中所含的可溶性蛋白质等成分越来越多。再者，香料经常换新，在再次卤新原料时，还要加进调味品，所以卤汁是保存越久越好。老卤的保存方法，关键在于防止因污染而导致发酵变质。

## （三）成菜特点

香透肌里，诱人食欲；滋味鲜香不腻，醇厚隽永。

### （四）分类

卤制工艺按所用卤汁的颜色不同可分为红卤与白卤两类。红卤就是用红卤水卤制的方法，其主要调味品有酱油、红曲米、糖色、盐、白糖、料酒及各种香料。成菜色泽深红发亮，口味咸鲜回甜，香气浓郁。白卤，就是用白卤水卤制的方法。白卤不用有色的调味品，一般不放糖，香料的种类与用量也较少，成菜以清鲜见长。

### （五）代表菜品

白卤牛肉、白卤鸭、红卤鸡、卤肫肝、香卤鸭掌、卤鸡蛋、兰花豆干、符离集烧鸡等。

## 二、酱

酱是将原料初步加工后，放入酱锅（以酱油或面酱、豆瓣酱为主，加其他调味品制成）中，用小火煮至质软汁稠时出锅，凉凉后，浇上原汁食用的一种烹调方法。酱油（有时也用面酱或豆瓣酱）是加工此菜的主要调味品，用量多少直接影响到成菜的质量。

酱和卤者属热制冷吃的烹调方法，其调味、香料大致相同，制法也大同小异，故有人把酱和卤并称“卤酱”。其实，酱与卤从原料选择、品种类别、制作过程和成品风味等方面都有不同之处：①酱菜选料主要集中在动物性原料上，如猪、牛、羊、鸡、鸭及头蹄下杂一类；卤菜的选料则适应性较强，选择面宽。②酱制用的酱汁，原来必用豆腐、面酱，现在多改用酱油，或加糖色上色，酱制成品一般色泽酱红或红褐、品种相对单调；卤制菜则有红卤和白卤之分，成品种类多样化。③酱菜的卤汁可现制现用，酱制时把卤汁收浓或收干，不余卤汁，也可用老卤酱制，酱制成熟后，留一部分卤汁收于制品上；而卤菜一般都需要用“老卤”，卤制时添加适量调味品，卤制后还需剩下部分卤汁，作为“老卤”备用。④酱制菜肴成品除了使原料成熟入味外，更注重原料外表的口味，特别是将卤汁收浓，黏附在原料表面，故口感外表更浓重一些；成菜原料由于长时间浸在卤汁内加热，故成品内外熟透，口味一致。

### （一）工艺流程

凡需酱制的原料，一般要用盐、硝腌渍一定时间，再洗去血水和污物，然后切成500～1000g的块，焯水后放入酱汁锅中进行酱制。一般先以旺火烧开，再改用小火煮至原料上色、酥烂为止。酱汁用后可和卤法的卤汤一样保存和调理并长期使用。酱制一般工艺流程见图9-11。

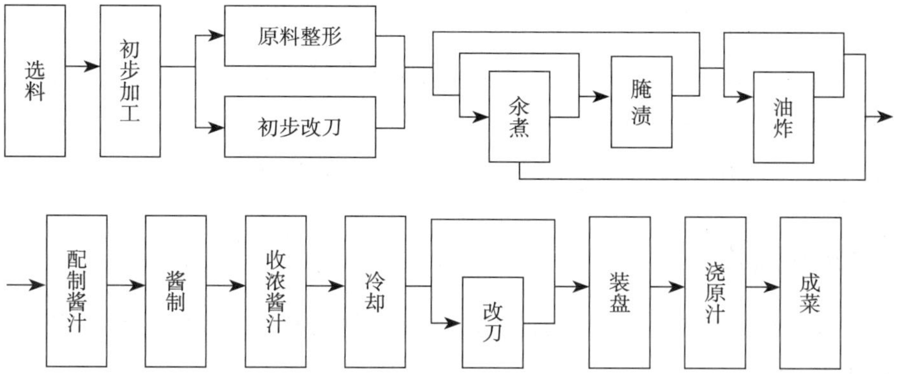


图9-11　酱的工艺流程

## （二）技术关键

### 1. 腌制

大多数酱菜要经过腌制（豆制品不需要腌制），即用精盐（如炒过更佳）在原料的表里擦匀或加精盐拌匀，置瓦钵（或瓦缸）内腌渍。有些异味重的牛、羊、狗、野兽及其内脏在腌渍时，除用盐外，还需同时加些白酒、葱、姜等拌匀腌渍，以减轻其恶味。腌渍的时间为1～2d（热天入冰箱）。然后，用清水略漂（洗去一部分盐分），洗净。有的原料在酱制前要经过硝腌，但一定要掌握用硝量，不可追求肉色红、肉质香而盲目多加。这样一则会影响口感，产生一种涩味；二则因硝可转化生成亚硝胺这种致癌物质，长期或一次性大量摄入会对人产生危害。如用炸制，则油温应高一些，炸的时间要短一些，为了颜色更为鲜亮，也可先以少量酱油或甜酒酿汁涂抹原料表皮。

### 2. 配制酱汁

酱法多先配制酱汁，配制时掌握好香料（葱、姜、辣椒除外）、白糖、酱油的用量。香料太少，香味不足；香料过多，药味浓重。白糖过多，酱菜“反味”；白糖太少，酱菜味道欠佳。酱油过多，酱菜发黑，味道变咸；酱油太少，则达不到酱菜要求，体现不出酱菜风味特色。酱菜一般不需加盐，因原料经盐渍后就已经有盐了，加上酱油、豆瓣酱中的盐分，就已有足够的盐了。如盐渍后的原料不用清水略漂还会出现盐分过多（但不宜久漂，不然会使成菜的味道变差）。此外，水（或骨汤）的用量还应结合不同的原料和不同的加热时间而酌情增减。

### 3. 掌握好火候

将焯水后的动物性原料或未焯水的植物性原料（豆制品）放入锅内卤汁中，先用旺火烧开，再转小火，保持微沸（否则，卤汁由于强烈翻腾而溅在锅壁上并焦化落入菜肴中，影响菜肴的味道和美观），加热的时间要根据原料的质地和大小来掌握。一般蛋类、豆制品约0.5h，嫩的动物性原料1～1.5h，老的动物性原料2～3h，原料成熟时，要撇去汤面的油脂和浮沫，用大火收稠汤汁，使原料上色。

4. 保存酱汁

酱汁用后也可和卤法的卤汤一样保存和调理，并长期使用，有“百年老汤”之说。

### （三）成菜特点

口味浓醇，鲜香酥烂，酱香浓郁；色泽鲜艳，制品有的呈红色，有的呈紫酱色、玫瑰色、褐色等。

### （四）代表菜品

五香酱牛肉、酱鸭、酱牛舌、酱鸡、六味斋酱猪肉、天福酱肘子、承德酱驴肉、张一品酱羊肉等。

## 三、盐水煮

盐水煮就是将已经加工整理的原料放入水锅中，加入盐、葱、姜、花椒等调味品（一般不放糖和有色的调味品），再加热煮熟，然后凉凉成菜的烹调方法。水的用量以淹没原料为度。

### （一）工艺流程

盐水煮的工艺流程见图9-12。

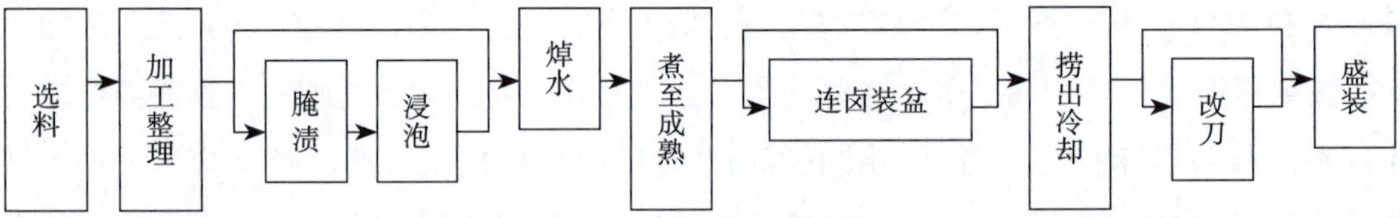


图9-12　盐水煮工艺流程

### （二）技术关键

1. 原料选择

盐水煮要选择新鲜无异味、易熟的原料。如虾最好选用鲜河虾，越鲜越佳，如虾不鲜，食时口感绵软，风味不佳。牛羊肉应选新鲜的腱子肉。

2. 初步熟处理

盐水煮的原料在正式煮前一般要焯水，特别是事先经盐腌或硝腌的原料，应浸泡并洗去苦涩杂味或焯水后再煮。菜花焯水时应加点醋，可防氧化出现黑点。

3. 掌握好放盐的时间及盐量

盐水煮以盐定色、定味，一般要求质嫩的原料，盐不宜早放，最好待原料即将成熟时放入。因为盐是一种电解质，可以加速原料中蛋白质的凝固，延长加热时间，导致原料变色。经过腌渍的原料，一般不需加盐，只放些葱、姜、料酒、香料即可。盐与水的比例要随原料而定，一般500g水加盐25g为宜。

4. 煮制时还要掌握好火候

对一些形小、质嫩或要求保持色泽鲜艳的植物性原料，应沸水下锅，煮至断生即可，如“盐水毛豆”就不易久煮，否则绿色变成黄色，容易散失养分。对体大、质老、坚韧的原料应冷水下锅，先用旺火烧沸，再用小火焖煮成熟，不宜长时间大火烧煮，否则原料质老而韧，不宜咀嚼。

另外要注意，用于盐水煮的锅一定要洗刷干净，否则影响外观颜色，影响食欲。盐水煮不炝锅，不提前制卤。

### （三）成菜特点

色泽淡雅，清新爽口；质地鲜嫩，咸鲜味美；无汤少汁。

### （四）代表菜品

盐水牛肉、盐水鸡肫、盐水虾、盐水猪舌、盐水鸭、荔枝白腰子、盐水羊肉、盐水毛豆等。

## 四、白煮

白煮是将加工整理的生料放入清水锅中，烧开后改用中小火长时间加热成熟冷却切配装盘，配调味品（拌食或蘸食）成菜的冷菜技法。白煮与热菜煮法的主要区别就是在煮制过程中只用清水（有的可加去异味的葱、姜、料酒等），故而得名。

白煮的用料主要是家禽、家畜类肉品，尤以猪肉为最常用的主料。

### （一）工艺流程

白煮的一般工艺流程见图9-13。

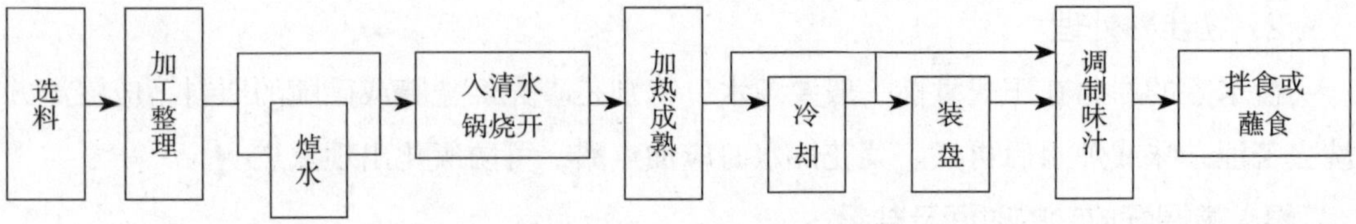


图9-13　白煮工艺流程

## （二）技术关键

白煮技法从表面上看，就是将加工整理好的原料放入开水锅中，用中小火长时间煮熟成菜，似乎没有什么技术内容。实际不然，白煮技法从选料到成菜有一系列的严格要求，而且具体操作方法也很细致。主要表现在以下几点。

### 1. 选料

用于白煮的原料均经过精选，用最优良品种的原料和原料中最细嫩的部位。如白煮肉片选用的猪肉必须是皮薄、肥瘦比例适当、肉质细嫩、体重在百斤左右的育肥猪。宰杀以后，取其去骨带皮的通脊肉、五花肉做原料，才符合白煮的要求。白煮羊头肉所用的羊头也很有讲究，一般都用内蒙古羯山羊头，这种羊头肉厚、质嫩、不膻，成熟后可片成大薄肉片。正是精选了这些原料，煮制时不杂他味，才使得原料的鲜香本味得以充分体现。

### 2. 原料加工

用于白煮的原料须细致地加工，清除污物和异味。如羊头，就须将其先放入冷水中浸泡2h以上，泡去血水，然后用板刷反复刷洗头皮，刷出白色，越白越好（但不能将皮刷破）；再用小毛刷伸进掰开的口腔中刷洗洁净；继续用小毛刷把鼻孔、耳内的脏物全部刷洗出来。全部刷净后，另换新水冲洗两三遍，方可取出控水待用。洗净后的羊头须从头皮正中至鼻骨处用刀划一长口，熟后从划口处拆骨和切片。白煮肉的猪肉加工，要刷去表面污物，除净细毛，洗涤干净，然后切成长20cm、宽13cm的长方大块，熟制后改刀切片。

### 3. 水质

白煮技法的独到之处就是突出原料本味。因此，白煮的水质必须洁净，不能让其他杂味混入。白煮的锅具多用透气好、不易散热和不易被污染的大砂锅，水量要多。其目的是：一能保持恒温热量，水温不会发生过高过低的大变化，有利于加热取得应有的效果；二能保持水质不易发浑，让原料在洁净水中受热，成品显得清爽。

### 4. 火候

冷菜的白煮和热菜的煮法主要区别就在于加热的火力和时间不同。热菜的煮法大都是旺火或中上火，加热的时间较短；冷菜的白煮则是中小火或微火，加热时间较长，根据原料性质而定，一般为1～2h，有的3h。在煮制过程中，必须控制好火力，只让水保持微开状态，水温在90℃左右，中途不能添加冷水，以免影响水的温度恒定。在检查白煮肉的熟度时，多用筷子戳扎，如一戳即入，拔出时无嘬力，即成熟度适当。检查白煮羊头是否成熟，是用手按压羊脸的皮肉，如由下锅时的硬挺变得稍有弹性，再按压羊耳根部，也由硬变软即熟，捞出，再用冷开水浸泡1h左右，使表皮变得脆嫩。

5. 改刀

白煮的原料是整块大料，须改刀装盘才能上桌，因此对改刀的刀口和形状有较高的要求。白煮猪肉改刀切片，要求切得又大又薄、肥瘦相连、不散不碎、整齐美观。一般来说，每块肉片长约20cm，宽约13cm，厚0.10～0.15cm，达到“片薄如纸，粉白相间”的标准。白煮羊头改刀更复杂，要求按羊脸、羊眼、羊耳、羊舌、羊上膛软骨等不同部位用不同切法切出不同的片形。如羊脸、羊舌，均用片刀法切出又大又薄的大坡刀片，羊眼、羊耳、羊上膛软骨等则用立刀直切法切成细薄的片，再按不同部位分别装盘。

### （三）成菜特点

白煮的菜肴保留有原料纯正的鲜香本味，再配上精细制作的调味品后，就形成更丰美的滋味。白煮肉片的调味品是用上等酱油、蒜泥、腌韭菜花、豆腐乳汁和辣椒油调制成鲜咸香辣的味汁，也可将调味品分别放在小碗上桌，由顾客根据喜好自选调制。白煮羊头的调味品则是将细盐、花椒用微火慢慢焙干。特别是盐既要焙干又不能上色，要保持洁白的本色，然后在石板上研成粉末，再过细筛。最后将盐粉、花椒粉和丁香粉、砂仁粉等香料粉混合一起拌匀，成为特制的鲜香椒盐。食时，边吃边撒椒盐或蘸椒盐吃，具有独特风味。椒盐不能提前撒，否则羊头肉受到盐的渗透作用，会变得软塌无劲，失去脆嫩的特色。

### （四）代表菜品

白煮鸡（也称白切鸡或白斩鸡）、白煮肉（有的称白肉片）、白煮牛肚岭、白煮牛百叶、白煮豆腐等。

## 五、凝冻

### （一）定义

凝冻是将含胶质丰富的动、植物性原料进行加热水解成胶体溶液，然后自然冷凝或与其他烹饪原料一起冷凝成菜的冷菜烹调工艺。凝冻的制法较为特殊，运用煮、蒸、滑油、焖烧等方法或其中的某些方法成菜，冷却后供食用。

### （二）原料要求

冻制菜肴应选择鲜嫩、无骨、无血腥的原料，而且刀工处理要细小些，一般以小片状为多，主要有肉类（如鸡、排骨、猪皮、脚爪等）、鱼虾类、蔬菜类及水果类等。一般夏季多用含油脂少的原料，如鸡、虾、鱼、水果等；冬季多用含油脂多的原料，如羊羔、脚爪等。

### （三）成菜特点

色泽鲜艳，形状美观，图案清晰；口味有咸、甜两种；质地软嫩滑韧，清凉爽口，有的入口即化，为夏季时令菜式。

### （四）技术关键

#### 1. 胶体溶液的熬制

制作冻菜少不了凝固剂，目前常用的凝固剂主要有八种。由于品种不同，用它们制作冻菜也呈现出完全不同的效果。主要介绍猪皮和琼脂两种。

常用“冻剂”应用比较

（1）皮冻汁的熬制

选择洁净、无异味、无残毛、质地细密的猪皮，以脊皮（脊柱两侧的皮）和后腿皮为上品，因为这两个部位的皮胶质成分重、皮厚、质地细密结实。将选择好的肉皮用镊子夹去残毛，片尽肥膘，然后放在热水中反复刮洗，去尽油脂和污垢，再放入清水中加葱、姜、料酒，用小火煮熟。将煮熟的肉皮捞出洗净后切成4cm长的薄片（便于胶原分子受热溶成明胶），放入清汤中（以保持成菜色泽晶莹透明。不能用毛汤，否则冻汁因渣质太多而浑浊。没有清汤时，可用清水代替），加入焯水后的鸡鸭脚、鸡腿骨（增加冻汁的鲜味及浓度），用小火长时间慢熬，保持汤面沸而不腾（大火剧烈沸腾，易把汤汁冲干，胶质不易溶出，使汤汁浑浊），一直熬至肉皮软烂不能受力时，冻汁即好，再用纱布过滤即可。

（2）琼脂汁的熬制

在熬制琼脂前，一般要先将琼脂浸泡在冷水里（使其充分吸水溶胀以便于加热后迅速溶化），涨大后，放在铝锅中再加水熬制一段时间，琼脂便慢慢溶化了。

为了保持冻制菜肴的清澈透明，在熬制冻汁时，采取蒸的方法比煮更好。由于蒸汽温度高于沸水温度，故蒸法所需时间短，生胶质可很快地水解溶出；同时，蒸法避免了水煮时沸腾产生的振荡，使分子之间丧失碰撞的机会，因此保持了胶体的清澈。

另外，应掌握好胶体溶液中水分的含量。一般讲，当胶体溶液中所含动物胶的量达到1%～5%时，冷凝即可成形，并且含量越高，温度越低（不低于0℃），冷凝得越坚实。当胶体中含植物胶素达0.2%～1%时，冷凝即可成冻。检验胶体溶液浓度的方法是：取一滴黏液滴在指甲上，如果很快凝固成坚牢、晶亮、弹性好的固体，说明冻汁熬好了；如果没有凝固或凝固了但没有弹性，说明胶液中水分过多，这时应该继续加热使一部分蒸发。如果凝固成很硬没有弹性的固体，这说明水分少了，需加些水再熬。将熬好的冻汁逐渐冷却，整个溶液便慢慢形成凝固态的物质。

2. 原料的搭配及口味的确定

动物胶中的胶原蛋白质属不完全蛋白质，人体对其利用率极低，因而其不能维持人体的正常发育和健康。琼脂中的植物胶素是糖琼脂和胶琼脂的混合物，食用时不能被酶分解，也不能被机体吸收，几乎没有什么营养价值。因此，单独利用含动物胶或植物胶的原料加工胶冻，不宜单独制成菜肴，应与其他原料组合搭配。

含动物胶素的胶体溶液，尽管经过精心漂洗、添加香料和长时间蒸煮，但在胶体溶液中不可避免地还含有脂肪、氨基酸及各种原料本身的气味及异味等，因此不宜和植物性原料凝结在一起。不仅如此，因为水果蔬菜中的酶（尤其是蛋白酶）对动物胶素极敏感。蛋白酶是一种有活性的、起催化作用的蛋白质，它能使动物胶素失去冷凝的能力，使再好的皮冻对植物性原料也起不到凝结作用。从蛋白质的互补作用来说，含动物胶的胶体溶液应多与含完全蛋白质较多的肉类原料冷凝在一起，以起“取长补短”的作用。含植物胶素的胶体溶液也应多与含各种维生素丰富的水果类、蔬菜类、果仁类原料冷凝在一起。

冻菜的口味大致有咸味和甜味两种。一般地讲，皮冻汁多用来制作咸味冻，也可以用于制作甜味冻（注意熬冻的水不能加味，最好用清水），但其色、味上均有影响，不如用琼脂制作甜味优越。为了丰富口味，在上菜时还可根据食者的口味佐以各种冷菜复合味，用淋汁或蘸食的方法食用。

3. 冷凝的温度

胶体溶液凝固的好坏与温度有直接关系。动物性胶体溶液在30℃左右时，其胶原蛋白分子活动比较激烈，分子之间的对接迟缓，因此胶体溶液结冻就慢。在低于0℃条件下，胶体溶液的温度越低，分子活动越慢，胶体溶液凝固越迅速。在温度低于0℃时，由于胶体中水分的冻结力大于胶原蛋白质分子之间的连接力，破坏了胶原蛋白分子所组成的网状结构，使其对水的亲和力削弱，以致网中的水分破网而出，自由结合流动形成许多小水滴，进一步被冻结为冰碴。因此，胶汁冻结的温度在接近0℃时最为理想。有的厨师在胶汁未冷却时，就将其放在冷柜中急冻，这种急于求成的做法，其结果适得其反。

据测定，1%的琼脂在35～50℃时可凝固成为坚实的凝胶。

4. 凝冻成形

冻制菜肴的成形方法常见的有以下三种：

（1）将原料与冻汁混匀，然后倒入平盘中冷却，经刀工改成块状装盘。

（2）分层制作　待先入模的一层冷却至十分稠厚时，再加上后入模的一层冻汁，此法可制作许多层叠起的菜肴。

（3）特殊造型法　可制作出花型众多的皮冻食品。先将稠厚的冻汁放入器皿中量取一定厚度，然后将加工的主料放在这层冻汁上。一般要拼摆出一定的造型，然后再轻轻倒入另一部分浓稠的冻汁，冷却后脱模而成。

5. 制作冻菜必须忌油

冻制冷菜的特点是爽口滑嫩，韧而鲜洁。如果有油必使冻体发腻，失去冻制菜肴的风味，使菜肴逊色。特别是原汁冻体与皮冻汁，由于动物肉体与表皮机体中都含有脂肪，在加热过程中会溢出，一部分和水混合成为乳胶状，饱和部分则漂浮于汤液之上。浮于汤液之上的脂肪并不能与冻体结合为一体，所以必须在冻体凝聚时将汤液上的多余脂肪滗出，这样才能保持冻体的爽滑明亮清口。在装配定形时，一切固定形态的盛器都不需涂油，因冻体中没有淀粉糊精的成分，不会粘住盛器。

## （五）分类

根据操作方法的不同，可分为原汁冻、混合冻、配料冻和浇汁冻。

1. 原汁冻

原汁冻就是直接利用主料所含的胶质，经较长时间熬、煮水解后，再冷却凝结而成菜的方法。如江苏镇江“水晶肴蹄”、四川“绿豆冻肘”和民间常见的肉皮冻以及冬季的鱼冻等。其一般工艺流程见图9-14。

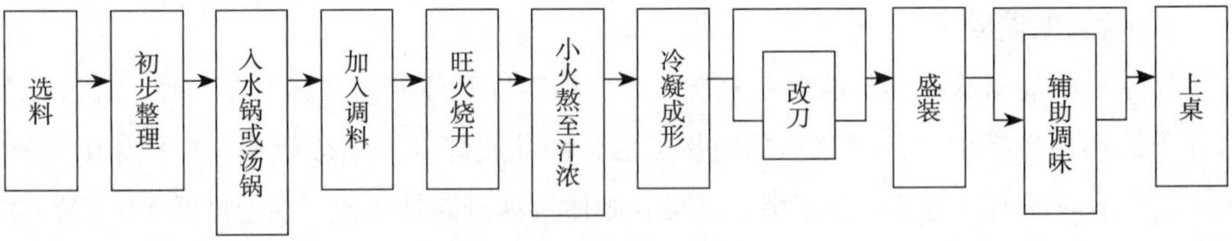


图9-14　原汁冻一般工艺流程

2. 混合冻

混合冻就是在胶质原料加热成冻汁的过程中，冲入液体状原料搅匀，使原料成熟后均匀混合在冻汁中，然后调味，冷却成形后成菜。当然，在成菜时也可加入固定形态的原料点缀菜肴的色、味，使其更有特色。常用的原料主要是鸡蛋、花生酱、豆酱等。代表菜品有木樨水晶冻、冻肉糜、杏仁豆腐等。

3. 配料冻

配料冻就是将原料经过熟处理后，与猪皮、食用果胶、明胶或琼脂待胶质添加料一起蒸煮，然后冷凝成菜的一种方法。还有一种方法，是将经过刀工处理和熟处理（凉凉后）的丝、片、丁、条和花形原料冷透后加入熬好的冻汁中，待冻汁凉凉而成菜。原料熟处理的方法主要有焯水（多用于植物性原料）、水煮（动物性原料中的鸡、鸭、肚、肉等）、码芡水滑（用于鱼、虾等细嫩的、水分含量重的原料）。这类菜肴讲求造型，需要一定的制作工艺。一般加原料的时机掌握在冻汁冷却至十分稠厚，黏度很大，但又没凝固时。此时加入原料，由于冻汁的黏力很大，不可能随意上浮或下沉，而是带有定向性。加入的配料与冻填混匀后，就能很快冷却，成形美观均匀。如果在冻汁温度较高时加入原料，冻汁不能在短时间内变冷凝固，原料不是上浮就是下沉，达不到分布均匀的效果。代表菜品有潮州冻肉、琥珀蹄冻、冰冻水晶全鸭、冻虾仁肉圆、三色水晶冻等。

4. 浇汁冻

浇汁冻就是把冻汁当作胶凝剂，利用成冻后的感官特征而制成的系列“水晶”菜肴。其方法是：将主料煮至软熟后去骨，装碗淋入冻汁，冷透后翻碗而成。代表菜品有水晶鸭掌、冻鸡、什锦水果冻、五彩羊糕、桃子糕、水晶虾仁等。

## 第四节 蜜汁、挂霜、琉璃

将糖液粘挂在经过加工整理的原料表面而成菜的工艺称为粘糖工艺，它主要包括上一章讲过的蜜汁、拔丝以及下面将要讲到的挂霜、琉璃等方法。这些方法实际上应用的是蔗糖的性质和熬糖过程中的物理化学变化。据测定，蔗糖在加热的条件下，随温度升高而开始熔化，颗粒由大变小，进行水解，生成转化糖（果糖+葡萄糖）。当温度上升到100℃时，与水融合一体，形成黏透明液，此时是制作蜜汁菜肴的最佳温度。当温度上升到110℃时，锅中泛起小泡，当糖的加热温度为120～125℃时，投入主料，这时就会在原料表面形成白细的结晶，这就是烹制挂霜菜肴的最佳温度。继续加热至130℃时，缓缓形成大泡，当加热到160℃时，蔗糖由结晶状态变为液态，黏度增加，当温度上升到186～187℃时，蔗糖骤然变为液体，黏度较小，这是拔丝菜的最佳投料温度。但此时不出丝，当温度下降到100℃时，糖液逐渐失去流变性，开始变得稠厚，有明显的可塑性，此时借助于外力作用，便可以出现缕缕细丝，这是制作拔丝菜的关键。如果温度继续下降，蔗糖由半固体变成浅黄棕色的、无定性的琉璃体，这就是人们常称的“琉璃菜”。

## 一、蜜汁

### （一）定义

蜜汁，是将白糖、冰糖或蜜在适量清水中溶化，与主料融合一体，并渗透于主料而制成的带汁甜菜的烹调方法。

### （二）工艺流程

蜜汁冷菜的具体操作方法有三种：

一是将原料经过熟处理，然后糖和水或其他调味品熬至发稠，再与原料混合一起，出锅凉凉即可。

二是先将糖和水或其他调味品熬好，直接浇在经过熟处理的原料上，凉凉而成。

三是将经过熟处理的原料与糖、水或其他调味品一起熬煮或蒸至糖汁收浓起泡，凉凉而成。

### （三）成菜特点

黏稠似蜜，香甜可口。

### （四）技术关键

（1）蜜汁冷菜的用料，除水果、干果、蔬菜、肉类外，还有银耳、燕窝、哈士蟆等山珍海味。

（2）熬糖要控制好火候，防止熬焦、熬烂或熬不到火候。

（3）糖浆的黏度要适当，不出丝。

（4）其甜度以能表现出原料本身的滋味为准，不要使食者感到发腻。

### （五）代表菜品

如蜜汁排骨、蜜汁白果、蜜汁马铃薯条等。

## 二、挂霜

### （一）定义

将加工预制的半成品或熟料放入熬好糖浆（较拔丝糖浆略浓）的热锅内，挂匀糖浆，取出迅速冷却，使表面泛起白霜的成菜技法。

### （二）工艺流程

将经过刀工处理的原料挂糊，然后入热油锅中炸制成熟，呈金黄色。另起锅熬糖，待糖中的水分基本熬尽时投入主料，裹匀糖汁取出，冷却，待表面凝结成一层糖霜（有的在挂糖浆后放在白糖中拌滚，使之再粘上一层白糖）即可。一般工艺流程见图9-15。

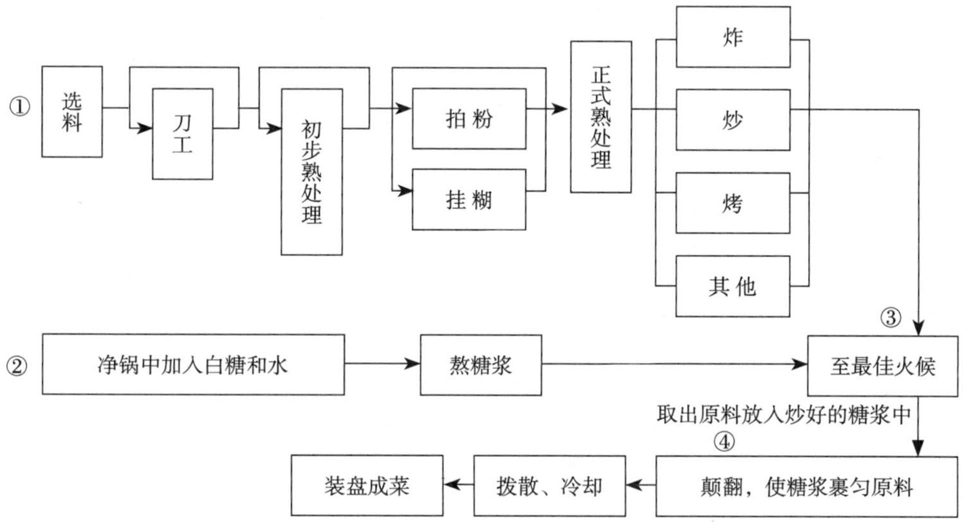


图9-15　挂霜工艺流程

### （三）技术关键

#### 1. 选料加工

选用新鲜、无虫蛀、不变质的原料。原料加工时去皮、除核，清洗干净。原料成形以块、条、片、段、粒和自然形状为主。

### 2. 初步熟处理

初步熟处理的方法一般有过油（过油又分为挂糊炸和不挂糊炸）和烘箱烤熟。有的在过油前还要经过焯水，有的要蒸软制成形后再用油炸，还有的在制成后再拍粉油炸等。油炸要外酥里嫩或外脆里糯，这样配合糖霜的质感，菜肴才有风味特色。油炸后的原料，一定要沥干油分。

### 3. 熬制糖浆

首先用具必须洁净。在炒糖汁之前要将锅及用具用碱水洗刷干净，再用清水洗净，不能带油腻和污垢。其次要掌握好坯料与糖和水的比例。糖溶液的浓度在75%以上为佳，但又不能太浓。一般来说，500g坯料，用白糖300g、清水100g炒成的糖汁较适度。第三要掌握炒糖汁的操作方法。炒糖汁一般火力要小而且集中，火面最好小于糖液的液面，使糖液由锅中部向锅边沸腾；否则会影响色泽，导致制霜失败。第四要掌握好炒糖汁的老嫩程度。火候偏大，糖汁偏老，原料会粘糖不均匀或粘不上糖；火候小，糖汁偏嫩不易结晶，原料回软影响效果。掌握糖汁老嫩程度有五种方法。

①观察糖泡法：锅内糖液产生的水泡，由少到多、由大变小，并逐渐变为小而均匀的气泡（习惯称为“鱼眼泡”）时，糖汁老嫩适度。

②观察糖汁的浓稠度：随着锅内温度的升高、水分的挥发，糖汁由稀变浓稠，并有黏稠感觉时即可。

③挂牌法：用锅铲将糖汁舀起，向下倾倒糖汁呈似流非流的半流体，并在锅铲的边缘呈现大形薄片时即可。

④观察水蒸气法：在熬糖汁的过程中，可以看到水蒸气的挥发由多到少，逐渐没有水蒸气逸出时即可。

⑤观察温度计法：根据大量的实践证明，糖汁的温度是120 ~ 125℃时，糖汁可以返砂，效果最佳。

以上五种方法最好结合起来运用，制作挂霜菜肴就比较容易了。

### 4. 掌握投入原料的时机

糖汁离火口后，让其热气稍有散发，投入原料快速炒匀，动作要快，开始返砂时，翻炒要轻、慢，使原料不成团块，这样操作可以避免原料因热气多而回软，成菜不酥，达不到成菜要求的后果。

## （四）成菜特点

挂霜菜色泽洁白似霜，形态美观雅致，口感油润、松脆、干香。挂霜法在有些地区被称为“返砂”“粘糖”等，有的因挂霜菜的技术不易掌握就不熬糖浆，只在主料上撒上糖粉，也似白霜，它的外观和口感比用熬糖制成的挂霜制品相差甚远。近年来，有些地区在熬糖浆时加入杏仁霜、果珍、奶粉、咖啡、巧克力等，丰富了这种技法的品种和风味。

### （五）代表菜品

挂霜桃仁、挂霜荸荠、雪花马铃薯、挂霜莲子、挂霜丸子、挂霜排骨、粘糖羊尾等。

## 三、琉璃

### （一）定义

将加工预制的半成品原料放入能拔出糖丝的糖浆中，挂匀糖浆，盛入盘内，用筷子拨开，凉凉成菜的技法。琉璃法主要用于制作甜菜，裹在原料上的一层糖浆经凉凉冷凝结成香甜的硬壳，呈现透明棕黄的色泽，类似“玛瑙”和琉璃，通常称为琉璃甜菜。此法多见于黄河流域一带，以山东为常用。

### （二）工艺流程

将原料加工成一定形状后，视其性质有的须挂糊（如琉璃肉）、有的拍粉后抓浆（如琉璃苹果）、有的先经焯水（如琉璃桃仁）、有的则不需作任何处理，然后过油至熟；另锅熬糖汁，熬时火力要控制适度，动作要快，防止糖汁过火而出现苦味；糖汁熬成即把原料放入炒勺，使每块料都均匀裹上糖液，倒在案板上或大盘中，用筷子拨开，凉凉即成。一般工艺流程见图9-16。

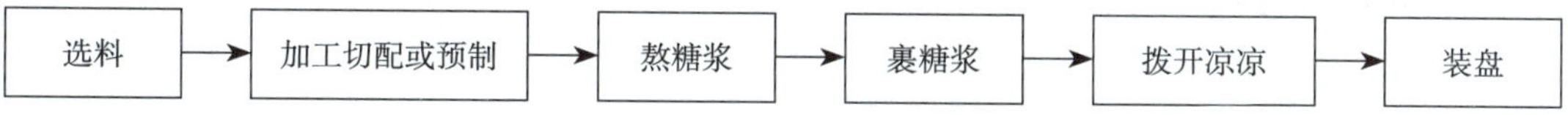


图9-16　琉璃工艺流程

### （三）技术关键

（1）熬制的糖浆要到可以拔出糖丝的程度，欠火或过火，都会影响成品的琉璃色泽和透明度，口感也差。

（2）原料挂浆后应立即倒入洁净瓷盘内，迅速用筷子拨开，不使互相粘连，然后放在通风处凉透，见原料表面均匀结成一层棕黄色泽、晶莹透亮的琉璃硬壳即可上桌。

### （四）成菜特色

琉璃菜外壳明亮，口感酥脆香甜。其粘裹的糖浆与拔丝糖浆一样，因是凉凉供食，故没有拔丝热吃的那样满桌飞丝的情趣。

### （五）代表菜品

琉璃红枣、琉璃苹果、琉璃莲藕、红果梨丝、琉璃白肉等。

## 问题与讨论

1. 制作冷菜为什么要特别注意卫生要求？其主要要求有哪些？
2. 冷菜烹调方法应如何分类？
3. 炝与拌、卤与酱有何异同？
4. 用泡菜坛制作泡菜时，既要加盖，还要用一圈水来封口，你能推测其中的科学道理吗？
5. 比较腌、泡、糟、醉这四种方法有何异同。
6. 有些教材上所说的“炸收”“卤浸”是什么意思？它们属于本教材中的哪种方法？
7. 蜜汁、挂霜、拔丝、琉璃之间有何关系？其基本原理是什么？
8. 炸、炒、烤、熏、蒸等烹调方法既可制作热菜，也可制作冷菜。在制作热菜和冷菜时，这些方法分别有何异同？

## 实训项目参考

1. 拌、炝工艺实训
2. 腌、醉、糟、泡工艺实训
3. 卤、酱、煮工艺实训
4. 凝冻、蜜汁、挂霜、琉璃工艺实训

# 第十章

# 造型与盛装工艺

**教学目标**

**知识目标**

（1）了解菜肴造型的原理和形式
（2）熟悉菜肴造型的艺术规律
（3）掌握菜肴盛装点缀的基本原则和方法技巧

**能力目标**

（1）培养创造性思维，提高对美好事物的感知能力
（2）培养基本造型能力，能设计造型优美的冷菜和热菜
（3）在菜肴造型工艺中发展想象力和创造力

**思政目标**

（1）培养学生健康的审美情趣，用美学的眼光去观察事物
（2）感受菜肴造型的愉悦，激发对菜肴造型的兴趣，培育新时代工匠精神

## 内容提要

（1）菜肴造型的基本原理
（2）菜肴造型的艺术形式
（3）菜肴造型的基本工艺
（4）菜肴的盛装工艺
（5）菜肴的装饰工艺

## 新课导入

菜肴作为一种特殊的商品，在厨房烹调好以后必须盛装在一定的器皿中才能上桌供人食用。一盘造型美观、装饰精致的菜肴，可以刺激人们的食欲。如果菜肴被胡乱地放在盘中，就会既无特色也枯燥无味；如果盘子的大小和菜肴的量不相符，就显得“不修边幅”。

作为烹调师，必须使客人对你所烹调的菜肴感兴趣，为你制作的菜肴而激动。顾客在饮食时不仅仅注重菜品的香、味、质等，还注重菜品的色、形。而菜肴的色、形是否美观，除了与刀工、配菜、加热、调味等有关外，与造型和盛装技巧

也有很大关系。一般认为，菜肴的精致来源于刀工，菜肴的口味取决于烹调，菜肴的美化依赖于盛装。因此菜肴的盛装是产品的包装，是演员出场的化妆，是评判菜肴质量的一项指标，也是体现厨师精湛厨艺的一个重要方面。

# 第一节 菜肴造型的基本原理

## 一、菜肴造型的形式美法则

### （一）多样与统一

所谓多样，是指将性质相异的东西并置在一起，造成显著的对比感觉，其特点是生动活泼、有动感，但处理不好，又容易杂乱。所谓统一，是指将性质相同或类似的东西并置在一起，造成一种一致的或具有一致趋势的感觉，其特点是比较严肃、庄重、有静感，但处理不当，也容易单调、死板。

在菜肴造型中，最忌呆板、单调。要“乱中求整”“平中求奇”。在统一中求变化，变化中求统一，达到统一与变化的完美结合，使菜肴造型既优美而又不落于俗套。

### （二）对称与平衡

所谓对称，也称均齐，就是以盛器的中心线或中心点为轴，在其左右、上下或周围配置等形、等量的烹饪原料组合形体使其互相对称。对称又分绝对对称、相对对称、逆对称、多面对称数种。同形、同量、同色的互相对称的组合形体称绝对对称；不同形、不同色，但量相同或相近的组合形体称相对对称；形相同而方向相反的组合形体称逆对称；在中心点四周配置三个以上相同组合形体的称多面对称。在菜肴造型中运用对称规律，可达到庄重、平稳、宁静的效果。对称在菜肴造型中应用非常广泛，其形式有左右对称、上下对称、斜角对称和多面对称等。

所谓平衡，是指组合形体以盛器的中心线为轴或支点两侧的等量、不等形的平衡关系。平衡的特点和对称形式相比，较为生动活泼和富于变化，很难掌握恰当。因为平衡仅是一种感觉，主要依靠经验来把握，而不能用数理的方法来计算。

对称好比天平，而平衡则好比天平的两臂。在菜肴造型应用中，对称和平衡常常是二者结合运用。

### （三）重复与渐次

重复是有规律的伸展连续，是菜肴造型中的一种组织方法，它是将一个基本纹样进行上下连续或左右连续，以及向四面重复地连续排列而形成连续的纹样。渐次是逐渐变动的意思，就是将一连串相类似或同形的纹样由主到次、由大到小、由长到短、由粗到细地排列。渐变的形式很多，有空间的渐变，如方向、大小、远近以及轻重等。一般是渐变的过程越多，效果越好。另外，还有色彩的渐变。在色彩上，由浓到淡或由淡到浓的渲染也是一种渐变，如黑色渐变成白色、红色渐变成绿色、黄色渐变成蓝色等。在菜肴造型中根据设计要求做不同处理，如能运用烹饪原料本身的色泽渐变，就会大大增加造型的光彩。

### （四）对比与调和

对比是把两种不同的形、色、线等摆放在一起，即指的圆、方、大、小和色彩的明暗、深浅以及线条的粗细、曲直等的互补。调和，是把同一或类似的形、色、线等组织在一起，广义上是指适合、舒适、完整等概念。在菜肴造型中，常采用以调和为主、对比为辅的手法处理色彩关系。如喜鹊登枝，把喜鹊置于梅树上是很合适的，而置于其他树上就欠妥了。同样道理，把鸳鸯戏水的图案运用在结婚宴席上是妥帖的，但若将此用在祝寿宴席上就欠妥了。

### （五）节奏和韵律

节奏是一种有规律的周期性变化的运动形式，往往伴有规律性的变化以及数量、形式或大小的增减。韵律是从节奏中体现出来的，可以是渐进的、回旋的、放射的或均匀对称的。节奏和韵律是不能分割的统一体。菜肴造型的图案必须具有节奏和韵律感，应该避免那种杂乱、臃肿、空旷、平淡的构图现象。菜肴造型的几何形构图方法可分以下几种韵律：向心律就是向着圆形或椭圆形的中心，有节奏地从外往里排列，其陪衬物应摆放在中心；离心律就是以圆形或椭圆形的圆心为中心，由里向外有节奏地放射，陪衬物应摆放在外圈；回旋律就是从外缘开始向内作旋转上升的构图方法。

### （六）尺度与比例

尺度是一种标准，是指事物整体及其各部分应有的度量数值。形象地说则是“增一分则太长，减一分则太短”。比例是某种数理关系，是指事物整体与部分以及部分与部分之间的数量关系。菜肴造型是在特定的盘子里，因此尺度比例尤为重要。菜肴造型的尺度比例，主要是从“似”的角度，强调造型形象模拟客观事物的艺术真实性，但是这不是唯一的表达形式。为了更有力地表现造型形象，有时需要刻意地去破坏事物固有的比例关系，追求“不似而似之”的艺术效果。

## 二、菜肴造型的主要途径

### （一）通过原料的自然形态造型

利用整鱼、整虾、整鸡、整鸭，甚至整猪（烤乳猪）、整羊（烤全羊）的自然形状，加热后的色泽来造型。这是一种可以体现烹饪原料自然美的造型。

### （二）通过刀工处理来造型

利用刀工把原料加工成各种美观的丝、末、粒、丁、条、片、段、块、花刀块，使这些原料成为大小一致、粗细均匀、花刀美观的半成品，用于菜肴的造型。

### （三）通过模具来造型

将原料采取特殊加工方法制成蓉后，将泥蓉打上劲，灌入模具定型，成为具有一定造型的菜肴生坯，再加热成菜。

### （四）通过手工造型

将原料加工成蓉、片、条、块、球等，再用手工制成“丸子”“珠子”，挤成“丝”“蚕”，编成“辫子”“竹排”，削成“花球”“花卉”，或用泥蓉、丁粒镶嵌于蘑菇、青椒内，使原料在成菜前就成了“小工艺品”。

### （五）通过加热来定形

原料在加热过程中，通过人为的弯曲、压制、拉伸来定形，或加热后用包扎、扣制、加压来定形。通过热处理后，不仅使原料成熟，而且使菜肴的形状确定下来，成为具有一定风味的菜肴。

### （六）通过拼装来造型

将两种以上的泥蓉状、块状、条状、球状等菜肴经过合理的组合，使菜肴产生衬托美、排列美。

### （七）通过容器来造型

一是选用漂亮合适的容器来盛装菜肴；二是用面条、土豆丝等来制作盘中盘来盛装菜肴；三是选用瓜果原料，挖掉瓤子，并在表皮刻上花纹和文字变成容器，制成冬瓜盅、南瓜盅来美化菜肴。

### （八）通过点缀围边来造型

点缀围边是菜肴制作的最后一关，也是最能体现美化效果的一道工序。用蔬菜、瓜果进行各种围边点缀，给人以清新高雅之感。

## 三、菜肴造型的基本要求

### （一）食用为主，造型为辅

我国菜品制作有其独特的表现形式，通过烹调师精巧灵活的双手经过一定的工艺造型而完成。菜肴是专供食用的，通过一定的艺术造型手法，使人们在食用时达到审美的效果，食之觉得津津有味，观之又令人心旷神怡。食用与审美寓于菜肴造型工艺的统一体之中，而食用则是它的主要方面。在创作造型热菜时，必须正确处理二者之间的关系，任何华而不实的菜品，都是没有生命力的。

### （二）营养与美味兼顾

菜肴造型的形式美是以内容美为前提的。人们品评美食，开始或不免为它的色彩、形态所吸引，但美食的真谛不总在色、形上，而在于营养与美味。在菜品造型工艺中，要注意营养平衡第一，味美第二，营养与美味相结合，不能一味地为了造型、配色，而产生一些对人体有害的毒素。

### （三）质量与时效应迎合市场需要

菜肴造型要保证菜肴的质量，没有质量，就没有生产制作的必要，否则就是一种浪费，不仅是原材料的浪费，也是生产工时的耗费。在保证菜品质量的前提下，还要考虑到菜品制作的时效性。菜肴从制作到食用一般仅有1～2h，造型的空间也小，范围的伸缩性只能在菜盘中展开。受着时间、空间、原料、工具的限制，不宜采用写实的手法。

### （四）物尽其用，节约用料

菜肴造型用料不要以稀为贵、以贵为好，要提倡粗粮细做，化普通为神奇，做到价廉与物美的有机统一，不能为了美化菜肴而不计成本，浪费许多精选原料。

## 四、菜肴造型与盛器的选择

### （一）盛器大小的选择

盛器的大小选择要根据菜点品种、内容、原料的多少和就餐人数来决定。一般大盛器的直径可在50cm以上，冷餐会用的镜面盆甚至超过了80cm。小盛器的直径只有5cm左右，如调味碟等。大盛器自然盛装的食品多，可表现的内容也较丰富。小盛器盛装的食品自然也少些，表现的内容也有限。一般来说，在表现一个题材和内容丰富的菜点时，应选用40cm以上盛器；在表现厨师精湛的刀工技艺时，可选用小的盛器。在宴席、美食节及自助餐采用大盛器象征了气势与容量，而小盛器则体现了精致与灵巧。因此，在选择盛器大小时，应与餐饮实际情况相结合。

### （二）盛器造型的选择

盛器的造型可分为几何形和象形两大类。几何形的一般多为圆形和椭圆形的，是饭店、酒家日常使用的最多的盛器。另外，还有方形、长方形和扇形的，近年来使用较多。象形盛器可分为动物造型、植物造型、器物造型和人物造型。

盛器造型还能起到分割和集中的作用。如想让一道菜肴给客人有多种品尝的口味，就得选用多格的调味碟。把一道菜肴制成多种口味，而又不能让它们相互串味，则可选用分格型盛器。有时为了节省空间，则可选用组合型的盛器，如“双龙戏珠”组合型紫砂冷菜盆，这样使分散摆放的冷碟集中起来，既节省了空间又美化了桌面。

### （三）盛器材质的选择

盛器的材质种类繁多，有华贵亮丽的金器银器，古朴沉稳的铜器铁器，光亮照人的不锈钢，制作精细的锡铝合金等金属的；也有散发着乡土气息的竹木藤器的；有粗拙豪放的石器和陶器，也有精雕细琢的玉器；有精美的瓷器和古雅的漆器，也有晶莹剔透的玻璃器皿；还有塑料、搪瓷和纸质等。盛器的各种材质的特征都具有一定的象征意义，金器银器象征荣华与富贵，瓷器象征高雅与华丽，紫砂、漆器象征古典与传统，玻璃、水晶象征浪漫与温馨，铁器、粗陶象征豪放，竹木、石器象征乡情与古朴，纸质与塑料象征了廉价与方便，搪瓷、不锈钢象征了清洁与卫生等。

盛器材质的选择要考虑时代背景、地域文化、地方特色，有时还要考虑客人的身份地位和兴趣爱好。此外，盛器材质的选择还要结合餐饮本身的市场定位与经济实力来决定。如定位高层次的餐饮则可选择金器银器和高档瓷器为主的盛器；如定位中低层次的可选择普通的陶瓷器为主的盛器；如定位特色风味则要根据经营内容来选择与之相配的特色盛器。如经营烧烤风味的，可选用铸铁与石头为主的盛器，而经营傣家风味食品的，可选用以竹子为主的盛器等。

### （四）盛器颜色与花纹的选择

盛器的颜色对菜点的影响也是重要的。一道绿色蔬菜盛放在白色盛器中，给人一种碧绿鲜嫩的感觉；而盛放在绿色的盛器中，这样的感觉就平淡多了。一道金黄色的软炸鱼排或雪白的珍珠鱼米（搭配枸杞），放在黑色的盛器中，在强烈的色彩对比烘托下，使人感觉到鱼排更色香诱人，鱼米则更晶莹透亮，食欲也为之而提高。有一些盛器饰有各色各样的花边与底纹，如运用得当也能起到烘托菜点的作用。

### （五）盛器功能的选择

盛器功能的选择主要是根据宴会与菜点的要求来决定的。在大型宴会中为了保证热菜的质量，就要选择具有保温功能的盛器。有的菜点需要低温保鲜，则需选择能盛放冰块而不影响菜点盛放的盛器。在冬季为了提高客人的食用兴趣，还要选择安全的能够边煮边吃的盛器等。

当然，选择何种盛器的依据除了依照菜肴的造型和色彩之外，还应考虑相邻菜肴的色彩、造型和用盘的情况，以及桌布的色彩等具体环境的需要。总之，发挥盛器之美，应处理好盛器与盛器的多样统一，盛器与菜肴的多样统一，盛器与环境气氛的统一，盛器与人的统一。

### （六）盛器的多样与统一

盛器的种类很多，从质地上可分瓷器、银器、紫砂陶、漆器、玻璃器皿等；从外形上可分为圆形、椭圆形、多边形、象形形；从色彩上可分为暖色调和冷色调；从盛器装饰图案的表现手法上又可分为具象写实图案和抽象几何图案。不同的质地、形态以及色彩和图案的盛器有着不同的审美效果，关键问题是如何达到“统一”。如果在同一桌宴席中，粗瓷与精瓷混用，石湾彩瓷和景德镇青花杂糅，玻璃器皿和金属器皿交合，寿字竹筷和双喜牙筷并举，围碟的规格大小相参，必然会使人感到整个宴席杂乱无章，凌乱不堪。因此，在使用餐具时，应尽量成套组合，并选用美学风格一致的器具，而且应在组合的布局上力求统一。此外，还要注意餐具与家具、室内装饰等美学风格上的统一。

## 第二节 菜肴造型的艺术形式

### 一、热菜造型的形式

#### （一）自然形式

自然形式热菜造型的特点是形象完整、饱满大方。在烹调过程中，常采用清蒸、油炸等技法，基本保持了原料的自然形态。如“糖醋鲤鱼”就是以自然形态造型的热菜，它选用鲜活鲤鱼为原料，将鲤鱼剞瓦楞花刀，腌渍后挂水粉糊放油中炸透，呈昂头翘尾姿态，再将爆炒糖醋汁趁热浇在鲤鱼上。高热的糖醋汁在酥脆的鱼身上翻滚，鲤鱼昂首向上，给人以向上、奋进的感觉。又如菜肴“烤乳猪”“樟茶鸭子”“整鱼”“整鸡”“烤全羊”“炸虾”等，这些菜肴的形态要求生动自然，装盘时应着重突出形态特征最明显的、色泽最艳丽的部位。为了避免整体形状造成的单调、呆板，可在整体原料的周围点缀装饰瓜果雕刻或拼摆制成的花草，以丰富菜肴的艺术效果。

#### （二）图案形式

图案形式的造型特点是多样统一、对称均衡。在热菜造型中图案装饰造型手法的运用较多，使菜肴形式变化达到典型概括、完美生动。这往往要求作者通过大胆的构思和想象，充分利用对称与平衡、统一与变化、节奏与韵律、对比与调和、夸张与变形等形式美法则，使菜肴通过丰富的几何变化、围边装饰、原料装饰等多种形式，达到既美观大方又诱人食欲的效果。

菜肴几何图案构成，是利用菜肴主、辅原料，按一定的形式构图进行烹制塑造的一种方法。在装盘时要求按一定顺序、方向有规律地排列、组合，形成连续，间隔、对应等不同形式的连续性几何图案。其组织排列有散点式、斜线式、放射式、折线式、波线式、组合式等，如珍珠玉米鱼。

围边装饰构成：围边装饰与几何图案装饰在艺术效果上有许多共同之处，不同的是在菜肴的周围装饰点缀各式各样的图形，如摆上色鲜形美的雕花和多种瓜果、绿叶等原料，用以美化菜肴、调剂口味，如宫灯鸡丝。围边装饰在制作工艺上不仅要注意菜肴的营养价值，更要重视其审美价值。

### （三）象形形式

热菜象形造型运用了艺术原理，满足了人们在就餐中的视觉感观。因此，在烹调前需要分析对象，捕捉原料的特征，尽量发掘原料和烹调技术中的有趣素材，进行构思；并从食客食用和审美需要进行烹调和造型，塑造出“似与不似之间”的美味佳肴。

在对热菜象形造型时，要力求突出菜肴原料的色泽美和形态美。大胆舍去那些次要的、有碍菜肴质地、营养和形式美表现的枝蔓，避免那些对对象细微之处的过分地模拟，防止局部的过分渲染而损害了菜肴的整体效果。

## 二、冷菜造型的形式

### （一）按原料的组成分类

这是我国对冷菜造型形式的传统分类方法。按拼摆好的冷菜中所用原料的种数不同把冷菜盛装分为单盘和拼盘两大类，其中拼盘又分为一般拼盘、花色拼盘和水果拼盘。

#### 1. 单盘

只用一种冷菜原料切配后盛装，有围碟和独碟两种。一般用5～9寸的平盘，或者6～7寸的浅平腰盘盛装，有时盛装在攒盒里，每格为一种单盘，各格不同。具体形式又有三叠水形、一封书形、风车形、馒头形、宝塔形、桥形、四方形、菱形、等腰形、螺旋形、扇面形、花朵形等。

#### 2. 一般拼盘

用两种或两种以上的原料，按一定形式装入一盘，即为拼盘。拼盘在用料上比较丰富、灵活，根据用料品种数目不同，有双拼、三拼、四拼、什锦拼盘等类型。此外，各地方还有一些独特拼盘形式，如潮州“卤水拼盘”、四川“九色攒盒”等。这类拼盘在形状、色彩、口味和数量的比例上要求安排恰当、装盘整齐、线条清晰，给人一种整体美。

#### 3. 花色拼盘

花色拼盘即指欣赏性冷菜拼盘，也称工艺冷盘、花式冷盘、花色冷拼、花拼等，这是经过精心构思后，运用精湛的刀工及艺术手法，将多种冷菜菜肴在盘中拼摆成飞禽走兽、花鸟虫鱼、山水园林等各种平面的或立体的图案造型。花色冷拼是一种技术要求高、艺术性强的拼盘形式，其操作程序比较复杂，故一般多用于高档宴席，因放在宴席席面中间，故又称“主盘”。花色拼盘还具有题材多样、构图简练、用料讲究、形象神似、做工细腻等特点。

4. 水果拼盘

水果拼盘是近来比较流行的厨艺，是以各种时鲜水果为原料，结合其本身的形态、结构和色彩等，运用一定的刀工技术处理，合理地搭配在一起而拼制出的一种观赏性与食用性为一体的“工艺”作品。由于水果本身就具有芬芳浓郁的气味、艳丽多彩的色泽、凉爽香甜的口感等特点，再经过厨师们的艺术雕切与拼制，便成为极富有情趣的水果拼盘。水果拼盘通常在宴席的末尾上席，是宴席的“压轴戏”。

### （二）按拼摆的形式分类

1. 随意式

不拘形式的盛装，又称乱刀盘，有的还称散堆。即把冷菜原料改切成大小、厚薄或粗细一致或类似的块、片、丝、条、段等形状后，均匀堆放于盘中，一般不讲究排列。这是一种最初级的拼摆，可用于盛装单盘，也用于双拼、三拼等拼盘中某种原料的盛装。

2. 整齐式

排叠整齐的盛装，又称刀面盘。即把冷菜原料经刀工处理后，线条清晰、形态整齐、排叠均匀、秩序井然地装在盘中。有中间高、两头低的桥形，有中间高、四周圆整的馒头形等。有立体的、半立体的，还有平面的各种几何形。此种方式一般用于盛装单盘。

3. 图案式

形成图案的盛装，即把冷菜原料经切配后拼摆成各种图案。冷菜的图案按表现内容分有具象和抽象两大类。具象是指有具体物象的图案，如花、草、鱼、鸟、兽、山、水、日、月、建筑物等，具有此类图案的冷菜常称花色拼盘；抽象就是指不代表任何物象的几何形。整齐式盛装所形成的只是比较简单的抽象性图案，图案式盛装所形成的却要复杂得多。

4. 点缀衬托式

此种形式的盛装，是在盛器边缘或原料之上适当放置少许颜色鲜亮的果蔬类原料，以美化冷菜的色彩和形态。它只对冷菜盛装起装饰作用，不能独立完成冷菜造型，可以和上述三种形式配合使用。

### （三）根据造型的空间构成分类

可分为平面形、卧式形和立体形三种（表10-1）。平面式拼盘一般使用多种原料，采用叠、堆、排的手法，利用整齐的刀面拼成五角、荷花等形状。特点是刀工整齐、线条明快、食用性强。卧式形拼盘一般使用多种原料有机组合，偏重于追求形态和色彩，用以摆和贴的手法拼摆成各种半立体象形图案，具有色彩协调、画面完整、形态逼真的特点。立体式拼盘多采用刻、堆、排、叠等手法，拼摆成立体造型的亭坛和山水，特点是造型美观、立体感强。

表10-1　拼盘的分类

| 拼盘大类 | 造型分类 | 具体种类 | 实例 |
|---|---|---|---|
| 平面式拼盘 | 几何类 | 正方形 | 争分夺秒 |
| | | 长方形 | 方圆同心、奥运精神 |
| | | 菱形 | 五彩色块 |
| | | 圆形 | 什锦冷拼 |
| | | 椭圆形 | 吉祥奥运 |
| | | 扇形 | 四味扇形 |
| | | 图案 | 期待辉煌、绿色环保、如意八卦 |
| | 数字类 | 字母数字 | 九九归一、百年寿庆、福星临门 |
| | 动物类 | 动物 | 蝴蝶冷拼、金色彩拼、孔雀争艳、一马当先 |
| | 花卉类 | 花卉 | 七星映花、红梅迎春、百花争艳、春花斗艳 |
| 卧形拼盘 | 动物类 | 龙凤 | 龙凤呈祥、双龙戏珠、丹凤朝阳、金凤展翅 |
| | | 猛禽 | 鹏程万里、雄鹰搏浪、寻觅 |
| | | 飞鸟 | 锦鸡报春、鸳鸯戏水、双喜盈门、飞燕迎春 |
| | | 畜兽 | 猪羊万福、熊猫戏竹、金牛催春、牧归 |
| | | 鱼类 | 金鱼戏莲、双鱼戏水 |
| | | 蝴蝶 | 彩蝶双飞、彩蝶迎宾 |
| | | 虾蟹 | 弯弯顺、双雄争霸 |
| | 植物类 | 叶类 | 夏荷、荷塘情趣、绿荫小憩 |
| | | 花卉 | 岁寒三友、倒挂金盏 |
| | | 果实 | 硕果累累、蟠桃献寿 |
| | | 树木 | 旭日松云、椰林风光 |

续表

| 拼盘大类 | 造型分类 | 具体种类 | 实例 |
| --- | --- | --- | --- |
| 卧形拼盘 | 器物类 | 花篮 | 花篮迎宾、喜庆花篮 |
| | | 花瓶 | 五福平安 |
| | | 奖杯 | 金杯独揽 |
| | | 宫灯 | 宫灯高照、吉庆彩灯 |
| | | 扇子 | 彩扇扑蝶、桃花扇 |
| | | 船类 | 西子夜泊、一帆风顺、龙舟赴会 |
| | 景观类 | 自然景观 | 南海风光、锦绣山河、宝石流霞、江南水乡 |
| | | 人文景观 | 文昌阁、天坛、中华魂、三潭印月 |
| | 博古类 | 工艺品 | 曲苑杂坛、莹窗红烛、长命百岁、五盘托珠 |
| | | 乐器 | 琴瑟和弦、编钟乐舞、琴韵 |
| | | 文房四宝 | 妙笔生花、废寝忘食、颜如玉、瀚海 |
| | | 图案 | 喜庆有余、鞭炮声声 |
| | 综合类 | | 鹿鹤同春、百鸟朝凤、蝶扇冷拼、梅竹冷拼、百花闹春 |
| 立体拼盘 | 景观类 | 建筑 | 文昌阁、天坛雄风、什景古塔、万里长城 |
| | | 山水 | 高山流水、西湖十景、锦绣山河 |
| | 器物类 | 器物 | 花篮迎宾 |

## 第三节
## 菜肴造型的基本工艺

### 一、菜肴造型的基本手法

#### （一）写实手法

这种手法以物象为基础，通过适当的剪裁、取舍、修饰，对物象的特征和色彩着力塑造表现，力求简洁工整，生动逼“真”，讲究形似。如“春光美”一菜，造型优雅大方，整体构图统一、和谐，使人能充分感受到春的气息和春光的美丽。

### （二）写意手法

写意是对自然物象加以改造。它完全可以突破自然物象的束缚，充分发挥想象力，运用各种处理方法，给予大胆的加工和塑造，但又不失物象固有的特征，符合烹调工艺要求，将物象处理得更加精益求精。在色彩处理上，也可以重新搭配，这种变化给人以新的感觉，使物象更加生动活泼。写意略似中国传统绘画的表现方式，如复杂的风景、动植物形象，一般采用夸张、变形、概括等手法，以求神似。如“蝴蝶鳜鱼”“孔雀灵芝”等。

### （三）写意与写实相结合

在菜肴造型过程中，以精炼、概括、夸张等技法神似地反映物象，利用烹饪原料的色彩，造物的形态及物性、理化变化，做到因材施技、借势造型、浑然天成来达到神形兼备。

## 二、热菜造型的方法

### （一）加工造型

加工定型是指对不同形色的烹饪原料在切配成片、丁、丝、条、块、蓉的基础上，经过巧妙的组合，将普通形状的原料加工成美观的花色形态，然后再烹制成菜。它的成菜程序是：选料→初加工→细加工→配合成生坯→加热成熟→浇汁（或不浇汁）。

制生坯是制作这类菜肴的关键，根据制作生坯的手法不同，其加工定型又可分为蓉塑法、瓤填法、包卷法、穿入法等。

### （二）烹制定形

烹制定形是指将原料根据菜肴成形的要求做刀工技艺处理后，再通过加热烹制而改变原料的自然形态使之成为一种新形式的造型方式。这类菜肴的制作程序是：选料→初加工→剞花刀→加工（拍粉或挂糊）→加热（烹制）→浇汁→装饰。

制作这类菜肴特别讲究刀工和火候技艺，另外还要求具有形象思维和丰富的实践操作经验。其中，剞花刀技术性较强，是烹制这类菜肴的刀工基础；如果花刀剞不好，就会影响菜肴的美观。烹制定形时的油温掌握也很重要，是制作这类菜肴成败的关键。一般来说，在炸鱼类菜肴时，应使鱼菜具有外焦酥内软嫩的质地。完成这一炸制过程有一个“定形→成熟→定质”的循环模式，而要完成这一循环模式，又内含有“适时”与“适度”的法则。这些都要求厨师具有丰富的实践经验，非一日之功。

这类菜肴的造型潜力很大，可以将大鱼制成珊瑚、燕子、蛤蟆、松鼠、龙舟、菠萝、玉米等，还可将大虾制成鸟、龙、牡丹、燕尾、兰花等。随着橙汁、山楂汁、芒果汁、果茶汁、椰汁、苹果汁等果汁的广泛运用及推广，这类菜肴的色泽变化更加丰富多彩，造型也就更加逼真了。

## （三）拼摆定形

拼摆定形是指把各种普通形态的原料经加工后拼摆成新颖美观、图案清新诱人的菜肴。许多传统菜肴经过一番艺术拼摆后都能达到意想不到的效果。拼摆造型可分为以下三类。

### 1. 生熟原料的混合拼摆

生熟原料的混合拼摆是将加热成熟的原料与不便食用的生原料混合拼摆成菜，具体有两种表现方式。

（1）点缀拼摆　根据菜肴形状、质地、色泽等特点，点缀一些用萝卜、南瓜等易于雕刻成形的物象。如“渔翁垂钓”就可在糖醋鱼旁摆上雕刻的垂钓渔翁；又如“金龟登殿”就是将清蒸白鳝盘成龟状，旁边放一用南瓜雕刻而成的金殿。

（2）盛器烘托型　这里所谈到盛器主要指果实体，是将果实体表面构图美化，并将体内挖空造型后再装填进食物，以综合鉴赏其整体效果。传统的西瓜盅、南瓜盅都是其代表。这类造型不但要求掌握果实体与菜肴本身在口味、颜色上的协调关系，更讲究果实体的雕刻造型艺术。

### 2. 熟原料的拼摆

熟原料的拼摆是将一种或几种原料分别制熟并使之入味，再在短时间内拼出造型图案。如“梁溪脆鳝”在高明厨师手中可拼出一幅幅树木盆景，“清炒菠菜”在名厨手中三下二下就可摆出两只可爱的鹦鹉，“漓江春早”可以将烧入味的鱿鱼筒摆成竹竿形，用熟黄瓜、莴笋、香菜等点缀。

这种拼摆难度很大，要求厨师不仅应有较高的烹调技术水平，还需具有一定的艺术修养。如前面提到的“梁溪脆鳝”，不仅要求厨师能制作出这种菜，更要求厨师对树木盆景有很深了解，因为成菜时间要求很短，时间一长，糖汁凝固，鳝鱼段便很难造型了。此外，这种热菜拼摆与冷拼是有很大区别的，因为热菜讲究的是“一热三鲜”，拼摆时间过长，变冷了，就难以下咽了。正因为如此，拼摆的图案题材上就有很大的局限，事实上，这类“热拼”实际应用很少，一般只出现在名师技术表演及烹饪大赛中。

### 3. 半成品拼摆

半成品拼摆是将半成品原料经过拼摆成形后，保持原形状不变，再用蒸的方法使之成熟的一种方法，例如“丽花鳜鱼”就是将制好的鱼卷拼摆成大丽花状，再蒸熟浇汁而成；又如“金钱莲子”用莲蓬米及五花肉经过初加工后，再码在碗中成大方孔状，经蒸扒后扣碗浇汁而成。

## 三、冷菜造型的方法

### （一）单盘与拼盘的造型

1. 垫底

对冷菜进行刀工处理的过程中，将一些质量较次和形态不太整齐的边角料改刀为丝状或片状，堆在盘子中间或其他需要的地方，边角料不宜切得过小过碎，又不可过于厚大，否则会影响菜肴的食用或者影响菜肴的造型。利用边角料一则可以减少浪费；二则可以衬托形状，使拼盘丰满好看。

2. 围边

将修切整齐的条、块、片原料码在垫底的两侧或四周边缘，使人看不出垫底料。用于围边的冷菜要根据装盘的需要，采用不同的刀法，以整齐、匀称、平展的形式来装盘。

3. 盖面

采用切或批的刀法，把冷菜原料质量最好的部分（如“白斩鸡”“酱鸭”的脯肉），加工成刀面整齐划一、条片厚薄均匀的料形，并均匀地排列起来，用刀铲起，再覆盖在围边料的上面，使整个冷盘浑然一体，格外整齐美观。

### （二）花色拼盘的造型

1. 构思

在拼摆花色冷盘之前，首先要进行严密的构思，即根据宴席的目的、进餐的规格和对象，对拼摆冷盘的色彩和拼摆内容进行反复思考设计，来表现主题的过程。为使有限的原料变成一个美丽的图案，应从以下三个方面进行构思。

（1）根据宴席的主题来构思　宴会的主题很多，厨师应根据不同主题做出不同的构思。比如婚宴可拼摆“鸳鸯嬉水”“比翼双飞”“龙凤呈祥”之类的花色冷拼，表达夫妻恩爱的中心思想，以突出喜庆的气氛；迎宾宴席可拼摆“喜鹊迎宾”“孔雀开屏”之类图案，以示和善与友谊；祝寿宴席可拼摆“松鹤延年”“古树参天”之类的造型，以祝福老人健康长寿。总之，要给宾客以喜庆吉祥、精神愉快的感觉，以提高就餐者的情绪，使宴会达到满意的效果。

（2）根据人力和时间构思　花色冷盘制作难度较大，要求厨师有较强的基本功，且每一个艺术拼盘都需要较长的制作时间。在花色冷菜构思时，应从实际出发，在技术力量较强、时间允许的情况下可设计较为复杂的拼盘；反之，则应从简，不能影响宴会的正常进行。

（3）根据宴席的标准构思　花色冷拼应在选用原料、刀工和艺术上与宴席的费用和标准相适应。档次高，对这些方面的要求也就增多，随着宴席标准的降低，构思时也就降低这些方面的讲究，做好成本核算，决不能只追求形式美而不考虑经济效益，或流于形式而不讲究冷拼的艺术性。

### 2. 构图

当主题构思成熟之后，接着要考虑如何构图。构图就是设计图案，主要解决花色冷拼的形体、结构、层次等问题，以便在盘中按图“施工”。花色冷菜的装盘工艺，是造型艺术，在美学观点的指导下进行，又要从属于烹饪。因而，在造型方面又有很大的约束性，正因为有这样的约束性，所以冷菜的构图不同于一般的绘画，而是有其特有的个性。人们习惯上把花色冷拼称之为图案装饰冷菜，既要把冷菜造型的主题思想在盛装器皿中表现出来，又要把个别或局部的形象组成完美的艺术整体。这就要求恰当运用图案的造型规律、图案构成的色彩规律和图案形式美的制作原理，使冷菜造型收到满意的艺术效果。

### 3. 选料

花色冷拼的选料十分讲究，选料的原则是根据构图的需要，荤素搭配，色彩鲜艳和谐，选料精良，用料合理，物尽其用。制作花色冷拼的原料繁多，选料是拼盘成形的关键，没有好的原料很难拼出质量高的花色拼盘。除现成的冷菜原料外，一些加工复制的原料为花色冷拼造型提供了丰富的物质条件，如可用蛋皮、紫菜等包各种馅心制成圆柱形或扁圆形的卷；也可用鸡蛋以及冻粉、鸡皮、肉皮蒸制各种需要的形状。因此，要精心地准备原料，使原料均做到味好、形好、色好、质感好，绝不能将蛋糕蒸成蜂窝状，蛋卷蒸成蚯蚓状。

选料时，还要注意尽量选用原料的自然形态和色泽，如熟虾是红色的，而且又具有弯曲形；盐水鸡肉是白色的，莴笋是绿色的，蛋黄是黄色的等，尽量不使用人工合成色素。

### 4. 刀工

花色冷拼的刀工不像普通拼盘那样要求整齐划一，而是要根据冷盘造型的需要进行变化处理。因此必须讲究精巧，使用刀法除了斩、片、切之外，还要采取一些美化刀法等。

花色冷拼的原料多数用熟制冷吃的荤菜，比较酥软，不易切出光洁美观的形态，所以必须根据其软硬的程度来下刀。如白鸡脯，纤维虽长，但煮熟后尤为酥软，沿纤维垂直方向切下容易散碎，因此要采用锯切、直切双重刀法下刀，才能保证其完整性和光洁度。此外还要利用原料的固有体态，切制肉类熟料必须注意纤维顺序的方向性，边切边摆，切摆结合，拼摆有序，避免拼摆零乱。

5. 拼摆

花色冷菜的造型是通过拼摆来实现的，在拼摆过程中，必须注意以下几个问题。

（1）选择盛器　原料备完后，就可选择符合构图要求的盛器，除考虑色彩外，还要考虑器皿的形状、大小。如“蝴蝶拼盘”“梅花拼盘”等要选用圆形盘；“孔雀拼盘”“凤凰冷拼”等要选用条形盘；要将形体摆得大一些，就得选用尺寸大点的盘子，盘子与图案的大小要相称、得体，给人的感觉以不臃肿也不空旷为准。

（2）安排垫底　根据确定的构图，安排造型的基础轮廓，即大体的布局。如拼摆“锦鸡”冷盘时，考虑什么样的姿态、鸡身安排多大、鸡尾应安排多长、如何点缀陪衬花草等。根据这些先垫底，在盘中拼摆出锦鸡的轮廓，使拼制出的形体饱满而有立体感。垫底料应是质量较高、味道较好的冷菜，以弥补盖面原料的口味和分量的不足，垫底时忌太随便，要垫得整整齐齐、服服帖帖，为盖面打下基础。

（3）具体拼摆　垫好底之后，即开始盖面拼摆。根据形象的要求，将原料进行刀工处理，一边切，一边拼摆，由低到高，从后向前，先主后副。以凤凰为例，先摆上凤凰尾端最后一片羽毛，然后再覆盖第二片，如此一片一片地叠上去。凤凰的翅膀也是从最底层的羽毛开始，再逐渐叠到上层羽毛，但要叠得服帖，尤其是头部和身体衔接的地方要协调和谐、浑然一体。盖面拼摆时，要求刀面整齐均匀而不呆板；注意原料的排列顺序，色彩搭配及形体的自然美。

（4）装饰点缀　在花色冷拼主体部分完成后进行补充装饰点缀，如花草、树木、大地、山石等。装饰时既要注意原料的质量，又要注意形体之间的比例及内在联系，不可喧宾夺主。

# 第四节<br>菜肴的盛装工艺

## 一、菜肴盛装的基本要求

### （一）选用合适盛器

菜肴盛装时，要选配合适的器皿。美食佳肴要有精致的餐具烘托，才能达到完美的效果。盛器选用要根据菜肴的造型、原料、色彩、数量、风味、宴席的主题而定。比如，一般来说，腰盘装鱼不易产生抛头露尾的现象，汤盘盛烩菜利于卤汁的保留，炖制全鸡、全鸭宜用大号品锅，紧汁菜肴宜装平盘，利于表现主料，加量菜宜用大号餐具盛装，2～3人食用的小盆菜宜用小号餐具盛装等。另外，宴席菜肴的盛器要富于变化，如选用橙子、菠萝、小南瓜等瓜果蔬菜做容器；选用面条、面片等制成面盏、花篮做容器。

### （二）操作讲究卫生

菜肴的盛装必须选用已消毒并烘干的盛器；不要用手（冷菜盛装有时不得不用手直接烹调菜肴时，双手必须干净、卫生，最好带上消过毒的薄胶皮手套操作或菜肴盛装完成后经紫外线消毒后再上席）或未经消毒的工具直接接触菜肴；不要将锅底靠近盛器或用手勺敲锅；菜肴应装在盘中间，不能装在盘边，也不能将卤汁溅在盘边四周。

### （三）盛装数量要适中

菜肴盛装的数量既要与食用者人数相适应，也要与盛具的大小相适应。菜肴盛装于盘内时，一般不能覆盖盘边的花纹和图案。羹汤菜一般装至占盛器容积的85%左右，如羹汤超过盛具容积的90%，就易溢出容器，而且在上席时手指也易接触汤汁，影响卫生；但也不可太浅，太浅则显得分量不足。如果一锅菜肴要分装数盘，每盘菜必须装得均匀，特别是主辅料要按比例分装均匀，不能有多有少，而且应当一次完成。

### （四）色彩搭配和谐，形态丰满匀称

色彩是菜肴形式美的重要组成部分，因此盛装除要保证形态美观之外，还应在形的基础上注意色彩搭配和谐，这对于由多种不同颜色的原料构成的工艺菜（包括热菜和冷菜）的盛装尤为重要。普通菜可以用与菜肴原料颜色搭配和谐的一些有色原料来围边或点缀，以衬托出菜肴的色彩。另外，菜肴应该装得饱满丰润，不可这边高、那边低。

### （五）突出主料和优质部位

如果菜肴中既有主料又有辅料，则主料应装得突出醒目，不可被辅料掩盖，辅料则应对主料起衬托作用。即使是单一原料的菜，也应当注意突出重点。例如滑炒虾仁，虽然这一道菜没有辅料，都是虾仁，但要运用盛装技巧把大的虾仁装在上面，以增加饱满丰富之感。对于整鸡、整鸭，在盛装时应腹部朝上，背部朝下，这是因为鸡、鸭腹部的肌肉丰满、光洁。头应置于旁侧。鸡鸭颈部较长，因此头必须弯转过去紧贴在身旁。蹄

膀的外皮色泽鲜艳、圆润饱满，故应朝上。整鱼盛装时，单条鱼应装在盘的正中，腹部有刀缝的一面朝下；两条鱼应并排地装盘，腹部向盘中，紧靠一起，背部向盘外。

## 二、热菜盛装的手法

不同类别菜肴的盛装方法不完全相同，同一菜肴的盛装方法也不是固定不变的，通常可以采用许多不同的盛装方法（表10-2）。有些菜肴不用装盘，如既是炊具又是餐具的砂锅菜肴、汽锅菜肴、煲制菜肴、部分笼蒸菜肴（连笼上桌）等，火锅菜肴则是用生料装盘，上桌后供客人自行涮食。

表 10-2　不同类别热菜的盛装手法

| 菜肴类别 | 盛装方法 |
|---|---|
| 油炸菜肴 | 直接盛入法、间接盛入法、整齐排入法、夹入法等 |
| 炒、熘、爆菜肴 | 分次盛入法、拉入法、倒入法、夹入法等 |
| 烧、炖、焖菜肴 | 拖入法、盛入法等 |
| 蒸制菜肴 | 扣入法、装盘淋芡法等 |
| 煎制菜肴 | 铲入法、倒入法等 |
| 烩、汆、炖菜肴 | 舀入法、倒入法、料汤分盛法等 |

### （一）一次性倒入法

即将锅端临盛器上方，倾斜锅身，使菜肴直接倒入盛器的方法，一般用于单一原料或主辅料无显著差别、质嫩勾薄芡的菜肴。盛装前先翻勺，倒时速度要快，勺不宜离盘太高，将勺迅速地向左移动，均匀地倒入盘中，如“糟熘鱼片”的装盘。

### （二）分主次倒入法

一般用于主辅料差别比较显著的勾芡的菜。方法是：先将主料较多的部分菜肴用手勺盛起，再将锅中剩留的辅料较多的菜肴倒入盘中，然后将手勺中主料多的菜肴倒在上面，如“滑熘里脊”。

### （三）拉入法

即将锅端临盛器上方，倾斜锅身，用手勺将锅内菜肴拉入盛器中。此法适用于小料形菜肴的装盘，呈自然堆积造型形式，如馒头形。

### （四）左右交叉轮拉法

一般适用于形态较小的不勾芡或勾薄芡且主料大小不等的菜肴。其方法及关键是：装盘前先颠翻，使形大的翻在上层，形小的翻在下层，然后用手勺将菜肴拉入盘中，形小的垫底，形大的盖面，拉时可左拉一勺，右拉一勺，交叉轮拉，不宜直拉。例如“清炒虾仁”，盛装前应先将锅颠翻几下，使形大的虾仁翻在上面，形小的翻在下面。然后用勺轻轻地将上面的大虾仁拉在锅内的一边（左边或右边），再用手勺将小虾仁拉入盘中。拉时一勺拉得不宜太多，更不可对直向盘中拉。因为直拉锅中后面的大虾仁易于向前倾滑下来，大小又混在一起了。所以，应当用左右交叉轮拉法，也就是在拉小虾仁时，一勺从左边，一勺从右边轮流向盘中交叉斜拉，待小虾全部拉完，最后将大虾仁拉盖在上面。

### （五）拨入法

适用于小型无汁的炸菜。由于炸菜的特点是无芡汁，块块分开，适宜于拨入盘中。其方法及关键是：将炸熟的菜肴先用漏勺捞出，把油沥干，然后用筷子或手勺慢慢地拨入盘中，装盘后如发现原料堆积或排列的形态不够美观，可用筷子将菜肴略加调整，使其均匀饱满，切不可直接用手操作。

### （六）覆盖法

一般适用于基本无汁的勾芡的爆菜。盛装前先翻锅几次，使锅中菜肴堆聚在一起，在进行最后一次翻锅时，用手勺趁势将一部分菜肴接入勺中，装进盘内；再将锅中余菜全部盛入勺内，覆入盘中，覆时应略向下轻轻按一按，使其圆润饱满，例如“油爆肚”“爆双脆”即采用这种方法。

### （七）拖入法

这种方法适用于烧、焖、扒等法制作的整形原料（特别是整鱼）的菜肴，如“红烧鱼”“干烧鱼”。出勺时先选好角度，将勺做小幅度翻动，并趁势将手勺插到原料下面，然后将勺端近盘边，锅身倾斜，用手勺连拖带倒地把菜肴拖入盘中。拖入时勺不宜离盘太高，否则原料易断碎。

### （八）直接盛入法

一般适用于单一或多种不易散碎的块形原料组成的菜肴及部分汤菜。方法是：用手勺将菜肴盛入盘中，先盛小的差的块，再盛大的好的块，并将不同原料搭配均匀，如

“油焖鸡块”“红烧肉”“家常豆腐”“烧三鲜”等都用这种出勺方法。肉块、鸡块往往有大小、形态完整与否之别，应先将小的差的块盛入盘中垫底，再将大的好的块装在上面。“烧三鲜”的用料是多种多样的（如鸡块、鲍鱼、肉块、肉皮、肉丸、鱼丸、猪肝、猪爪等），出勺时必须适当搭配，不可使某一种原料都在上面，某一种原料都在下面，盛时还应注意，勺边不可将肉块、肉丸或鱼丸戳破；勺底沾有汤汁应在锅沿上刮去，再将原料装入盘中，否则汤汁就会滴落在盘边，影响美观。

#### （九）间接盛入法

将炸好的菜肴先盛在一种餐具中，弃掉多余的糊屑粉末，再将菜肴装在新的餐具里，选择外观造型好的料块盖在表面。

#### （十）铲入法

用小平盘或锅铲将原料从锅中铲起，再放入盛器中，适宜煎制的菜肴或原料造型整齐的菜肴。因为这类菜肴用手勺盛装不大方便，如不慎还会破坏菜肴的形状，用手铲盛菜时，手铲贴着锅底铲下，但要防止将锅底的杂质带到菜肴上，同时不宜随意移动菜肴，防止芡汁的痕迹影响餐具的外观。

#### （十一）夹入法

盛装时不用手勺盛菜，而用筷子一一将菜肴夹出，放在餐具中的方法，如“九转大肠”“蜜汁山药墩”等一般采用这种方法。

#### （十二）拼盛法

热菜通常一菜一盘，很少采用拼法的，因为多数带汤汁，易串味，如要拼制，仅限于无汤汁的炸、煎菜肴，或同料不同味的菜肴，或同味的素菜拼盘。两味菜肴同装一盘，应力求平衡、对称，不宜此多彼少，应界线分明，不能混合。例如整鱼两吃，这道菜两片鱼肉，一边茄汁，一边咸鲜，中间可用绿色的黄瓜或油菜隔开，使人一目了然，给人以清新感。

### 三、冷菜的盛装手法

#### （一）排

排是将刀工处理的条、块等整齐的小型原料，整齐而有规律地排列于盘中。在实际运用中，如果单层排列使得菜品高度和食用数量不够，可以与“叠”同时使用，即在底层的基础上加叠数层。排选用的是整齐、大块的无骨畜肉类原料或根茎类蔬菜和瓜果原料。如火腿肠、蒸蛋糕、素火腿、京糕、卤冬笋、酱牛肉等原料，造型有方形、梯形、三角形、菱形等。

### （二）堆

堆是把小型原料随意地堆放在盛器中的手法。可以散堆，也可码堆。散堆的形态比较自然，码堆能堆成多种立体的几何形，如塔形、三角锥形等。堆的手法简便、自然，适应面广，不仅用于盛装“堆”碟，也常常用于刀面下的垫底。堆选用的是加工成松、丝、末、粒、块、条、段、丁和球的原料，如蛋松、鱼松、蜇皮、萝卜丝、芹菜、红枣、花生粒等。造型有馒头形、塔形和自然形等。

### （三）叠

叠是把切成片的原料有规则地一片压一片叠成阶梯形（又称瓦楞形），或把块、条状原料一层层叠放在盛器中的手法。在实际应用中，“叠”往往与“排”“堆”同时使用，一般采用切一片叠一片，随切随叠。在砧板上叠好后铲于盘中，盖在垫底堆砌的原料表面，或在排好的原料之上，再叠排数层。叠选用的是无骨片状、条状或柴把状的原料，如火腿、白肉、冬笋、莴笋、柴把鸭等。造型有桥拱形、四方形和图案形。

### （四）围

围是把加工成形或整形的小型原料，排列于圆盘四周成环形，或层层围绕成层次和花纹的手法。在主要原料的周围用其他原料围上一圈，叫围边。将主要原料围成花朵形，中间用其他料做花心，叫排围。在围中应充分利用对比色原料交替围摆，以达到明快醒目的效果。在实际装盆应用中，“围”往往与“覆”“堆”结合使用，如四周围放一圈，中间“扣”“堆”其他原料；或中间是主料，旁边围上一圈点缀物。围使用的原料范围较广，选用可加工成条、圆片、梳子片、球形、鸡心形的动植物原料。

### （五）摆

摆是运用各种技法，将不同形状和色彩的原料，摆放成花鸟鱼虫等图案的手法。摆是造型冷菜中常使用的一种手法，所使用原料的范围较广，选用可加工成块、片、条、丝、丁、末或整形的动植物原料，但单碟选用的原料品种不宜过多，造型要简洁，色彩要协调。

### （六）贴

贴是将薄小的不同性状原料黏附在较大物象表面叫贴，如对鱼、龙等造型时的贴鳞，对鸡、孔雀等造型时的贴羽毛等。

### （七）扣

扣也称“覆”，意为成形的原料一次性移入盘内，将加工成形的原料整齐地排放在扣碗内，再反扣入碟，或将加胶质的原料入模具冻结后，再反扣入碟的手法，其选用的原料范围较广，以片、块、丝、丁、粒为多，如鸡丝、猪舌、虾仁、水果等。

# 第五节 菜肴的装饰工艺

## 一、菜肴装饰物的选择

### （一）装饰物的含义

装饰物是放在盘上或汤碗中附加于主要食物的任何食品。装饰物可以使食物美观，但它并不是重点。可用于菜肴的装饰物很多，有植物性原料，也有动物性原料，可根据具体情况具体选择原料。在选择原料时必须注意三个问题：第一，所选的原料必须能直接食用；第二，所选的原料必须符合卫生要求，最好少用或不用人工合成色素；第三，所选的原料的颜色必须鲜艳，形状利于造型。

### （二）装饰物的原料及运用

#### 1. 水果类

糖水橘子、樱桃、苹果、菠萝、柠檬、西瓜、香瓜、香蕉、芒果、猕猴桃等，色彩各异，一般做冷菜、甜菜的装饰原料，既可增色、组合成形，又可调节口味。

#### 2. 蔬菜类

胡萝卜、白萝卜、洋葱、青椒、黄瓜、绿叶菜、莴笋、海带、卷心菜、四季豆、竹笋、百合、藕、莲子、南瓜、银耳、琼脂、口蘑、草菇、金针菇、蘑菇、粉丝等，可刻成花卉或改刀成形，用于冷菜、热菜的装饰点缀，色形俱全，效果甚佳。另外，生姜、青蒜、香菜可切成丝或做花叶形状，用于炸制菜的点缀，既有助于色形的调配，又能起到一定的调味作用。炸粉丝经加工可拼成花卉形态，用于菜肴的点缀。

3. 动物类

熟牛肉、鸡蛋糕、香肠、炸虾片、海蜇头、猪舌、猪心、肴肉、鲍鱼、蛋松、蛋品、各种蓉胶、各种蛋卷等。

### （三）食品雕刻工艺及成品

食品雕刻工艺是指运用雕刻技术将烹饪原料或非食用原料制成各种艺术形象，用来美化菜肴、装饰宴席或宴会的一种工艺。艺术欣赏是雕刻的根本目的，所以从古至今所有的雕刻制品都是以欣赏为主的，尽管极少量的雕刻制品能够食用。

1. 雕刻的主要类型

雕刻的类型主要有果蔬雕、黄油雕、糖雕（即糖塑）、冰雕、泡沫雕、琼脂雕、豆腐雕等。由于上述雕刻工艺的应用日益繁多，对雕刻的品质要求越来越高，目前已有专门的公司，从事冰雕、泡沫雕、黄油雕、蔬菜雕等对外加工业务，为宾馆酒店、婚庆礼仪公司、婚纱摄影公司及个人精心制作各种雕刻作品，给人以高档次的享受。

2. 雕刻成品的应用

（1）用于宴席、宴会展台及桌面的装饰　果蔬雕刻作品常用于盛大的宴会气氛的渲染和环境的美化，以及中、小型宴席宴会台面的装饰和菜肴的造型、点缀及盛装，为整个宴席、宴会起着烘云托月、锦上添花的艺术效应，具有独特的魅力。

（2）用于菜肴的美化　在冷菜中，雕刻作品对冷盘起着点缀美化的作用；在热菜中，能借助食品雕刻提高菜肴的艺术性。在水果拼盘中，可利用西瓜皮进行简单雕刻的鱼、龙、凤、人物以及吉祥字样等图案，插在水果之中点缀。

## 二、菜肴装饰的方法

### （一）点缀法

用少量的物料通过一定的加工，点在菜肴的某侧，形成对比与呼应，使菜肴重心突出，这类加工简洁、明快、易做。常见的用雕刻制品对菜肴的装饰多属于点缀手法。

1. 局部点缀

局部点缀指用各种蔬菜、水果加工成一定形状后，点缀在盘子一边或一角，以渲染气氛，烘托菜肴。这种点缀方法的特点是简洁、明快、易做。如用番茄和香菜叶在盘边做成月季花花边；用番茄、柠檬切成兰花片与芹菜拼成菊花形镶边等。

2. 对称点缀

对称点缀指用装饰料在盘中做出相对称的点缀物。对称点缀适用于椭圆腰盘盛装菜肴时装饰，其特点是对称、协调，简单易掌握，一般在盘子两端做出同样大小、同样色泽的花形即可。如用黄瓜切成连刀边，隔片卷起，放在盘子两端，每两片逢中嵌入一颗红樱桃，做成对称花边等。

3. 中心点缀

中心点缀是在盘子中心用装饰料拼成花卉或其他形状，对菜肴进行装饰，能把散乱的菜肴通过在盘中有计划的堆放和盘中心拼花的装饰统一起来，使其变得美观。如用玉米笋、荷兰芹、胡萝卜、樱桃等原料在盘中心拼成花饰等。

4. 全围点缀

全围点缀是用装饰料通过一定的方法加工成形，围在菜肴的四周，这种围边方法，较适于圆盘的装饰，围出的菜肴比用其他点缀更整齐、美观，但刀工要求也较严格。如用煮熟去壳的鹌鹑蛋沿中线用尖刀锯齿状刻开，围在盘子四周；用黄瓜、玉米笋、胡萝卜、樱桃、蛋皮丝等拼成宫灯图案花边等。

5. 半围式点缀

半围式点缀是运用点缀物进行不对称点缀围边，点缀物约占盘的1/3，主要是追求某种主题和意境来美化菜肴。

## （二）围边法

围边也称“镶边”，行业中有时做菜肴装饰美化的统称。围边较之点缀复杂，也可以说是若干个点缀物的组合，因此具有一定的连续性。恰如其分的围边可使菜品的色、香、味、形、器有机地统一，产生诱人的魅力，刺激食者产生强烈美感及食欲。

1. 几何形围边

几何形围边是利用某些固有形状或经加工成为特定几何形状的物料，按一定顺序方向有规律地排列、组合在一起，其形状一般是多次重复，或连续，或间隔，排列整齐，环形摆布，有一种曲线美和节奏美。如“乌龙戏珠”用鹌鹑蛋围在扒海参周围。还有一种半围花边也属于此类方法，半围法围边时，关键是掌握好被装饰的菜肴与装饰物之间的分量比例、形态比例、色彩比例等，其制作没有固定的模式，可根据需要进行组配。

#### 2. 具象形围边

具象形围边是以大自然物象为刻画对象，用简洁的艺术方法提炼出活泼的艺术形象，这种方式能把零碎散乱而没有秩序的菜肴统一起来，使其整体变得统一美观，常用于丁、丝、末等小型原料制作的菜肴。如“宫灯鱼米”用蛋皮丝、胡萝卜、黄瓜等几种原料制成宫灯外形，炒熟的鱼米盛放在其中。具象形围边所用的物象有动物类，如孔雀、蝴蝶等；植物类，如树叶、寿桃等；器物类，如花篮、宫灯、扇子等。

需要指出的是，上述种种菜肴装饰美化形式，并不是孤立使用的，有时可以用两种或两种以上的形式进行装饰美化，许多场合下还要根据个人的经验思维和技巧，加以发挥和创造。

## 三、装饰菜肴应注意的问题

### （一）卫生安全

装饰美化是制作美食的一种辅助手段，同时又是传播污染的途径之一。蔬果饰物一定要进行洗涤消毒处理，尽量少用或不用人工色素。装饰美化菜肴时，在每个环节中都应重视卫生，无论是个人卫生还是餐具、刀具卫生都不可忽视。

### （二）食用为主

菜肴装饰美化的实用性，实质上就是装饰物能够食用，方便进餐，而不是做摆设。所以，以食用的小件熟料、菜肴、点心、水果作为装饰物来美化菜肴的方法就值得推广；而采用雕刻制品、琼脂或冻粉、生鲜蔬菜、面塑作为装饰物来美化菜肴的方法就应受到制约。

### （三）简洁经济

菜肴进入宴席后往往被一扫而空，其装饰物没有长期保存的必要，加之价格、卫生等因素及工具的限制，不可能搞很复杂的构图，也不能过分地雕饰和投放太多的人力、物力和财力。装饰物的成本不能大于菜肴主料的成本。

### （四）协调一致

首先，装饰物与菜肴的色泽、内容、盛器必须协调一致，从而使整个菜肴在色香味形等方面趋于完整而形成统一的艺术体；其次，宴席菜肴的美化还要结合宴席的主题、规格、与宴者的喜好与忌讳等因素。

## 问题与讨论

1．为什么说菜肴的成形方法贯穿于原料的初加工、切配、半成品加工、烹调和盛装的全过程？

2．你认为菜肴造型应注意什么问题？

3．如何从食用、欣赏、经济、应用范围等角度评价花色拼盘的优劣？

4．你认为搞好花色菜肴造型设计应具备哪些素质？

5．食品雕塑成品在烹饪中有哪些用途？在使用时应注意哪些问题？

## 实训项目参考

1．花色热菜造型实训

2．一般冷菜拼盘造型实训

3．花色冷菜拼盘造型实训

4．水果拼盘造型实训

5．菜肴装饰实训

# 第十一章

# 宴席烹调工艺

**教学目标**

**知识目标**

（1）了解宴席烹调工艺的特点
（2）知晓宴席配菜的原则和方法
（3）掌握宴席烹调工艺的过程和质量控制

**能力目标**

（1）具有宴席配菜的基本能力
（2）具有烹制一桌宴席的初步能力

**思政目标**

（1）培养良好的职业素养，具有团队精神和集体主义观念
（2）激发民族自豪感，培养工匠精神

## 内容提要

（1）宴席烹调工艺的特点
（2）宴席烹调工艺的准备
（3）宴席菜肴的组配
（4）宴席烹调工艺的实施
（5）宴席烹调工艺的质量控制

## 新课导入

前面我们讲的主要是各种原料如何加工、组配、调和、加热，从而使其成为一道美味佳肴。但只会做单个菜肴，就算做得再好，也只能是个“匠”；而懂得整桌宴席的设计、组配和烹调，才能算得上真正的烹调师，才算真懂烹调艺术。这也是高职院校烹饪类专业学生必备的知识和技能。

宴席菜肴烹调工艺是接受宴席任务后，从制订菜单开始，直至把所有宴席菜品制作出来并输送出去为止的全部过程。根据各个阶段的地位和作用来划分，一般可分为制订计划阶段、辅助加工阶段、基本加工阶段、烹调与装盘加工阶段和菜品成品输出阶段等。

# 第一节
# 宴席菜肴的组配

## 一、宴席菜肴的基本构成

宴席食品格局，是指构成宴席食品的基本结构模式。现代中式宴席食品的构成模式有好多种，比较通行的一种模式是由冷菜、热菜、甜菜、点心、水果五个部分组成。有的将热菜分成热炒菜和大菜两个类别；有的将汤菜单独列出；有的不把甜菜单独作为一个部分来看待，将其纳入到大菜中去考虑；有的将主食与点心分开单列；有的在五个部分之外再加上香茗、酒水等。当然有的地区有相对固定的宴席格局，如川式宴席菜品格局即是由冷菜、热菜、点心、饭菜、小吃、水果六个部分组成的；广式宴席菜品格局则是由开席汤、冷菜、热菜、饭点、水果五个部分组成的。

### （一）冷菜

冷菜又称“冷盘”“冷荤”“凉菜”等，是相对于热菜而言的。形式有单盘、双拼、三拼、什锦拼盘、花色拼盘带围碟、各客冷菜拼盘等。其特点是讲究调味、刀面与造型，要求荤素兼备，质精味美。

### （二）大菜

大菜又称“主菜”，是宴席中的主要菜品，原料多为山珍海味或鸡鸭鱼肉的精华部位，一般是用整件（如全鸡、全鸭、全鱼、全蹄）或大件拼装（如10只鸡翅、12只鹌鹑），置于大型餐具（如大盘、大盆、大碗、大盅）之中，菜式丰满、大方、壮观。烹制方法主要是烧、扒、炖、焖、烤、蒸、烩等，名贵菜肴多采用“各客”的形式上席，可以随带点心、味碟。

大菜通常由头菜、热荤大菜组成。头菜是整席菜点中原料最好、质量最精、价格最贵的菜肴，通常排在所有大菜最前面，统帅全席。

### （三）热炒

热炒多系速成菜，以色艳、味美、鲜热爽口为特点，原料多用鱼鲜、畜禽或蛋奶、果蔬，主要取其质脆鲜嫩的部位，加工成丁、丝、条、片或花刀形状，采用炸、熘、爆、炒等快速烹法，用8～9寸的平圆盘或腰盘盛装。可以连续上席，也可以在大菜中穿插上席，一般质优者先上，质次者后上，突出名贵物料；清淡者先上，浓厚者后上，防止味的互相压抑。

### （四）甜菜

甜菜包括甜汤、甜羹在内，泛指宴席中一切纯甜味的菜品。其品种较多，有干稀、冷热、荤素等，需视季节和席面而定，并结合成本因素考虑。甜菜的用料广泛，多选用果蔬、菌耳或畜肉蛋奶。其中，高档的如冰糖燕窝、冰糖甲鱼、冰糖蛤士蟆；中档的如散烩八宝、拔丝香蕉；低档的如什锦果羹、蜜汁莲藕。甜菜的制法有拔丝、蜜汁、挂霜、糖水、蒸烩、煨炖、煎炸、冰镇等，每种都能派生出不少菜式。甜菜用于宴席，可起到改善营养、调剂口味、增加滋味、解酒醒目的作用。

### （五）素菜

素菜是宴席中不可缺少的菜肴，其上席顺序大多偏后。素菜入席，一须应时当令，二须取其精华，三须精心烹制。素菜的制法也要视料而异，炒、焖、烧、扒、烩均可。宴席中合理地安排素菜，能够改善宴席食物的营养结构，调节人体酸碱平衡，去腻解酒，变化口味，增进食欲，促进消化。

### （六）汤菜

汤菜种类甚多，传统宴席中有首汤、中汤、座汤和饭汤之分。首汤又称“开席汤”，在冷盘之前上席，口味清淡，鲜醇香美，多用于宴前清口润喉，开胃提神，刺激食欲。中汤又名“跟汤”，酒过三巡，菜吃一半，穿插在大荤热菜后的汤即为中汤。中汤主要作用是减轻前面的酒菜之腻，开启后面的佳肴之美。座汤又称“主汤”“尾汤”，是大菜中最后上的一道菜，也是较好的一道汤。饭汤是宴席即将结束时与饭菜配套的汤品，此汤规格较低，用普通的原料制作即可。

## 二、宴席菜肴的组配方法和质量标准

宴席菜肴的组配工艺，简称宴席配菜，是根据宴席的规格和要求，按照一定的标准、原则、比例对多种类型的单个菜肴进行合理搭配组合，使其成为具有一定质量规格的整套宴席菜肴的设计、编排过程。宴席配菜既要考虑单盘菜肴原料之间的配合，更要关注各种菜肴之间的有机配合。

### （一）宴席菜肴的组配方法

#### 1. 合理分配菜点成本

宴席配菜时，首先要明确菜点的取用范围、每一类菜品的数量、各个菜点的等级等，菜点成本要与宴席规格相符。所有这些，无不与宴席档次（用售价或成本表示）密切相关，每道菜品的成本大体上定下来了，选什么菜自然就心中有数。

#### 2. 核心菜点的确立

核心菜点是每桌宴席的主角，哪些菜点是核心，各地看法不尽相同。一般来说，主盘、头菜、座汤、首点，是宴席食品的“四大支柱”；甜菜、素菜、酒、茶，是宴席的基本构成，都应重视。因为头菜是“主帅”，主盘是“门面”，甜菜和素菜具有缓解口味、调节营养及醒酒的特殊作用；座汤是最好的汤，首点是最好的点心；酒与茶能显示宴席的规格，应作为核心优先考虑。设计宴席菜首先要选好头菜，头菜在用料、味型、烹法、装盘等方面都要特别讲究。头菜定了以后，其他的菜肴、点心都要围绕着头菜的规格来组合，客体菜要多样而有变化，在质地上既不能高于头菜，也不能妍媸不辨，比头菜太差。只有做到恰如其分，才能起到衬托主体和突出主题的作用，这在美学上叫“多样的统一”。

#### 3. 辅佐菜品的配备

对于核心菜品而言，辅佐菜品主要是发挥烘云托月的作用。核心菜品一旦确立，辅佐菜品就要“兵随将走”，使宴席形成一个完整的美食体系。配备辅佐菜品，在数量上要注意“度”，既不能太少，也不能过多，与核心菜品保持1∶2或1∶3的比率；在质量上要注意“相称”，档次可稍低于核心菜品，但不能相差悬殊，否则全席就不均衡，显得杂乱而无章法；此外，配备辅佐菜品还须注意弥补核心菜品的不足。像客人点要的菜、能反映当地食俗的菜、本店的拿手菜、应时当令的菜、烘托宴席气氛的菜、便于调配花色品种的菜等，都尽可能安排进去，使全席饱满、充实。待到全部菜点确定之后，还要进行审核，主要是再考虑一下所用菜点是否符合办宴的要求、所用原料是否合理、整个席面是否富于变化、质价是否相等。对于不理想的菜点，要及时调换；重复多余的部分，坚决删掉。

#### 4. 宴席菜目的编排顺序

宴席菜目编排顺序决定了宴席的上菜程序。一般宴席的编排顺序是先冷后热、先炒后烧、先咸后甜、先清淡后味浓。各类不同的宴席，由于菜肴的搭配不同，上菜的程序也不尽相同。传统的宴席上菜顺序的头道热菜是最名贵的菜，主菜上后依次上炒菜、大菜、饭菜、甜菜、汤、点心、水果。现代中餐宴席上菜顺序与传统上菜顺序有所区别，各大菜系之间也略有不同，一般是冷盘、热炒、大菜、汤菜、炒饭、面点、水果，上汤表示菜已上齐，有的地方还有上一道点心再上一道菜的做法。上面食、点心的时机，各地习惯也不尽相同，有的是在宴席将要结束时上，有的则在宴席进行中上，有的在宴席中间要上两次点心，这要根据宴席类型、特点、需要，因人、因事、因时而定。国际旅游者大多习惯于西餐吃法，而先上汤菜的广东菜式程序则比较能适合他们先喝汤的饮食习惯。近来，许多地方的饭店都把宴席上汤的时间提前了，有的则先后上两道汤，以适应客人的习惯。

### （二）宴席菜肴组配的质量标准

宴席菜肴由多个风味不同的单份菜肴组合而成，其组配的质量标准，除了单份菜的质量标准外，还有整个宴席菜肴的组合标准。

#### 1. 单份菜肴组配的标准

（1）数量标准　即每一份菜的投料，量要适中，符合规定的标准。

（2）质量标准　选料质量要求包括原材料的新鲜程度、选择原料部位准确（不能随意代替）、原料品种要对路（品种不一样，质量也不一样）。

（3）搭配标准　除极少数菜用单一原料外，大多数菜都有主、辅料之分。主、辅料的搭配要注意色彩的搭配、味道的搭配、形状的搭配、质地的搭配、营养成分的搭配以及主、辅料量的搭配等。

（4）装盘标准　即餐具配用选择标准（不同菜选用相应餐具盛装，餐具大小与菜肴数量相适应），菜肴装盘装饰、造型标准。

#### 2. 宴席菜肴组合质量标准

在日常宴席制作过程中，经常发现这样的情况：一桌宴席的每道菜都符合工艺质量标准，但到头来还是不受顾客欢迎。其实，这里面存在一个宴席菜肴组合质量问题。

宴席菜肴组合质量标准的主要内容有：不同类别菜肴组合标准（冷碟、热菜、汤、点心、水果等各自在宴席中所占的比例）；不同原料的组合标准（荤素搭配、水产、家禽、家畜、山珍、蔬果等的合理选用）；名贵菜与普通菜、大菜与热炒菜的组合质量标准；菜肴色泽、味型、质地、形状、数量、烹调方法的组合标准；菜肴组合顺序标准（即上菜顺序）；菜肴组合速度标准（即上菜速度和上菜节奏）；不同规格标准宴席菜肴组合标准等。

## 三、影响宴席菜肴组配的因素

现代宴席菜肴涉及宴席售价成本、规格类别、宾主嗜好、风味特色、办宴目的、时

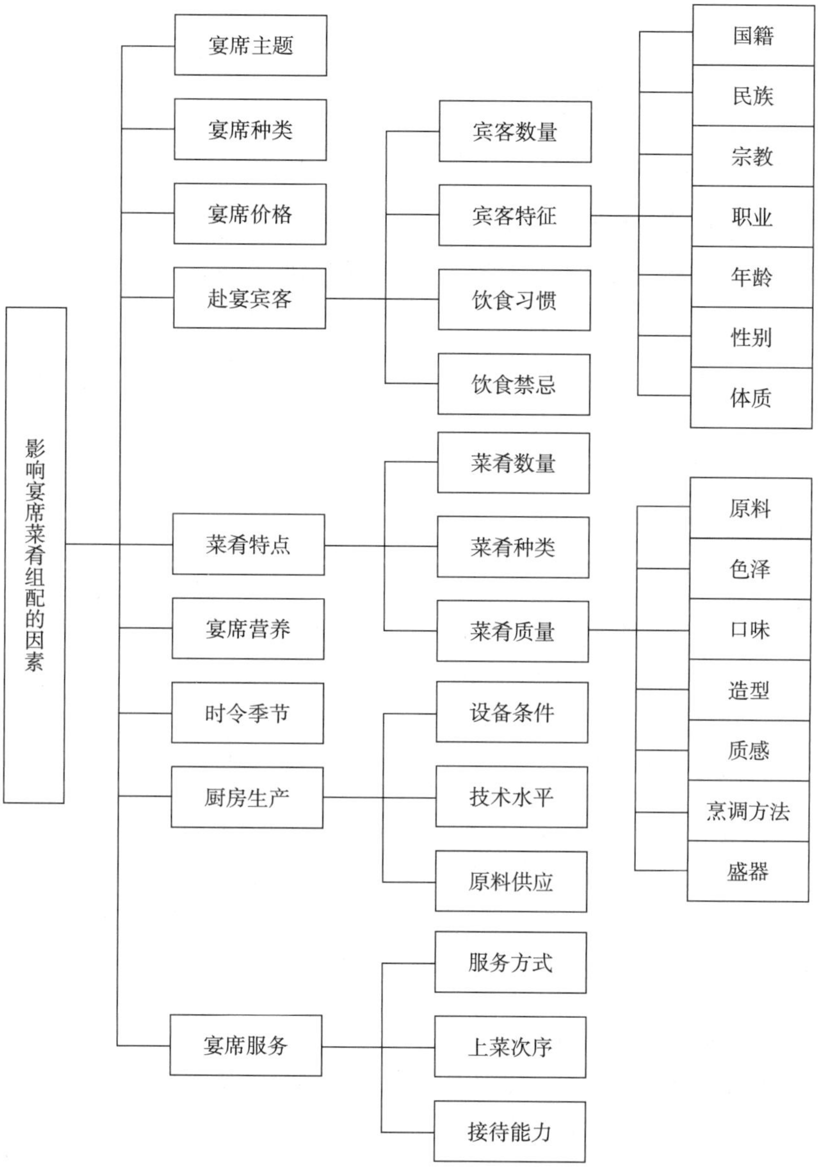


图 11-1　影响宴席菜肴组配的因素

令季节等诸种因素。这些因素都会影响宴席菜肴的设计（图11-1），要求设计者不仅要掌握厨房生产管理知识、宴席服务知识、宴席菜肴规格标准、营养学知识、美学知识，还应了解顾客的心理需求，了解各地区、各民族的饮食习俗等。

### （一）办宴者及赴宴宾客

宴席菜肴组配的核心就是以顾客的需求为中心，尽最大努力满足顾客需求。准确把握客人的特征，了解客人的心理需求，是宴席菜肴组配工作的基础，也是首先需要考虑的因素。因此，菜肴的组配要以宴席主题和参加宴席的宾客的具体情况为依据，充分考虑宴席的各种因素，使整个宴席气氛达到理想境界，使参加宴席的客人都能得到最佳的物质享受和精神享受。

1. 宾客的饮食习惯响

出席宴席的客人各有其不同的生活习惯，对于菜肴的选择也有不同的爱好。如果具体了解宴请对象的爱好，则有助于分析总结客人的总体共性需求，又考虑到个别客人的特殊需要，从而组配出受赴宴宾客欢迎的菜肴，菜单安排的效果就会更好。特别是在招待外宾或其他民族和地区的客人时，更应该根据宾客（特别是主宾）的国籍、民族、宗教、职业、年龄、体质以及个人的饮食嗜好和忌讳，灵活安排宴席菜肴。随着改革开放的逐步深入，食俗不同的赴宴者会越来越多，只有分别情况，区别对待，“投其所好”，才能充分满足宾客的多方面需求。

2. 宾客的心理需求

了解客人饮食习惯的同时，还要分析举办宴席者和参加宴席者的心理，从而满足他们明显的和潜在的心理需求。只有以客人的需要为导向，才能组配出宾主双方都满意的菜肴。

3. 宴席的主题

客人举办宴席，不是随意的，都有其明确的主题，有的是庆婚祝寿活动的喜庆宴席，有的是想通过宴席达成某种合作等。宴席菜肴的组配如同绘画的构图，要分宾主虚实，突出宴席的主题，不然就会杂乱无章，平淡无味。高明的组配者决不会把宴席菜肴安排成无个性、无层次的“大杂烩”，而是遵循时代特点，根据人们的生活特点和饮食规律而进行组合菜肴。许多宴席主题突出，那么宴席的菜肴与制作都要与之相联系，这对宴席的气氛有很大影响。许多菜肴组配命名都与宴席主题相结合，会形成一种独特的风格。

4. 宴席的价格

组配菜肴时要根据顾客确定的价格范围，按照“质价相等、优质优价”的原则，合理组配宴席菜肴，既要保证企业的合理利润，又不使顾客吃亏，价格标准的高低只能在食物材料的使用上有所区别，不能因价格影响宴席的效果和品质，这正是宴席菜肴组配的巧妙之处。一般来说，较高规格的宴席组配要求以精、巧、雅、优等菜品制作为主体，使用高级材料，并在菜肴中仅选用主料而不用或减少配料的使用，菜肴的件数不能过多，但质量要精，讲究菜品的口味和装饰；中低档的宴席组配以实惠、经济、可口、量足为主体，可使用一般材料，上大众化菜品，并且增加配料用量以降低食物成本，保证每人吃饱吃好。菜肴的件数既不能过少，又要实惠和丰满，在口味的组配与加工做法上，应本着“粗菜细做、细菜精做”的原则，将菜肴进行适当调配，以丰富的数量及恰当的口味，维持宴席效果。

### （二）宴席菜肴的特点和要求

不管宴席售价的高低，其菜肴都讲究组合，配套成龙，数量充足，体现时令，注重原料、造型、口味、质感的变化。宴席菜肴达到这些特点和要求，是满足顾客需求的前提。

#### 1. 宴席菜肴的数量

宴席菜肴的数量是指组成筵席的菜肴总数量与每道菜肴的分量。宴席菜肴的数量过多，宴后剩余也多，易造成浪费（部分私宴举办者，受风俗习惯影响，要求食有剩余，这样还是要满足顾客的需求。由于是私宴，剩余的食品多会打包处理，也未尝不可）；如菜肴数量过少，则又会导致顾客的不满，甚至投诉，从而影响饭店的声誉。只有数量合理，才会令宾客既满意又回味无穷。宴席菜肴的数量，一般以每人平均能吃到500g左右的净料为原则，每道菜肴的分量及整组菜肴的数目，可根据宴席的档次、规格、赴宴人数灵活调整。

#### 2. 宴席菜肴的变化

不论何种规格的宴席，都应根据不同的需要灵活组配菜肴。一套宴席菜肴就像一曲美妙的乐章，由序曲到尾声，应富有节奏和旋律，无论是在原料选择、烹调方法，还是味道上都应富于变化，绝不能千篇一律，尽量避免工艺的雷同或菜式的单调杂乱，要区分主辅、轻重，有层次地使宴席成为一个统一的整体，努力体现变化的美，这样才能使菜肴丰富多彩，高低起伏，从而满足宾客的美食要求，不至于平淡无奇。宴席菜肴的变化表现在以下几个方面。

（1）原料选择应多样　如鸡、鸭、鱼、肉、豆、菜、果。原料是菜肴风味多样的基础，还会提供多种不同的营养素，原料不同，口味各异。

（2）烹调方法选多种　如炒、烧、烩、烤、煎、炖、拌。一种烹法只能使菜肴形成一个特点；而多种烹法能使宴席所有菜肴在口味上有浓、有淡，色彩上有深、有浅，质感上有脆、有嫩，使菜肴达到既丰富多彩，又不落俗套。

（3）色彩搭配应协调　如赤、橙、黄、绿、青、蓝、紫。原料色彩的合理组合，能最大限度地突出菜肴的本质美，使菜肴既鲜艳悦目，又层次分明。

（4）品类衔接需配套　如菜、点、羹、汤、酒、果、甜品。宴席菜肴的种类在组配时，要注意不同档次宴席相互搭配的比例，以保证整个宴席的各类菜肴质量的均衡。

此外还有加工形态要不同：如丝、条、块、片、丁、球、整只；调味变化有起伏：

如酸、甜、辣、咸、鲜、香、复合味；质感差异多变：如软、烂、嫩、酥、脆、滑、糯、肥；器皿交错有特色：如盘、碗、杯、碟、盅、钵、象形等。

由此可知，一桌丰盛的宴席菜肴，其构成形式是丰富多彩的，只有这样，宴席才会有节奏感和动态美，既灵活多样、充满生气，又增加美感，促进食欲，这是宴席菜肴获得成功的基本保证，也是宴席菜品开发的一个较好途径。

#### 3. 时令季节

时令季节主要影响宴席菜肴的原料选择和味型、色泽的确定。结合季节特征组配宴席菜肴，首先可以结合季节的时令原料以体现特色，又可及时取消时节替换而使材料价格上涨的菜品，从而降低宴席成本。其次组配宴席菜肴的色彩、味型，季节的变化对人的视觉及味觉都会有影响，如冬季菜肴色调应以深色，特别是红色为主，口味以醇厚浓重为主，多用烧菜、扒菜和火锅，以汁浓、质烂的菜为特色；夏季则以给人清爽感觉的色彩为主调，以清淡爽口为主味，多用炒菜、烩菜和冷碟，以汁稀、质脆的菜居多，适当加入苦味。总之，按时令调配口味，要酸苦辣咸，四时各宜。只有结合季节性材料，组配出一些符合时令的宴席套菜，才能给人一种新鲜舒适的感觉。

#### 4. 食品原料供应情况

组配菜肴时除安排时令原料外，还应充分了解当地整个原料市场的供应情况及其质量、大致价格范围等，并掌握采购这些原料的最佳时机，即价格合理、质量符合采购规格的时机，避免菜肴组配好而无货源的现象。了解市场供应的变化、选用合适的原料，能满足客人的需要，同时在保证质量的前提下，降低成本，又与售价相适宜。

### （三）厨房生产因素

组配好的宴席菜肴要通过厨房部门的员工利用厨房设备进行生产加工，因此厨师的技术水平和厨房的设备条件影响宴席菜肴的组配。

#### 1. 厨师技术力量

厨师的烹饪技能在组配菜肴时是必须要考虑的问题，如若不然，组配了某道菜却无人会做，那么也就失去了组配的意义。因此在组配菜肴时，应了解厨房生产人员的技术状况，以便根据他们的技术能力，组配出切合实际的菜肴。一般情况下，要尽量组配厨师有能力生产的品种；也可选择一些能发挥素质好、技术高的员工特长的菜肴，可以确保宴席菜肴质量，体现出宴席的特色。总之，在组配中要亮出名店、名师、名菜、名点和特色菜的旗帜，施展本地本店的技术专长，避开劣势，充分选用名特物料，运用独创技法，力求新颖别致、振人耳目。除了考虑厨师的烹饪技能外，还应考虑到生产部门的人员分工，因为分工合理与否，直接影响着生产，最终影响着菜肴的质量。

#### 2. 厨房设施设备

厨房现有的设备与设施限制着宴席菜肴生产的数量及种类。在组配菜肴时，一定要考虑设备与设施能否保质保量地生产出所组配的菜肴，换句话说，应根据设备与设施的生产能力筹划菜肴。如适用于10桌宴席的菜肴不一定适用于100桌的宴席，所以在组配菜肴时，某些菜肴需限制在一定桌数以内。厨房有独特的烹调设备，应发挥其优势，组配独特菜肴。注意避免过多地使用某一种设备，如有几款菜肴都要用蒸箱制作，而其他的设备用不上，使厨房工作人员感到设备短缺，菜肴组配人员发现这个问题时，应及时对菜肴进行调整，让所有设备都得到均衡使用。如果厨房没有制作条件，就不要组配复杂的菜肴。

### （四）宴席厅接待能力

宴席厅接待能力的影响主要也包括两个方面：宴席服务人员和服务设施。厨房生产出菜肴后，必须通过服务员的正规服务，才能满足宾客的需求。如果服务人员不具备相应的上菜、分菜技巧，就不要组配复杂的菜肴；如果服务设施陈旧蹩脚，则最好提供简单的膳食，但要服务周到；某道菜肴需要某种服务设备，而暂时又买不到这种设备，无法按规定提供饮食服务，则就不能组配这道菜。所有这些都是菜肴组配时应注意的问题，不能忽视。

组配宴席菜肴时必须考虑服务的种类和形式，是采用中式服务，还是西式服务；是高档服务，还是一般服务。还要注意上菜的顺序，一旦确定菜肴的顺序，就依照排菜的顺序上菜。另外宴会厅以高档次为特色，餐具为金餐具和银餐具，则要组配高档宴席菜肴；有的宴会厅专营传统菜肴并配以相应的服务方式，宴席组配者必须明确本宴席厅的特色，否则什么客人都接待、什么菜肴都做，只能说明什么也做不好。

总之，宴席菜肴组配需要考虑的因素很多，归根结底只有两点：满足宾客需求和保证饭店赢利。二者应同时兼顾，平衡协调，忽视任何一个方面，都会影响顾客的利益或宴席的经营。宴席组配人员应该根据以上介绍的各种因素，再结合宴席厅的特色进行菜肴组配，以组配出具有自身特色的宴席菜肴，增强宴席厅的吸引力和市场竞争能力。

## 四、宴席菜肴组配的指导思想和基本原则

### （一）宴席菜肴组配的指导思想

#### 1. 科学合理

在宴席菜肴组配时，既要考虑顾客饮食习惯和品味习惯的合理性，又要考虑到宴席

膳食组合的科学性。宴席菜肴不是山珍海味、珍禽异兽、大鱼大肉的堆叠，不能炫富摆阔、暴殄天物，要突出宴席菜品组合的营养科学性与美味的统一性。

2. 整体协调

在宴席菜肴组配时，既要考虑到菜品之间的相互联系与相互作用，又要考虑到菜品与整个宴席食品的相互联系与相互作用，还要考虑到顾客对菜品的需求性。强调整体协调的指导思想，意在防止“顾此失彼”或“只见树木，不见森林”。

3. 丰俭适度

宴席菜肴组配要正确引导宴席消费。菜品数量丰足或档次高，但不浪费；菜品数量偏少或档次低，但保证吃好吃饱。丰俭适度，倡导文明健康的宴席消费观念和消费行为。

4. 确保盈利

宴席菜肴组配要做到双赢，既保护消费者的利益，让消费者满意，又要通过合理有效的手段，确保企业盈利。

### （二）宴席菜肴组配的基本原则

1. 因人配菜

宴席菜肴组配时，首先应考虑人的因素。要通过调查研究，了解宾客的国籍、民族、宗教、职业、年龄、性别、体质和嗜好忌讳等，并依此灵活掌握，确定品种，重点保证主宾，同时兼顾其他。

2. 因时配菜

宴席菜肴要与季节相适应，要根据季节的变换更换菜肴的内容，特别是要注意配备各种时令菜品，使宴席的菜肴赋有生机。具体体现在选料、配彩、口味、质地、装盛器皿等方面。

3. 因价配菜

宴席的价格决定了宴席的档次，配菜时应遵照质价相等规律，确定宴席菜肴的质量和数量。

4. 多样统一

宴席菜肴要一菜一格，百菜百味，是多种菜品的有机统一。首先原料要多样化、加工方法（刀工、原料配伍、制熟调味方法等）多样化、菜品感观多样化（色彩、造型、香味、味道、质地等）；其次要注意整桌宴席及每盘菜肴色、香、味、形、质、器的配合。

5. 膳食平衡

从食用角度看，宴席提供的是一餐的膳食，所以膳食平衡的原则必须落实到宴席菜肴的组配中。宴席菜肴的营养结构要合理、荤素比例要恰当、酸碱应平衡、数量要适当，并控制宴席菜肴的脂肪含量。基本依据是中国营养学会制定的《中国居民膳食指南（2022）》和《中国居民平衡膳食宝塔（2022）》。

## 第二节 宴席烹调工艺的实施

### 一、宴席烹调工艺的准备

#### （一）制订宴席菜单

在举办宴席时，第一件事就是要制订菜单。宴席菜单是宴席的指导性文件，是宴席的艺术设计蓝图和现场施工图。菜单的书写格式主要有提纲式、表格式两种。提纲式是最常用的一种菜单书写格式，根据宴席的规格和顾客的要求，按照基本的上菜程序，分门别类写上菜名；表格式是以表格的形式，将菜肴的名称、用料、味型、色泽、上菜顺序、刀工成形、烹调方法等都一一列出来，更有详细者还列明所用餐具规格、各菜成本及售价等（表11-1）。

表 11-1 宴席菜单（表格式）的内容

| 类别 | 上席顺序 | 菜名 | 原料 | | | 烹调方法 | 味型 | 色泽 | 质感 | 造型 | 餐具 | | | 成本 | 售价 | 备注 |
|---|---|---|---|---|---|---|---|---|---|---|---|---|---|---|---|---|
| | | | 主料 | 配料 | 调料 | | | | | | 规格 | 形状 | 颜色 | | | |
| | | | | | | | | | | | | | | | | |
| | | | | | | | | | | | | | | | | |
| | | | | | | | | | | | | | | | | |

#### （二）烹调原料准备

烹调原料准备是指菜品在生产加工以前进行的各种烹调原料的准备过程。准备的内容是根据已制订好的“烹调原料采购单”上的内容要求进行的。准备的方式有两种：一种是超前准备，如干货原料、调味原料、可冷冻冷藏的原料等，在生产加工以前的一段时间就可以采购回来并经验收后入库保存起来；一种是在规定的时间内即时采购，如新鲜的蔬菜和动物原料，或活禽、活水产原料（饭店无活养条件时或活养的数量、品种存在不足时）等，在进行加工之前的规定的时间内采购回来。

检查菜单中涉及的原料和市场供应情况（包括原料价格），如发现原料库存不足或市场供应有问题，应及时补足或准备代用品，必要时也可以更换菜肴品种。如这些问题在菜单与顾客见面后发现，采用代用品或更换菜肴品种，应征得顾客同意后方可进行。

#### （三）设备工具准备

检查烹制设备（炉火、蒸锅、油锅、炖锅等）是否完好，热源是否充足；检查各种所需调味品是否上齐备足；检查各种盛器是否都洗净到位。

#### （四）明确人员分工

根据本部门技术力量的情况，组织好人员分工，每个环节要有专人负责，并要做好每个环节之间的衔接工作，如水台部与砧板部、蒸炖部的衔接，砧板部与后锅部的衔接，蒸炖部与后锅部的衔接，厨师长与打荷、面点部、传菜部和楼面经理的衔接等，使各项工作能有条不紊地顺利进行。

### 二、宴席烹调工艺的实施

#### （一）辅助加工阶段

辅助加工阶段是指为基本加工和烹调加工提供净料的各种预加工或初加工过程。例如，各种鲜活原料的初加工、干货原料的涨发等。

#### （二）基本加工阶段

基本加工阶段是指将烹饪原料变为半成品的过程。例如，热菜是指原料的成形加工和配菜加工，并为烹调加工提供半成品；而冷菜则是制熟调味，如卤制水晶肴肉；或对原料的切配调味，如对黄瓜的成形加工、腌渍、调拌入味，以做凉拌黄瓜之用。对于整批宴席或大型宴席，用于美化菜肴的装饰点缀品也要预制出来，提前码摆在盘中，届时会缩短上菜时间。

#### （三）烹调与装盘加工阶段

烹调加工是指将半成品经烹调或制熟加工后，成为可食菜肴的过程。例如，菜肴经配份后，需要加热烹制和调味，使之成菜；成熟后的菜肴，再经装盘工艺，便成为一个完整的菜品成品。冷菜则是在热菜烹调之前先行完成装盘。

### （四）成品输出阶段

成品输出阶段是指将生产出来的菜肴点心及时有序地提供上席，以保证宴席正常运转的过程。从开宴前第一道冷菜上席到最后一道水果主席，菜品成品输出是与宴席运转过程相始终的。

构成宴席菜品生产过程的四个阶段，因为生产加工的重点不同而有区别，甚至是相对独立的；但是作为整个过程的一个部分，由于前后工序的连接和任务的规定性，它们又是紧密联系、协同作用的。

## 三、宴席烹调工艺的特点

### （一）预约式

餐饮企业经营的宴席是根据顾客的事先预订进行的，因此，宴席菜品生产方式具有预约的特点。这一生产过程是按照预选的设计规定和完成任务的时间来组织生产的，其关键在于按“期”或按“时”去组织生产，按“质”输出菜品。

### （二）连续化

宴席菜品生产必须是在规定的时间里，连续不断、有序地将所有菜品生产出来，输送出去。这种连续性一是由菜品属性所决定的，即菜肴点心必须现做现食；二是由宴席饮食方式和菜品构成方式的特殊性所决定的，即宴席菜品是分层次序列构成的有机整体，顾客的宴饮是根据预先安排的食序循序而食的，这是一个连续性的过程，所以生产过程也必须是连续性的。

### （三）平行性

平行性是指宴席菜品生产过程的各阶段、各工序可以平行作业。这种平行性的具体表现是：在一定时间段内，不同品种的菜肴与点心可以在不同生产部门平行生产，各工艺阶段可以平行作业；一种菜肴或点心的各组成部分可以单独进行加工，可以在不同工序上同时加工。平行性的实现可以使生产部门和生产人员无忙闲不均的现象，缩短宴席菜品生产时间，提高生产效率。

### （四）协调性

协调性是指从宴席菜品生产过程总体出发，明确规定各生产部门、各工艺阶段之间的联系和作用关系。宴席菜品的生产既需要分工明确、责任明确，以保证各自生产任务的完成，同时也需要各生产部门相互间的合作与协调，各工艺阶段、各工序之间的衔接和连续，以保证整个生产过程中生产对象始终处于运动状态，没有或很少有不必要的停顿和等待现象。

### （五）节奏性

生产过程的节奏性是指在一定的时间限度内，有序、有间隔地输出宴席菜品。宴席活动时间的长短、顾客用餐速度的快慢，规定和制约着生产节奏性、菜品输出（主要指冷菜之后的热菜与点心等）的节奏性。设计中要规定菜品输出的间隔时间，同时又要根据宴席活动实际、现场顾客用餐速度，随时调整生产节奏，保证菜品输出不掉台或过度集中。

### （六）标准性

标准性是指宴席菜品必须按统一的标准进行生产，以保证菜点质量的稳定，是宴席菜品生产的生命线。有了标准，就能高效率地组织生产，生产工艺过程就能进行控制，成本就能控制在规定的范围内，菜品质量就能保持一贯性。

### （七）无重复性

一个宴席无论规模大小，就其菜品组合情况而言，菜肴或点心品种之间没有重复性，即是由不同的菜肴或点心品种构成的组合体。正因为每个宴席中的菜品对该宴席而言都是唯一的，因此，对厨师的技术水平和操作水平的要求较高。

### （八）可批量化

与零点菜品生产松散性不同，宴席菜品可以进行批量化生产。一是由宴席任务决定的，如几桌、几十桌的宴席，大家都吃着相同的菜肴与点心，其生产必然是批量式的；二是由餐饮企业经营定位决定的，在实际经营活动中，由于前来预订的宴席档次相同或相近，在同时要完成不同宴席生产任务时，为降低生产成本，提高生产效率，总是尽可能地增加品种的重叠性，因此设计的宴席菜品组合也是相同的，或大部分是相同的。因此，其生产也变成了批量化生产。

# 第三节
# 宴席烹调工艺的质量控制

## 一、宴席菜肴用料控制

原料选用好坏，直接影响菜肴的加工烹调，进而影响菜肴的质量。宴席菜肴用料控制主要从以下几个方面着手。

### （一）原料数量的控制

宴席菜肴用料要根据宴席规模和菜单内容进行科学测算和具体计划。进料不足，影响宴席菜肴生产；进料过多，容易造成浪费。具体菜肴的投料比例，要严格按《菜肴生产质量标准书》中规定的要求执行。

### （二）原料质量的控制

没有好的原料，不可能制作出好的菜肴，原料质量好坏，直接影响菜肴的色、味、形、质。宴席菜肴的选料较之普通便餐更讲究，对原料的不同等级、不同品种、不同部位以及新鲜程度等要做严格要求，用料时不能以次充优，勉强凑合。

### （三）原料更新的控制

酒店宴席原料的使用，不仅要注意数量和质量的控制，而且要加强原料的更新、变化的控制与管理。原材料的变化，往往会带来菜肴品种、烹调方法、菜肴风味的变化，是提高宴席质量的一个有效途径。尤其是对一些常客来说，原料的变化更是具有十分重要的意义。

## 二、烹调工艺的控制

宴席菜肴加工烹调控制的主要内容有：根据不同菜肴的成形要求，进行相应的刀工处理；根据每道菜的特点，进行巧妙的原料组配；根据不同菜肴的需要，适时、适量做好腌渍、入味工作；根据烹调的需要，做好挂糊、上浆、勾芡工作；使用规定的烹调方法必须符合规定的操作程序和要领；调味要做到“准”“正”，符合该菜应具有的味型；

掌握好烹调时间，不过时，不欠时，保证菜肴质量；注意装盘，选择好适宜的餐具，对不同的菜进行适当的装饰，起到衬托美观的作用。

## 三、宴席菜肴的温度控制

宴席菜肴除冷碟外，大多数是现烹调现上席食用的。俗话说“一热顶三鲜”，热菜就应该热吃，一冷就失去了风味。热菜的最佳食用温度在70℃左右，菜肴烹制出锅属后，应根据厨房与餐厅的距离和天气情况（气温）确定上菜速度和上席时间。此外，运用适当的器皿餐具可保持菜肴温度，如铁板菜、煲仔菜等可有效延缓菜肴降温；也可将热源引入餐桌，如火锅等，使菜肴始终保持一定的温度。

## 四、宴席菜肴上菜速度控制

宴席菜肴上菜速度直接影响宴席菜肴的整体质量。在宴席中，由于冷菜是首菜，应在上菜前的15min准备就绪，以供前台服务人员随时来取。烹调热菜时，要适时掌握上菜时间，特别是整批宴席或大型宴席，如果等到上菜的传讯时再烹调，时间已经迟了。在这种情况下，应该适时提前一段时间烹调，待上菜传讯后，即可及时出菜，适时上桌。另外，在有整批宴席和大型宴席的情况下，出菜后要及时盛装，准确迅速，尽量缩短上菜时间，以保持菜肴的温度和宾客的食用衔接。

控制宴席菜肴的上菜速度应注意以下几个问题：

（1）厨房应及时掌握准确的开宴时间，以免宴席宣布开始，第一道菜迟迟不能上席。

（2）根据客人的进餐速度，掌握好上菜时间；根据顾客要求，掌握好上菜速度。有的顾客喜欢速度快，盘盘相叠显得菜肴丰盛，那么厨房就应该满足客人的要求。

（3）及时调整宴席上菜速度。宴席在进行过程中往往会出现一些特殊情况如：临时即兴表演、发表讲话等，这时就要根据情况及时调整上菜速度，以保证上菜速度与宴席进程相协调。

## 问题与讨论

1. 中式宴席菜肴有哪几部分构成？如何组配宴席菜肴？

2. 影响宴席菜肴组配的因素有哪些？

3. 宴席烹调工艺有什么特点？

4. 如何对宴席烹调工艺进行质量控制？

## 实训项目参考

以小组为单位设计一桌宴席并集体制作

# 第十二章

# 中国式烹调工艺现代化

**教学目标**

**知识目标**

（1）了解中国式烹调工艺现代化的意义和内容
（2）理解烹调工艺标准化与个性化的关系
（3）清楚烹调工艺标准化的难点与实现途径
（4）掌握烹调工艺改革创新的原则和方法

**能力目标**

（1）具有烹调工艺标准化的初步能力
（2）具有学习挖掘中国优秀传统烹调文化发扬工匠精神的能力

**思政目标**

（1）认识中国式烹调工艺现代化的重要性和紧迫性
（2）培养对中国烹调工艺的自信，培育劳模精神、劳动精神、工匠精神和勇于创新、无私奉献的职业品德

## 内容提要

（1）烹调工艺的现代化意义和内容
（2）烹调工艺的标准和标准化
（3）中国式烹调工艺的继承与创新

## 新课导入

党的二十大报告强调，要以中国式现代化全面推进中华民族伟大复兴，明确指出中国式现代化，是全体人民共同富裕的现代化，要建设现代化产业体系，着力推动高质量发展。

烹调工艺现代化是中国式现代化的重要组成部分。由于历史、文化、经济等种种原因，中国传统烹调工艺历来是以手工操作为主，而且中餐品种繁多、业态复杂，产品标准化与规模化生产难以协调统一，我国餐饮食品加工共性技术、装备研究与生产应用还相对落后，专业中央厨房建设规模和相关标准、规范、技术、装备水平、运营体系等总体有待提高，在一定程度上局限着中餐走向世界的步伐。

中国烹调工艺现代化，必须提高菜品质量和生产专业化水平，既要继承中国烹饪的优良传统，也要不断创新，不断满足人民群众对美好生活的需要。中国烹调工艺现代化，既有世界烹饪共同特征，又有中国特色。

# 第一节 烹调工艺现代化的意义和内容

## 一、烹调工艺现代化的内涵

### （一）什么是现代化

在20世纪30年代，“现代化”一词开始出现在我国报刊上。什么是现代化？何传启先生认为，“现代化”的基本词义是成为现代的、适合现代需要。现代化是人类文明发展的前沿，人类文明的发展没有止境，而且发展速度日益加快。所以，现代化不是直线的，现代化有阶段但没有尽头，现代化是加速的，同时现代化不会是一帆风顺的。

现代化既是进步，也是选择，更是淘汰。现代化是一个发展过程，包括出现新现象，选择先进的，淘汰落后的。创新—选择—淘汰，构成现代化的三个音符，它们不断组合，形成发展大合唱。这种发展性淘汰，就像生物进化，“物竞天择，适者生存”。

### （二）餐饮业现代化的内涵

杨铭铎教授认为，“餐饮业现代化的内涵包括两个方面：一方面，餐饮业现代化是指餐饮业在现代观念、现代科学技术、现代经营管理方式等的冲击下，业已经历或正在进行的转变过程；另一方面，餐饮业现代化代表现代餐饮业的世界前沿，以及达到和保持世界前沿的过程和行为，也就是业已实现了现代化餐饮业，在经营观念、科学技术的应用、现代经营管理方式的应用等方面，都能够反映、满足和适应现代化国家和社会的要求的综合的状态”。

### （三）烹调工艺现代化的意义

传统烹调工艺是中国千百年饮食习惯和文化的积淀，每种菜品都是几代人甚至几十代人的经验积累和智慧结晶，有着独特的加工手法和食品风味，但是由于其操作复杂、费工费时、无法批量生产和长时间存储，难以满足大规模的市场需求；再加上产品品质无法保持一致，常常是同一个品牌的不同餐厅，甚至同一家餐厅不同厨师做的产品口味都无法一致，这极大地制约了传统工艺的进一步发展。

烹调工艺现代化是指在制作菜肴时，采用了现代化的加工工艺和标准化的加工操作流程，不仅生产效率更高，产品口味的一致性也更好，而统一的原料采购、加工和物流配送也更好地保障了食品安全，被餐饮企业、特别是连锁餐饮企业大量运用。同时，新工艺、新技术的使用，使食物原料的利用率更高，而研究结果也表明现代工艺制作的食品的营养价值不比传统工艺制作的低。

随着国内餐饮需求的日益旺盛和食品技术的日益完善，现代餐饮企业的发展壮大必须要走连锁化、集团化路线；运用餐饮现代工艺进行产品的前期加工，将成为必然的选择。但是要延续中国餐饮文化的千年饮食习惯和传统，也不能放弃那些传统餐饮经营的“老字号”“私房菜”，更不能否定传统烹调工艺在餐饮多样性和个性化方面的优势和特色。现代烹调工艺和传统烹调工艺对于中国餐饮业发展来说二者缺一不可。

烹调工艺的现代化是中国餐饮业发展的大趋势，是弘扬中国传统饮食文化和振兴我国餐饮业的必然要求。

## 二、烹调工艺现代化的主要内容

### （一）厨具改良

厨具要向改善劳动环境和减轻体力劳动的方向努力，以维护厨房劳动者的身体健康，提高工作效率。目前肉类屠宰机械化和冷藏已在各大城市中实行，但远未普及；肉类按部位分等切割以及水产品、蔬菜分级包装鲜售仅有少量试行；面点坯料用机械大批量加工已开始，部分点心和工艺比较简单的菜肴已转入工业化生产。切割、洗涤、磨簿、搅拌传递机械更是越来越多地进入了厨房。许多原先认为不可能脱离手工制作的食品进入机械化生产已经和正在逐步成为现实，而且人们已认识到这方面的潜力还很大。

### （二）传统烹调工艺科学化

传统烹调工艺基本属于艺术，使其科学化就包括定量化、程序化、规范化。这样才能为保存传统烹调的艺术成就和把手工工艺转化为大批量生产工艺创造可靠条件，同时有利于扩大中国传统方便菜点的生产供应和更好地开发新技术新菜点，满足广大消费者的需求。

### （三）遵守相关法律法规

社会不同群体如儿童、老年、各种重体力劳动者、脑力劳动者，各种病患者有不同的营养要求，一般人的营养合理调配也已远远不是“养、助、益、充”经验所能解决的，必须加强现代化营养学的研究与应用。同时要贯彻落实《国民营养计划（2017—2030年）》《中国居民膳食指南（2022）》等规划指南，遵守《中华人民共和国食品安全法》《中华人民共和国反食品浪费法》等法律法规，这是烹调工艺现代化和饮食文明的一个重要标志。

### （四）烹调工艺的现代化是全方位的现代化

烹调工艺的现代化，不仅仅是常见的中央厨房、加工预制等先进技术方面的现代化，而是从观念、管理到技术的全方位现代化。必须认识到，实现现代化是中餐烹调工艺的又一次升级。从作坊变厂房，到拥有先进的技术和管理模式，再到打上中国式现代化的标签，餐饮业将从稳步前行的支柱产业转变为拥有强劲实力、带动相关产业共同发展的动能产业。打上中国式现代化的标签，是民族复兴的需求，是新时代的呼唤，更是餐饮业在党的正确引领下，脚踏实地践行二十大精神的体现。

## 三、烹调工艺现代化存在的主要问题

### （一）对烹调工艺现代化的意义认识不到位

据报道，尽管近年来社会情况有所变化，但2021年百胜中国新开门店数再创新高，全年新开设1806家门店，相当于每天新开5家店，门店总数达到11788家，其中肯德基2021年新增1232家店。麦当劳2021年在中国增开500多家门店，平均每17个小时就开出一新店，在中国的门店总数4395家。国外餐饮在大举进军中国市场的同时也逐渐融入中国本土化，并将其作为重要的营销策略，大张旗鼓地把中国最传统的美食饮品摆上餐桌。相形之下我国却轻视自己正宗的百年传统品牌，传统小吃也成了散兵游勇。这主要是行业人员以及人民群众长期以来受传统观念的影响和外来文化的冲击，对丰富的中华食品文化缺乏了解，对中国传统食品的发展不够重视，以及对中国传统食品现代化的意义认识不到位造成的。

### （二）烹调工艺现代化研发投入不足

长期以来，我国对传统烹调工艺的研究开发缺乏重视和投入。研发机构和相关人员的短缺成为滞碍行业发展和进步的主要因素，加之餐饮业中的大多数企业规模较小，中小企业是主体，在餐饮新产品和新工艺的开发上能力更为有限。所以，在当前的产业结构调整中，知识和技术创新将会占据主导地位。

### （三）传统烹调器具和设备需要进一步现代化

烹调器具和设备的发展与烹调工艺现代化息息相关。目前，一些传统菜肴实现了工业化、规模化生产，但还处于手工制作阶段，主要原因是传统烹调器具和设备整体水平落后，达不到工业化生产的规模，生产出来的产品达不到质量要求。中国烹饪科技含量和知识容量的单薄是众所周知的事实，以手工为主的操作方式一直难有明显改进。新式烹调器械和设备的研制推广无疑是影响烹调工艺现代化进程的一个瓶颈，尽管当前行业内已出现了诸如测温勺、切割机等提高厨房生产效率的设备，但如何在此基础上进一步加快技术改造，迎接更大范围内的市场竞争，需要切准产业特点进行有针对性的技术研发。

### （四）烹调工艺现代化中的科学化问题

我国餐饮业长期处于手工发展阶段，生产往往采用手工操作的方式。质量主要靠经验和感觉，原料配比无定量，生产操作随意性强，科技含量不高，做出来的产品质量因地、因时、因人而异，品质不稳定，严重地影响了中国餐饮走向世界市场的进程。因此要实现烹调工艺的现代化就必须对传统食品的原料特性、专用食品添加剂及配料、工艺与配方进行系统的科学研究，将先进的食品加工技术应用于传统食品生产中。

# 第二节
# 烹调工艺的标准与标准化

## 一、标准与标准化的概念

### （一）标准的概念和种类

标准原意为目的，也就是标靶。其后由于标靶本身的特性，衍生出一个“如何与其他事物区别的规则”的意思。将“用来判定技术或成果好不好的根据”广泛化，就得到了“用来判定是不是某一事物的根据”技术意义上的标准。

GB/T 20000.1-2014《标准化工作指南第1部分：标准化和相关活动的通用术语》中对标准的定义是：“为了在既定范围内获得最佳秩序，促进共同效益，对现实问题或潜在问题共同使用和重复使用的条款以及编制、发布和应用文件的活动。”国际标准化组织（ISO）对标准所下的定义是：“标准是在某些方面达到最佳状况，经各方协商一致制定并经公认机构批准的文件。它对共同和重复应用的问题提供活动或活动结果的规则、指南和特性”。

按照标准的级别从高到低，可以将我国标准体系分为国家标准、行业标准、地方标准和企业标准四级。各级标准的适用领域和效力范围各不相同，但相互之间有着内在联系，上级标准是制定下级标准的依据，下级标准是对上级标准的补充，各级标准之间不得重复制定和相互抵触。标准的级别规定了标准的适用范围，同时也反映了制定和发布标准的机构的级别。

标准的种类，按照约束性可分为强制性标准和推荐性标准。强制性标准，企业必须执行；推荐性标准是非强制性标准，国家鼓励企业自愿采用，如果对企业不适用，企业有权不予采用。推荐性标准仅限于国家标准和行业标准，不存在推荐性的地方标准和企业标准。按性质可分为技术标准、管理标准和工作标准三大类。技术标准指对标准化领域中需要协调统一的技术事项所制定的标准，包括基础技术标准、产品标准、工艺标准、检测试验方法和标准以及安全标准、卫生标准、环保标准等；管理标准指对标准化领域中需要协调统一的管理事项所制定的标准，包括管理基础标准、技术管理标准、经济管理标准、行政管理标准、生产经营管理标准等。工作标准指对工作的责任、权利、范围、质量要求、程序、效果、检查方法、考核办法所制定的标准，一般包括部门工作标准和岗位（个人）工作标准。

### （二）标准化的作用和任务

国际标准化组织（ISO）认为，标准化是为了在一定范围内获得最佳秩序，对实际的或潜在的问题制定共同的和重复的规则的活动；而在生产领域，标准化则是指以产品为对象，合理简化品种规格，统一产品质量，指定各类产品的系列标准，扩大结构零件的通用化、标准化。简而言之，标准化就是围绕着产品及其组成部分进行统一规划而展开的活动。对于标准化的定义可从以下三个方面理解。

第一，标准化的目的同样也是“在一定范围内获得最佳秩序”，因此在开展标准化工作时，应使标准化活动实施范围最大化，不能局限于一时一地的需求，只有使标准化成果最大化，才能建立最佳秩序，实现最大的效益。

第二，标准化是一种活动、一个过程。这种活动主要通过制定并在一定范围内推广标准来实现；同时，标准化工作还包括标准化原则和方法在各个领域中的应用。

第三，标准化概念具有相对性。标准与非标准并非绝对的，在一定条件下可相互转化。随着社会和科技进步，原有的标准可能不再适用，则需要对其进行修订甚至废除，建立适宜的标准。另外对潜在可能出现的问题，也应实行超前标准化。

### 1. 标准化的作用

标准化的基本作用是使社会以尽可能少的资源、能源消耗，来谋求尽可能大的社会效益和最佳秩序。标准化作为人类的一种特定的社会实践活动，会在各个领域产生多方面的效果，这些效果可归结为技术效果、经济效果和社会效果三大方面。标准化的作用主要表现在以下方面。

（1）规范化作用　标准化可以规范社会的生产活动，促进企业间的生产协作和社会化专业化大生产，推动建立最佳秩序。现代化大生产是以先进的科学技术和生产的高度社会化为特征的，因此制定和实施标准成为组织现代化大生产必不可少的手段和条件。

（2）保障作用　保障作用是一种保护和防卫的作用。标准化的统一状态可使某些事物的特定状态不发生变化，这种状态的保持对相应的特征起到了保护和防卫的作用。例如，对产品的工艺关系进行统一，使每个产品的工艺都符合统一的合格规定，就能保障每个产品的质量。

（3）节省作用　标准化的节省作用是由于对事物的统一所带来的节约效果。这种节约效果分别有经济节约效果和时间节约效果，经济节约效果是节省成本的作用，时间节约效果是缩短时间周期的作用。标准化的节省作用主要发生在产品标准化、研制标准化、生产标准化、物流标准化等方面。

（4）辨识性作用　表达事物的特征关系一经统一或标准化后，事物就具有了可辨识的特征。标准化可使事物表达某些特定含义的特征关系或形式在任何地方统一，在必要的时间期间统一，这种统一能使人们马上明白其所要表达的含义。这些感觉关系包括视觉、听觉、嗅觉、触觉等，标准化可固定表达事物的光辐射、声音、味道、形状、表面性等特征关系，使事物具有视觉、听觉、嗅觉、触觉的辨识性。

### 2. 标准化工作的任务

（1）制定标准　制定标准是标准化工作的基础。标准是标准化活动的产物，制定标准是标准化活动的起点，标准化的目的和作用，都要通过标准体现。制定标准是标准化活动的最基本的活动。制定标准是指标准的制定部门对需要制定为标准的项目编制计划，组织草拟、审批、编号、发布等活动，是将科学成果、技术的进步纳入标准中去的过程。制定标准是集思广益的产物，是体现全局利益的规定。

（2）实施标准　实施标准是标准化的目的。标准的制定从生产实践中来，标准的实施是对标准的检验。通过实施标准，检验标准的经济效益；通过实施标准，检验标准的水平高低；通过实施标准，取得信息，反馈于标准的修订，从而制定出更完善的标准。

（3）标准实施的监督　标准实施监督是贯彻执行标准的手段，是提高产品质量与取得经济效益的措施，是标准化工作的重要组成部分。标准实施监督，对于产品标准到生产出产品为止；对于基础标准到标准在生产中应用为止，包括国家监督；行业监督、企业监督和社会监督。国家监督是国家权力机关即国家标准化行政部门的监督；行业监督是其他主管部门进行的行业性质的监督；企业监督是企业标准化管理机构对本企业内部标准化工作的监督；社会监督主要是社会通过对产品质量的监督来对标准实施情况进行监督。

## 二、烹调工艺标准化的作用

习近平总书记说“标准是人类文明进步的成果”“标准决定质量，有什么样的标准就有什么样的质量，只有高标准才有高质量。”

烹调工艺标准化是标准化原理和方法在烹调工艺工作中的具体应用，是餐饮企业根据自身特点，对产品的工艺文件、工艺要素和工艺规程，以及产品制造过程和操作方法进行必要的优化（简化、统一、协调和优化），制定出各类工艺标准并加以贯彻实施的活动过程。烹调工艺标准化是餐饮企业的一项重要基础工作。

### （一）确保菜品质量稳定和提高，有利于维护和提高餐饮企业的形象和声誉

停留在手工阶段的烹饪，其发展主要依靠烹饪制造者在手工操作中不断总结、改进和完善，有着很强的手工性、经验性和随意性。从原材料到烹调加工等各个环节，如果没有统一的标准，各餐馆和厨师各行其道，菜品质量将会极不稳定。如果从原材料的采购、初加工、烹调加工工艺、加工设备与工具、菜品质量及管理等环节都制定统一的标准并严格执行，则必然能够制作出质量稳定的菜品。这样不仅可以促进菜品质量的稳步提高，也有利于维护和提高餐饮企业和厨师的形象和声誉。

### （二）满足餐饮标准化管理工作发展的需要，提升餐饮产业的科学管理水平

标准化管理是科学管理的一项重要内容，而各种科学管理制度的形成，都是以标准

化为基础的。餐饮产业链需要很多行业的分工配合，从原料的采购、烹饪设备和加工器具、厅堂的装潢布置，到菜品的加工，涉及很多行业。生产规模越大，技术要求越复杂，分工越细，生产协作越广泛，就越需要制定和使用标准进行协调统一。烹调工艺标准化管理可以促进资源合理配置，提高餐饮企业经济效益和管理水平，规范餐饮企业的创新行为，促进餐饮产业全面发展。

### （三）满足餐饮品牌管理的需要，为实现餐饮产业化提供技术保障和支持

餐饮业的规范管理需要相应的技术依据做支撑。在餐饮市场激烈竞争的今天，要振兴地方菜，促进餐饮经济发展，就必须提升菜品质量及相关服务质量，重塑餐饮品牌，这与餐饮品牌的规范化管理密不可分。编制地方菜标准，就是要为地方菜标准化工作实施提供依据，为有关部门依法行政提供技术保障和支持，让地方菜品牌有一个较高的技术起点和管理起点，从而设定市场准入门槛。试行地方菜制作的规模化、产业化、现代化运作模式，以连锁和授权的形式来规范经营，这是国内外餐饮业成功案例给予我们的重要启示，也是实现餐饮科学化、产业化发展的重要标准技术支持。餐饮产业化是实现连锁经营、迅速扩大市场占有率、提高竞争力的重要途径。而要想实现餐饮产业化，就必须首先实现烹饪的标准化，因为产业化的主要内涵就是工业化，任何产品的工业化生产都必须依照标准大批量、大规模地进行。餐饮行业的菜品也不例外，烹饪的标准化是实现餐饮行业产业化的基础和保证。

### （四）满足餐饮产品与服务质量提升的需要，规范餐饮企业的经营行为

烹调工艺标准化是推动餐饮业向前发展的有力措施。标准化使烹调工艺的实施更加规范化，从而消除行业内的技术壁垒，使广大低水平的厨师技艺迅速提高，解决目前高水平厨师匮乏的问题，提高菜品与服务的质量水平，保证广大消费者可以在各种不同的时空环境下享受到品质不变的美味。烹调工艺标准的逐步实施将改变目前烹调工艺产品和服务良莠不齐的现状，规范餐饮企业的经营行为，维护广大消费者的合法权益。

### （五）满足快速、有效地培养烹饪专业人才的需要，规范行业培训

餐饮业要实现快速发展，就需要大量的高素质、高水平的烹饪人才。而传统的厨师培养机制，囿于口口相传的经验性、模糊性和随意性，有着极大的局限性，使从业人员很难在短期内掌握菜品的制作技艺，无法满足餐饮业高速发展对烹饪人才的需求。只有在厨师培养的理论到实践的各个环节和阶段，如厨师学校的教材和教学方法、餐厅实践的准备、初加工、切配、烹调及装盛等均制定标准化规范，厨师学校的学生和从业人员

能够按照标准操作，才能快速、有效地掌握菜品制作技艺，提高业务素质。

由此可知，标准化是中国烹调工艺走向世界、占领世界市场的必由之路，通过标准化，可以节约成本，提高生产效率，形成良好、统一的企业品牌和服务、口碑，为中国美食进入世界市场打开大门。同时，个性化是中餐保持自身特色和中国特色，在国内和国际市场上树立别具一格的企业形象和品牌的经营策略。二者缺一不可，都从不同方面为中国烹调工艺走向世界、立足世界提供了可行也是必行的道路和方法。正如党的二十大报告指出，中国式现代化，是中国共产党领导的社会主义现代化，既有各国现代化的共同特征，更有基于自己国情的中国特色。

## 三、烹调工艺标准体系的构成

烹调工艺标准体系是餐饮企业技术标准体系中一个非常重要的子体系，是餐饮企业标准体系不可缺少的组成部分。烹调工艺标准体系一般由工艺基础标准、专业工艺技术标准和工艺管理标准构成。

### （一）烹调工艺基础标准

烹调工艺基础标准是指那些使用面广、通用性强的工艺标准，是开展烹调工艺标准的基础。主要包括烹调工艺术语标准，烹调工艺符号、代号标准，烹调工艺分类、编码标准，烹调工艺文件标准。

#### 1. 烹调工艺术语标准

为了使烹调工艺技术语言达到统一、简化、准确，便于互相交流和正确理解，提高工作效率，应制定通用烹调工艺命名原则和烹调工艺通用术语标准。标准中的烹调工艺名词、术语的选择应遵循单义性、科学性、系统性、简明性、国际性、约定俗成和协调一致的原则。术语标准中有一般规定术语、定义（或解释性说明）和对应的英文名称。

#### 2. 烹调工艺符号、代号标准

工艺符号或代号是一种简明形象的工艺语言，在工艺文件中采用工艺符号或代号比用文字叙述更清楚、简便，尤其是在自动化管理中符号或代号就显得更为重要。工艺符号或代号的使用务必遵守有关标准的规定。

#### 3. 烹调工艺分类、编码标准

随着经济全球化和我国市场经济体制的确立，烹调工艺信息化工程的建设，尤其是菜品生产中原材料、烹调加工和质量管理所面临的标准化问题首先就是信息分类编码。为了提高餐饮企业的现代化技术水平，推进能源和原料的合理利用，满足广大消费者对于菜肴营养质量和食品安全的高要求，应制定信息技术标准。信息分类与编码标准主要用于规范餐饮行业的信息分类与编码标准化，建立菜品安全的保证与追溯体系，为餐饮企业的信息处理业务提供技术指导和支持。烹调工艺菜品信息分类与编码标准应包括烹调工艺餐饮行业技术和管理所涉及的信息分类和编码原则、分类和编码方法、检测与应用。

4. 烹调工艺文件标准

工艺文件是指导工人操作和用于生产、工艺管理等的各种文件，是企业组织和指导生产和工艺管理的重要依据。工艺文件的科学性、实用性和规范性，直接体现工艺水平，影响产品质量和企业经济效益。为保证工艺文件的实用性，必须开展工艺文件完整性、文件格式统一性、文件管理有序性等一系列标准化工作。

工艺文件按照其使用范围，一般分为管理和指导生产现场操作用量两大类，共涉及四个方面。其内容包括：工艺准备工作的基本文件、生产管理文件用工艺文件、指导现场作业用的工艺文件和产品质量控制用工艺文件。

### （二）烹调工艺专业技术标准

专业技术标准是根据烹调工艺的专业特点和要求而制定的技术标准，包括各种原料标准、工艺技术条件标准、工艺操作方法标准等。工艺操作方法标准就是通常所说的典型工艺和标准工艺的有关标准，是以一类或一组结构或工艺要素相似的产品或零部件作为对象，可以是整个工艺过程的标准化或典型化，也可以是一道或几道工序的标准化或典型化。

1. 选料标准

烹饪原料是烹调工艺的物质基础，没有好的原料就不可能生产出安全优质的菜肴。因此，企业必须以国家和行业标准为依据，制定自己的原料采购标准和采购方法，对原料的质量、数量、规格（外观形态、重量、成熟度、体积等）、采购时间、供货商的确定做出合适的规定。对于一些大型企业，为了确保原料的质量和数量，还可以建立自己的原料生产基地，建立现代化的仓储和物流配送系统，从源头和配送的各个环节控制原料的质量、原料采购配送的成本和损耗。

2. 初加工标准

初加工标准应包括蔬菜类初加工、家畜类初加工及干货原料涨发等。蔬菜类原材料初加工标准应包括择、拣、削、洗工序内容及要求。家畜类和水产类原材料初加工标准应包括宰杀、煺毛、开膛、内脏整理等标准，即将毛料变成净料的工序内容及要求，或将需要腌制或霉变的原料加工到需要程度（如臭鳜鱼、毛豆腐）的方法内容。干货原料涨发标准应包括水发、油发、盐发和碱发等主要工序内容及要求。要保证菜品出品质量，需要对菜品加工的每个工序都设定严格的质量要求和操作标准，减少人为因素，保证出品质量的稳定统一。应制定原材料的毛料、净料和净料率标准，为原材料加工和管理提供科学依据。

### 3. 切配菜工艺标准

根据菜肴制作特点对初加工后的原材料进行精加工，并制定各种原材料的切配规格，如厚度、长度、宽度、重量。切配菜工艺标准应体现营养学和美学原则，包括切割和配菜两部分内容。

（1）切割标准　原料切割要依据原料机理，以使切割后烧成的菜肴质嫩松软、方便进食和消化。烹饪原料的刀工成形标准应对片、丝、块、球、丁、粒、松、条、段、脯、件、蓉（泥）、花等常见形状进行标准化和量化。

（2）配菜标准　根据热菜配制、冷菜配制等的不同特点，区别和利用各种原料质地、营养、特征，来均衡调剂营养，其中冷菜配制过程中必须考虑去除人为的污染因素。标准应对数量、质地、色泽、口味、形状、营养成分的配合多个方面加以规定。食品雕刻工艺标准应根据雕刻的用途，对雕刻命题、定形、选料、布局、刀具及刀法等分别做出规定；还应该体现食品雕刻的适应性、观赏性、工艺性、及时性和卫生性。

### 4. 烹调方法标准

烹调方法标准应包括热菜的烹调方法、冷菜制作方法、特色菜的烹调方法、甜菜制作方法等多项内容，主要是对菜品成品过程中的所有技术环节，如上浆、挂糊、调味、勾芡，拌、炝、酱、熏、腌、冻、卤、汆、烩、炖、焖、煨、煮、烧、炸、炒、爆、熘、烹等工序内容和要求做出规定，对烹调技法、菜品出锅、食用时间、食品添加剂的种类和使用量也应做出相应规定。应制定油温与火候标准。除应给定准确的时间外，油温的“成”，火候中火力的模糊性等级如旺火、中火、小火及微火等应用热学计量单位的“℃”替代。调味标准应包括烹调工艺风味调料的类型、品种，调味与味型，调味方法等内容。

### 5. 盛装成形标准

盛装成形工艺标准应对菜品盛装的文化意义、实用意义、科学意义进行定量或定性的规定，使菜品与盛具能够相得益彰，风格统一，既能体现餐饮文化的传统特色，又有实际功能，分量合适。另外，装盘成形的美化或点缀也是标准的一项内容。

## （三）烹调工艺管理标准

工艺管理标准是加强工艺科学管理的依据，包括生产工艺准备管理标准、生产现场工艺管理标准、工艺研究与开发管理标准、工艺情报资料管理标准、工艺文件管理标准、工艺定额管理标准等。

## 四、实现烹调工艺标准化的途径

### （一）建立中餐的中央厨房

中餐食品大多为温热的食物，通常还有一定的热敏感性，这也就说明了中餐不能像其他工业产品和工业化产品那样，可以集中生产、分散供应。目前中餐市场大多靠厨师掌握火候，控制中餐原料的各种比例，进而实现中餐的初加工，厨师的个人因素可能导致同一种菜肴在不同厨师的手工操作中产生不同的口感。因此需要建设中央厨房对菜肴的原料采购、分选、切配和初步熟处理等环节进行标准化操作，再送到各个门店，使菜肴具有统一性，从而经过中央厨房的建立，工业化生产流程的实施与推广，尽可能地减少人工操作上的口感差别，降低加工成本，增加顾客的满意度。

### （二）建立稳定的原辅料供应模式

要想实现中餐的标准化，原辅料的规范性是其前提之一，只有保证了供应到各个销售门店原辅料的一致性，才能保证产品质量的一致性。因此餐饮企业要建立稳定的供应链，以保障原料供应的稳定性。

### （三）建立标准的中餐配菜模式

配菜是将实现原材料、初加工、生产流程的标准化和定量化操作，是中餐标准化进程中的枢纽。配菜过程如果得到严格把控，不仅能够有效地控制食品成本，而且能够充分地保证成品的质量。

### （四）研发标准化中餐调料包

中式菜肴之所以复杂，其原因之一是调料的多种多样，在制作同一个菜肴的过程中如果其中一种调料食用量不同就会使其口味差别很大，因此调料的标准化及工业化是极为重要的。研发调料包主要以传统经典菜肴为主，将传统味型调料包经过烹调后冷冻，再经过简单的复热即可食用。

### （五）使用专用的生产设备及用具

厨房设备的智能化程度直接影响厨房生产能力。运用如电炸锅、电磁灶等设备进行恒温加热，不仅可以提高工作效率而且操作十分简单，此外，为了解决中餐标准化进程中的一些难题，可以通过运用低温速冻技术、隔水保温设备以及再加热设备等比较现代化的厨房设备来改变传统的生产模式。

## 五、标准化与个性化缺一不可

标准化，就是为在一定的范围内获得最佳秩序、对实际的或潜在的问题制定共同的和重复使用的规则的活动，包括制定、发布及实施标准的过程。个性化，是指非一般大众化的东西，在大众化的基础上增加独特、另类，拥有自己特质的需要，独具一格，打造一种与众不同的效果。

标准化，可以让产品生产更有效率，质量更有保障，品牌更有信誉。企业若想做大做强，标准化必不可少。个性化可以增强品牌的个性化，进而创立品牌。个性化品牌极易赢得消费者的认同，消费者去购买产品，看到的并不仅仅是商品的本身，还有对某一类别的象征物。标准化是中国企业进入世界的必由之路。通过标准化，可以节约成本，提高生产效率，形成良好的口碑。个性化又是企业保持自身特色和品牌的经营策略。二者缺一不可，都从不同的方面为企业走向世界提供了必行的道路和方法。因此，只有把标准化和个性化结合起来，才会在未来发展中立于不败之地。

# 第三节 中国烹调工艺的传承与创新

## 一、中国烹调工艺的优秀传统

### （一）选料广泛，用料讲究

中国辽阔的地域、多样的物产造就了各种品质的食材和原料。常用的中式烹饪原料多彩多样，时令原料品种众多，稀有原料奇异珍贵，为厨师在菜肴的制作上提供了广阔的空间。同时，中式菜肴在选料方面严谨、讲究，根据原料的品种、季节、部位、产地、新鲜度等来严格选取食材。

### （二）刀工精细、刀法多样

刀工是构成中国烹调艺术视觉审美的重要条件，也是中国菜肴的神韵所在。而千姿百态的菜形是通过具体的刀法来实现的，可以根据原料的不同性质（脆嫩、软韧、老硬）采用不同的运刀方法，将原料切成块、丁、粒、片、条、丝、末、蓉等形状。中式菜肴的刀工不仅讲究技术的精妙，而且善于变化，例如“游刃有余”“分毫之割，纤如发丝”“蝉翼之割，刃不转切”等都是用来形容刀工技术的精湛。

### （三）精于火候、技法多样

火候是菜肴成败的关键因素之一，中式菜肴通过选用不同的燃料，使用不同的工具（如煎炒宜铁锅，煨煮宜砂锅），运用不同的火候（如对火力、火度、火势、火时的控制），采用不同的介质（即根据原料的性质，选用水、油、汽、固体等物质作为传热的介质）等方法来掌握火候，使菜肴达到嫩而不生、熟而不老、烂而不化的质量要求。

中式菜肴的烹饪技法多种多样，常见的就有炒、炸、爆、熘、煎、烧、焖、煨、炖、烩、涮、蒸、氽、烤、煸、拌、炝、腌、卤等。

### （四）调料繁多、方法多样

味是中国菜肴的灵魂，也是构成中国菜肴味觉审美的重要条件之一。善于调味是中式菜肴丰富多样的原因之一。中式菜肴的调味特点包括：用料多而广，调味方法细腻，突出原料本味，精于复制调味品，注重味型差异，调味注重变化等。中国传统调味技术也有可继承之处，如对鱼脍（鱼生、生鱼丝、鱼片），有五六种调味方法，（如“橙齑醋”“八和齑”）不让日本之辣根、酱油专美。古代吊清汤的妙法不少，如《易牙遗意》《宋氏养生部》中就有记述，可以拿来试制。

### （五）盛器讲究、追求完美

清代著名诗人、美食家袁枚就在纵观古来美食与美器的发展史后叹道：“古诗云‘美食不如美器’，斯语是也。”并认为，菜肴出锅后，该用碗的就要用碗，该用盘的就要用盘，“煎炒宜盘，汤羹宜碗，参错其间，方觉生色。”这无疑是对美食与美器关系的一个精辟的总结。美食和美器的完美结合使得中式菜肴精美绝伦，体现出强烈的民族风格。美食与美器在色彩、形态、大小等各方面都互相匹配，给人以文化的熏陶和艺术的享受。

## 二、中国烹调工艺的改革创新

### （一）烹调工艺改革创新的意义和原则

#### 1. 烹调工艺改革创新的意义

（1）餐饮企业保持旺盛生命力的源泉　在市场上，餐饮企业保持旺盛生命力的关键就在于不断改革创新烹调工艺，从而开发出新菜品。餐饮企业生存和发展是建立在有生命力的主导产品上的，主导产品则是以企业的核心技术为基石的。企业发展的历史，实际上就是核心技术发展的历史。例如，肯德基创始人桑德斯上校亲手写下炸鸡配料秘方，肯德基才得以用“原味鸡”这道主打菜点征服了世界各地食客的胃口。

（2）餐饮企业增强竞争力的重要手段　竞争是市场经济的绝对法则，餐饮企业要在竞争中生存，首先要靠有竞争力的产品，而有竞争力的产品则是以优势技术为条件的。企业通过对烹调工艺改革创新，可以开发出优质产品，开辟新市场，占领或扩大已有市场；可通过研发独特的工艺以保证产品质量，降低生产成本。大量事实证明，谁生产的产品适应市场的需要，谁就能赢得市场，谁就具有较强的市场竞争力。

（3）提高企业经济效益的有效途径　提高经济效益是市场经济条件下企业追求的目标，也是企业进行生产经营活动的目的所在。企业财富的来源是利润，它既可以通过满足消费者或市场的需要，又需要通过创造新的市场需求来获得。因此，企业的生存发展只能寄希望于两个方面：一是通过向社会提供质量更好的产品，争取现有的优先需求空间；二是开发新的产品和消费理念，开辟和占领新的需求空间。谁在这方面先行一步，谁就可能在激烈的竞争中获胜，否则就难逃失败破产的命运。这两方面的行为，正属于研发行为。只有在研发方面有所作为，企业才有生存发展和创造财富的空间。

（4）促进餐饮企业技术能力的积累　餐饮企业技术能力的积累是一个长期的、具有路径依赖性的过程，它主要靠技术实践培育。尽管人才可以招募，但创新所需的方法、诀窍、经验主要从实践中获得。具有各种才能、具备各种专业知识的人才之间的配合、合作也将要长期的“磨合”，作风、传统、精神等更是要在长期磨炼中养成。因而，创新活动对技术能力的提高具有不可替代的作用，因为技术知识具有环境依赖性，企业放弃创新活动，意味着失去新知识产生的环境，严重损坏企业的创新能力。因此，通过创新活动来优化和扩展企业的技术知识存量，是提高技术能力的重要途径。

#### 2. 烹调工艺改革创新的原则

（1）满足市场需要，顺应时代潮流　烹调工艺改革创新必须要以市场中的现实需求和潜在需求为主要依据。没有需求的菜点，开发出来也不可能在市场中立足，更不能给企业带来任何益处。消费者的需求是多种多样的，他们对菜点的要求也是各不相同的，不同的消费者对于菜点中各组成部分的关注程度也有一定的差异。因此，餐饮企业在烹调工艺创新时，一定要关注餐饮业的发展趋势，了解消费者的需求，研究消费者的价值取向，认真分析消费态势，根据需求和市场中的菜点供给情况来从事自身的菜点开发活动。只有这样，餐饮企业推出的新菜点才会受顾客欢迎，才会拥有自己的市场，烹调工艺创新活动才能取得良好的成效，餐饮企业才能借此达到开拓市场、提高效益、促进交流等目的。

现代社会，健康、安全、环保是餐饮消费的三大主题，保健菜肴（减脂、降压、降血脂、营养）、“五轻”菜肴（轻盐、轻油、轻脂肪、轻糖、轻调味品）越来越成为消费者所爱。烹调工艺创新必须考虑到人们这些新的需求的满足，尽量做到膳食平衡和健康保健，更多地推出纯天然食品，无公害、无污染食品，药膳菜点，美容食品，粗粮，野菜食品等。烹调工艺创新应顺应时代发展的需要，要具有强烈的时代感，以满足消费者日新月异的新需求、新变化。

（2）面向大众百姓，研究消费心理　烹调工艺改革创新要坚持面向大众的原则，以大众原料为基础，以家常口味为思路，以营养保健为特色，以个性化消费为导向。一道美味佳肴，只有为大多数人所接受，才有生命力。因此，烹调工艺创新应在家常菜点、大众菜点上广开思路，多使用百姓日常食用的普通原料，并在此基础上开发出别样的特色菜点。

现今在餐饮经营上，食客普遍喜新厌旧。因此，为了更好地吸引消费者，餐饮企业的经营者要不断研究顾客的消费心理，研究创新。餐饮经营者要了解不同层次消费者的消费心理，分析自身的经营优势，研究消费者的消费水平，以确定相应的服务受众的对象。结合本地区的情况，推出有特色风格的新菜点，吸引顾客。

（3）讲求创新速度，注重研发效益　速度就是市场上的先机，没有速度就会错失销售良机，就会失去企业和产品在市场上的领先地位，就会在经营方面陷于被动的局面。因此，餐饮企业在进行烹调工艺创新时，一定要重视开发的速度，抢在他人之前率先推出市场上鲜见的新菜点。当然，这并不意味着餐饮企业可以不切实际地推出任何新品。

餐饮企业作为一个经济组织，必须讲究投入和产出。菜点开发创新既要注意菜点的实际成本，又要注意客人的感觉成本，尽量降低菜点的实际成本，如原料成本、工时耗费。同时，又要想法增加客人的感觉成本。所以，除了要考虑市场需求外，在研发新菜点时，还应注意研发效益，要衡量比较菜点开发时的成本与可能收益，得不偿失的菜点不值得企业投入过多的财力与精力去进行开发。

（4）提高技术水平，发挥技术优势　现代电器烹饪设备使烹饪方式更加多样化，使烹饪过程更加科学卫生，同时还有利于精确控制烹饪时间，充分认识利用现代厨房新技术设备的功能，将加快菜点的革新。在菜点的开发与创新时，提高产品生产的技术水平，发挥技术优势，企业就可在竞争过程中建立基于技术的竞争优势，使开发的新菜点在竞争中立于不败之地。

（5）综合全面创新，营造餐饮文化特色　烹调工艺改革创新不能仅仅局限于有形的菜点，而应当遵循综合全面的创新模式；不仅考虑菜点实体产品的创新，同时还考虑其他硬件设施以及无形服务的创新；既可实行小范围的改良式的创新，也可进行脱胎换骨式的全面革新；在寻求创新时不仅仅要依靠企业内的专业生产人员和服务人员，同时还应注意寻求源于消费者的创新思路。菜点综合创新的终极目的是营造一种良好的饮食文化特色。

## （二）烹调工艺改革创新的内容和途径

### 1. 烹调工艺改革创新的内容

烹调工艺改革创新的内容非常广泛，改变烹调工艺流程或对其中的某些工序改进（图12-1），可使菜品形成变化万端的风格特色。

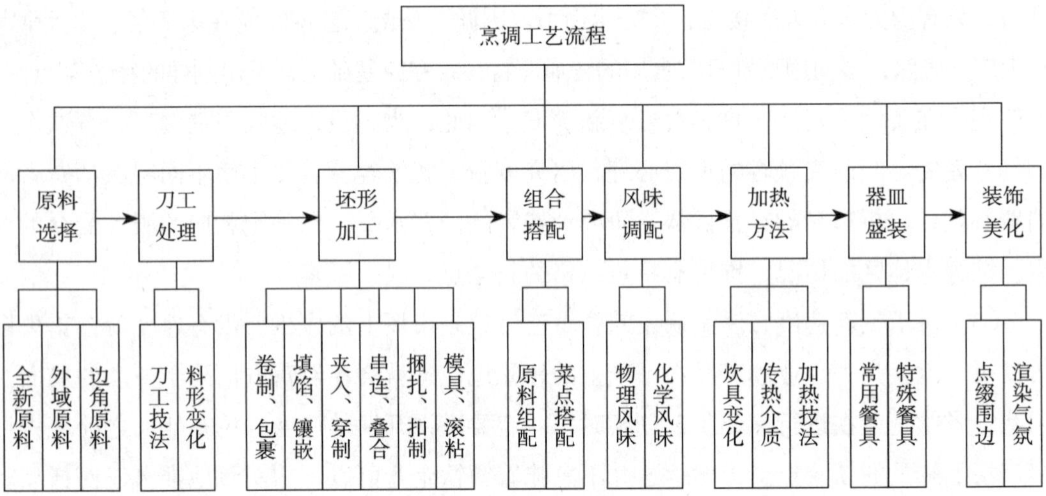


图 12-1　烹调工艺改革创新的内容

（1）原料创新　利用原料创新就是从原料选择的品种上加以突破，如采用引进的外域原料品种、新培育的原料品种、人工合成的新品种、时令原料、特产原料、特色原料和一些不常用的原料，采取科学的加工手法，制作出新菜品。

（2）刀工处理创新　菜肴原料的形态有自然形态、一般加工形态和艺术形态。任何一种形态的变化都可以创造出新菜，将某些原料整料去骨，通过变换馅料，或改变烹调方法，也能获得全新的菜肴。

（3）坯形加工创新　菜肴的坯形加工是指将菜肴所用的各种原料按照菜肴的要求，通过各种方法加工形成菜肴生坯，使主料和辅料有机地结合在一起，菜肴的形状基本确定。常用的坯形加工方法有卷入法、包裹法、填馅法、镶嵌法、夹入法、穿制法、串连法、叠合法、捆扎法、扣制法、模具法、滚粘法、挤捏法和复合技法等。通过这些方法的运用和变化，有助于创新。

（4）组合搭配创新　原料组配形式和方法的变化，必然会导致菜肴的风味、形态等方面的改变，并使烹调方法与这种改变相适应。一鸡之可以九吃，一鱼之可以变幻百菜，全在于组配工艺有不同的变化。

（5）风味调配创新　构成菜肴风味的指标很多，改变其中的任何一个风味指标，都可产生新菜肴。如传统菜肴中味型和调味品的种类是约定的，若变换一下味型或更换个别味料，就会产生一种风格与众不同的菜品。

（6）加热方法创新　加热方法的革新主要在工具和能源方面。20世纪以来，许多新炊具不断涌现。比如，电冰箱、燃气灶具、电灶具、远红外技术、电磁感应技术、微波技术在家庭和餐饮行业陆续普及，许多小型的炊事机械也纷纷走向市场。高压锅可加速炖、煮、焖的速度，使不容易成熟的原料很快熟透、软烂；电饭锅、焖烧锅、不粘锅为烹调烧煮提供了许多便利；有“划时代的烹饪器”桂冠的微波炉，是人类发明取火方法以来出现的一项全新的烹饪技术。

（7）盛装器皿创新　从菜品器具的变化中探讨创新的思路，打破传统的器、食配置方法，同样能够产生新品菜肴。比如，“大盆炖品制成的小品炖盅”就是一个典型的例子，这种器具的变换产生出了一类独特的“盅”类餐具，在造型上有南瓜形汤盅、花生形汤盅、橘子形汤盅等，在特质上有汽锅汤盅、竹筒汤盅、椰壳汤盅、瓷质汤盅、砂陶汤盅等。在炖盅菜品的基础上，近年来有心的厨师结合小型炉的造型，创制了“烛光炖盅”。从传统火锅到清汤红汤双味“鸳鸯火锅”，由“砂锅”到“煲”类再到“铁煲”，随着时代的发展，食用的器具也在不断地变化，这些器具的合理运用，丰富了人们的饮食生活，给人们带来了许多饮食的乐趣。

（8）装饰美化创新　利用与众不同、精巧美观、惟妙惟肖的盘饰包装，也是创新的一个不容忽视的途径。如“渔网”本与菜肴毫无联系，但烹调师取用胡萝卜来雕刻成一张渔网，覆盖在鱼肴上或垫入菜肴底部，似“鱼满舱”般的造型，整盘菜品的构思独具匠心。利用一些点缀围边来美化菜肴，可使一些普通的菜品增添新的风貌，达到出奇制胜的艺术效果。

## 2. 烹调工艺改革创新的途径

（1）吸取民间精华，发掘乡土素材　民间有异彩纷呈的风格特色，有用之不竭的烹饪素材，历代厨师在民间饮食的土壤中吸取其精华，创造了无数脍炙人口的佳肴。“麻婆豆腐”“西湖醋鱼”“水煮牛肉”“水晶肴蹄”“夫妻肺片”“干菜焖肉”“荷包鲫鱼”等名菜，无一不是源于民间，经厨师的不断改进提高，才登上大雅之堂。民间乡土菜虽然也讲究菜肴的造型、装盘，但并不执著于追求表面的华彩，更重视朴实无华、实实在在的内涵。

（2）借鉴外来工艺，打开创新之路　随着国际交往与国内经济的发展，厨师们走出国门以及外国厨师进入中国的机会越来越多，中外烹饪相互借鉴，不断发展，如西方咖喱、黄油的运用；东南亚沙嗲、串烧的引进；日本的刺身、鲜鲊的借鉴等，这些原料已经进入到我们的菜肴制作之中；烧烤、煎扒等西方之法被大量地引用；“酥皮焗海味”借用法国“酥皮焗”之法，改用中式原料与调味法；色拉菜、水果酱、裱花技术的引用与再创；面包屑的大量使用；各种西式调味汁的广泛引进等，大大丰富了中餐菜肴的品种、花式与风格，为中国传统烹调工艺的发展开创了新局面。无疑，借鉴外来的长处为我所用，是一条无限广阔的烹调创新之路。应用此法的关键不是照搬，而在于立足于传统，借鉴后通过消化推出新品。

（3）挖掘文化遗产，推陈出新　中国烹饪有着悠久的历史文化，几千年的饮食生活史料浩如烟海，各种经史、方志、笔记、农书、医籍、诗词、歌赋、食经以及小说名著中，都涉及饮食、烹饪之事。只要我们下功夫，深入挖掘古代烹饪遗产的文化内涵，借助现代科学技术的力量，使传统的烹调法、菜肴品种、风味特色通过改良为我所用，就可以古为今用，推陈出新。

（4）借鉴艺术形式，打造意境菜点　近年来，创新菜肴有了升级版，业界人士称它为“意境菜”，它可以用一只漂亮的盘子做画布，用巧克力糖浆进行涂鸦，再与蔬果一起勾勒出西餐的感觉，抑或将传统的凉皮与日式三文鱼结合，盘中搭配西式红酒，利用万国味道勾勒出一种诗意的境界。

意境菜的研发借鉴了文学、陶瓷、绘画、音乐等艺术形式。许多意境菜的装盘适用大面积的空白，多视角领域的构图处理，给食客一个遐想空间，其菜品的装盘艺术也有许多线条、圆点的元素。意境菜很重要的一点就是造型更加灵动、富有变化，巧妙地处理空白、疏密之间的关系。通过创新和想象提高菜品的品位，把菜做得有生命，满足食客的需求。意境菜中可包容日式餐饮的精美，也有西式餐饮的优雅，还有中餐的好口味，有一种万国味道，能够容纳百川，其本质上就是创造的艺术。意境菜可以彰显出一种浪漫、淡然、温润的感觉，食客的心境会被那菜肴浸润得更加丰韵。当然，意境菜并不只在味觉上的惊艳，还将更暖食客的胃与心。通过传统的厨艺方法与料理的形貌予以解构或重组，创造出全新的味觉、口感与享乐体验。

（5）利用现代科技，引领时尚潮流　餐饮业的发展，离不开科学技术的现代化。从烹饪原料选用到厨房装备水平的提高，从烹饪技法创新到餐厅服务设施改善，从餐厅经营管理的信息化到企业核心竞争力的培育，到处都离不开现代科学技术的强力支撑。利用现代科技有助于实现烹饪工艺的标准化，有助于老产品的改造和新产品的创新以及加工工序的重新设计、新型调味品的开发和应用、现代化加工设备的开发和使用、温控时控量控功能的设备应用等。

（6）博采众家之长，借鉴移植创新　广东菜的特色之一就是"兼容善变"，集技术于南北，博采众长，自成一格。在粤菜的品种里，既可以看见江苏菜的痕迹，如叉烤乳猪、金陵片皮大鸭、冬瓜盅、松子鱼等；也可以看见鲁菜的影子，如扒、烧等技法的应用。正是这种品种兼容、原料兼容、制法兼容、调味兼容使广东烹饪"变"出了风格。需要说明的是，直接移植引进不是创新，如四川的麻婆豆腐、鱼香肉丝，各地互相引进制作，这只能是模仿学习，它还是四川菜，不是自己创造的。若运用四川菜的技法制作过去没有的菜，就是一种移植、一种创意。如干烧海蟹、干烧蜗牛、干烧象拔蚌等，因此在借鉴移植中需要开拓创新。

## （三）烹调工艺改革创新的方向

中国菜品传承文化、顺应时代的饮食内涵为其不断发展、创新提供了更大的空间。从烹饪、菜品文化或人们饮食观念的角度来说，未来烹调工艺创新的方向大致有以下几个特征。

### 1. 营养健康

菜肴的基本功用有以下三方面：一是提供维持生命所必需的营养物质，二是提供美味享受，三是对生命活动的调节作用。近年来随着生活水平的提高，各种"富贵病"成了现代人的一大隐患，如何在饮食上做到更科学合理就显得更加重要。这种更多考虑健康原则的饮食倾向，必然对烹调工艺的改革创新带来新的发展思路。

### 2. 返璞归真

所谓返璞归真的菜品，即是崇尚自然，回归自然，利用无污染、无公害的绿色食品原料而制作的菜肴。由于现代都市生活的紧张、快节奏和喧嚣，加之社会大工业的发展，受抗拒污染及保健潮风行的影响，越来越多的人对都市生活产生了厌烦和不安，渴望回到大自然，追求恬静的田园生活。反映到饮食上，各种清新、朴实、自然、营养、味美的粗粮菜、田园菜、山野菜、森林菜、海洋菜等系列菜品日益受到人们的喜爱。因此，菜点返璞归真既充分利用资源，又保护生态环境和有益于顾客身体健康，是烹调工艺改革创新的重要趋势之一。

3. 适应大众

随着社会经济的发展和人民生活水平的提高，餐饮业经营服务领域拓宽，广大居民对餐饮市场的需求越来越大，家庭劳动不断走向社会化。特别是“双休日”的实行与节假日的增多，居民外出就餐的次数增多，消费增加，普通百姓自掏腰包进餐厅的情况越来越多，大众化菜品成为目前我国餐饮市场的主流，如时令菜、家常菜、乡土菜等，加之节假日推销与新菜展示等活动，以及粗粮细做、荤菜素做、下脚料精做等，为大众菜品的推广与发展起到了积极的作用。

4. 追求时尚

饮食时尚的风向标一直是烹调工艺改革创新的导航仪。根据现代餐饮消费者的饮食需求，菜点时尚化的内涵主要又有以下几个特点：一是简洁。现代人生活节奏加快，在烹饪上要求简洁，对菜点的追求同样要求简洁明快，反对复杂烦琐。二是富有个性。在过于共性化的生存环境中，人们特别欣赏带有个性色彩的审美对象。对于日常的饮食，那些有着鲜明个性的菜肴点心和就餐方式总是更受欢迎。三是崇尚自由。人类的饮食活动现在已经从往昔固定的模式中走出来，追求一种自由的方式。自助餐方式的受人欢迎，就是人们追求饮食自由的具体反映，这也是时代的产物、时代的特点。

5. 多元融合

饮食口味既有共同性的一面，又有差异性的一面，这就决定了烹调工艺改革创新趋向的多元化。现代社会的高速发展，导致了国际交往的频繁和扩大，广大烹调师走出国门的机会增多，外国客人不断走进我们的餐饮市场，中外烹饪的交流越来越深入。由此带来的餐饮经营多元化局面，烹调技艺相互模仿、学习、扩散，各地区与国家之间在技艺和款式上取长补短，不断借鉴与融合的菜品制作风格将更加明显。其次，多元化还表现在烹饪原料的选择上。从发展趋势来看，以下的原料将成为今后的方向：可食性非保护野生植物、藻类植物、人造烹饪原料、在国家法律允许范围内的由人工繁殖饲养的部分优质野生动物以及昆虫等。另外，还表现在烹饪设备的多样化、就餐形式的多样化、口味的多样化等。

## 问题与讨论

1. 中国式烹调工艺现代化的意义和内容是什么？
2. 如何处理好烹调工艺标准化与个性化的关系？
3. 烹调工艺标准化的难点是什么？如何应对？
4. 为什么要对烹调工艺继续和创新？

5．对烹调工艺的改革创新应把握哪些原则？
6．什么是预制菜？谈谈预制菜与烹调工艺现代化的关系。

## 实训项目参考

1．以小组为单位，选某一道菜对其烹调工艺进行标准化研究
2．以小组为单位调查某一大中型餐饮企业公司实施标准化的情况
3．以小组为单位对某一菜品的烹调工艺进行创新

# 参考文献


[1] 杜莉，陈祖明．味之道——川菜味型与调味料研究［M］．成都：四川科学技术出版社，2022.

[2] 鲁煊，文歧福，沈培奇．中式烹调工艺：烹调技法训练［M］．成都：西南交通大学出版社，2021.

[3] 崔东波，郝生宏．调味品加工［M］．北京：化学工业出版社，2021.

[4] 姚春霞．中式烹调工艺与实训［M］．2版．北京：科学出版社，2021.

[5] 张涛，钱雷．烹饪鲁班工坊系列从零基础到烹调大师调味品与调味［M］．北京：中国商业出版社，2021.

[6] 张福公．马克思的工艺学批判与历史唯物主义的客体向度［J］．哲学动态，2021（02）：26-37.

[7] 王林，雷镇欧．中餐的标准化与工业化研究［J］．四川旅游学院学报，2021（01）：13-15+46.

[8] 陈善渊，郑承德，黄文荣．中式烹调工艺［M］．天津：天津科学技术出版社，2020.

[9] 杨永忠，黄文荣．中餐烹调工艺［M］．北京：中国农业科学技术出版社，2020.

[10] 杨爱民，范涛，李东文．中式烹调工艺［M］．武汉：华中科技大学出版社，2020.

[11] 周晓燕．烹调工艺学［M］．北京：中国纺织出版社，2019.

[12] 王伯鲁．博士生导师学术文库技术究竟是什么？广义技术世界的理论阐释［M］．北京：中国书籍出版社，2019.

[13] 中华人民共和国人力资源和社会保障部．中式烹调师国家职业技能标准（2018年版），中国劳动社会保障出版社，2019.

[14] 张荣春，颜忠，史红根．中式烹调工艺与实训［M］．北京：旅游教育出版社，2018.

[15] 刘雪峰，孙录国．中式烹调实训教程［M］．北京：中国轻工业出版社，2018.

[16] 本书编委会．注册中国烹饪大师名师培训教程［M］．北京：中国轻工业出版社，2017.

[17] 潘英俊．粤厨宝典候镬篇升级版［M］．广州：广东科技出版社，2017.

[18] 吴正格．解字说食［M］．北京：中国三峡出版社，2017.

[19] 吴晓伟，韩海龙，刘海铁．烹调工艺学［M］．北京：北京工业大学出版社，2017.

[20] 杨征东．中式烹调工艺［M］．北京：知识产权出版社，2015.

[21] 杨国堂．中国烹调工艺［M］．上海：上海交通大学出版社，2015.

［22］刘致良．中式烹调工艺与实训［M］．北京：高等教育出版社，2015.
［23］孙中山．建国方略［M］．北京：生活·读书·新知三联书店，2014.
［24］刘正顺．中国烹调数字化工艺学［M］．北京：中国商业出版社，2013.
［25］邱庞同．继承中国饮食烹饪文化遗产的断想［J］．四川烹饪高等专科学校学报，2011（05）：9-12.
［26］张士才．科普德语：德汉对照注释［M］．上海：上海外语教育出版社，1992.